Principle of Cognition

Discovery of Brain with Levorotation and Dextrorotation World

认 知 原 理

脑与左右旋世界解密

金学宽　陈慧克　著

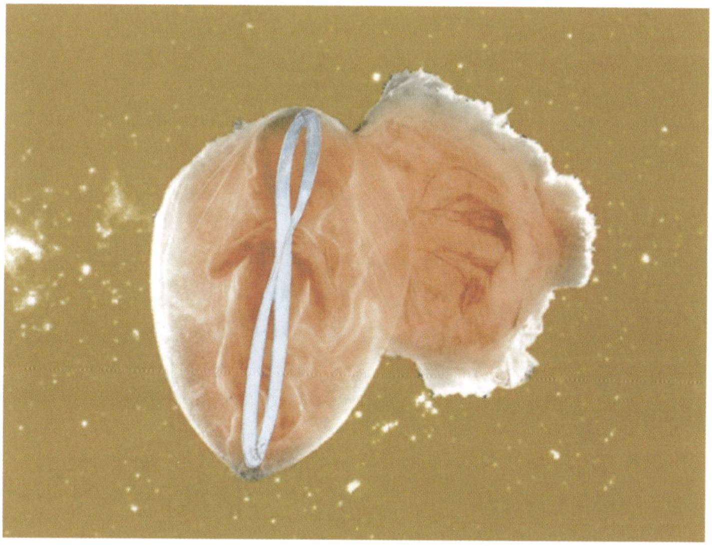

中国華僑出版社

·北京·

图书在版编目（CIP）数据

认知原理 / 金学宽，陈慧克著：—北京：中国华侨出版社，2018. 3
（2025. 5 重印）
ISBN 978-7-5113-7499-8

I.①认… Ⅱ.①金… ②陈… Ⅲ.①认知科学 Ⅳ.①B842. 1

中国版本图书馆 CIP 数据核字（2018）第 024368 号

认知原理

著　　者：金学宽　陈慧克
责任编辑：高文喆
版式设计：大燃图艺
经　　销：新华书店
开　　本：710 毫米 × 1000 毫米　1/16 开　印张：28. 75　字数：435 千字
印　　刷：北京百杰印刷有限公司
版　　次：2018 年 3 月第 1 版
印　　次：2025 年 5 月第 2 次印刷
书　　号：ISBN 978-7-5113-7499-8
定　　价：79. 80 元

中国华侨出版社　北京市朝阳区西坝河东里77号楼底商5号　邮编：100028
编 辑 部：（010）64443056-8013　发 行 部：（010）64443051

内容简介

本书是以恩格斯的《自然辩证法》为指导，融合科学和哲学的一本认知学著作。作者通过科学理论推演和生物学考证，破解了“人眼成像倒置”之谜，揭示了人脑的一个秘密，即人以颅骨为界分成两个世界：外部是一个右旋四维时空的物质世界；内部是一个左旋四维时空的精神世界。两者是天然的信息映射的等效关系，精神是物质存在的一种形式。

本书主要内容分为4篇共16章，前有导论，后有跋。第一篇　认知起点——言法自然；第二篇　脑的世界——宇称(k)变换原理；第三篇　意识和智慧——左旋世界中的精神活动；第四篇　脑的自然进化——意识的创生。

本书在探索、求解人类认知之谜的过程中，发现了一个隐形存在的宇称世界，创立了一个新的宇称时空观，并得到了数学上著名欧拉恒等式的呼应和支撑。宇称时空观与经典力学中的宇宙时空观一起，构成人类认知的完整时空理论体系。

本书的主要读者是自然科学、生命科学领域的研究人员、科学技术和哲学工作者，教育工作者和高中、大学学生等，也可供有兴趣探索人类意识起源和认知之谜的广大读者阅读(不论其文化背景和宗教信仰如何)，从中会亲身体验到人类的认知原理并不神秘，他的起点就是自己的眼球。

前　言

作者一直认为《认知原理》这本书是大自然写就的，因为大自然创造了“脑与左右旋世界”的生理机制，作者只是解密而已，写作的灵感则是来自我们退休后的一个新的岗位。

我俩一退休，刚刚诞生的小天使孙女就来到了我们身边，给了我们一个年过花甲以后，观察人生起点上那一时一刻都值得回味和领悟的机会，同时也在脑海中留下了一连串的不解之谜：

· 据说婴儿看到的物体总是倒置的，随着以后长大的经验而习惯地纠正过来，真的如此吗？

· 为什么人类的婴儿生下来时是最无助的，学会走路需要大约一年的时间呢？

· 为什么小宝宝的手脚一开始总是同时迸发的乱动，经过较长的时间以后，才能学会双手的协调动作呢？

· 为什么小宝宝总是从形象的认知开始呢？

· 为什么在小宝宝学习语言过程中，对于“我”这个词，总是很难理解、掌握和运用呢？

……

这些不解之谜犹如人生的一个怪圈一样，在心灵深处萌发出对自己的一问：“六十年前的我和她一样地可爱而无知，那我是怎样变成今日的我的呢？”这个问题有解吗？

这是一个所有人都在重复着的怪圈，用科学的语言来说，这个怪圈是一个大同小异的永远重复的事件，因此这个问题应该是有解的——这就是我们探索和撰写人类如何认知这个世界的灵感和初衷，并且在近五年形成创作的高峰期。

时不我待，身处中国梦时代的老年人，有着更值得珍惜的幸福感和圆梦的动力，退休享有着日益提高的社保福利，退休又带来了充裕的时间，“老有所养、老有所为”几乎是当下所有老年人的共同心愿，它激励着我们去解开这一个怪圈之谜。闲来无事不从容，追求真理伴始终，《认知原理》就是我们现在求得的解。

本书主要内容分为 4 篇 16 章，前有导论，后有跋，总共约有 200 个小节，每个小节都包含和人类认知相关的一个小小的亮点。书中还配有 220 幅插图，有助于形象地阐释和理解看似深奥的认知原理，其中 1/3 以上为作者原创。

第一篇　认知起点——“言法自然”。

本篇论述了语言的起源和在人类认知中的地位。在人类的文化中，无论是哲学还是科学、文学、艺术都要用各种各样的语言来表达，“言法自然”表示人类的认知集中地表现在语言认知和对自然的解读上，而语言本身又源于自然法则所主导的“身—心”对称的宇称结构体系和进化历程。

第二篇　脑的世界——宇称(k)变换原理

本篇论述了宇称(k)变换原理是人脑对外部世界进行认知的一个自然法则。书中通过对视觉和位觉信息的感知和传递的数学推演，证明了颅脑内是一个左旋四维时空体系，信息的感知是一个宇称(k)变换过程。在这个认知过程中，客体从颅脑外右旋坐标系中的“形”变换为颅脑内左旋坐标系中的“象”(形象和抽象)，这正是自亚里士多德在《形而上学》中提出“有灵魂事物”以后 2000 多年以来一直等待人们揭开的人脑的一个秘密。

第三篇　意识和智慧——左旋世界中的精神活动

本篇论述了人类精神活动的范畴和机理，包括记忆、思维、行为、自我、梦幻和灵魂等有意识的活动。

对于自我意识的创生，书中界定了一个“神经元网络”的新概念。神经元网络与神经网络同时并存于同一个时空平台的信息体系中，两者相结合，构成一个统一的、对应于不同精神活动(如记忆、思维、行为等)的有层次的“中枢神经网络”，这就是自我意识和智慧的载体。

第四篇　脑的自然进化——意识的创生

本篇论述了意识是按照自然法则创生的人类社会的产物。论述的途径是通过数学、物理学、生物学的推演，证明人从第一次卵裂开始的胚胎发育过程中，就在构建着自己左右对称的身体结构和孕育着精神活动的的宇称体系，从而对人类的认知原理，画上了一个和真实世界相符的自洽的句号。

最后，篇中还提及有关人类意识更为深刻的问题，比如脑又是怎样将感官传递来的电信号还原成外部世界的物理或者化学信息的，等等，这有待人们去探知。

《认知原理》涉及哲学和大跨度的自然科学、生命科学范畴，对作者实属是一个巨大的挑战。可喜的是，古代文化和近代、现代的科学发现、众多的科学著作（见参考文献）等，提供了相当丰富和详尽的资料，引导作者一步步地走向自己所追求的人类认知的彼岸，用科学的原理佐证了恩格斯在《自然辩证法》中的一个著名的论断："思维着的精神是物质自己在地球上创造的最高的精华"，这一论断正在当代中华民族伟大复兴的顶层设计的实践中熠熠生辉。

作者期盼"脑与左右旋世界"这一人体的秘密最终能成为中学课堂上富有科学一哲学内涵的生理知识，并为大众所接受，广为人知、耳熟能详，从而使人类对自身的认知大大地提升一步。同时，我们也期望对本书感兴趣的读者，结合自己对认知的体会提出宝贵的意见，从而让原本就是大自然写就的《认知原理》这本书，以其越来越趋近于真实的面貌流传于世。

作者系航天队伍中退休的两名老兵，构思本书历经数载，其间努力探索、精心求证，虽三易其稿力求无瑕，但是限于学识水平，犹恐有谬误和不当之处，敬请读者诸君不吝赐教，以求本书再版时更臻完善。作者在撰写过程中，承蒙科学哲学家范岱年老师赐教指导；作者的多位同学、同事、亲朋好友参与了这一命题的讨论并给予指点和帮助，书中多处引用徐斯年教授未发表的手稿原作，特此一并致谢。

特别要感谢的是，本书临近完稿时得到了我们的挚友、宇航出版社编审宋兆武先生和中国华侨出版社编辑室主任高文喆女士的关注，他们认真地阅读了书稿，提出了许多宝贵的修改意见，使此书的内容臻于完备，并最终得到了中国华侨出版社领导的青睐和支持，使本书得以出版，奉献给世人。

金学宽　陈慧克

2017 7.1

序

今年4月6号，收到了《认知原理》的手稿。这部文稿已构思多年，当我以第一读者的身份读完全稿以后，我为书中的独特发现和佐证所惊异——原来我们每个人都存在以脑为中心的左、右旋两个世界。“左、右旋”是一个数学术语，它代表人们的精神和物质处于“8”字形的两个不同旋转方向的世界中，全书40万字，都是围绕这一命题进行的论证，包括数理化的科学推演和生物学的考证，毋庸置疑地证明了这一对左、右旋世界的存在。我只是给作者打了一个电话，建议在原来书名《认知原理——脑与左右旋世界》最后加上“解密”二字，作者欣然接受，这就是现在正式出版的书名。

作者金学宽、陈慧克夫妇是和我相处几十年的老航天人。20世纪50年代，我和陈慧克女士一起就读于北京航空学院（北京航空航天大学的前身），毕业后又一起奔赴茫茫的戈壁滩（现今的“酒泉航天城”），参与了60—70年代航天事业的创业工程。金学宽先生和我是三次合作出书的挚友，第一次是在80年代，由于他十分关注未来精确制导武器的发展和作用，恰逢我转行从事图书出版工作，也很关心导弹技术的发展，一拍即合，于是金先生第一部英译中图书《新军事技术的影响》在我们的合作中出版问世。

自此，开始了我们创作思想的交流和合作，2006年出版了《时空与灵性》一书，我为该书作序。这本书传达给人们一个信息：人类的灵性起源于对时间的认知和约定俗成。出版后得到读者的青睐，早已售罄。5年以后，我曾经和作者商议过再版事宜，作者悄悄地告诉我他们的新的打算：

“我俩正在酝酿一个与灵性相关的命题——人类是怎样认知这个世界的？这好像又归结为一个哲学问题。我们想运用自1895年恩格斯过世后100多年以来的科学成果，与时俱进地充实《自然辩证法》的实例，进一步夯实唯物辩证法的科学基础，并将此视为一个新的‘认知学’课题，或许能再写一本书，到时我们再合作一次，不过也可能是一个梦，因为难度太大……。”

这就是当时作者正在萌发的一个梦想，由于涉及大跨度的知识范畴，难度太大，加之年事已高，作者一直犹豫不决，迟迟没有动笔。直到党的十八大以后，才开始了他们撰写“认知学”的创作生涯，2016年年底完成初稿。其间，多次和我磋商这部著作的内容架构和命名，三易其稿，三次取名如下：

从神经元到意识——精神生物学初探

辩证唯物论之科学原理

认知原理——脑与左右旋世界解密

最后一个是现在的书名。全书分三部分：导论、正文(4篇共16章)、跋，并配有200多幅插图，形成了一部图文并茂、理论和实际相得益彰的优美的图书。读者会随着书中近200小节的一个个问题的提出、论述和考证，一步步地进入一个“天人合一”的自然演化的创生境界，最后你会亲身感受到一个“8”字形的莫比乌斯带的神经丛，把属于你的脑和身体这两个世界连接在一起，形成了你的认知和智慧的起源。

《认知原理》带给我一种独特的知识视野：当代科学进一步引导我加深了对大自然的认识，开启了自然演化和创生的一扇窗户，从而对自己的来处、思维和灵魂形成了一个较为自圆其说的解读。

作者曾经对我说过，解开这一秘密，就好像捅破一层窗户纸那样简单、直观。真的如此吗？对此思考了很久，我才体会到“果真如此”，但也来之不易。

1.航天人系统工程的职业优势是撰写认知学著作的有利条件

作者和我都是从事系统总体的航天人。他俩则别出心裁地将系统学的理论和方法运用于人体结构，将人体划分为三个各具特殊功能的大系统，且分别对应于胚胎发育时的三个胚层：

外胚层形成与外部世界进行信息—能量交换系统；

中胚层形成身体左右对称的空间结构和内循环代谢系统；

内胚层形成与外部世界进行物质—能量交换系统。

与人类精神活动相关的是由外胚层形成的信息—能量系统。人类的认知实践表明，这个大系统是受自然法则支配的一个有序系统，因而能由科学来描述，也就是说：“精神活动会有一个科学的解。”

2.创造性地回馈社会是我们这一代人的梦想

我们这一代人是20世纪50—60年代中学和大学教育的受益者，普遍具有扎实的基础理论知识，在作者身上的表现就是：前半生服务于航天事业时能有所创造，并获得航天奖；后半生退休后有能力自学数理化、生物学等多门学科，建立自己的学术体系。作者常常对我讲：

“退休后我俩一直在家里上大学，自学的大多是研究生的课程。其难处是没有老师的指点，需要自己摸索；好处是可以自由思想，甚至对书上的内容提出质疑，质疑的同时也会反问自己：‘你自己的答案是什么？’这就又要求自己再去学习。”

我们是生在旧社会长在红旗下的一代人。新中国的教育除去教给我们知识以外，还激励我们要在前人的基础上奋发有为，有所创造，这就种下了一颗历史使命感的种子。每一个感恩于党和人民培养的知识分子，都会有一种进行创造、回报社会的活力，当然，这要在一定的环境下才能释放出来，而且会受到年龄的限制难以发挥。不过，这种活力在本书作者的身上却一直萌动着，直至人生的高龄时期仍然会在家常的生活中寻觅创造性的乐趣——有一次，他们意味深长地给我打了一个电话，两人在电话中争相告诉我他们发现的一个秘密：

“我们在包饺子的时候，一个突如其来的灵感解读了人脑发育的一个秘密：脑与人体的表皮、感官都来自胚胎发育时的外胚层，外胚层就好比一张大的饺子皮，它有正、反两个面。当我们从一张很大的饺子皮的正中间切下一块饺子皮包一个饺子时，如果正面朝里，封闭起来包成一个饺子，原来饺子皮的正面就不再接触外部世界，这就好比是我们的脑；用周围其他的饺子皮包饺子时，一概是正面朝外，倘若我们再包一个大饺子和许多小饺子，大饺子就好比是我们包裹着身体的皮肤，小饺子皮就好比是我们分布全身各处的感官，它们都是正面朝外接触外部世界的。由于人体的细胞是有极性的，正如上述包饺子一样，相对于外部世界，脑在胚胎发育中和身体形成了一个 180°的相位差，二者形成了左右旋对称的“8”字形两个世界。

老宋啊，我们真想不到，包了一顿饺子居然能帮助我们理解脑与左右旋世界的发育机理。先前，我们在向人们介绍脑与左右旋世界的理论推演的结果时，人们总认为这是一个假设，总会发问一句：′你做实验了吗？′现在我们可以很有底气地回答：这无须实验，也无法实验，每个人自己在娘肚子里发育时就亲自走完了这一步，只是你自己不知道而已。”

我饶有兴趣地倾听着，原来，生活会是这样的离奇，包饺子时饺子皮的里外朝向，可以引发作者对脑细胞的极性和朝向的联想，从而解读了生物学中胚胎发育时颅脑内外构成左右旋世界这一生理机制的奇迹。

3.独树一帜的著作来自信仰、勇气、思考和求证

20世纪80年代，我和金先生经常见面聊天，最感兴趣的话题是毛泽东说的："人的正确思想是从哪里来的？"这个问题的前提是"人的思想是从哪里来的？"当时我们回答不了，但有一个共同的直觉，即人的思想既来自自然，又来自人类社会。对此，我们曾经相约，在退休后继续探讨和合作。

今天，我们将这一合作的成果奉献于世人，也算是对毛泽东这一问的一个潜心考证的回答。综观全书，作者是这样实现的：

(1)以马克思主义的哲学原理为指导，把注意力集中在人们常思常想而又费解的那些问题上，如视网膜上的像在脑中究竟正过来没有？脑和身体的神经支配为什么是左右交叉的？在求解问题时，作者勇于猜想，但不臆断，而是借助科学原理，特别是数学原理进行推演和考证。作者的所有研究成果都能寻觅到数学的影子，正如作者所言，他们始终遵循着马克思的教导："任何一门科学只有充分利用了数学才能够达到完美的境界。"

(2)以一个探索者的姿态和勇气攻坚克难，对权威著述中作者认为不准确的观点不迷信、不盲从，而是继续探索和修正。对此，书中有多处表述，最具代表性的就是作者向我所作的如下一段表白。

"我们引用了由李政道和杨振宁设计的、由吴健雄完成的'β衰变确有偏好的手征性'的实验结果，创建了人类认知的'宇称(k)变换'原理，同时在书中推演出一个新的结论：吴健雄的实验证明宇称守恒定律成立，这和李政道、杨振宁老师的结论刚好相反。

这一新的结论，我们曾以多种方式向有关专家、单位汇报过，但没有回应。虽然李政道、杨振宁老师创立的"宇称不守恒定律"获得了诺贝尔奖，但是我们在书中还是坚持了自己的结论。因为按照我们的结论，所有人都会以外部右旋世界为模板，构建起一个既具有共性又具有个性的左旋世界的脑——一个思维着的精神世界。倘若"宇称不守恒"，人类的认知会是一个不可思议的事件！"

勇气是探索者的第一素质，它促使作者执着地坚守着自己的学术观点，并且通过生物学的考证证实了脑与左右旋世界是在胚胎发育时形成的，从而创立了关于人类如何进行认知的"宇称(k)变换"原理。

(3)作者更为周密的思考，是引用了杨振宁的规范场理论和陈省身的纤维丛理论，对“宇称(k)变换”原理进行了理论的再验证，同时也开创了将这两个理论应用于生物学的先河。

以上三者一起为《认知原理》这本著作的自洽性和完备性画上了一个完美的句号。

4.本书对哲学的贡献

当哲学工作者读完全书的时候，大概也会和我一样，青睐于本书为哲学所作的两点贡献：

(1)用科学原理解读了恩格斯的名言：思维着的精神是物质自己在地球上创造的最高的精华。

(2)从人类的认知原理和实践出发，提出了哲学的宇称时空观：宇称时空是精神和物质同时并存、相互转换的时空平台，宇称时空观是继牛顿的绝对时空观和爱因斯坦的相对论时空观之后的人类的第三时空观，也是统领人类认知制高点的哲学范畴的时空观，因为只有通过宇称时空隧道，人类才能进入思维着的大脑。

5.时代造就的圆梦之作

2012 年 11 月 29 日，习近平总书记说：“大家都在讨论中国梦。我认为，实现中华民族伟大复兴，就是中华民族近代以来最伟大的梦想。”

在中国梦的号角声中，作者以 70 多岁的高龄，展翅翱翔，奋笔疾书，从“天人合一”的哲学高度，捅破了人类认知学的这层窗户纸，揭示了人脑认知的秘密，为创建一门科学和哲学相融合的认知学奠定了基础，圆了作者多年以来的一个梦。

《认知原理》是一部时代的圆梦之作，同时也奏出了中华大地上“文化自信”交响乐中一个和谐的音符。

宋兆武

2017 年 7 月 1 日于北京

导论：一本大自然写就的书
——认知学的自然原理

在复兴中华的征途上，我们尽微薄之力思考着我们自己“我们是谁？来自何方？往何处去？”旨在探索人类自身的一个未知的世界，辛劳之中有所收获和发现，并于今年完成了《认知原理》的书稿，承蒙中国华侨出版社的青睐得以出版面世。

这本书传达给人们一个重要的信息，人类的认知是大自然的造化。解读这一造化的途径，就是实现当代科学和哲学的自然融合：哲学需要科学，因为哲学的认知和论断需要科学的支撑，需要从科学的解读来解读哲学需要面对和回答的问题：“哲学的领地究竟在哪里？哲学和科学的研究范畴是在同一个时空平台上吗？”科学也需要哲学，因为科学不只是需要观察和实验，更主要的是思维和创造，而思维和创造的机理是什么，精神和物质之间究竟是什么关系，这就需要哲学。

《认知原理》就是科学和哲学自然融合的一次探索，也可以称为“认知学”。

0.1　提出问题——认知之谜与认知哲学

爱因斯坦曾说：“提出一个问题往往比解决一个问题更为重要，因为解决一个问题也许只是一个数学上或实验上的技巧问题。而提出新的问题、新的可能性，从新的角度看旧问题，却需要创造性的想像力，而且标志着科学的真正进步。”

爱因斯坦所说的新的问题，必然是建立在对大自然观察基础之上的一问——一个新的天问，这也就是爱因斯坦所特别强调的形象思维基础的重要性，因为大自然没有抽象，只有形象。

《认知原理》一书中提出的问题都是与人的生理现象、心理现象和社会现象相关的接地气的问题，列举如下：

问 01：人眼视网膜所成的像是上下倒置的，这与我们所见到的物体刚好相反，那么这个像在颅脑中有没有正置过来？

问 02：脑和身体之间是左右交叉的支配关系，而心脑血管系统却是左右并行的，缘何如此？

问 03：人是否存在一个精神世界？人有没有灵魂，自我在哪里？

问 04：精神是什么？精神和物质相比较，有第一性之分吗？

问 05：为什么人类能够形成共知共识、创建科学和文明？为什么全世界的 6000 多种语言之间可以相互翻译？

问 06：人的灵感和创造性从何而来？

问 07：20 世纪 20 年代在印度发现两个被狼养大的女孩，她们是狼还是人？

问 08：为什么先天智障和老年痴呆的患者会不认路，不知道时间，但仍能保持体位和具有一定的行动能力？

问 09：我在镜中的像是我自己吗？他真的存在吗？

问 10：为什么一般人都记不住 4 岁以前的事情？为什么人要到 16~18 岁才进入成年期？

问 11：为什么我们会做梦？我们从什么时候开始做梦的？梦里能有创造性思维吗，有，或者没有，为什么？

顺便问一下，动物会做梦吗？哪些动物会做梦，为什么？

问 12：为什么有人会吸毒，而且几乎所有吸毒的人会上瘾，扭曲了自己的精神和行为？

问 13：为什么失聪的人，如不辅以哑语教育，会比失明的人更加失去智慧？

问 14：为什么我们每个人都会在冥冥之中，有一种第六感官系统的灵魂感？为什么哺乳动物都能为人类所驯养，而且我们都认为它们是通人性的？

问 15：眼球成像和相机照相有什么不同？老式相机和数码相机都可以切换到下一张底片或是存储的空间，眼球的视网膜是怎样不断地切换更新的？

问 16：看来，视网膜是不保留视觉信息的，而是由大脑来保存（记忆），那么大脑是怎样记住的？记住就好比放在记忆库里，那么，大脑又是怎样调用的？

问 17：为什么有很多记忆是一过性的，过后就忘记了，如打电话，而且号码通常不能超过 7 位。这是没有记性吗？还是有一种短时的记忆机制？

问 18：据统计，最高级的演奏家、最快的点钞手和打字员，其手指的动作频率都不能超过 10Hz, 这是为什么？

问 19：我们都知道，视觉的立体感是由双眼形成的，但是在看 3D 电影的时候，单眼仍然有景深的感觉，这是怎样形成的？

顺便问一下，食草动物的眼睛是在两侧的，如果没有景深感那就无法生存了，对吗？

问 20：为什么脑要被包裹在颅骨中与外部空间处于隔绝状态？为什么研究组织胚胎学的学者在书中讲："如果前神经管不闭合，生下来就是无脑儿？"

问 21：人脑有左右对称的两半球，而只有一个松果体，它在左右两半球的中线上，笛卡儿说它就是灵魂的栖息地。如果不是的话，那这种特别的安排又代表了什么呢？

问 22：人体具有最复杂的身体结构（206 块骨骼，656 块肌肉，1000 亿~2000 亿个神经元），但人在出生时和动物相比较是最无自助能力的，这是为什么？

问 23：在中国文化最古老的典籍《易经》中有两个难以辨清的汉字"像"和"象"，其差异在哪里？

问 24：中风不语是常见的一种病态，大多人发生在肢体右侧瘫痪时，它象征着语言区在大脑的左侧（少数人在右侧，表现为左侧瘫痪），所有人的语言区只占据脑的一侧，而不是呈现对称的两侧，这是为什么？

问 25：当跳水运动员在空中做高难度的转体动作入水时，他眼中的时空急剧变化，是什么力量和什么程序让他完成了这样的动作？这和爱因斯坦的广义相对论相关吗？

问 26：为什么在解剖学中，女性的输卵管是在卵巢的上方，卵子不是掉进输卵管，而是由输卵管伞的纤毛汲取进去的？

问 27：为什么包括我们人类在内的动物的受精卵第一次卵裂是经裂，而植物是纬裂？

为什么动物的受精是在动物极的半球（非极点），而植物的受精是在植物极的极点？

问 28：从第一次卵裂开始，最终每个人大约会有 3×1013 个细胞，基因决定了它们构成了身体的不同组织、器官和形体，但基因又是通过什么样的自然法则在主宰着这一过程的？

问 29：我们的感觉器官分布在头和身体的各个部位，为什么所有的感知的信息都会传给大脑？大脑为什么会成为一个信息中心？这样的中心地位又是怎样形成的？

问 30：我们每个人随时随地都在接收信息和输出信息，两者是什么关系？是恒等的关系，还是不等的关系？输出的信息会有一个增量吗？如有，那增量是怎样产生的？

顺便问一下，所有的生命都是一个和外界有信息交换的开放系统，我们人类和它们有什么区别呢？尤其是和哺乳动物、灵长类动物的区别在哪里呢？

问 31：现在，为什么说人类开始进入一个信息化的时代？和信息的载体相比，信息量之大能大过一个受精卵吗？人造的信息和天然的信息有什么关系？有什么不同？人造的信息有生命力吗？

问 32：人们喜欢照镜子，镜子里有什么信息？是真是假，为什么？

问 33：什么是信息，信息是能量吗？

问 34：为什么人们喜欢照镜子，欣赏自己和倒影，但更喜欢阅读、看电影、看电视、玩手机、“抓小精灵”？前者是虚假的世界，后者是虚拟的世界，两者有什么异同呢？但是人们更喜欢的还是看比赛、看表演、听音乐和亲自参与的活动，这又是为什么？

问 35：在当今的语言中，汉语是最难学习和掌握的语言，为什么？然而汉文化是人类古代文明中唯一保留传承至今的，它的生命力在哪里？这和人类的认知有关吗？

问 36：在超市的商品，除去标价以外，还有一个看不懂的条形码，而在广告中，常常标有一个二维码，如果把拼音文字比作一维的条形码，而把象形文字比作二维码，这是不是更能说明象形文字隐含着更大的信息量呢？

问 37：活体的信息是通过基因遗传的，那么社会的信息是通过什么来传承的呢？

问 38：哲学（英语 Philosophy，源于希腊语 Φιλοσοφία），按照词源有“爱和智慧”的含义，“爱和智慧”又源于何处呢？是不是源于先天的自然基因的遗传和后天的社会基因的传承所表现出来的一种蛋白质的功能？

问 39：人类的一切文明是不是“爱和智慧”的结晶呢？又有什么自然法则在主导呢？

问 40：为什么恩格斯说“思维着的精神是物质自己在地球上创造的最高的精华”[19]？难道在地球上还存在不思维着的精神？还存在次高的精华或是普通的精华吗？

问 41：为什么恩格斯说“思维规律和自然规律，只要它们被正确地认识，必然是相互一致的”？

问 42：为什么恩格斯说“在历史的发展中，偶然性发挥着作用，而在辩证的思维中就像在胚胎的发育中一样，这种偶然性融合在必然性之中呢”？

问 43：为什么恩格斯说“运动，包括宇宙中发生的一切变化和过程，从单纯的位置变动起直到思维”？

问 44：为什么恩格斯说“脊椎动物 [Vertebrata] 的主要特征：整个身体都围绕神经系统组成，因此便有了发展到自我意识等的可能性”？

问 45：为什么恩格斯说“我们的主观的思维与客观的世界服从于同样的规律，它是我们的整个理论思维的不自觉的和无条件的前提”？

……

上述问题涵盖了人的生理、心理、运动、思维等方方面面，如果对照一下《21 世纪 100 个科学难题》[56]这本书，从中可以检索到多达 20 多个难题与本书的命题“认知原理”相关，举几例如下：

01. 对深层物质结构的探索

50. 生命、人的思维、意识、目的等的物理学基础

62. 人脑如何组织其信息存储

68. 智力的起源

77. 生命起源中的对称性破缺

86. 关于意识问题

96. 庞加莱猜想及低维拓扑

100. 物质和精神的关系问题

其余还有 46、49、59、60、61、63~67、70、71、75，详见原文，不逐一枚举。本书作者则将该书中的这 20 多个难题和上述的 45 问一样，归结为一个需要进一步探索和解读的哲学命题，即：

恩格斯所说的："思维着的精神是物质自己在地球上创造的最高精华。"

或者用作者自己的话来说，就是：

一个人在诞生以后，是怎样从一个什么也不懂的无知的婴儿成长为一个有思想、有智慧、有情操的成人，甚至名人？

我们不知道用什么样的哲学语言才能确切地解读恩格斯的这一论断，但后一个问题肯定是有解的，因为每一个正常人的成长过程就是一个实实在在的解，一个大同小异的可以代代复制的解。这表明这个解是由自然法则所规定的，用统一的科学原理解读和描述这一个解，也就是在阐释恩格斯的这一著名论断，同时也就跨越了横亘在"物理科学和生命科学之间的一条鸿沟"。

这就是认知原理，因此认知原理一定是建立在科学和哲学的共同基础上的一门学问。综观人类科学认知的两次飞跃都是和时间、空间相关的：第一次牛顿的绝对时空观，解释了一个由物质和引力组成的绝对存在的宇宙体系；第二次爱因斯坦的相对论时空观，解释了一个由物质和时空组成的相对存在的。二者构成了科学的时空观，这是一个对外部世界进行观测和实验的时空架构，然而它对哲学也适用吗？哲学是研究和回答精神和物质的关系，物质的时空自然是科学的时空，那么精神的时空又在哪里呢？它是超自然的，还是一个真实的存在？

回答是：精神是在颅脑内左旋世界的一个真实的存在，精神和物质存在于颅脑内外的左、右旋世界中，这两个世界构成宇称世界，其对应的时空是宇称时空。宇称时空是继绝对时空观、相对论时空观之后的第三时空观，它很自然地应该是哲学的领地，却来自物理学和生物学的研究成果和发现。

0.2 解决问题——人类十大认知之谜的科学解码

作者从人类的认知之谜入手，撰写了“时空与灵性”三部曲（下图），旨在探索“我们是谁”和为什么能认识和改变这个世界的奥秘。

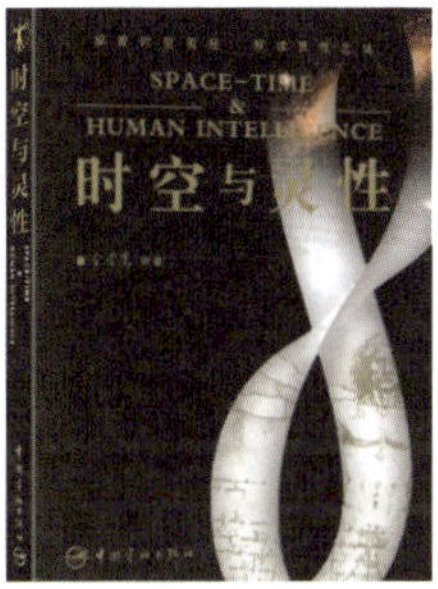

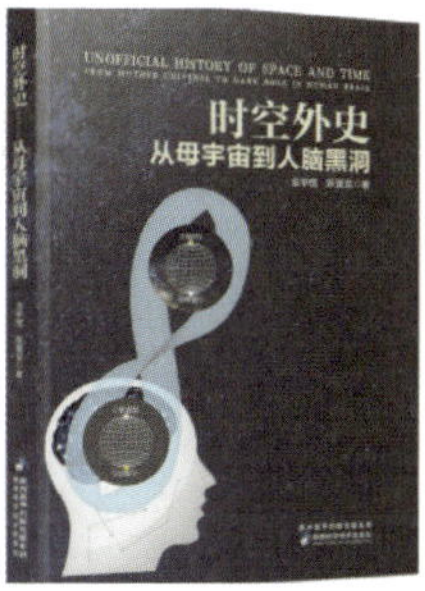

认知原理的意义在于：理解和参悟生命诞生、生物进化和意识创生的自然机理，将会有助于人们在当下和未来的命运中，形成正确的认知和做出理性选择。

摘其要点以“人类十大认知之谜的科学解码”为本书第二次印刷的扉页，奉献读者。

1　精神和物质之谜——从神经元到脑的意识
2　物种起源之谜——卵圆孔在演示进化论
3　生命起源之谜——基因的宇称与主链纠缠
4　时空理论缺失之谜——人类认知的双重时空
5　人脑黑洞之谜——神经元细胞极性反演
6　观察与认知之谜——光子与 β 衰变的宇称
7　镜像对称之谜——三体联袂的自然魔术
8.a　认知原理数学之谜——不可或缺的虚数$\sqrt{-1}$
8.b　认知原理数学之谜——人的身心与欧拉恒等球
9　天文馆观天之谜——相对论升级版的地心说
10　我们是谁之谜——宇宙演化中的智慧生命

1 精神和物质之谜——从神经元到脑的意识

人类大脑有1000亿个神经元，每个神经元由胞体、树突和轴突组成（下图左）树突可以接收10 000个输入信息，小脑多达100 000个，胞体汇聚成一个轴突的输出信息，又通过其广泛的分支，传递给大量靶细胞的树突。如此这般，就形成了每个人认知起点上表达认知和记忆信息的“神经元网络”碎片（下图右），基因决定了从神经元网络形成脑的中枢神经网络的自然发展过程。中枢神经网络中信息流的瞬时集成，就是每个人在当下的思维、意识。

“思维着的精神是物质自己在地球上创造的最高精华。”

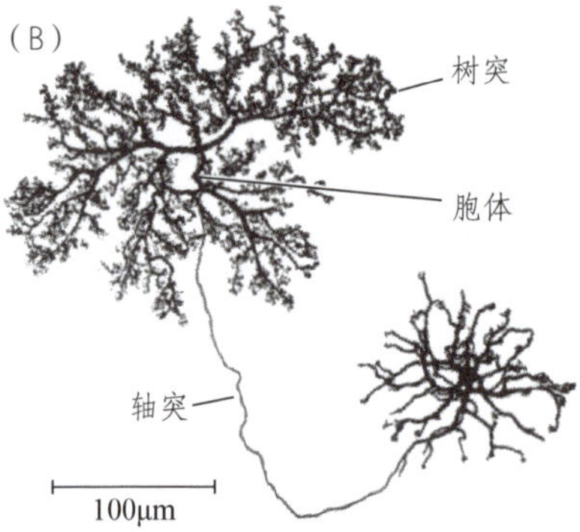

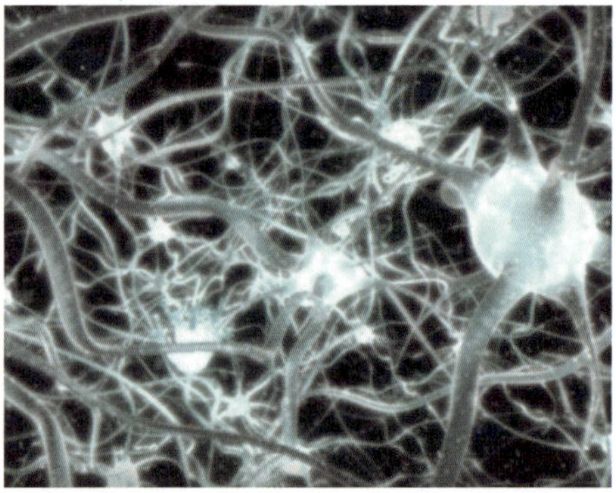

2 物种起源之谜——卵圆孔在演示进化论

1859年11月24日，达尔文的巨著《物种起源》问世（下图），一个新的学术观点“生物进化论”的自然选择学说，表明所有物种都是进化来的，人类亦然。

反对进化论的人，要求必须找到人类连续过渡的进化化石，否则人就是神创的。在地球上， 生命诞生、物种起源和生物进化的38亿年的时光不可倒流，也不可全程记载，不过人类胚胎发育过程却记载着人类的进化史。人类早期胚胎的心脏只有一房一室两腔，这和鱼类一样，后来发育成一房两室的三腔，这和爬行动物相似。进一步，胎儿心脏出现的卵圆孔和阀门（下图左）将后来的左右心房连通在一起，在出生的第一声啼哭中，牛顿的大气压力原理驱动卵圆阀门关闭，左、右心房分开，形成了两房两室的心脏功能，这又和哺乳动物一样。

人类是生物进化的巅峰之作，也是最大的受益者。作者之所以提到“受益”二字，是因为达尔文对于进化论的“自然选择”法则做了一个拟人化的警示性表达：**“人类仅为自己的利益去选择，而‘自然’却是为了保护生物的利益去选择。”作为身处21世纪的人类，应该感恩谁和怎样去权衡利益的选择呢？！**

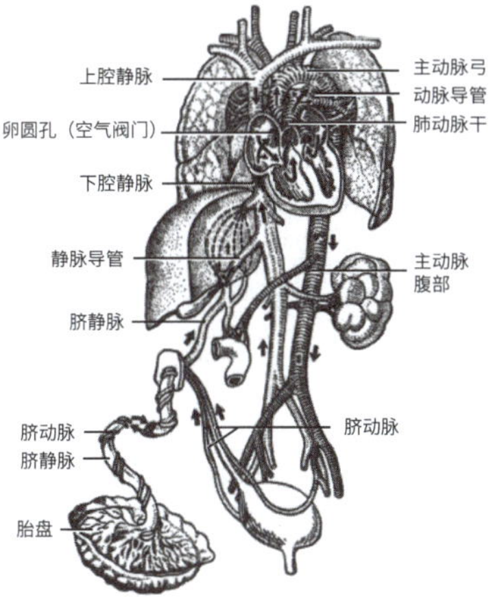

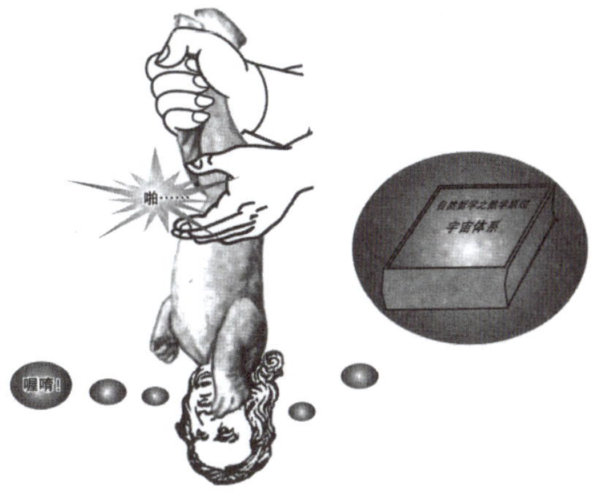

3 生命起源之谜——基因的宇称与主链纠缠

北京中关村地标暗藏一个未被认知的宇称奥秘（下图左）。

在上下一对宇称空间中（下图右），基因的两条主链自旋走向都是按照右手法则（右旋），呈宇称配置的：左链从3’到5’，右旋，oz轴指向向上；右链从3’到5’右旋，oz’轴指向向下。基因的这种结构，作者称为基因的主链纠缠。

中关村地标

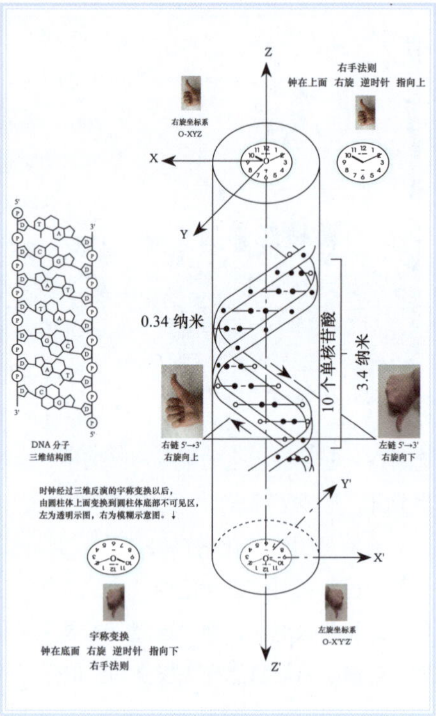

基因的宇称纠缠

在地球的独特条件下，生命起源是一个必然事件。宇称守恒法则主宰了地球上生命的诞生，所有生命都有着相同的基因结构和同一套遗传密码。物种起源则来自生命起点上发生的三类分叉的细胞：真核细胞及其后的动植物世界、原核细胞的细菌和古核细胞的古细菌，加上无细胞壁的病毒，不约而同地走上了自然选择的进化道路（下表）。

表 生命起点上的自然选择（L 为左旋；D 为右旋）

生物类别	氨基酸手性		核糖手性（D 型）				
	L 型	D 型	自 养		异 养		
			光合	化能	进食	营养寄生	基因侵入
真核生物	√		√		√		
原核生物	√	√	√	√		√	
古核生物	√			√			
病毒	√	√（少数）					√

4 时空理论缺失之谜——人类认知的双重时空

自从波粒二象性的量子力学理论创立以来，经典力学中适用于描述宇宙中连续事件的宇宙时空理论，就出现了一个缺失，它不能描述量子行为和宇宙中的离散事件。而视网膜成像倒置之谜，却引导作者发现人类的观察、认知和量子行为等这些离散事件，正是建立在“成像倒置”的不连续的宇称时空平台上（下图）。每个人都有一个天生独享的不连续的宇称时空平台，他和经典力学中连续的宇宙时空一起构成人类认知的完整的时空理论体系。

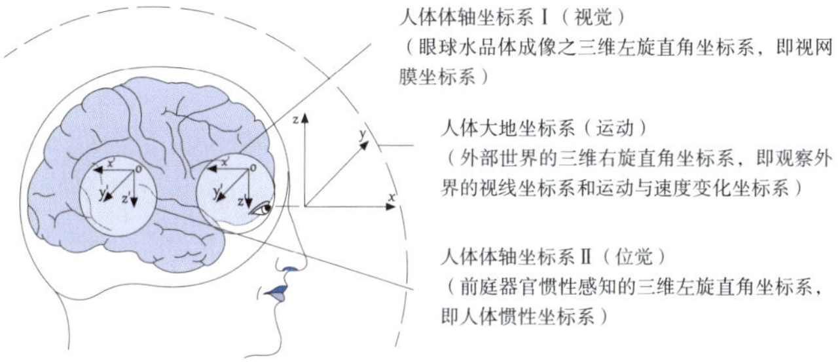

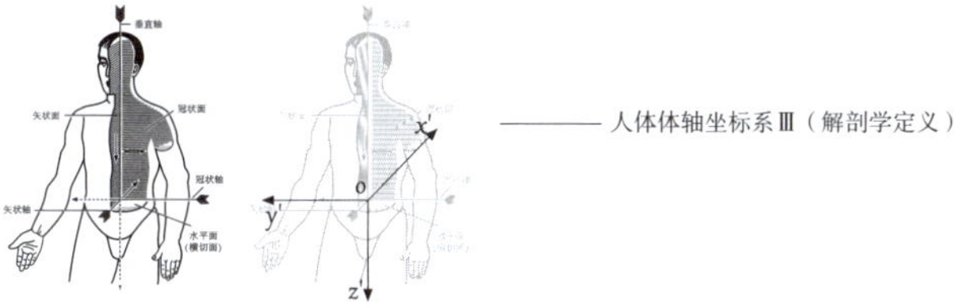

1. 空间：宇称变换 i：x'=−x，y'=−y，z'=−z.
2. 时间：内外同步 ： t'=t.

每个人独享的宇称时空平台

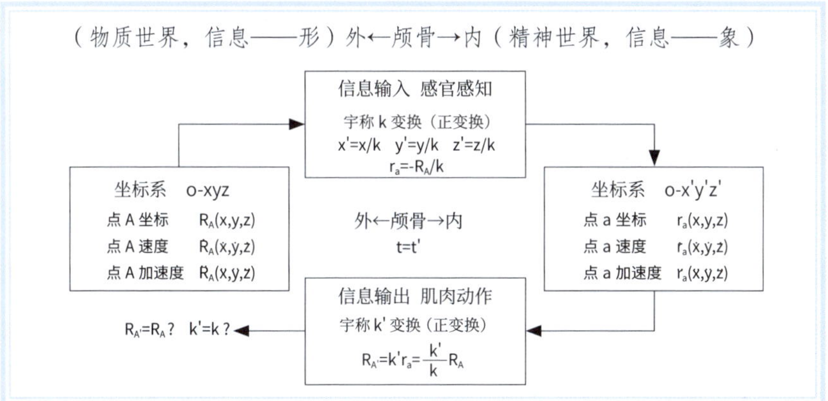

颅脑内外的左右旋时空与信息变换

5 人脑黑洞之谜——神经元细胞极性反演

人脑在胚胎发育中，通过神经元细胞极性反演，形成了一个光也不能进入的三维反演的脑的左旋空间，作者将之称为人脑黑洞（Dark Hole in Human Brain），下面用三幅图描述这一发育过程。

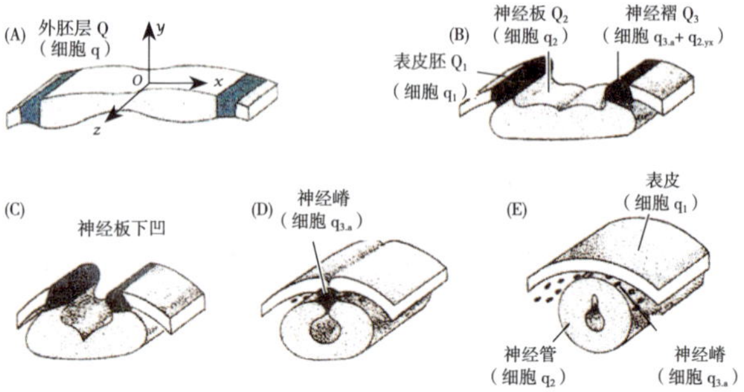

图 1 人类胚胎期外胚层细胞分化、发育的三个方向最终形成脑 (Q_2)、表皮 (Q_1) 和感官 (Q_3) 的神经信息体系图

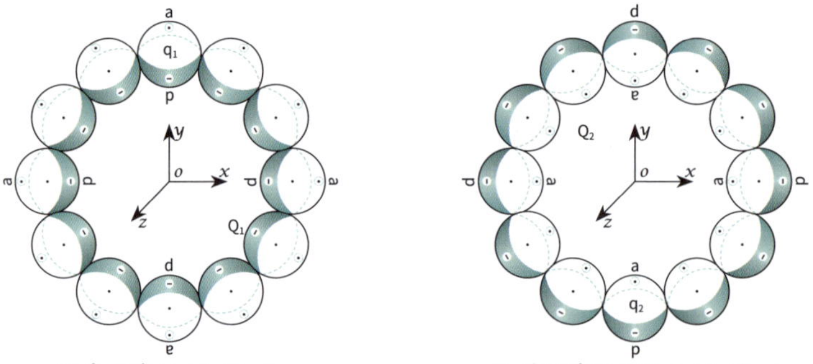

(a) 表皮管 Q_1(细胞 q_1)　　(b) 神经管不封闭 Q_2(细胞 q_2)

同在右旋世界中 (坐标系皆为 *o-xyz*)

图 2 外胚层细胞 q 在 Q1 和 Q2 空间的内外表面极性相差 180°

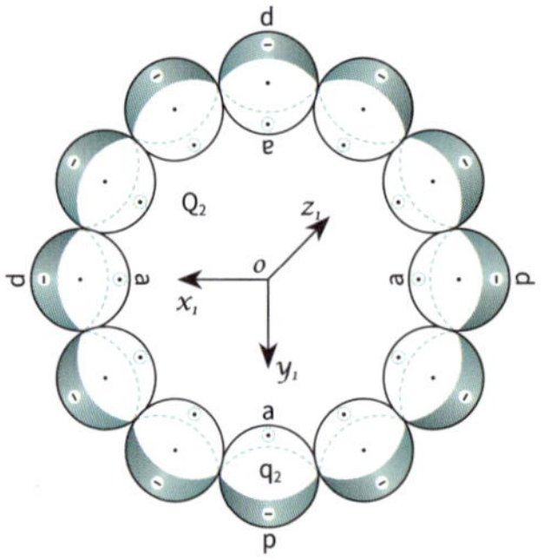

图 3 人脑的前身，神经管前后封闭形成左旋世界的截面图，最终形成人脑黑洞

坐标系为 $o-x_1y_1z_1$: $x_1=-x$　$y_1=-y$　$z_1=-z$

6　观察与认知之谜——光子与β衰变的宇称

物理学中有两个问题需要进一步观察和认知，一是爱因斯坦想了50多年未得其解答的一问：“什么是光量子？” 二是1963 年吴健雄再次用实验证明“ 核β衰变的矢量流守恒定律”，这与1957年发现的“宇称不守恒定律”相悖。这就引导作者从宏观的太阳辐射光子和微观的钴-60核β衰变的两个层面上，分析何谓宇称守恒定律，为什么在物理学界光子的宇称会被误认为是“幽灵超距作用下的量子纠缠”（上图），为什么吴健雄实验会被错误地解读为“在弱相互作用下的宇称不守恒”（下图）。

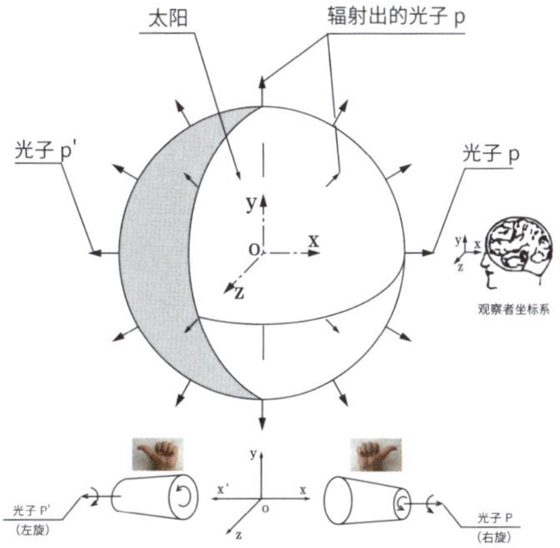

太阳辐射的光子全是沿太阳直径宇称对称的右旋光子（热辐射光源同），但在观察者坐标系中，表现为太阳正反两面光量子的左右旋纠缠。观察结果虽具有确定性和局域性，但不具有实在性。

结论：宏观世界太阳辐射光子证明量子纠缠的实质是宇称， 爱因斯坦EPR佯谬的质疑正确。

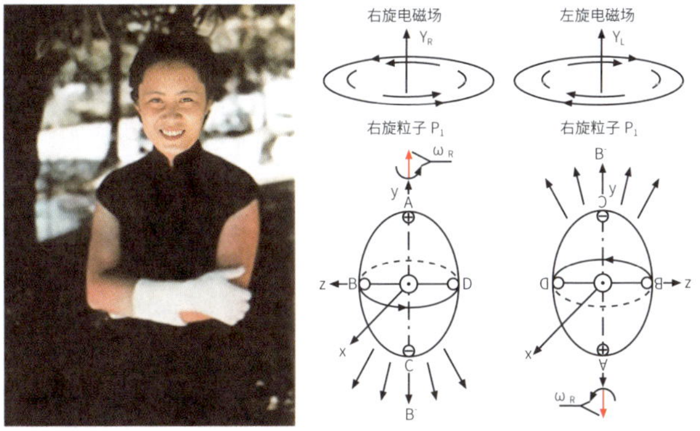

吴健雄实验的观察结果：“上帝是一个弱力的左撇子”，即钴-60核的β衰变在左右旋电磁场中都是发生在左旋粒子的同侧（上图表达为右旋粒子的另一侧）。

结论：微观世界吴健雄实验证明宇称守恒，成为科学认知史上的一座里程碑。

7 镜像对称之谜——三体联袂的自然魔术

请问：物理学界有一个传统的认知“镜像变换=左右对称=宇称”，对吗？

答曰：不对，镜像是由镜子、光子和人眼三体联袂演出的自然魔术（上图）。

请问：这是一个重大发现吗？

答曰：是的。镜中的空间和像都是左旋的，它是由于镜面反射，光子由右旋变成左旋引发的。这就揭示了一个值得物理学界关注的问题，即由于光子的能量在其自旋轴矢量方向上分布的不对称才有左、右旋光子之分。基本粒子亦然，质子是右旋，电子和中子是左旋，这取决于在自旋轴矢量方向上电荷分布的不对称性及其大小或正负走向（参见《时空外史》）。

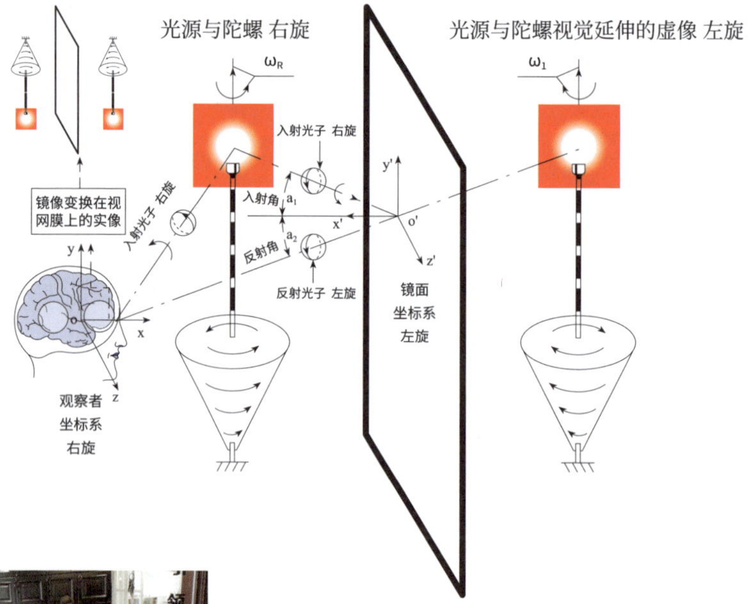

请问：镜中的像是作者自己吗？我能看到你吗？

答曰：是作者的像，他不是我，你看不见我，只能看到我的背面。

8.a　认知原理数学之谜——不可或缺的虚数$\sqrt{-1}$

莱昂哈德·欧拉：虚数 i 会是一个有意义的东西。

爱因斯坦：宇宙最不可理解之处,就是宇宙是可以被理解的。

作者提问: 虚数之谜与“宇宙最不可理解”之谜二者有关吗?

认知原理：虚数 i 是人脑和身体左右旋世界的切换界面，虹膜上的瞳孔是右旋世界光线的终点，用 $+i$ 表示；紧接其后的晶状体是人脑左旋世界的起点，用 $-i$ 表示，下图铅笔信息折光后在视网膜上成像倒置，构成宇称变换。

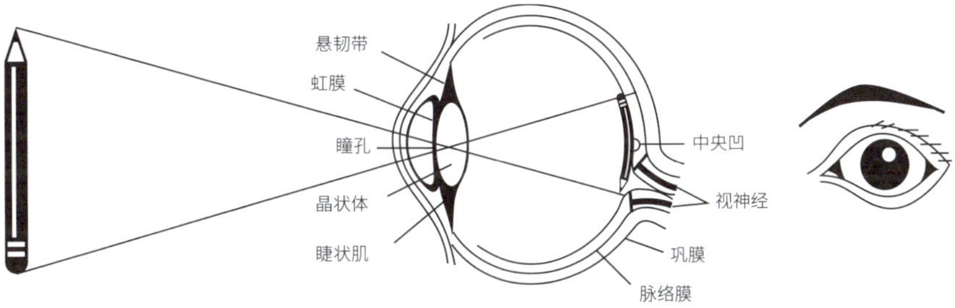

作者提问：虹膜颜色有多种，为什么瞳孔都是黑色的?

认知原理：瞳孔中空，晶状体透明，二者联手让视野中的光线从右旋世界变换到左旋世界，$(+i)+(-i)=0$。瞳孔和晶状体的组合，不吸收光也不反射光，看来是黑色（下图）。视网膜上的像带给大脑一个五彩缤纷的世界和浩瀚的宇宙。虚数i和宇称时空平台化解了爱因斯坦宇宙最不可理解之谜。

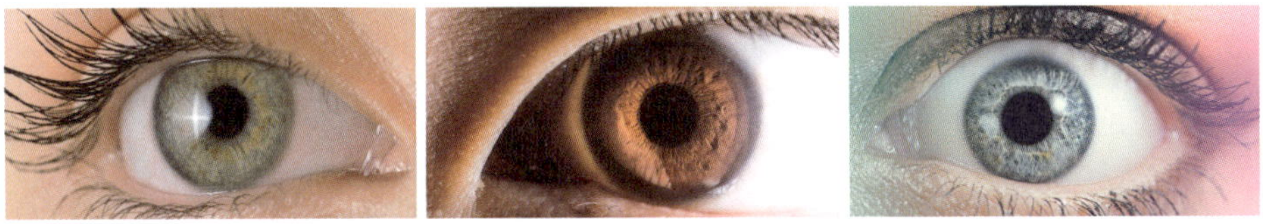

虹膜颜色各异，瞳孔和晶状体就是欧拉恒等式中的虚数$\sqrt{-1}$（$\pm i$）。

虚数$\sqrt{-1}$是一个有什么意义的东西呢？它是人脑和身体左右旋空间的界面，在这里就是一个真实存在的瞳孔和晶状体，一个通向人脑黑洞的黑色自然之窗。虚数$\sqrt{-1}$究竟虚在哪里？虚在视觉看不见它的存在，虚数$\sqrt{-1}$不是观察发现的，而是欧拉恒等式中推演出来的，它是宇称世界不可或缺的组成部分，是宇宙中有重大意义的一个自然常数。

所以高斯说：“数学是科学的皇后。”

8.b 认知原理数学之谜——人的身心与欧拉恒等球

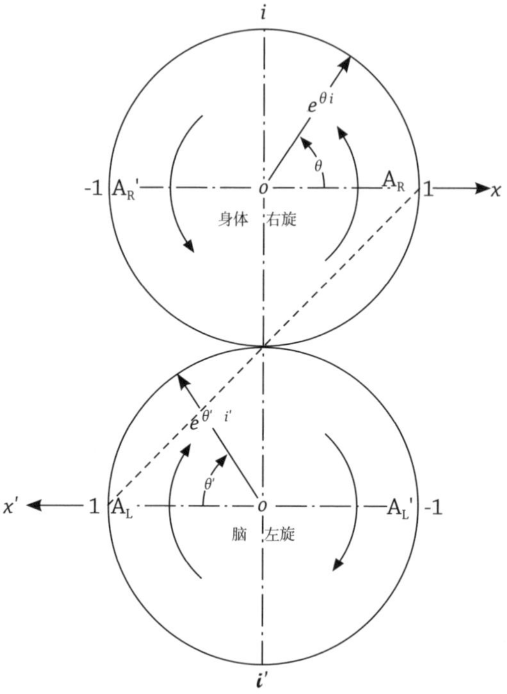

欧拉恒等球的宇称变换（一维，三维雷同）
（详细推演参见第 16 章）

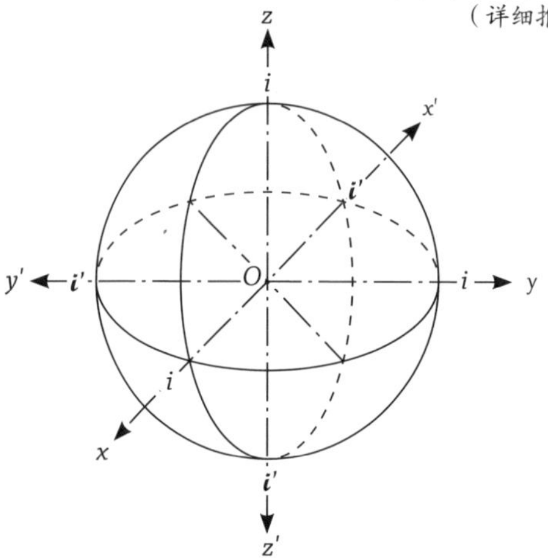

欧拉恒等式的三维拓展，
人脑专享的宇称变换欧拉球。

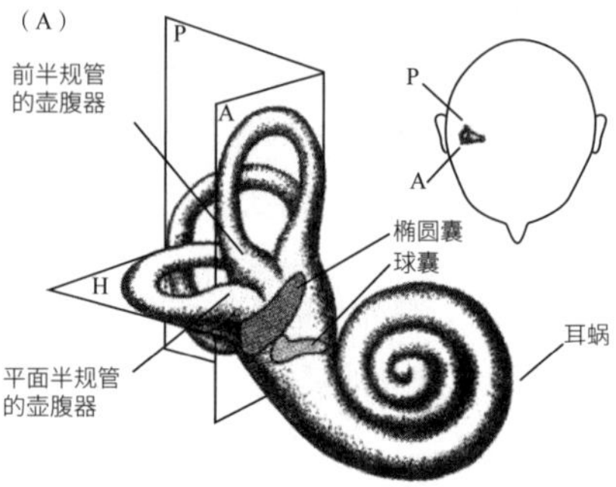

三维拓展的理论根据——人脑中的半规管
是生物界唯一精准的三维左旋直角坐标系。

9　天文馆观天之谜——相对论升级版的地心说

上海天文馆

当我们在天文馆的天穹上看到满天星斗的天空时，我们会视为这就是缩小和回放的宇宙。我们坐在黑暗中天文馆的椅子上，作为观察者仿佛是在宇宙的中心（左图）。

实际上人类作为地球上的观察者，是处在宇宙天球的极点上——居高临下一览无余的中心，古老的地心说以21世纪相对论升级版的形式，重回人间（中图）。

在观察者大脑和宇宙之间的一对宇称时空平台上，浩瀚宇宙通过莫比乌斯带尽收眼底，四维时空的宇宙边界——二维空间一维时间的宇宙天球的海量信息，投射在人脑黑洞中，实现了宇宙大球的天文信息和人脑小球的认知信息的宇称变换（下图）。

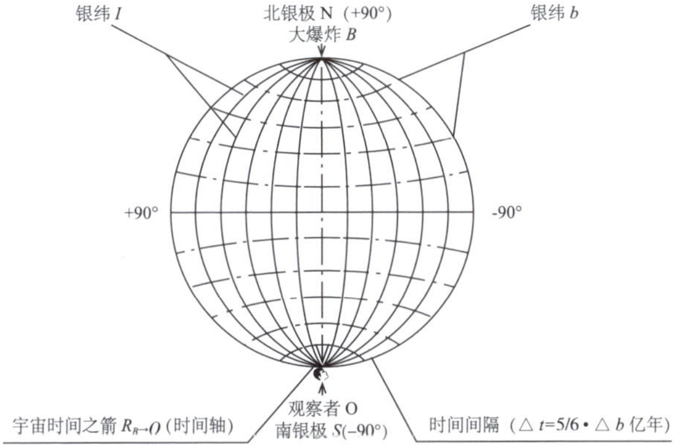

人类处在宇宙天球的极点上，成为观测宇宙的中心，
宇宙中的光线，沿经线传达到观察者，构成相对论升级版的地心说。

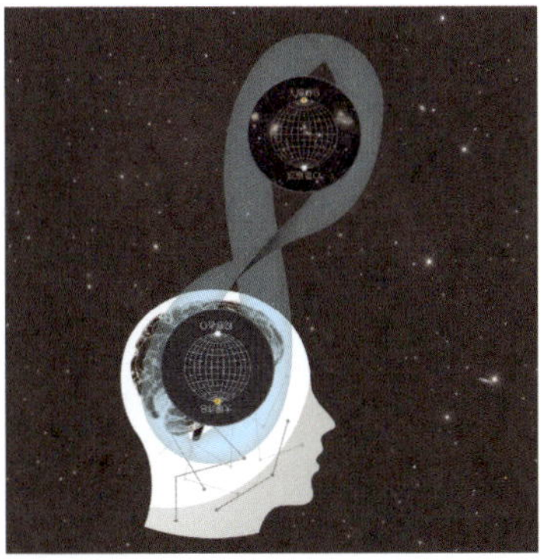

在人脑黑洞中反演的宇宙天球认知信息

10 我们是谁之谜——宇宙演化中的智慧生命

我们是谁？我们是宇宙演化的精灵，也可以说是和宇宙同岁的智慧生命。

来自何方？来自宇宙中双重时空平台上的自然创生（参看《时空外史》）。250万年前，我们的祖先早期能人从猿人中脱颖而出，脑容量459毫升；4万年前，进化成现代智人，脑容量1450毫升（平均），我们在出生以后的发育、成长中，正在重复着这一进程（右图）。

人之初的智力发育	状态	(a)啼哭	(b)打电话	(c)小博士	
	年龄	新生儿	1岁半	4岁	(成年)
	脑容量(毫升)	385	800	1150	1300~1700（平均1450）
	脑容量(毫升)	450	800	1100	1300~1700（平均1450）
人类的智力进化	时间	250万年前	200万年前	50~70万年前	3~4万年前
	状态	南方古猿——早期能人 较陡的前额 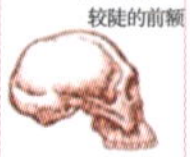	能人 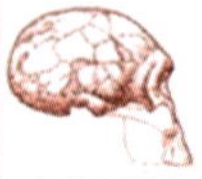	直立人 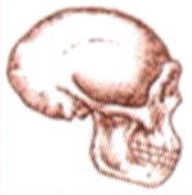	现代智人 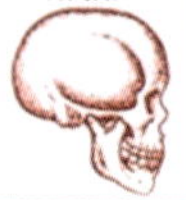

人类脑的进化与人之初智力发育的比较

宇宙的演化包括物质实体和物质信息两个方面：前者遵循物质不灭的能量守恒定律，是一个显形可见的自然规律；后者遵循三维反演的宇称守恒定律，是一个隐形看不见的自然法则。一旦人们认识到宇宙从大爆炸开始，保持大自然永远对称的宇称守恒法则一直在主宰着宇宙信息的演化，人类意识的创生也就是物质信息通过虚数$\sqrt{-1}$进入大脑的一个必然事件。

认知原理　加印献辞

精神和物质存在于一对隐形的宇称世界中，
生命和意识诞生在自然界的宇称时空平台上，
人类认知遵从欧拉恒等球的宇称k变换原理，
自然逻辑是人类思维创新和知行一致的准绳。
自然逻辑　理性永恒。

0.3 人类的认知原理——两次变换和两类思维

人类从第一次卵裂开始的囊胚和胚胎的发育过程中，就建立起一种特殊的对称体系：宇称对称的“身—心”体系，形成了界，即脑以颅骨为界：外部是一个在右旋四维时空中运动着的物质世界——天、地、生；内部是一个在左旋四维时空中运动着的物质世界——思维着的精神，二者是天然的信息映射的等效关系，精神是物质存在的一种形式。

⑴人类的认知过程就是两个世界之间的两次宇称守恒的变换和在两次变换之间进行的两类思维的过程。

变换一（脑的输入）：信息从颅外右旋世界经过“宇称（k）变换”映射到颅内左旋世界，形成感知和记忆。这就是物质变精神的经验认知，也就是马克思所说的“解释世界”的源头。

变换二（脑的输出）：信息从颅内左旋世界经过“宇称（k'）逆变换”映射到颅外右旋世界，构成语言、动作等行为。这就是精神变物质的灵感和创新，同时思维会有一个信息的增量 Δ，这也就是马克思所说的“改造世界”的源头。

⑵在两次变换之间是脑对信息的加工过程，即思维。思维有两种类型：形象思维和抽象思维。

人类的形象思维和哺乳动物是一致的，形象思维的能力和输出信息与物种相关，代代相传，不具有明显的创造性。形象思维所遵循的思维法则是亲身经验所感知的自然规律。

人类以语言为标志的抽象思维是人类所独有的，但仍然是建立在形象思维的基础之上的（如引力波），因此语言区只占据单侧脑半球（或左或右，绝大多数人为左侧），形成人类意识的主导半球。抽象思维所遵循的思维法则是人类社会的习惯、规则和知识体系，知识是一个继承和创新相结合的动态的文化宝库。

人类的思维是形象思维和抽象思维的融合思维，书中称为“意象思维”。意象思维会形成脑对信息加工中的一个灵感增量 Δ，灵感增量来自知识的积累、神经元的活力和能量的转换，最终形成人脑的信息的输出，这就是人类精神活动的创造性源泉。

⑶将颅脑内外左右旋世界连接在一起的神经丛，就是数学上称为不平凡

纤维丛的“莫比乌斯带”，神经信息沿着莫比乌斯带在脑和身体之间来回传递。

⑷我们将颅脑内外的一对左右旋四维时空定义为宇称时空，它是精神和物质同时运动的时空平台，二者的变换遵循宇称守恒定律，二者的运动遵循相同的物质运动的规律。

对于人类认知原理的这一表述，是从自然科学—生命科学—哲学三位一体的角度出发，对人类“身—心”体系中“物理—生理—心理”现象的一个实质性的综合解读，遵照科学原理做了一个语言的表述（详见本书第2章）。

⑸眼球的瞳孔和晶状体是颅脑内外左右旋世界的界面，用虚数来表示。

0.4 认知学的自然原理——科学与哲学的融合

1.《认知原理》是有关人类进行认知的一门学问，也可视为融合了科学、哲学与数学尖端成果的一本“认知学”著作，其宗旨是论述形成人类认知所遵循的自然法则。这些自然法则分别体现在数理化、生物学等各门学科中，因此，本书只是从认知角度对基础科学原理所作的一次系统性集成的尝试，特别值得提到的是：欧拉恒等式是对《认知原理》强有力的顶级数学理论的支撑，吴健雄实验是对“宇称 k 变换”认知原理的强有力的实验证明，没有先辈的研究成果，作者的兴趣和探索只能是一片空白。

2. 认知和意识之谜是人类千古以来的一大难题，因此《认知原理》一书中对人类“脑与左右旋世界”的发现和界定，为解开这一难题奠定了生理的和解析的基础。离开了时空的科学是不存在的，离开了时空的哲学也是不存在的，科学的地基是牛顿的绝对时空观和爱因斯坦的相对论时空观，哲学的地基则理应是象征着精神和物质相互变换和存在的一对左右旋对称的宇称时空。当哲学接受《认知原理》所阐述的精神和物质分属于一对宇称时空、保持彼此映射的关系的时候，哲学就会在现代文明的基础上，回归到古文明中人类认知的制高点，从而在科学的探索上有助于弥补当代科学分科过细、隔行如隔山的不足，在社会学的实践上将会架起一座联系有神论和无神论、唯物论和唯心论之间的天桥，人类将会在探索真理的历程中，向着更为和谐的方向前进一大步。

0.5 求知论——问题、求解和认知的极限

上面的论述说明《认知原理》确系大自然写就的一本书。作者只是在恩格斯《自然辩证法》的引导下，从“物理—生理—心理”现象三者一体化的形象思维的角度出发，应用人类创造的科学成果，得到了一个人类认知的“宇称 k 变换原理”，破解了每个人都存在的但感觉不到的脑与左右旋世界存在一个虚数的秘密。这一尝试是可喜的，也是成功的，但这只是认知学的第一步，更具有吸引力的深邃的问题正等待人们去探知：

⑴人脑中感觉到的只是电信号，还是一个栩栩如生的世界？

⑵脑中的电信号是如何叠加集成的？

20 世纪 30 年代，法国细胞生物学先驱 M. 拉莫斯说过：“给我一个活的细胞，我就能给你造出一个生物的世界。”实际上，人类至今连一个细胞也造不出来，原因何在呢？

因为一个细胞就代表了一个物种。如果我们相信每一个物种都是在自然规律的主宰下演化出来的，那么它在生命诞生和物种起源的道路上能存在至今则是一个小概率的必然事件。这个概率是多小呢？

按照生物学的考古研究，地球上 99.999% 的物种在诞生以后都消失了，而现存的物种大约有 1500 万 ~1 亿，因此每一个物种在 35 亿年的地球环境下，出现和生存至今的概率大约是 1/10 万亿。按照基因的理论，一个细胞就代表了一个物种，所以就我们人类包含精神活动的生命而言，是历经了 35 亿年地球环境条件的、一个极小的概率必然事件。

但是，35 亿年的地球变迁是不能重演的。因此，哲学可以论述宇宙和人的演化和认知的一般规律，但不能代替科学的认知；科学可以探知、阐释自然的原理和宇宙的法则，可以有着多种多样的创造性的成功，但人类不能复制宇宙、生命和意识的创生，需要和哲学一起来解读。

这就是我们认知的极限，我们认知中的每一步探索都是在试图接近这一极限。

作者 2024.10

目　录

第一篇　认知起点——言法自然

第二篇　脑的世界——宇称(k)变换原理

第三篇 意识和智慧——左旋世界中的精神活动

第四篇 脑的自然进化

——意识的创生

第一篇　认知起点

——言法自然

现代的自然研究不同于古代人的天才的自然哲学的直觉，也不同于阿拉伯人的非常重要的、但是零散的并且大部分都无果而终的发现，它是唯一得到科学的、系统的、全面的发展的自然研究。

在黑格尔那里表现为判断这一思维形式本身的发展过程的东西，在我们这里就成了我们的关于运动性质的立足在经验基础之上的理论认识的发展过程。这就说明，思维规律和自然规律，只要它们被正确地认识，必然是相互一致的。

——恩格斯：《自然辩证法》

导　言

人从诞生那一刻开始，就在认知外部世界，而对于自己内部世界，却一无所知，或知之甚少。人们对外部世界可以回忆，可以想象，但关于自己的来处和去处，自己的成长过程，自己为什么能认知这个世界，属于自己的那个“我”究竟在哪里……，在这个有关自己的方向上，一旦想起来，就是一连串的谜。对于这些谜，既有所感觉，又有所疑惑——但是，这并没有影响我们对外部世界的认知，也没有影响我们的成长。人类在有神论和无神论的不同信仰中不断地有所发现，有所发明，有所创造，有所前进。人类为什么能够认知一个外在的世界，又为什么能够改变这个世界，人的正确思想究竟是从哪里来的呢？

这就是我们为什么要讨论“认知原理”的出发点。认知原理并不是由人所规定的，而是大自然的规则。人类是唯一使用语言来认知外部世界的动物，语言是我们对认知进行表述的工具。2000多年以前老子对认知哲学的语言表述是“人法地，地法天，天法道，道法自然”，而老子哲学的起点应该始于“言法人”，完整的表述是“言法人，人法地，地法天，天法道，道法自然”。简化的也是认知原理的根本性的表述就是：“言法自然”。

言法自然表示人类的认知源于语言的出现和对自然的解读，而语言本身又源于自然法则所主宰的“心—脑—体”的进化历程。

第1章 生物进化的必由之路

所谓生物进化的必由之路，是指生物的进化是两方面因素共同作用的结果，这就是自然创生和自然选择。自然创生的机制是量子式的随机变异和自然法则的导向；自然选择的机制是与环境相关的优胜劣汰的生存法则，二者形成了生物进化中由各自的小概率事件所规定的一条必由之路。这条进化之路表现在生物物种的多样性和可比对性，如昆虫的复眼和脊椎动物的成像眼、昆虫神经系统的并行和脊椎动物的交叉传递，等等，这就告诉我们：物种的起源和进化是一个由变异而形成的整体的系统的演化过程，它的每一步都离不开自然法则（物理和化学定律）的导向，也离不开环境条件（初始条件和边界条件）的约束。

1.1 视觉感知的两种进化选择

1.1.1 人眼成像上下倒置

从中学时乃至小学时开始，我们就知道，视网膜成像是倒置的（图1.1），但是我们所看到的外部世界却是正立的，也没有人能感到视网膜上的像确实是倒立的。人们就是在这样一种吊诡的现象下正常地看世界，正常地运动，正常地生活。这莫非只是物理学给我们带来的一个困惑，还是其中暗藏着什么玄机？

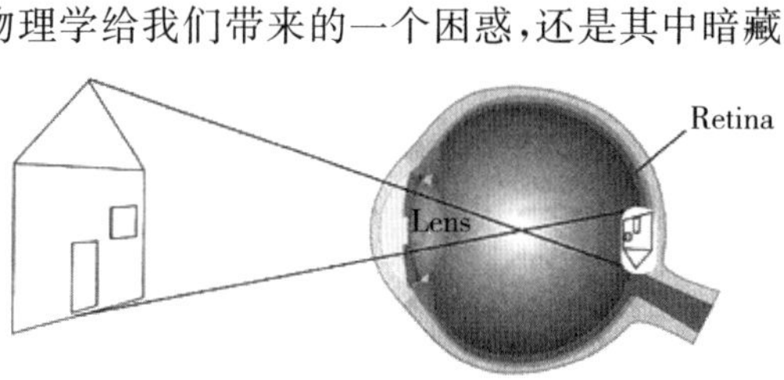

图1.1 视网膜倒置成像的光学原理[1]

Lens 晶状体；Retina 视网膜。

这个像真的是倒立的吗？那它又是怎样被正立过来的呢？这确实是一个谜，是一个未解之谜。

为了释谜，还得从倒置像的存在和人的主观感知谈起。苏州大学的徐斯年教授对作者讲过一段亲身体验：

> 鄙右眼视网膜脱落时，先是在“视域”下方出现一个黑点，然后逐渐扩展为黑色的半月形，毫无光感。经眼科医生检查，确认是过去眼底出血未吸收干净的凝结物，把视网膜的上端“拉”下来了。黄斑也呈脱落状态。
>
> 视网膜的倒置象，会立即精确地传送到大脑里的某个“处理系统”。该系统感知“正置象”(?)的时间之短，几乎等于零。

徐教授所用的“象”字，是一个意味深长的词，它蕴含着人脑中使我们感到困惑的自然奥秘——它在视网膜上由晶状体所成的“像”瞬间变换成人脑中感知的“象”。这个“象”和零延时效应，恰恰是我们揭开这一自然奥秘的关键。

下面我们将从科学的角度进行论证，论证的结果会揭示一个难以想象的秘密：我们的大脑总是在“倒置像”下进行思维，因为仍然是“倒置象”，所以“零延时效应”(不计及神经传递信息的延时)是成立的。

对于这个问题，有很多想象，最为流行的是：人们根据经验将这个像正立了过来，但也是似是而非。不过，我们还是要问：高等动物、哺乳动物，它们眼球的成像机制和我们一样吗？所成的像在视网膜上也是倒置的吗?!

这种倒置的像是人类视觉信息的来源，但是低等动物并非如此。这种眼球成像倒置的现象是否也与生物进化的多样性有关呢？

1.1.2 复眼成像马赛克

在低等动物的世界里，有些动物是只有眼点，而没有眼睛的，如原生动物的鞭毛虫类、腔肠动物的水母、脊椎动物的始祖文昌鱼等。所谓眼点，是原生动物和低等无脊椎动物的小形而构造简单的视觉胞器，由于有感光性所以称为眼点，有时也作单眼的同义词。

这里单眼并不是高等动物的眼球，而是和昆虫的复眼相对应的一个名称。复眼是昆虫的主要视觉器官，通常在昆虫的头部占有突出的位置。每个小眼都有角膜、晶椎、色素细胞、视网膜细胞、视杆等结构，是一个独立的感光单位，在视网膜上形成一个像点，众多小眼形成的像点拼合成一幅马赛克图像(图 1.2)。

“小眼射入的光线，除直射的光线到达视杆，光线还可通过折射进入其他小眼，使附近每个小眼内的视杆都可以感受相邻几个小眼折射的光线。这样在光线微弱时的情况下，物体也能成像。家蝇的复眼约由4000个小眼组成，蝶、蛾类的复眼约有28 000个小眼。小眼面的大小，不但在不同种的昆虫中不同，而且同一个复眼中不同部位的小眼面也可不同，如雄性牛虻，复眼背面的小眼面较大。视觉传感器由多个光感或多个红外传感器组成。可以传感一条线或一个面的光值或红外线。”

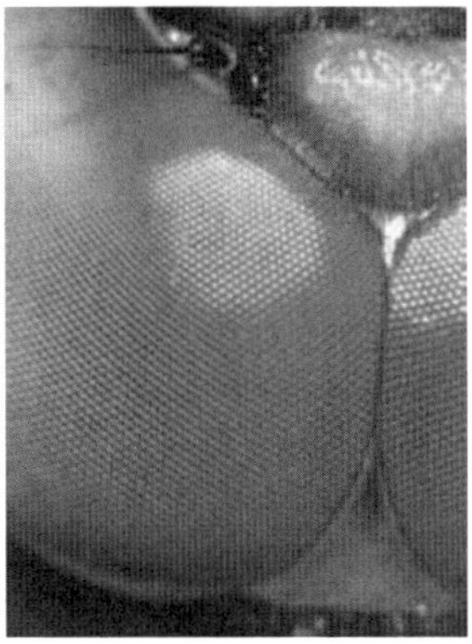

图1.2　复眼

如果用高等动物的眼球成像和昆虫世界的的复眼作一比较，我们不难发现两者在视网膜上的成像有一个根本的差别——前者倒置，后者正立。昆虫以复眼而形成正立的像来观察外部世界是一条简单而又直观的感知途径，有助于直接形成昆虫世界的“刺激—反应”机制，因此昆虫的进化是很成功的。在动物学的节肢动物门中的昆虫纲是整个动物界中最大的一个类群，它们的踪迹几乎遍布世界的每个角落。目前，人类已知的昆虫约有100万种，昆虫不但种类多，而且同种的个体数量也十分惊人，切叶蚁社会可以有800万个成员。

脊椎动物的眼睛和昆虫复眼的差别起源于亿万年以前进化的起点，但又是一个让万物之灵的人类既值得庆幸而又饶有趣味的故事，这得从章鱼保罗说起。

1.1.3　章鱼保罗

生于英国多塞特的章鱼保罗，在德国奥博豪森海洋馆长大，在酷爱足球的欧洲，保罗一度成为2008欧洲杯和2010世界杯两届大赛中的竞猜明星，预测14次，猜对13次；预测世界杯则是8猜8中（图1.3）。保罗这个名字是取自德国儿童作家波尔洛生所作的诗《章鱼保罗》，2010年10月25日，两岁半的章鱼保罗在德国奥博豪森水族馆去世，它留给人们一个猜不透的谜：一个低等动物何以能够成功地预测世界杯足球赛的进程呢？

或许章鱼保罗预测世界杯进程之谜，比起我们去猜想人类视网膜上成像倒置之谜更难想象，因为章鱼保罗的预测是不能或者很难复制的，而我们视网膜上像的倒置则是人人如此。但是章鱼保罗还是给了我们一个启示：如果和昆虫作一比较的话，章鱼要聪明得多，章鱼保罗具有更高的智商。请看一位高明的读者对这种信息的解读：

图1.3　章鱼保罗预测2010年世界杯

“严谨的德国人深知，章鱼是一种极其聪明的海洋动物。章鱼有相当发达的大脑，可以分辨镜中的自己，也可以走出科学家设计的迷宫，吃掉迷宫外的螃蟹。它有三个心脏，两个记忆系统，大脑中有5亿个神经元，称得上是逃生高手，为了避开‘猎食者’的捕杀，章鱼除了运用我们熟知的拟态伪装术、舍‘腕’，还会用两足‘走路’逃生。

正因为章鱼被认为是无脊椎动物中智力最高者，所以，德国人选择章鱼来预测世界杯……原来是德国人玩的把戏。有人会问：为什么其他国家不用章鱼来预测本国球队的胜负呢？答案是德国国旗的颜色正是章鱼喜欢吃的食物颜色。……章鱼热衷于吃虾、蟹等甲壳类动物是因为虾青素，……虾、蟹富含虾青素。所以，游戏的规则就是覆盖国旗的容器里必须有这些食物，才能吸引章鱼爬进去。

德国国旗是黑、红、黄三色，这是章鱼最喜欢的食物的颜色，分明是躲在黑暗中的两条大虾，它肯定首选进攻这样的目标。澳大利亚的国旗是深蓝+红色米字，章鱼认为食物太小而不会选择，所以澳大利亚输。而塞尔维亚的国旗，不但有一条红色的虾，还有一个红色的螃蟹，章鱼认为更有吸引力，所以没选德国，德国输了。按理说，加纳的国旗跟德国国旗有相似的地方，但恰恰因为那个五星，让章鱼认为有杂质或危险，反而选择德国，所以加纳小负德国。英格兰呢？一个醒目的红十字，对章鱼而言构成了攻击性，反倒促使章鱼选择德国，结果英格兰大败。轮到阿根廷，没有任何吸引章鱼的颜色，大败无可避免。

昨天，在'保罗'预测前，有人分析说，半决赛德国对西班牙，如果让章鱼选，德国一点机会都没有。因为西班牙的国旗是三条大虾加一个螃蟹。结果，章鱼哥确实选择了西班牙。"

章鱼保罗的预测成功，还是提供了解读我们"成像倒置"之谜的一条线索——章鱼的眼睛和视觉信息和昆虫是不一样的，它和我们人类相仿，是一个能成像的眼球。章鱼处理视觉信息的枕叶占大脑的30%，也就是说，动物的智慧是和眼睛及大脑的同步进化有着密切的关系。从上述对章鱼保罗智慧的解读，可以看出通过晶状体成像的眼球很可能就是形象思维的起源。

章鱼和乌贼等属于软体动物门的头足纲动物，被认为是最聪明的无脊椎动物。它们的头部具有牙齿、舌头和大而复杂的眼睛，眼的结构与脊椎动物基本相似。章鱼有着巨大的成像眼，每平方毫米视网膜上有7×10^5个光感受器，不过章鱼的眼和脊椎动物相比，视网膜的结构的排列是反转的，即感光细胞在视网膜的表面，且面对晶体。实验证明普通的章鱼能够辨识色彩、亮度、形状、大小，还有物体的垂直和水平方向，甚至能够感应光线的极化平面。因此，章鱼对外界有着和昆虫不一样的信息感知，并且能形象地处理这些信息，这就是章鱼大脑的智慧。

1.1.4 进化的选择

当然，我们并不知道，章鱼脑里的外部世界(像)是不是也是倒置的？但是它们的视知觉既然能够辨识物体的亮度、形状、大小、垂直和水平方向，那也就表明眼睛成像机制和视觉信息的传递、处理是和哺乳动物大体相同的，虽然没有确凿的解剖学证据，但是章鱼眼睛的成像也很可能是倒置的。

于是，我们从昆虫复眼和章鱼眼睛的比较，可以看出在观察外部世界的眼的进化过程中，有两种选择：形成正立像的复眼和形成倒置像的眼球。这两种选择，就其难度而言，前者简单，所以昆虫进化出了上百万种(只是节肢动物门的一个纲——昆虫纲)；后者复杂，故脊椎动物现在只有39 000种，分属于7纲——圆口纲、软骨鱼纲、硬骨鱼纲、两栖纲、爬行纲、鸟纲和哺乳纲。值得注意的是，脊椎动物的进化地位最高，但是在低等动物中，章鱼的眼睛是和我们人类最接近的"成像眼"，这也表明它们在获取外界信息上有和我们人类的共同之处，这就是为什么我们能感到章鱼和昆虫不同，并且可以对它们进行智力测试和交流的缘故。

如此看来，我们眼球的倒置成像，有着深奥的进化机理。进化意味着挑战和机遇并存的自然选择的法则，眼球的倒置成像将外部世界以倒置的方式呈现在我们的脑中，这和昆虫的视知觉是截然相反的。我们应该庆幸的是，我们远古的祖先在视觉感知的进化中，选择了和章鱼相似的眼球。这样的眼球让外部世界倒置于视网膜上，这看来是一个不可思议的事件，但是它延续了章鱼的智慧，致使脊椎动物走上了高等动物的进化行列。

虽然视网膜成像是倒置的，但是人们照常看到的是一个正置的世界，照常地生活。只有在课堂上或者赋闲的时候才会想起这样一个看似无关紧要的问题："缘何如此？"多少年来，总是悬在那里。作者对此问题的记忆也是始于半个多世纪以前的中学时代，一直延续至今。只是在认真思考人类的认知原理时，才关注到这个吊诡的问题。起先，是想从《神经生物学》[2]中去探寻"视网膜倒置像变换为脑认知的正置像"的蛛丝马迹，但是什么也发现不了，只能存疑：那么是不是"负负得正"了呢？和昆虫的"正立视觉"相比，脊椎动物在进化道路上的成像眼，与我们人类的智力有什么关系呢？

1.2 身体的对称

1.2.1 《维特鲁威人》与十字形的体型

《维特鲁威人》(图 1.4)是达·芬奇的名画，绘制于 1490 年左右。文艺复兴时代的欧洲，重新回归并发展了人体美这一古典思想，认为人体像其他物体一样，由对称和谐的数学规则所决定。

图 1.4 表明，十字形的对称法则，地上的人(图 a)、天上的神(图 b)都遵循着一个共同的大自然的左右对称的法则，这和古典思想中人体美的观念是完全一致的。现代物理学，将左右对称视为物质存在和运动的一个基本法则，冠名"宇称"。更为准确的定义和对于我们人类认知的意义，将在随后逐步加以论述。

1.2.2 "宇称"与运动

如果我们按照习惯将宇称解释成左右对称的话，几乎所有的动物都酷爱宇称，也就是说，它们的身体结构都是左右对称的。

动物界的共同特征就是运动，其进化的起点是原生动物单细胞的鞭毛虫。

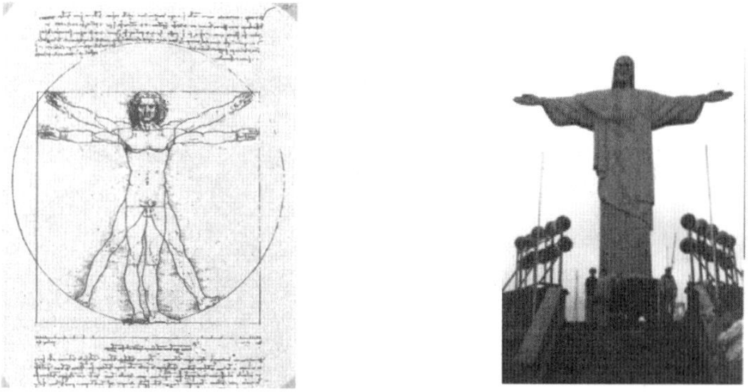

（a）《维特鲁威人》达·芬奇约1490年　　（b）巴西里约热内卢耶稣山上的圣像

图 1.4　人体的对称与十字形的灵性

在 5.5 亿～6.5 亿年以前，地球上开始了由单细胞生命向多细胞复杂生命的演变。多细胞组合所表现出来的第一个问题，就是这一组合的结构及其外在的表现会选择什么样的取向。没有超乎单细胞生命的力量能设计出这样的一个组合，保证它们在随后进化的道路上会具有永恒的竞争力，从而一帆风顺地进化成猿人、智人和我们当下的人类。据生物学家和考古学家估计，世界上现有的物种大概有 1500 万～1 亿，而地球上曾经出现过的物种，有 99.999％都灭绝了，也就是说，现有的每个物种进化成功的概率只是 10^{-13}，即 10 万亿分之一，我们人类也不例外。我们找不到一条道路是我们几十亿年以来的笔直的进化之路，但是我们可以看到一些自然法则在引导着进化的取向，而我们人类的身—心系统则集中地体现了物理学上诸多重要的自然法则，核心是宇宙中的对称性。下面我们从寒武纪生命大爆发开始，在生物物种进化的起点上，单细胞生命选择了几乎所有进化的可能性，但它们又必须符合自然界的规则，因此在生命的多细胞组合的身体结构上，形成了三个进化方向。

第一个进化方向是不具有任何对称性的海绵（图 1.5.a）。它们构成了动物学的海绵动物。海绵只是多细胞的结合，绝大多数固着于海底不运动，也有少数是自由运动的。所谓自由运动，就是没有优先方向性的运动，因为它们不具有与方向相关的对称性。

第二个进化方向是一些两侧对称的微小（0.1～8mm）蠕虫，如直尾虫。它们构成了动物学的中生动物门。它们是两侧对称的，运动由纤毛来完成，同时具有优先的运动方向(图 1.5.b)。

第三个进化方向是具有中心对称的水母。它们的身体结构围绕着中心轴呈伞形辐射对称状,运动的优先方向是伞的顶部朝向(图 1.5.c)。

(a) 海绵　　(b) 蠕虫(参考)　　(c) 水母

图 1.5　动物由单细胞向多细胞进化的不同体型

图 1.5 展示了在动物进化的起点上,从单细胞进化到多细胞时身体结构的三种可能性:海绵的不对称形、蠕虫的左右对称形和水母的辐射对称的伞形。那么,究竟哪一种更为大自然所青睐呢?动物生物学的研究告诉我们,几乎所有动物的身体结构都是左右对称的,也就是说,宇称的法则规定了动物身体结构的进化方向:进化的最终选项只有一个——左右对称的宇称(表 1.1)。

表 1.1 说明动物身体结构的进化方向一定会是左右对称的,这在人们的视觉形象中是司空见惯的,在人的思想中是天经地义的自然法则,以至于对想象中的外星人,也都遵从着这一法则(见图 1.6)。

1.人类想象的外星人经典形象　　2.人类普遍对外星人的刻板印象　　3.影视中的外星人造型　　4.墨西哥“外星婴儿”事件图片

图 1.6　“宇宙动物门”,科幻的启示:
人们想象中的外星人无一例外都是左右对称的。

表1.1 动物的对称性统计（表中部分资料摘引自文献【3】）

序 号	动物的分类	对称性	举 例	对称性说明
1	原生动物门	单细胞	动鞭毛虫	
2	海绵动物们	不对称	海绵	
3	中生动物门	两侧对称	直尾虫	
4	腔肠动物门	辐射对称	水母	
5	扁形动物门	两侧对称	肝吸虫	
6	纽虫动物门	两侧对称	丝带虫	
7	线虫动物门	两侧对称	蛔虫	
8	环节动物门	两侧对称	蚯蚓	
9	软体动物门	两侧对称	章鱼	
10	有爪动物门	两侧对称	栉蚕	
11	节肢动物门	两侧对称	蚂蚁	
12	棘皮动物门	两侧对称	海参	
13	半索动物门	两侧对称	头盘虫	
14	脊索动物门	两侧对称	鱼、猩猩	

辐射对称（轴对称）

通过动物身体的纵轴，使身体形成任意两个互为镜像部分，有多个对称面。这种对称方式为辐射对称。辐射对称使身体失去绕纵轴的方位感。图（a）

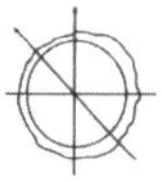

（a）

两侧对称（左右对称）

两侧对称指具有左、右两侧的动物身体，沿着从前至后的中轴（图b），只有一个对称面将动物身体分为纵向相等的两半，这两半互为镜像。

图（b）

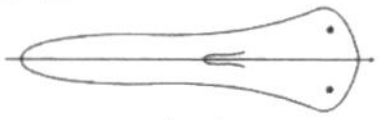

（b）

不对称

这是单细胞原生动物向多细胞进化时的一种形态，局部组织有对称感，总体不对称，没有运动的优先方向，适合固着生活。

图（c）海绵

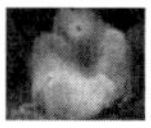

（c）

无论是地球上的动物，还是外星人，为了运动，又是在一定引力场中的运动，就需要有一个优先的运动方向，这就是由左右对称所决定的正前方的前进方向。我们以鱼为例，绘制了图1.7。因为鱼类是脊椎动物最接近的始祖。如果鱼类能用一个随同鱼一起前进的坐标系来描述鱼的运动，那么其他动物也就可以依次类推，直至外星人也是如此。

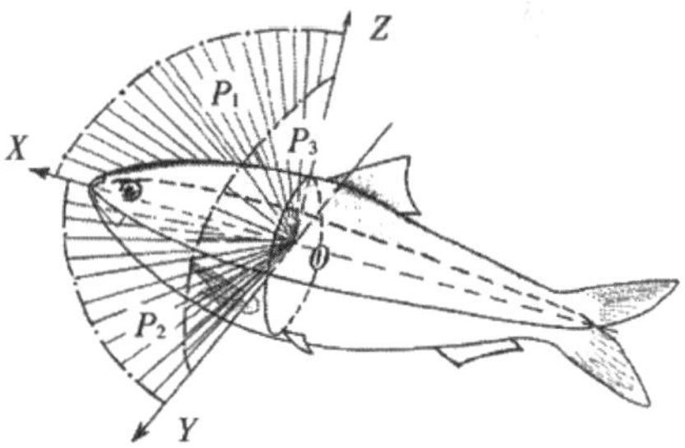

图1.7 鱼的运动坐标系 $o-xyz$

P_1——纵切面，oxz；

P_2——横切面，oxy；

P_3——断切面，oyz。

1.3 脑和身体的信息交流

1.3.1 人类的左右交叉型

中风偏瘫是经常发生的一种心血管疾病，在医学不发达的时代，国人常常用“男左女右”来描述左、右发病的概率。左、右是指通常发病时肢体的表现，而病根则是在大脑的另一侧。如果没有现代解剖学，单从人体的对称性出发，怎么会想到脑对肢体的支配会是左右交叉的呢！

如前所述，对称在动物身体的进化中起着引导作用，但是和所有脊椎动物一样，人脑对肢体运动的控制却是左右交叉的，同时肢体对感觉信息的传递也是如此（图 1.8）。为何如此？这一直是一个谜。对于中风偏瘫的患者，有的可以说话，有的则不能讲话，这取决于语言区是否受到伤害。大多数人的语言区在左侧，少数人在右侧。作者曾经遇到一位男性患者，左侧偏瘫，但也不能说话，因为他的语言区在右侧，可见语言区和说话之间不存在左右交叉的支配关系（因为语言是抽象信息，参见第 10 章）。语言区永远只有一个，可左可右，因人而异（是否有基因的遗传，没有考证）。

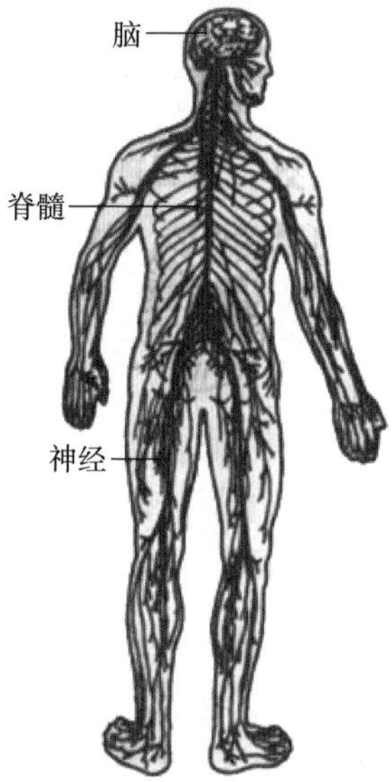

图 1.8 人的神经系统左右交叉

顺便说一下，脑的单侧损伤，是否会引起中风偏瘫，这要看受损伤的部位。脑溢血常伴随偏瘫，且很难治愈，但外伤有时带来精神上的异常伤害，但并不太影响正常活动的能力。这说明大脑的功能除去具有感知、行为和运动的调控能力外，还具有另一层意义的活动，这就是参与记忆、思维和感受的精神活动。如图 1.9 所示，是对一个脑外伤病人重构的受伤部位及其说明[1]：

“颅脑受到的伤害将会影响感知、运动和精神活动。

1848 年，P. Gage 在一次铁路交通事故中受伤，当时他 25 岁。一根铁条穿透了 Gage 眶额叶皮层和内侧额叶区域，伤害引起了肿胀、渗血、发烧、感染、发炎和肌肉组织的扭伤等反应，一直扩展到直接受伤的区域以外。因此，对这种类型的神经受损的病人，人们并不能确切地知道脑受损伤的范围会有多大。

当P. Gage从铁条穿过的空洞恢复以后，他变成了另一个人。有时，他会断续地、无理地、沉迷在最严重的亵渎之中(此前，他并非如此)，他的意志欲很强，稍不遂意，也会很不礼貌地对待他人。他的精神已经发生了根本性的变化，他的朋友和相识的人都明显地感觉到了这一点，所以他们都说：他不再是昔日的Gage。”

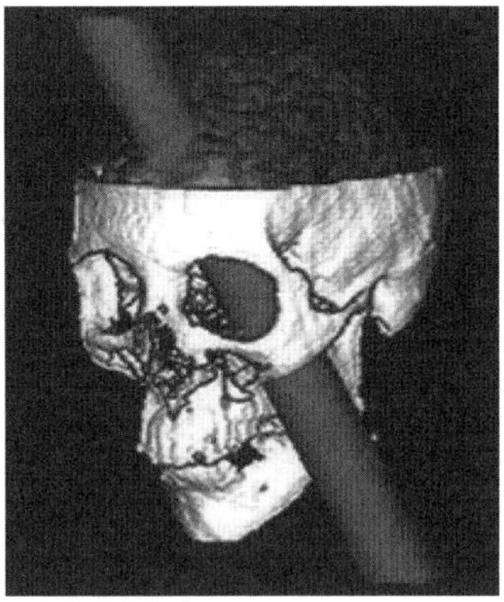

图1.9 铁条穿透了Phineas Gage的头颅，此为受伤的重构图

1.3.2 无脊椎动物的并行传递型

这种神经信息的交叉传递的模式在无脊椎动物的世界里没有看到，因为它们走的是另一条平行传递的进化道路。无脊椎动物神经系统的发展趋向是由无到有，由分散到集中。进化的过程是：

无神经系统(如海绵)→网状神经系统(如水母)→梯状神经系统(如扁虫)→链状神经系统(如昆虫)。

下面以三角涡虫(图1.10)和蝗虫(图1.11)为例，可以看出其神经信号的传递都不发生左右交叉的现象，而是一种并行传递的模式。

昆虫的中枢神经系统包括位于头部的脑和一条位于消化道腹面的腹神经索。由于索状神经系统是由梯状神经系统进化而来的，所以许多昆虫的神经节前后纵向仍以明显的两根神经索相连，有的神经节左右两叶之间还保留有横向连接的神经连锁。

三角涡虫头部有一对脑神经节，由此分出一对腹神经索并行通向体后，在腹神经索之间有横神经相连，因而构成梯形。

蝗虫的脑由前、中、后脑组成，又合称咽上神经节。前、中、后脑均由左、右两个脑叶组成，且有不同程度的愈合。脑和腹神经索之间以围咽神经索相连。

纵向连接前后神经节的神经称为神经索;横连的神经称为神经连锁。两条腹神经索从脑的左、右叶分别传出开始,一直保持并列,纵贯全身,其间有神经连锁彼此相连。脑和腹神经索构成昆虫的中枢神经系统,左右两个脑叶和左右两条腹神经索相互对应,不发生交叉。

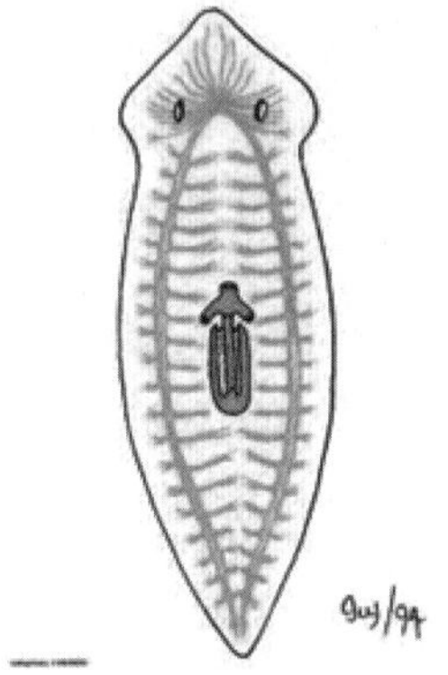

图 1.10　三角涡虫的梯状神经系统

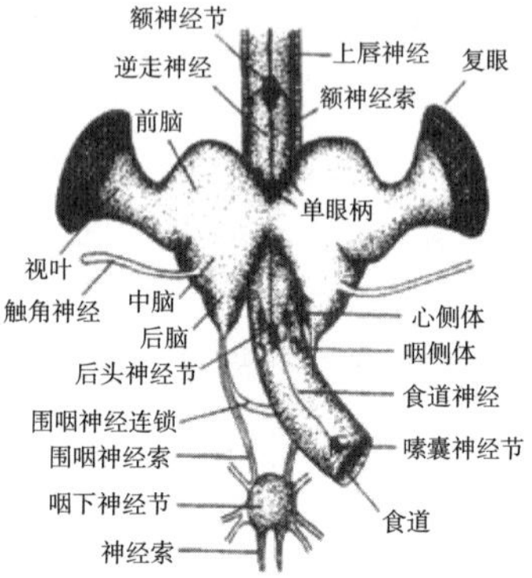

图 1.11　蝗虫的中枢神经系统

1.3.3　神经信息传递的类型与视觉的相关性

动物神经系统的进化经历了从无到有,从分散到集中,最后形成脑的过程。与此同时伴有从脑到全身神经系统的分布和联络,从而使全身的组织和器官既相互制约又相互协调,最终进化成各种分门别类的动物。进化的道路是多种多样的且带有随机性的,在 5.5 亿～6.5 亿年前,发生了由微观生命向宏观生命进化、转变,实现了由单细胞生命向多细胞生命的过渡,紧接着是 5 亿年以前寒武纪的生命大爆发。大约 5 亿 4200 万～5 亿 3000 万年前,绝大多数无脊椎动物门在“短短”2000 多万年的时间内出现了。几乎是“同时”地、“突然”地在寒武纪地层中出现了门类众多的无脊椎动物化石,如节肢动物、软体动物、腕足动物和环节动物等。

这一进化的结果使没有进化的单细胞的细菌(还有病毒)和进化出来的多细胞各种无脊椎动物共存于这个世界上。然而脊索动物(脊椎动物)的起源至今仍然是一个谜,这个谜的核心是:最终进化为高等动物的脊椎动物的起点是以脊索(脊椎)和成像的眼两者的结合为其标志。章鱼保罗之所以能对 2010 年世界杯预测 8 猜 8 中,尽管这样优异的成绩或许会融合了人们跨物种的形象思维的信息灵感，但是章鱼具有一双和人类相似的可成像的眼睛，无疑是取得这样一个优异成绩的前提。尽管这是德国人的精心策划，但眼睛确实是可以进行交流的窗口。

与神经系统进化关系最为密切的是视觉器官，眼的进化无疑是动物智力进化的一个象征。感光细胞在寒武纪前就存在了，它允许动物感知到光线和方向。这种最基本的感受器官仍然在水母、扁虫和其他原生动物中存在。由感光细胞形成的感光点是分布式的，所对应的就是腔肠动物的神经网那样的神经结构。感光点的进化可以形成一个具有趋光性的“眼点”。作为脊索动物的文昌鱼，虽然全身有分布的眼点，但是没有可成像的眼，也不可能进化成脊椎动物。

如前所说，进化中最具有代表性的视觉器官就是昆虫的复眼和脊椎动物的眼球，两者在进化上走了不同的道路：前者在视网膜上所成的像是“正置”的“马赛克”，它可以由多达 28 000 个像点所组成；而后者所成的却是一个上下“倒置”的实像，像的清晰度取决于感光细胞的密集度（人有 1 亿多个视杆细胞和 600 多万个视锥细胞），远远高于复眼的“马赛克”。清晰度是信息量大小的表现。与“正置”的“马赛克”和“倒置”的实像相对应的是脑和身体之间神经信息的传递也是截然不同的：前者是左右并行；后者是左右交叉。

对于昆虫的复眼而言，一侧感知信息，传递到同侧的脑，经过脑的信息的整合以后，将肌肉的运动信息分别由左右两侧的腹神经索并行传送到肢体，这是很自然的信息通路，感知信息和运动指令都是直行的，不发生信息的交叉。

对于脊椎动物的成像眼而言，就不会那么简单、直接。现在人们并没有肯定，哪一种动物是脊椎动物的祖先，实际上也很可能找不出来，因为处于进化中的祖先，一旦进化发生以后，原先的祖先就会退隐或消失了。不过，从成像眼的进化角度出发，我们还是可以找到脊椎动物祖先在进化起点上有相似之处的同一代祖先的弟兄，这就是现在依然生存在地球上的两种鱼和已经灭绝的头甲鱼。

总鳍鱼（图 1.12.a）在 5 亿年以前的古生代种类繁多，分布广泛，原来认为在白垩纪已经绝迹，但 1938 年在印度洋南非沿岸 70m 水深处发现了第一条现存的总鳍鱼，此后又有发现，至今已捕到 80 多条。

在软骨鱼纲里，鲨鱼（图 1.12.b）占有主要位置，最早的发现是 4 亿年以前的裂口鲨,鱼类开始形成了可以活动的上颚与下颚,大大地提高了捕获食物的能力,有利于生存竞争,一直延续至今,保持它在海洋中的繁盛地位。

头甲鱼(图 1.12.c)已经消失了 4 亿年,它们出现于 5 亿年前,在地球上延续了 1 亿年。头甲鱼属于圆口类动物,没有像鲨鱼那样发生上下颚的裂口,也正是裂口鲨出现的时候,头甲鱼消失了。也许就是这圆口和裂口之差,决定了一个物种的消亡。

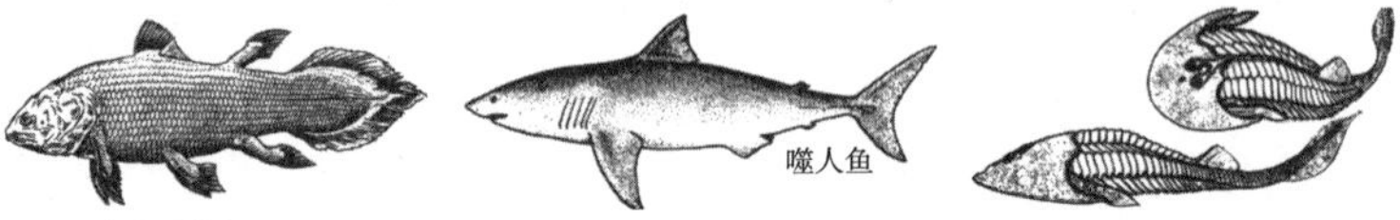

(a) 总鳍鱼　(b) 鲨鱼　(c) 头甲鱼

图 1.12　成像眼的起源

图 1.13　鱼的左右机动

鱼在右前方发现食物或在左前方发现危险时,就会向右摆尾巴,向右机动。

这三种鱼都有一个共同的特征,这就是在 4～5 亿年以前古老鱼类的进化过程中,就已经形成了像章鱼一样可以成像的一对眼睛,用来观看外部世界。因此从鱼眼开始,我们会有两点启示:一是鱼眼所成的像也是倒像,这从眼球成像的原理来看应该是成立的;二是鱼眼的视神经也会发生视交叉,这从脊椎动物的谱系来看,也应该如此,即左眼所成的像(左视野)投射至右侧,右眼所成的像(右视野)投射至左侧。鱼眼及其视交叉的出现,大大地增强了鱼在水中觅食时进行攻击的反应能力,同时也就形成了脑对肢体控制的左右交叉通路。这最终形成了脊椎动物的一个共同的生理特征——脑对身体的支配是左右交叉的。这既符合鱼在水中运动的力学原理(图 1.13),也符合自然法则,后者将在第二篇进行阐述。

与鱼眼的进化同步的还有嗅觉和位觉器官。在低等动物中,嗅觉普遍的都很发达,这是和它们的觅食方式紧密相关的。从内耳中的位觉器官,则可以看出逐步进化的趋势,现存最早的鱼类盲鳗只有一个半规管,七鳃鳗有两个半规管,鲨鱼则具有三个半规管。半规管起到自身定位的功能,与嗅觉和视觉的配合,则构成了觅食、攻击和避险的快速反应能力。现将鱼在游动中应对环境的原理解析如下：

如图 1.13 所示，当鱼的视觉发现右前方有目标时，这个目标将呈现在它大脑的左半球，由于嗅觉不发生传递的交叉，因此会同时通过左右鼻孔并列地传递给左右脑，脑会根据嗅觉来判断目标的性质。目标可能会有两种情况：

情况一，如果经视觉和嗅觉联合识别，目标是“利好”的食物，那么大脑的左半球，即右视野将是一个“利好”的觅食空间，一个刺激鱼右侧肌肉收缩、向右摆尾、向右机动的神经信号就这样从大脑的左半球直接发出了，鱼向右游去，向食物发起了攻击。

情况二，如果视觉和嗅觉联合识别，目标是危险的捕食者，那么大脑的右半球，即左视野将是一个“利好”的安全空间，即鱼要逃避的去处。一个刺激鱼左侧肌肉收缩、向左摆尾、向左机动的神经信号就这样从大脑的右半球直接发出了，鱼向左游去，避开了风险。

鱼类为了觅食和避险，从脑的出现开始就形成了由左右大脑皮层支配对侧躯体运动的神经机制。力学原理催生了鱼类在进化中实现这种神经系统的实时有效的机制，最后鱼类的这一特性变成了脊椎动物的基因——视觉信号在颅脑内左右交叉；嗅觉信号则不交叉而径直传递到左、右半球；脑对身体的左右交叉支配的特性，就这样在脊椎动物中一直传承了下来。这种解释的出发点是，进化一定发生在有利于鱼的生存和符合鱼在水中游动的力学原理的方向上，但第二篇所作的演绎表明，鱼的这种反应能力也可以视为在宇称变换法则导向下自然进化的结果。

昆虫和脊椎动物的形体同样都是左右对称的，但是由于视觉感知和神经信号传递类型的差异，构成了两个截然不同的进化方向，参见表 1.2。

视觉器官的眼是感知外部世界最为重要的器官，也是有可能获得信息量最大的器官，从复眼和眼球进化之路的比较可以看出有两条进化的路线：一是昆虫的复眼所成的正置的马赛克像及其相应的神经信号的并行传递机制，并且进化出上百万种昆虫，而整个节肢动物门则有近 1000 个纲；二是脊椎动物的单眼所成的倒置的清晰的像及其相应的神经信号的交叉传递机制，但是只进化出 39 000 种脊椎动物，还分属于 7 个纲。两者相比较，复眼是一个低风险的进化选择，因此诞生出近 1000 万种的节肢动物；而脊椎动物的具有折光、聚焦功能的单眼是一个高风险的选择，所以脊椎动物只进化出很少的物种，仅为节肢动物的 4/1000。

表 1.2 复眼和眼球进化之路的比较

视觉器官的类型	昆虫的复眼	脊椎动物的眼球
视觉器官的组成	蝶、蛾类有 28 000 个小眼，家蝇有 4000 个小眼	单眼，有折光、聚焦成像的晶状体
视觉成像的性质	视网膜上马赛克式样的正置像	视网膜上清晰的倒置像
视觉信号的传递模式	左、右眼传递到本侧脑半球	左右眼视交叉传递到对侧脑半球
脑和身体的信息交流模式	通过左右两根腹神经索并行传递	通过周围神经系统左右交叉传递
典型动物的种类和数量	昆虫纲有上百万种，（只是节肢动物门的一纲）	39 000 种分属于 7 个纲

然而，正是脊椎动物在进化中的这一“不平凡”选择(参见 1.4 节。节肢动物则可称为“平凡”选择)，让生命的亮点最终显露在地球上，开出了智慧之花，创生了意识，结出了文明的硕果。

1.4 脑与外部世界的信息交流

上一节我们讨论的是脑和身体之间的信息交流有两种神经传导机制：对于昆虫世界是并行的；对于脊椎动物是交叉的。这两种传导机制虽然不同，但“基因”的目的相同——构成一个个封闭而又开放的有机整体。所谓“封闭”，就是每个个体从受精卵开始就是一个自主的不接受干预的生长发育过程；而“开放”，则是除去需要汲取生命所需要的营养物质以外，还需要与外部世界进行信息交流。相对于外部世界而言，这样一个封闭而又开放的个体是一个内部世界，脑就是主宰着这一世界的中心。

1.4.1 动物世界的通信行为

从《动物生物学》可知，表 1.1 所列举的 14 门动物中，只有软体动物的头足纲动物(如章鱼)、节肢动物和脊椎动物是进化出脑的动物。就这样，脑在软体动物、节肢动物和脊椎动物三类典型的动物中产生了，尽管各种动物脑的组织及身体结构相互间截然不同，但脑都是处在内部世界中心的地位。脑是神经元逐步进化、集结在一起的组织，它对所有的外部信息进行处理、整合和管控，因此所有一切和外部世界相关的信息交流都是由脑策划和完成的，它表现为动物的各种行为，以及目的物对这些行为的认可、接受和回应，人们将此常常称为动物的通信或动物的语言。

生物学家斯蒂芬·哈特写的《动物的语言》[4]所列举的动物正是上面所分析的三类有脑的动物，包括头足类的乌贼、鱿鱼，昆虫类的蜜蜂、蚂蚁、蜘蛛，还有鱼类、蛙类、鸟类、鲸类、大象、猫科和犬科动物，以及灵长类的猴子和类人猿，所有提及的动物都是"八仙过海，各显神通。"摘要如下：

> "乌贼和鱿鱼利用它们的那种特有的控制皮肤色彩的能力进行通信联系。它们利用皮肤上的色点、色斑和背景色传递信息……
>
> 大多数科学家现在都已承认，正如冯·福瑞斯克说的那样，蜜蜂的舞蹈确实可以指示距离和方向……当饲喂站距蜂巢之间50～100m时，侦察蜂跳"8"字形舞……一只侦察蜂是如何指示出正确的方向呢？它通过指示蜜源和太阳的角度来表示其相对于蜂巢的方向。
>
> 每一只雄性蟋蟀是通过刮擦它那边缘像小搓板似的前翅基部，以此发声来显示它的存在和勇敢。每刮擦一次就发出一声鸣叫（颤振音），蟋蟀的歌声就是由一系列的鸣叫组成的。像许多雄性动物的通信那样，颤音包含两种意思：一是召唤雌虫，二是警告其他雄性竞争对手离得远一些。
>
> 雌性波蜘蛛有着令异性心醉神迷的芳香，在雄蜘蛛数量很少的时候，雌性波蜘蛛会把它的网变成一条有香味的手绢，并在空中飘扬，香味可以传到很远，覆盖很大的地区，以吸引雄蜘蛛的到来。捷足先登的雄蜘蛛会将蛛网卷成一个硬球，从而隔断雌信号的传出，以阻止其他雄蜘蛛的冒犯和骚扰。
>
> 鱼类能够察觉很宽范围的电流变化。有些鱼类，如鲨鱼就能靠它的这种感觉功能"发现"其捕食对象。有些鲨鱼能够察觉每厘米5纳伏（5nV/cm）这样微弱的电场。
>
> 夏夜池塘青蛙的大合唱总是由任意一只雄蛙引领开始的。但第一只蛙开始呱呱叫时，还显得有一点儿犹疑，紧接着就是一群蛙的跟进，池塘便响起一片此起彼伏的蛙鸣声，一个"领唱者"引起了整个池

塘雄蛙的“求爱大合唱”，各不示弱，每一只雄蛙都想荣登“第一男高音”的宝座。

大多数鸟类的歌唱本领是在生长的关键时期学会的。苍头燕在性成熟之前学习歌唱，而美国西部的白冠带鹀鸟是在它们生活的第一个夏季学习唱歌。从那以后，它们不再学习歌唱。人类学习并较熟练掌握语言大多数也是在青少年时期。

海豚用大量不同的声音进行通信交流，这包括用于回声定位(也可能用于交流)的反复重复的咔嗒声、啸叫声及咕噜声。每只海豚都有其特征啸叫音，海豚发出的啸叫声的意思是“嗨嗨！我不是只告诉你我的名字……”。海豚被认为是海洋哺乳动物的歌手，在驯化过程中，它们甚至能模仿人类的语言。

象群是一个复杂的社会，它们之间使用每一种器官进行交流通信，包括触觉、味觉、嗅觉、视觉和听觉。大象利用人耳(人耳的听域为 2.2cm 到 1m)听不到的更为低频的次声波(范围从几十米到数千米)进行远距离通信，能在亚洲森林里无阻挡地传播到 4000m 以外，来呼唤、召集分散的群体。

河马的吼叫声可以高达 115dB，而且含有次声波的泛音。这种吼叫声和听觉都是立体的，既可以在空气中，也可以在水下同时传播和接收，距离可达 1500m 以外。

声音和形体动作是高等哺乳动物通信和交流的重要方式。雌狮可以通过识别入侵雄狮的吼声来转移和挽救其幼崽的生命；犬吠有时是示威，有时是喧闹，而宠物狗和主人之间则会具有各种各样的交流方式；狼嚎则常常发生在长距离的相互联络上。

作为灵长类的猴子，会以不同的惊叫音调来报警，非洲的黑长尾猴就有三种报警的声音，而听到不同报警声音的猴子将会作出不同的反应：第一种是发现蛇时的叫声，这时猴群的其他猴子会后腿直立并仔细审视地面；第二种是发现豹子时的叫声，这时其他猴子会爬上附近最纤细的树枝，蹲在豹子上不来的地方；第三种是发现雄鹰在天空盘旋时的叫声，猴子会聚集在树干附近浓密的树枝间或钻入茂密的灌木丛。”

以上只是动物世界一些各具特色的通信行为，从昆虫近乎本能的方式到高等动物体现智力的交流行为，都表明每个个体都和物种的群体及其所处的外部世界密切相关，脑就是处理这样一个内外关系的信息中心，从脑发出的所有通信行为和肢体动作，人们常常称为"动物的语言"或者是"肢体语言"。黑尾喉将报警信号分为三类，这和我们人类遇到台风和空袭时的报警信号是同一个模式，这对于人类自身通信和语言的认知是很有参考意义的。

1.4.2 语言构成一脑两制

在"动物的语言"中，由于许多动物都在进化中身怀绝技，我们人类是无法效仿的，如次声通信、变换肤色、感应微弱的电磁信号等，然而人类能够测试和解读动物的各种通信行为。人类之所以能够做到这一步，缘于两种能力：

一是人类具有多种示于形的交流信息的行为，如眼神、手势、肢体动作、喜怒哀乐的表情和声音、歌唱、舞蹈、绘画，这些几乎覆盖了所有脊椎动物进行信息交流的表现形式，除去像以次声波、微弱电信号等独特的本领进行通信以外。

二是人类拥有可以进行抽象思维的能力，在这里"抽象思维"的含义就是，尽管我们不是鱼、不是狮子和大象，不知道它们究竟是怎么想的，但是我们却可以根据它们进行交流的行为表现去进行想象、测试、推理和验证，并在此基础上产生了两门学问：造福于人类的"仿生学"和拟人化的"动物的语言和行为学"。

基于这两种能力，我们人类对于动物世界的活动，特别是脊椎动物的意识活动有所推测和认知。然而，这对于动物而言确是另外一回事，如警犬的侦察行为、马戏团动物与人共舞、鹦鹉学舌等，这些都是形象性的行为，即让人用语言和动物进行交流，这仍然属于形象性的行为交流，动物所记住和理解的只是语音的形，是声音的频率、节奏、音韵的组合和这些"形"的组合所代表的含义，也就是说，人和动物的语言交流只是在"示于形"的范围，在这个范围内，人和动物可以进行沟通和交流——这个范围正是我们所说的"形象思维的范畴"。人类的脑和脊椎动物的脑是一致的，两者的脑都以"形象思维"的模式来感知外部世界，同时以示于形的行为和外部世界进行沟通和交流。

然而，如果以为动物(即便是灵长类动物)能够懂得人类的语言，那就大错特错了。科学家曾经做过训练黑猩猩学习人类语言的实验，正如图 1.14 所示，猩猩尼姆正在说"我"，而且用手指着"我"，但这只是一个声音的"形"和一个自身身体的"形"之间的关系，这是学习语言的第一步，声音编码的"形"和实体性的"形"的对应，但是猩猩能否意识到这个"我"字是普适的、对每个个体都是思维的主体呢？看来，在这方面的实验都是不成功的。

不成功的原因是，"我"所代表的是和人类语言相关的抽象思维的符号，它不只是一个可以训练体现软实力的一种思维能力，而且和大脑皮层形成的单侧语言区相关。这种人类大脑在脊椎动物左右对称基础上形成的一个不对称的脑组织结构——语言区，构成了人类独具的抽象思维能力。

猩猩尼姆正在说"我"

图 1.14　它懂"我"吗？

形象思维和抽象思维构成了人脑对外部世界的认知和交流的体制，我们不妨将此称为"一脑两制"。在人类的思维活动中，我们无法将形象思维和抽象思维截然划分开，但是拥有语言区的一侧大脑，构成了以"我思故我在"为主导思想的半球。

1.4.3　主导半球："我思故我在"

主导半球是人类大脑对外部世界认知和交流的中心，笛卡儿的名言："我思，故我在"(I think，therefore I am)是对大脑主导半球作用的一个简单而又精辟的表述。他第一次把"自我"、"思维"和"存在"有机地联系在了一起。

在这一章所论述的生物进化的必由之路上，我们所看到的是生物的实体和它的属性是在同步进化的。人类的精神活动与高等动物的共同之处就是记忆和形象思维，不同之处则在于我们人类有着和语言相关的抽象思维的能力。人类之所以能具有这样的能力，是因为在大脑的一侧进化出一个主导抽象思维的语言区，因此语言区也必然是单侧不对称的脑区，统率着人脑的思维活动。

"言法大脑"——对于人类而言，既是进化中的极小概率事件，又是一条必由的进化之路。至于"言法大脑"是不是象征着，或者等同于"言法自然"，请看以下各篇章相关的阐述和求证。

第2章　观察与经验的等效性原理

认知这个世界，最基本的是三条：观察、经验和思维。从某种意义上说，人类的观察、经验和思维是在脊椎动物基础上的延展和进化，但是人类求知的天性又远远超出了动物为了生存和繁衍的本能，开启了探知外部世界和宇宙的大门。世界是可认知的吗？观察是可靠的吗？经验是一成不变的，还是在变化的？思维是可靠的吗？历史上有不少的先知和伟大的预言家为人们所敬仰，科学家又有着令人惊异的科学发现和创造，这些都是先验的吗？先验的思想，又是来自哪里的呢？

2.1　“看”和参照系

2.1.1　人体的两套坐标系

300多年以前，笛卡儿创建了三维直角坐标系，从此人们有了认知空间的数学体系。这一发现和创造，终于使人类进入了一个进行科学认知的新时代：人类不只是本能地对空间、运动和时间进行感知，而且能将这些感知，在人为建立的坐标系中进行抽象的记录和描述，并且上升到理论的高度，构成了现代科学体系的一块块基石。科学和工程设计都离不开三维直角坐标系，在《人体运动力学》和《人体解剖学》中同样也是如此，并且形成了两套坐标系，我们将之归纳为人体大地坐标系和人体体轴坐标系。

(1)人体大地坐标系(图2.1)

图2.1中的观察者所看到的大体有两种类型的目标：静态的和动态的。图中不管是观察者还是运动员又都需要有一个“看”的参照物：静止的观察者常常以地标建筑、道路走向为参考物；运动员则会将跑道、跨栏、固定目标、双杠等运动器械所限定的空间条件作为自己的参照物。由此可见，静态的观察者和动态的运动者，有一个共同点：都在使用着自己的参照体系。

这个体系对所有的人是相同的吗？有这么一个体系对所有的人都是相同

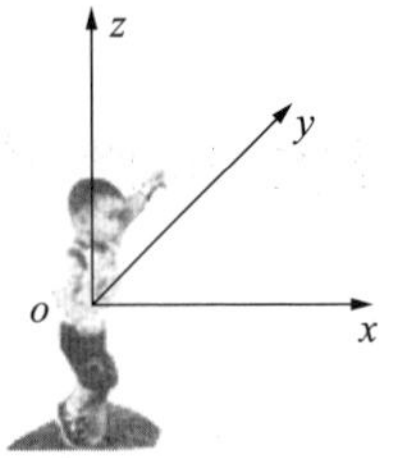

A观察者 静态

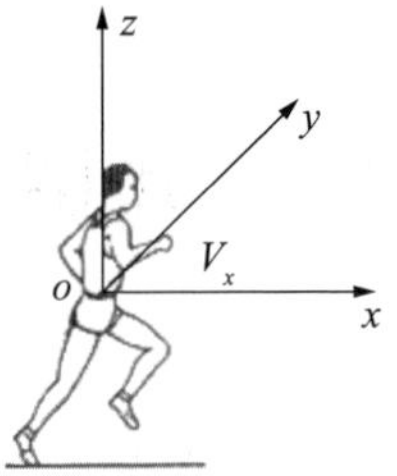

B 运动员 动态 平移速度V_x

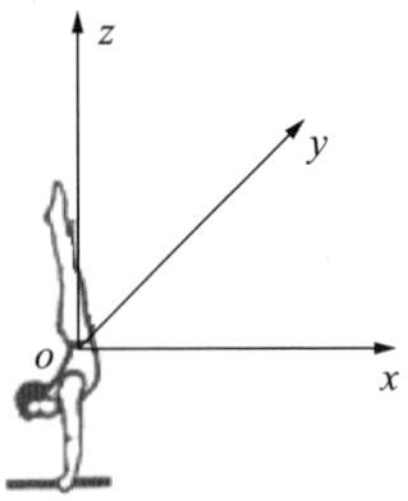

C 运动员 瞬时静态

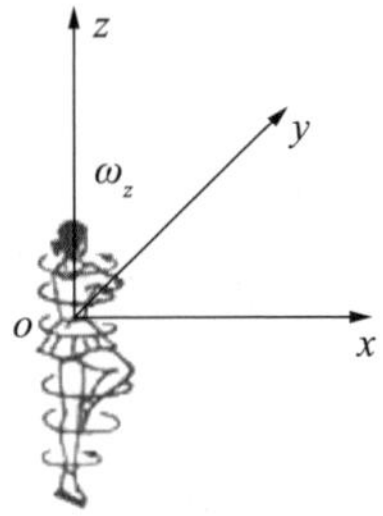

D 运动员 转体 旋转角速度 ω_z

F运动员刘翔110米跨栏。大地坐标系为：*ox*方向为跑道，向前：
*oy*方向为跨栏横杆，由运动员右侧向左：*z*方向为跨栏竖杆向上。

图 2.1 “看”与人体大地坐标系 o—xyz，右旋

的，这就是如图 2.1 所示的人体大地坐标系。这个坐标系的建立和定义如下：

ox 轴——指向为人体直立时的正前方，是人体最具优势的运动方向。

oy 轴——指向为人体直立时由右侧向左侧的方向，oy 轴与 ox 轴正交。平面 oxy 在人体直立时与地面平行，是人体活动自由度最广也是最省力的一个平面。

oz 轴——指向为人体站立时的正上方，这是因为人在启动、站立、走路、跳跃时，只有向上的空间，而没有向下入地的可能。所以，向上比向下是更为优势的运动方向。

图 2.1 所示的 o—xyz 坐标系，通常称为三维右旋直角坐标系，这和数理学科中对空间和运动状态的描述是完全一致的。这个坐标系的原点，如图 2.1 所示，对静止的观察者，抑或运动中的运动员，通常为重心和眼睛。对于人体，重心虽然可以随身体姿势变化，但只有一个，因此如果把重心选作原点，在任何时刻只有一个选择；而眼睛是两只，每个人是用两只眼睛分别看世界，它们以各自带着的大地坐标系在观察世界，坐标系的原点是水晶体的中心。两个中心的左右距离大约是 6.2cm，这意味着左眼和右眼的大地坐标系之间的坐标原点在 oy 轴方向有着 6.2cm 的差距。这个差距，构成了两眼的视差效应，经大脑初级视觉皮层整合以后，形成了观察物体的立体感。

而人体本身 6 个自由度的运动则可以在 $o-xyz$ 这个坐标系内进行描述，包括沿三个坐标轴的移动和绕三个坐标轴的转动。

(2)人体体轴坐标系(图 2.2)

在人体解剖学中，定义了人体的体轴方向和解剖意义上的三个截面，如图 2.2.a 所示。将图 2.2.a 和图 2.1 相对照，人体三个体轴的方向和图 2.1 所定义的人体大地坐标系的三个轴的方向，刚好都相差 180°。人体大地坐标系 $o-xyz$(图 2.1.b)和人体体轴坐标系 $o-x'y'z'$(图 2.2.b)就构成了相互映射对称的右旋和左旋三维直角坐标系，如图 2.3 所示。

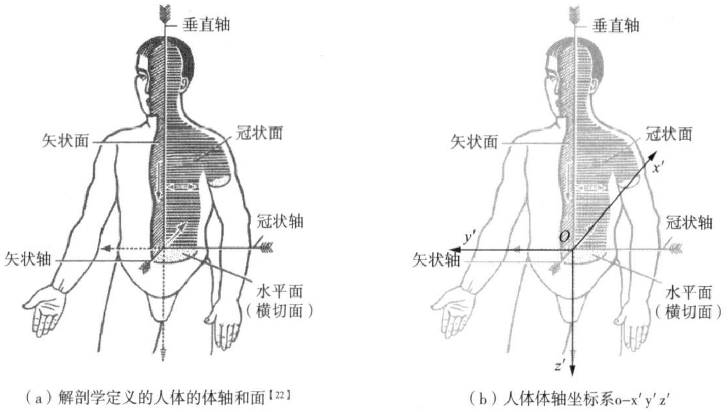

图 2.2　人体体轴坐标系 $o-x'y'z'$，左旋

这两个坐标系及其对称关系，并非作者的创造或刻意杜撰，而是《人体运动力学》和《人体解剖学》对人体所做的不同描述的一种需要，或者出于“灵感

(第六感官)”的一种选择，前者所要描述的是人对外部世界的观察和运动，也包含自身的运动；后者是人体被作为解剖对象时，对人体内部结构进行描述的一个参照体系。从形式上看，人们乐于用右旋坐标系来描述人体在外部世界的运动，用左旋坐标系来描述人体内部世界的结构。合乎逻辑的问题是，在视觉信息上，对于活体内部世界运动的描述，左旋坐标系是不是也另有可取之处呢？如果毫无用处的话，那为什么在《人体运动力学》和《人体解剖学》这两门学科中会选择相反的坐标系呢？如果有用的话，那又有什么根据呢？图 2.3 人体大地坐标系 $o-xyz$ 与人体体轴坐标系 $o-x'y'z'$ 互为映射对称的关系。

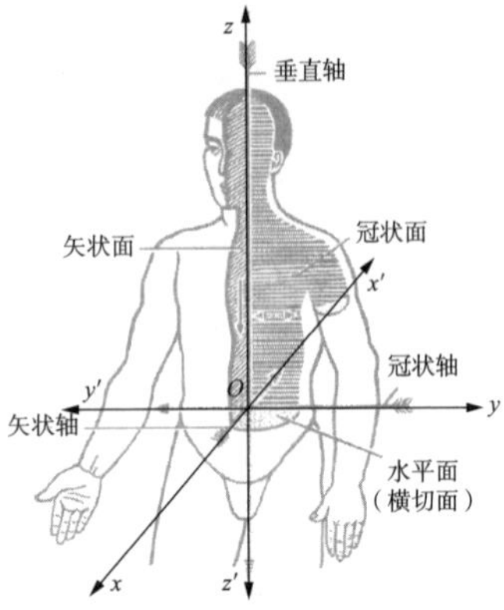

图 2.3　人体大地坐标系 $o-xyz$ 与人体体轴坐标系 $o-x'y'z'$ 互为映射对称的关系

根据就是我们每个人在内耳中的前庭器官和所携带的三个半规管，三个半规管相互垂直，形成了一个三维直角坐标系。这个坐标系，我们将在第二篇中证明它是和人体体轴坐标系吻合的。半规管是脊椎动物感知自身在空间的姿态变化，从而保持身体动态平衡的一个重要器官，图 2.4 展示了从鱼开始几种脊椎动物半规管的进化形态，人的半规管更是进化到极致的地步(见图 5.4)。

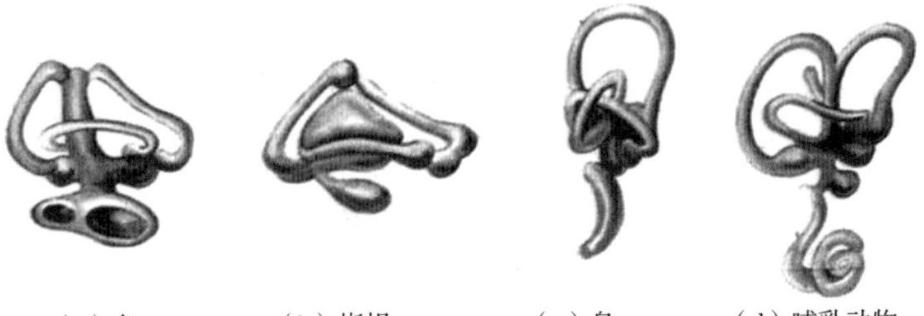

(a) 鱼　(b) 蜥蜴　(c) 鸟　(d) 哺乳动物

图 2.4　脊椎动物的位觉器官——半规管的比较[5]

从图 2.4 可以看出，半规管是脊椎动物进化层次的象征，所以人类学家理查德·利基在《人类起源》[6]一书中指出：

人类垂直于地面的两条半规管比猿类大得多，这是在两足行走的动物中对直立姿势平衡的特别需要的适应，并以此作为区分古猿和直立人之间的标志之一。

人类骨半规管的化石证明，70 万年以前的直立人就能够准确地感知三维空间的运动变化。笛卡儿创立的直角坐标系，是一个天才的发现，对人类隐藏在内耳中的这一秘密进行了有意或无意的诠释，从而把哺乳动物在颅脑深处共同拥有的这一坐标系文字化、语言化、形象化，最终应用于数学、科学、技术和认知学等各个领域。

2.1.2　旋转定向与左右手法则

旋转的陀螺可以不倾倒，保持一定的方向，这就是飞机、导弹等飞行器自动驾驶仪的设计原理；炮弹、枪弹在内弹道加速运动时，膛内的来复线会使得弹头旋转，以保证飞行时的方向不变，等等，都是利用旋转的定向原理。炮弹和枪弹出膛时大多是右旋的，也有左旋的（如早期的英国），这取决于膛线的设计，由图 2.5 可看到膛线的走向，就会想到它是往哪个方向旋转的。

图 2.5　枪管的膛线，此为右旋

然而射击的时候，只允许有一个坐标原点，所以大多数人都是用右眼进行瞄准，眼睛“看”的视线向前的方向——这也是子弹出膛以后的前进方向，和让子弹向右旋转的来复线相结合，就构成了枪弹和炮弹的右手法则（详见下述的“左右手法则”）。

图 2.6 所示是一个没有数字标示时间的钟，但是人们可以读出它指示的时间，因为全世界制作的钟表指针转动方向都是一致的——当我们的视线对着钟表的时候，指针是按右手法则旋转的，人们将此又定义为顺时针转动的方向。如图 2.6 所示，时针原本可以有左旋和右旋两个转动的方向来计时，但由于人类的文明起源于北半球，太阳影子的转动方向和我们现在的顺时针方向是一致的，或许这是时钟也是我们人类习惯于右旋法则为主的一个原因，这从图 2.7 的日晷及其说明可以看出来转动为什么会是这个方向。日晷名称是由“日”和“晷”两字组成。“日”指“太阳”，“晷”表示“影子”，“日晷”的意思为“太

阳的影子”。因此，所谓日晷就是白天通过测日影来确定时间的仪器。日晷计时的原理：在一天中，被太阳照射到的物体投下的影子在不断地改变着，第一是影子的长短在改变，早晨的影子最长，随着时间的推移，影子逐渐变短，一过中午它又重新变长；第二是影子的方向在改变，因为我们在北半球，早晨的影子在西方，中午的影子在北方，傍晚的影子在东方。从原理上来说，根据影子的长度或方向都可以计时，但根据影子的方向来计时更方便一些。故通常都是以影子的方位计时。

图 2.6　挂钟

图 2.7　赤道式日晷[百度]

旋转是大自然物质存在的一个重要的属性，从宏观的宇宙天体到微观的粒子世界，比比皆是：大如旋转的星系（图 2.8）。

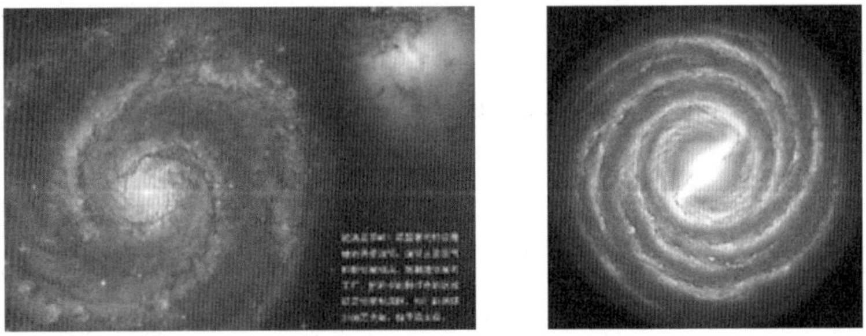

（a）M51旋涡星系距离地球3100万光年，横跨80光年的宇宙区域，质量是太阳的1000亿倍。

（b）旋涡形“幻影星系”，距离地球3200万光年，酷似银河系。

图 2.8　天文观察看到的左、右旋漩涡星系

小如电子绕核的旋转和基本粒子自身的旋转。在生命现象中，构成基因的核糖和组成蛋白质的氨基酸都有着两种不同的分子的旋光性（图 2.9）。

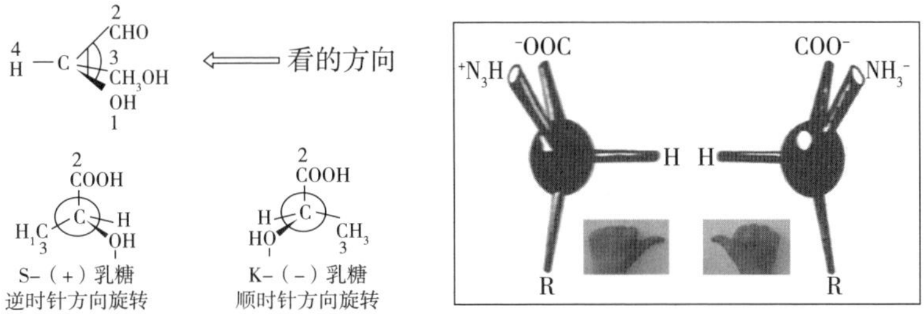

（a）分子旋光性的判定规则　　（b）左（L）、右（D）旋氨基酸互为镜像

图 2.9　分子的旋光性

分子的旋光性最早在 19 世纪由 Pasteur 发现。他发现酒石酸的结晶有两种相对的结晶型，成溶液时会使光向相反的方向旋转，因而定出分子有左旋与右旋的不同结构。当普通光通过一个偏振的透镜或尼科尔棱镜时，一部分光就被挡住了，只有振动方向与棱镜晶轴平行的光才能通过。这种只在一个平面上振动的光称为平面偏振光，简称偏振光。偏振光的振动面在化学界习惯称为偏振面，当平面偏振光通过手性化合物溶液后，偏振面的方向就被旋转了一个角度。这种能使偏振面旋转的性能称为旋光性。由于物质内存在不对称碳原子或整个分子不对称，物质对偏振光平面有不同的折射率，因此表现出向左或向右的旋光性。利用旋光性可以对物质（某些糖类）进行定性或定量分析。偏振面被旋转的方向有左旋（逆时针）和右旋（顺时针）的区别（图 2.9）。所有旋光性化合物不是右旋，就是左旋。

人们对于从天上到地下，从宇宙到生命中存在的这两种旋转特性，称为左旋、右旋，并以大自然赋予我们的左、右手的左、右手法则（图 2.10）来定义和区分。

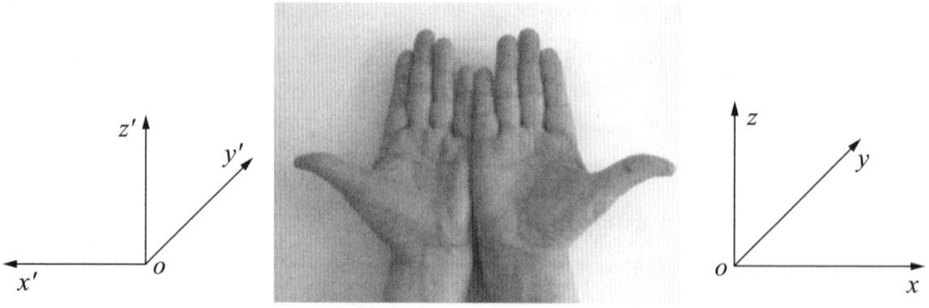

图(a)

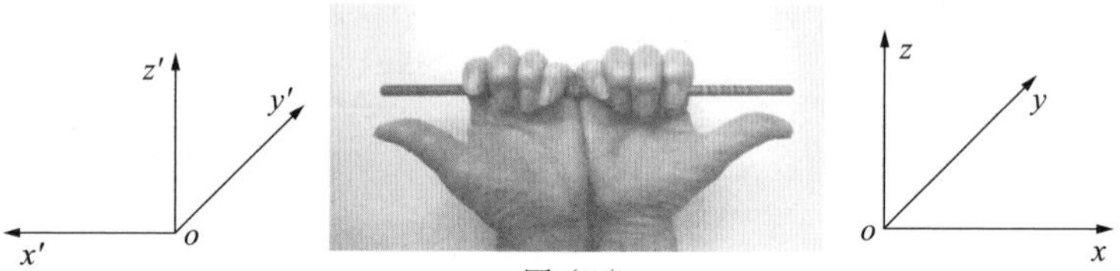

图(b)

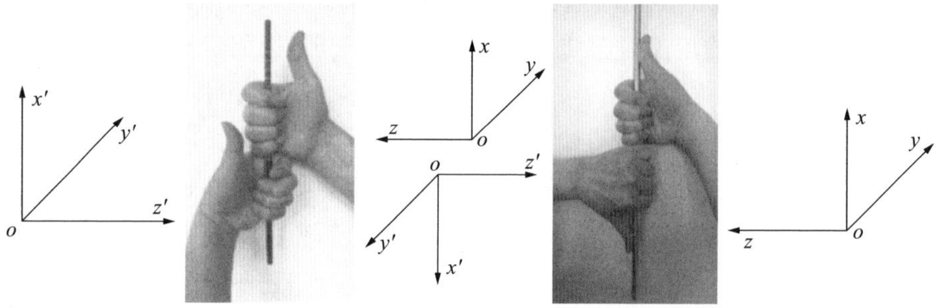

图(c) 图(d)

图 2.10 左右手法则

图(a)是左右手伸直的平面对称图，拇指与四指垂直，据此定义左右手直角坐标系：

右手为 $o-xyz$；左手为 $o-x'y'z'$。其中 ox 轴和 ox' 轴为右手和左手拇指的方向，在应用左右手法则时，这个方向和视线或者是旋转物体的前进方向相重合；oz 轴和 oz' 轴为四指的指向；oy 轴和 oy' 轴为垂直于手平面，穿过手心，指向手背面。如此，构成右手的右旋直角坐标系和左手的左旋直角坐标系。

图(a)、(b)、(c)、(d)构成了左右手和坐标系之间的不同对称关系：

①图(a)和图(b)是以平面 yoz($y'oz'$平面)为中间平面形成的左右手对称状态。

②图(c)是以 yox 平面($y'ox'$平面)为中间平面形成的左右手对称状态。

③图(d)是全翻转的对称状态:拇指指向相反,手心手背相反,手指弯曲旋转指向相反。

图(a)、(b)、(c)的对称可以称为平面反演对称。这样的对称,又被称为镜像对称和"宇称",我们将在第四章证明,称为镜像对称的宇称和三维空间的宇称是不同的。

图(d)这种左右手全翻转的对称状态,上下不构成镜像,可视为宇称对称空间坐标系。

2.1.3　香蕉球的魅力与看球的等效性原理

左右手法则的概念,更多的是出现在物理学、化学课的课堂上,老师会结合教学用左、右手来进行示范,或是在我们拧一个螺丝、瓶盖时的方向感上。除此以外,各种球类比赛中的弧旋球常常是赢得比赛的法宝,足球尤为突出。一个香蕉球在空中悠悠荡荡地转了半圈以后,钻进球门的那一瞬间的突破(图 2.11),每次都会引来球迷们的惊呼和沸腾。这就是球旋转的魅力,包括网球、乒乓球、排球、棒球等,虽然观众看不到球的转动,然而却能惊叹这一类旋转球得分之神奇。足球因为它会带给人们更为广阔的视觉空间,一个扣人心弦的弧旋球就成了球迷们的超精神享受。

球在飞行中就是一个最简单的飞行器,远看是一个点,近看是一个球。球在飞行中是否在旋转,往哪个方向旋转,观众看不清,只有踢这个球的运动员知道,观众只是从球的飞行路线上才能看出来。一般的劲射,是通过球的重心将球踢出去,球有一个初速度,在重力作用下作自由落体运动,人们会根据自由落体的经验判定球的指向、落点和能不能进球。倘若直奔球门而去,人们会把注意力提前转移到门将身上,期待着门将的表现,紧接着是进球时的欢呼声,抑或是球被扑出去的唏嘘声。总之,观众对一会儿在空中飞行,一会儿在脚下拼抢和盘弄的小球,总是紧盯着,每个人都有着一个自己的预期判断和期望。弧旋球的怪异之处,就在于运动员在踢球时仿佛用脚预装了一个球的运动程序,它落在哪里你不能预测,但它符合物理学的规律。

图 2.11 是取自《贝克汉姆超远距离香蕉球世界波技术教学》视频的截图组合。贝克汉姆擅长用右脚内脚背主罚香蕉球,球绕自身的竖轴向支撑脚一侧旋转,以逆时针的内旋弧线向对手的大门死角飞去。小贝的右脚固然功夫了得,但也必须扭摆全身,让身体完全倾斜来增大皮球的内旋速度,小贝的每

图 2.11　香蕉球[7]

次任意球射门球速都在 110 公里每小时以上，人们将他的旋转、快速、落点准确的弧线球称为“贝氏弧度”。“贝氏弧度”既给人赏心锐目又让守门员猝不及防的感觉，门将总会纳闷为什么经常是在准确判断的方向上却仍然慢了半拍。

门将的这半拍是怎样产生的呢？为什么所有的球迷看着香蕉球也都心存狐疑呢？虽然科学代替不了踢球，但是可以从牛顿那里得到解释，了解香蕉球的飞行原理，从而回答如下两个问题：

香蕉球为什么会自己拐弯画出一个弧线来？

为什么门将和球迷们都会慢半拍，但球还是进了球门？

牛顿力学的惯性原理[8]说得很清楚：

“每个物体都保持其静止或匀速直线运动的状态，除非有外力作用于它迫使它改变那个状态。

抛射体如果没有空气阻力的阻碍或重力向下的牵引，将维持射出时的运动。”

但是，牛顿在对抛射体的运动进行界定的时候，没有想到300多年以后的小贝会钻了牛顿的这个空子，踢出了一个香蕉球。人们之所以感到神奇而不可思议，是因为球迷们不懂得一个自由飞行的球怎么会拐弯？除去空气阻力和重力以外，难道还有一只神秘的手在牵引着它飞行吗？

这不是手，而是一只比手更具有威力的脚，是它发射了超乎牛顿界定范围的一个球，一个时速110公里带有旋转的球，球的旋转和空气气流的相互作用产生了一个侧向力（图2.12）。就这样，在重力、侧向力和阻力三个力的作用下，一个小球在空中开辟了新的航线，画出了香蕉形的弧线，钻进了球门的死角。

图2.12告诉我们，所有的飞行器的飞行都遵循同样的牛顿力学原理，香蕉球的侧向力和飞机的升力都是相互作用的结果，只是现代科学在牛顿力学的基础上，又发展了新的学科，称之《流体力学》和《空气动力学》，并据此进行分析、计算。足球运动最精彩的时刻是射门，运动员的临门一脚是勇敢、机智和技艺的象征，在这一瞬间所有科学的论述凝聚在一只脚的智慧上——当然，脚是受大脑管控的，这留到第三篇中再进行探讨。这里我们只讨论球飞出去以后的两种运动状态。

一类是在重力和阻力作用下的抛物线运动，这是人们见得最多的运动状态，如足球运动员瞄准球门中某一点的劲射，篮球的投篮，排球的大力扣杀，等等。由于球在飞行过程中只有重力和阻力在起作用，观众和运动员都会在头脑中画出一个球的运动轨迹，球最终能否命中也就成了所有人的共同的看点。人类在现代化战争中所发明的武器也都是如此，像步枪、大炮、弹道导弹等，人类智慧的第一步是求得命中目标的“精准”性，同时注意发射以前的隐蔽和伪装。

另一类就如同香蕉球那样，由于侧向力的作用，偏离了抛物线轨迹。对于球类运动而言，这是由运动员在抛射球的那一瞬间用脚或者手来完成的，目的是让球的旋转来隐藏所选择的球的命中点，使对方想象不出偌大的一个球门，

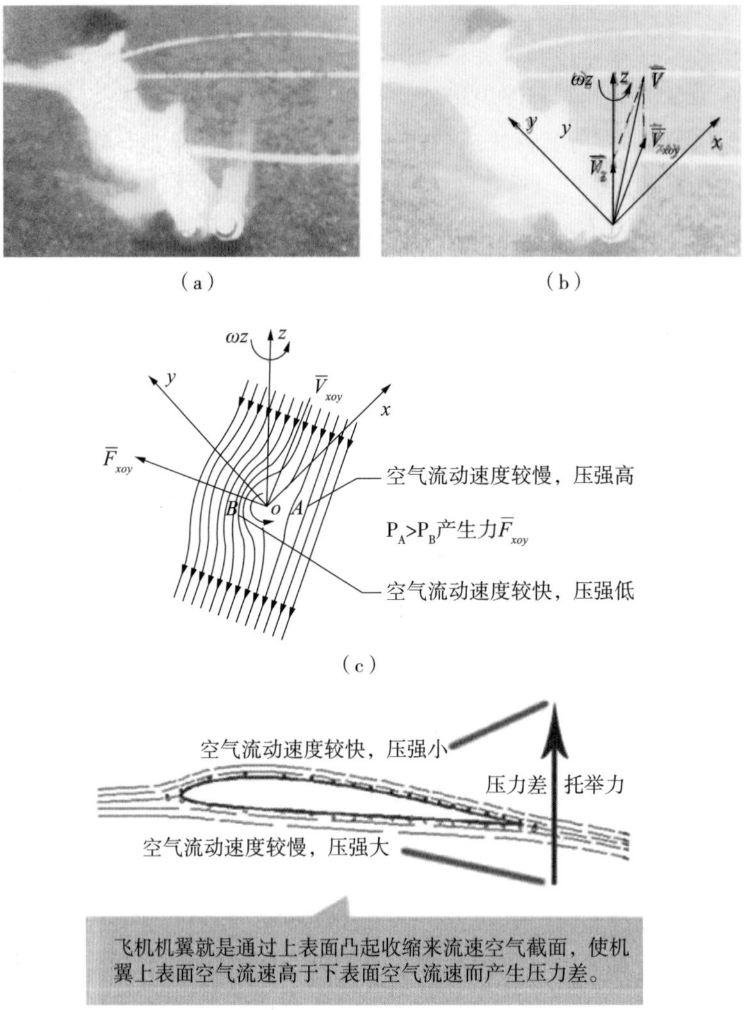

图 2.12　香蕉球和机翼的流体力学原理

球的最终归宿会在哪里。所以，碰到贝克汉姆的香蕉球，门将总是感到对球走向的判断会慢半拍，观众也同样如此。于是在竞技场上，神奇而又准确地钻进球门死角的香蕉球，就成了足球先生们表演精湛球艺的一个亮点。

巡航导弹则是战场上的一个新的亮点，它不再是弹道导弹的抛物线弹道，通过在大气层中的飞行机动，始终隐蔽自己的真实意图，声东击西，出奇制胜，

防不胜防。这固然显示了人类智慧的进一步提升,但它还是起源于牛顿力学,因为牛顿力学告诉我们:

①一个物体没有外力作用时动者恒动,静者恒静。

②一个抛射体在大气中运动时,会在重力和和空气阻力作用下,在一个垂直于大地的平面内上升和下落。

③如果不是如此,那就会有另外的力在起作用。

图 2.12a 未射球瞬间气流代表球的路线。图 2.12b 以球中心为原点,建立人体大地坐标系 $o-xyz$。V 为球的速度向量,V_Z、V_{xoz} 为球的运动速度在 oz 轴和 xoy 平面上的分量,ω_z 为球在 xoy 平面内的转动角速度。

图 2.12c 是球旋转时,在 xoy 平面内左右两点空气流动的速度不一样,速度慢的压强高,速度快的压强低,如图所示,就有:

$P_A > P_B$,从而产生一个侧向为 F_{xoy}。

这个侧向力与形成飞机机翼的升力是一个原理。从图 2.12d 可以看到飞机机翼的形状是上曲下直,使上方的总长度大于下方长度。当飞机飞行时,机翼上方的空气流速大、压强小,而下方的空气流速小、压强大,从而产生了向上的压力——升力,不过机身也会产生升力。正是在这个升力的作用下,飞机才会上天并在空中飞行。

这三条构成了我们认知外部宏观世界物体运动的基础,包括天体、航天飞行器、动物等。所有的物体,近看都有着各自的形状,而远看都是一个点,即令是宇宙的星云。当我们看到它是一个点的时候,比如足球、飞机、卫星、星星、一只苍蝇……我们只能看到它的运动轨迹,至于它们为什么会有各种各样的运动形式,是因为各自有着和外界不同的力的作用,如足球的自旋、飞机发动机的动力和机翼、尾翼、副翼的空气动力、卫星的发动机的姿态控制、苍蝇的翅膀扇动等,它们构成了前进方向的推动力、相反方向的阻力和进行机动拐弯的侧向力。就力的产生而言总是相互作用的,即牛顿的第三定律:

"每一种作用都有一个相等的反作用;或者,两个物体间的相互作用总是相等的,而且指向相反。"【8】

这样,我们就会得到一个解释,为什么同样在空中飞向球门的足球,有的会拐弯钻进球门的死区,有的则径直射向了球门甚至守门员,由于香蕉球的转动对周围的空气有一个作用力,空气也给球一个反作用力,所以球就拐弯了。没有空气,球就不会拐弯,但是不转动的球,空气也不会让它拐弯。因此,从观测轨迹也可以去推测球自身是否处于自旋状态。

牛顿想象中的三大力学定律，成为人们科学认知的一个新的起点。人类对于周边的世界，对于宇宙的观察，对于外部世界的好奇、探测和介入，都离不开力、离不开力的产生、控制和相互作用。迄今为止，人类之所以有着共同的物质文明和精神文明，就在于这三大定律对所有的人都是一样的，它不以观察者或者施力者的处境和运动状态为转移，也就是说，香蕉球拐了一个弯钻进球门死区的这一事实和结果是不会变的，不管你是坐在球场的哪个区，或者是正在走动、呼喊的球迷，都是一样的。这就是观察者的相对性原理，对爱因斯坦来讲，就是他在相对论中所要表述的等效性原理，或者不变性原理，爱因斯坦证明了人类的观测体系是永恒的、不变的，因而也是科学的、人类在地球上进行观测、实验所发现的理论、定律，对于全宇宙都是适用的。

2.2 科学的观测

2.2.1 经典力学的观测体系

“观测”是人类理性地认知外部世界的前提，它比“观察”前进了一大步，因为观察只是对外部世界的细致察看和揣摩，而观测则是出于要弄清一个“为什么”所进行的深入探究，要在观察的基础上进行测量、记录、分析、比较，进而上升到理论认知的层次。人的观测总是从自己出发、以地球为中心开始的。人之于地球，地球之于宇宙，都极其渺小，连一只蚂蚁的分量都抵不上。然而，2000多年以来，人类从好奇心出发，一步一步地察看着外部世界，也一步一步地建立了一套完备的观测体系，包括观测的坐标系、坐标变换和一系列重要概念及其之间的互相联系，它所反映的是物质存在之间的关系。

这套观测体系的建立，始于亚里士多德的“地心说”和“自由落体运动重快轻慢的”的思辨想象，随后有阿里斯塔克、托勒密、哥白尼、开普勒、伽利略、笛卡儿、牛顿、麦克斯韦，最后一位是在麦克斯韦去世那一年出生的爱因斯坦。爱因斯坦以四维时空的概念，覆盖了从微观粒子到宏观星系的宇宙体系，在这个体系内我们观察到的所有物质的存在都是相对的，包括时间和空间在内，而物理实在的存在却是绝对的，包括光速、普朗克常数等都是不变的。

表2.1是对这一认知过程的回顾，极其简要，疏漏甚多，但还是展示了人

类认知过程的曲折、艰辛和成功……就这样，尽管有了哈勃望远镜，但人类仍然是立足在宇宙中毫不起眼的地球上，以深邃的科学眼光、十分自信地观察着宇宙和周围的世界。

表 2.1　科学观测体系建立梗概

创建人	主要学说及观测结果
亚里士多德  （公元前 384—前 322）	在自由落体运动中，物体下落的速度和它的重量成正比，物体只有在一个持续接触的推动下才能够保持运动不变。地心说是亚里士多德的首创，他说，宇宙是一个有限的球体，分为天地两层，地球位于宇宙中心。 【注】亚里士多德观察到了自由落体运动和一般的运动，但是他没有观测到阻力。这一论述为人们所接受，一直延续至 17 世纪。亚里士多德的“地心说”也是一种表观景象的描述
阿里斯塔克  （约公元前 310—前 230）	人类历史上首位提倡“日心地动说”的天文学者，他认为地球每天在自己的轴上自转，每年沿圆周轨道绕日公转一周，太阳和恒星都是不动的，而行星则以太阳为中心沿圆周运动。 【注】阿里斯塔克斯的“日心说”，由于和人们肉眼所看到的表观景象不同而不能广为人们所接受，直至哥白尼时代
克罗狄斯·托勒密  （约 90—168）	“地心说”的集大成者，论述宇宙的地心体系，认为地球居于中心，日、月、行星和恒星围绕着它运行。《地心说》在中世纪被尊为天文学的标准著作。 【注】托勒密的这个不反映宇宙实际结构的“地心说”，却较为圆满地解释了当时观测到的行星运动情况，并取得了航海上的实用价值，从而被人们广为信奉
尼古拉·哥白尼  （1473—1543）	哥白尼继承了阿里斯塔克的“日心说”，经过长年的观察和计算完成了他的《天体运行论》。哥白尼坚信日心说，并认为日心说与圣经没有矛盾。 【注】哥白尼原则是物理学和哲学的一条基本法则，它的定义：“没有一个观测者有特别的位置。”这条基本法则是以文艺复兴时代提出“日心说”的波兰天文学家尼古拉·哥白尼来命名的

续表

创建人	主要学说及观测结果
约翰尼斯·开普勒  (1571—1630)	开普勒发现了行星运动的三大定律:(轨道定律)所有行星都沿着椭圆轨道运行,太阳位于这些椭圆的一个焦点上;(面积定律)太阳至行星的向径在相等的时间内扫过相同的面积;(周期定律)行星公转周期的平方与它同太阳距离的立方成正比。 【注】这三大定律,揭示了当时在地球上无法测量到的引力的宏观效应,1684 年,哈雷、雷恩和牛顿都能够从圆形轨道和开普勒定律出发,推导出作用于行星的引力与它们到太阳的距离的平方成反比。开普勒行星运动三大定律是两位天文学家前后共同努力的结果:第谷一生准确地观测、记录了 777 颗天体;开普勒则继承了这笔财产,孜孜以求地进行理论构思和计算,取得了成功,揭开了引力的面纱
伽利略·伽利雷  (1564—1642)	伽利略从实验中总结出自由落体定律、惯性定律和相对性原理等,奠定了经典力学的基础,开创了以实验事实为根据并具有严密逻辑体系的近代科学,被誉为“近代力学之父”。伽利略是利用望远镜观察天体取得大量成果的第一人,他认为经验是知识的唯一源泉。 【注】伽利略设计的斜面自由落体实验,第一次用时间来描述运动,是四维时空的起点;他提出的惯性和加速度的概念,使运动学进入了动力学的范畴;伽利略相对性原理的思想更具有普遍意义
勒奈·笛卡儿  (1596—1650)	笛卡儿发现了三维直角坐标系,创建了解析几何,具有划时代的意义。笛卡儿的名言“我思故我在”影响深远,是全部认识论哲学的起点,黑格尔称他为“现代哲学之父”。 【注】笛卡儿发现的三维直角坐标系,将人内耳中的三个半规管外化于可观测的世界。“我思故我在”一语道破了思维和自身存在的相关性和等价性,即物质和精神的等价性
伊萨克·牛顿  (1643—1727)	1686 年 7 月,《自然哲学之数学原理》出版,牛顿通过运动三定律和万有引力定律,树立了力的科学概念,构建了一个统一的宇宙体系,同时又提出了绝对时间、绝对空间和有关行星运动第一推动力的概念。 【注】除去绝对时间、绝对空间的概念外,牛顿还提出了相对时间和相对空间的概念,但都比较含糊,原因是在牛顿时代,没有人会想到:物质赖以运动的时空平台其实是和物质的引力场是等效的

续表

创建人	主要学说及观测结果
J. 克拉克·麦克斯韦  (1831—1879)	麦克斯韦创建了麦克斯韦方程组，将人们观察到的电、磁、光统一在他的《电磁理论》中，磁场的变化会激发电场，电场的变化也会激发磁场的变化。光也是一种电磁波，其传播速度是 3×10^{10} cm。 【注】麦克斯韦的《电磁理论》是认知宇宙的终结理论之一，它使世界变得简单而又和谐。“磁生电，电生磁”的效应同样遵循着左右手法则，电磁波有如阳光、空气和水一样成为当今人们的常识和需要
阿尔伯特·爱因斯坦  (1879—1955)	爱因斯坦于 1905 年创立“狭义相对论”，即对于观测者而言，惯性参照系的时间和空间不是绝对的，而是相对的，即所谓“钟变慢，尺缩短”效应，观测者和运动者之间，按照洛伦兹变换是相互等效的。 狭义相对论遵从光速不变原理，并得出了质能关系式 $E=mc^2$。 1915 年，创立“广义相对论”——由于物质的存在，时空会发生弯曲，引力场实质上是一个弯曲的时空；物理学定律对于任何一个非惯性参照系都是成立的；物理实在对于任何一个观测者都是等效的。 【注】爱因斯坦完成了人类理性认知中最根本内涵——物质、空间、时间、重力、惯性和运动的统一，证明了这样一个相互关联而又统一的物理实在，对所有以各种方式进行相互运动的观察者都是等效的

从表 2.1 可以看出，从亚里士多德到爱因斯坦，人类的观测所证明的是一个因果相循的四维时空的确定性的世界、一个守恒的世界、一个对所有观测者而言都是等效的世界。这正是人类所追求的一种信仰——因果律，人们除去不知道第一推动力来自何处外，整个世界都按照物理学的规律在运行，有如足球场上的各种进球那样，都是力的作用的必然结果。

然而，客观世界除去必然性以外，还有偶然性。如果把足球比赛只是看作一场精彩进球的“力的较量”，那就没有什么看头了，因为足球比赛更多的看点是双方博弈的战术、单个球员的技艺、心理素质以及整体的配合和运气。对于实力相当的球队要去猜准谁输谁赢是不可能的，所以德国人在 2008 世界杯时会让章鱼保罗来竞猜助兴，保罗代表了球队在未来比赛中的临场发挥和运气的一种不确定性。

可观测的世界是由两部分组成的，一个确定的世界和一个不确定的世界，然而两者又都会以各自的规律导致一个可观测的结果。对于两个世界而言，其结果都是确定性的、不可逆转的，因为时间之箭注定了世界是一个一去不复返的世界。足球场上的比赛，就是这两个世界的缩影：一个按力学原理飞行的球的轨迹是确定性的；另一个按照双方的意志和球艺的比拼是不确定性的。当终场的哨声响起的时候，只有一个确定的结果——输或者赢，主宰这样一个结果的并不只是确定性的球的轨迹的力学原理，更主要的是球队的战术、球艺和配合这样的不确定因素的临场发挥，可见世界的不确定性使世界具有了生机和活力。量子力学正是对不确定性世界进行系统观测的一种理论架构。

2.2.2 量子力学的观测机理

量子是对视觉不可见的微观世界特性的一个总称，在这里，能量也不是如我们直观想象的那样是连续的，而是一份一份的，物质则以波粒二象性的形式存在，既是粒子又是波。虽然量子世界的物理表象不再能用牛顿力学进行解释，即使经典力学中认为连续的能量、时间和空间也都量子化，变成了能量作用量子(h)、时间作用量子(t_p)和空间作用量子(l_p)，但是量子理论依然是建立在相对论的时空平台上，遵循着相对性原理，也同样适用于地球以外的世界和宇宙。

著名物理学家盖尔曼在其《夸克与美洲豹》[9]中指出：量子世界的尺度在$10^{-10} \sim 10^{-15}$ m的范围，涵盖了分子、原子、原子核、质子、中子和62种基本粒子[9]。基本粒子是有个性的粒子，通常用质量、动量、能量、角动量、自旋、寿命来表示，这些就是基本粒子的内在属性。在我们所熟悉的粒子中，电子、光子是基本粒子，而质子、中子、原子都是由基本粒子组成的，原子又构建成分子，进而从微观世界步入了我们人类所能观察到的中观世界。在20世纪，物理学家们对微观世界的结构、相互作用和运动规律进行了实验、观测和理论的创新，建立了量子力学的理论体系。

人类在创建经典力学体系时，光不只是观测、实验的工具，还是经典力学理论体系的核心。同样，又是由光产生的黑体辐射和光电效应引导人们进入了量子世界：1900年，普朗克在解释黑体辐射时提出了有关能量是由“作用量子h”一份一份构成的学说，h即普朗克常数；1905年，爱因斯坦在诠释光电效应时提出了有关光的能量的“光量子”学说，“光子”的能量等于 $h\nu$，ν 是频率，因此光子的能量只与它的频率有关。

量子力学是一门基础科学，尽管它只有100多年的历史，但还是可以将它视为有三个发展阶段，即前量子力学阶段、20世纪的创建阶段和未来的探索阶段。以引力为代表，1612年就已经发现宇宙中物质之间存在引力，但迄今为止，没有人知道引力是怎么回事。引力子又在哪里？探索是永无止境的，量子力学在未来有两个方向：

(1)宇宙的起源——我们现在所能观察和探测到的宇宙，究竟有多少种基本粒子，它们之间有着什么样的相互作用，又是怎样架构起今日的世界和浩瀚的宇宙？暗物质和反物质又如何去探测？

(2)生命和思维的起源——科学家推断宇宙中会有着类地行星和类地的生命现象，但对生命和精神现象的研究目前还只是限于地球：生命现象的研究已经进入从原子到生命的“结构生物学”阶段；精神现象的研究，也已经进入了“认知、脑与意识”这一认知科学的范畴，两者的研究都离不开量子力学。

表2.2只是量子力学观测机理形成和发展的一个梗概。量子力学是一门实验、理论和创新三者并重的科学。量子力学和经典力学的不同之处在于：经典力学规定了世界运行的确定性规则，只有遵循，才能自由；量子力学建立的是世界运行的不确定性规则，它导致观测世界运行时的另一种模式，即在一定观测范围内可以自由选择和创造新的机制，这些不断发现的新的机制正是宇宙、生命和思维奥秘之所在。

表2.2　量子理论观测机理梗概

创建人	主要学说及观测结果
路德维希·玻尔兹曼  (1844—1906)	分子运动理论的奠基人之一。他在创建过程中，与经典力学体系所不同的是坚持了分子与原子的离散性准则和统计力学的方法。玻尔兹曼在1891年曾经向普朗克提出“没有理由认为，能量不是分成一个一个‘原子的’”，1897他又建议“用一种统计方法去解决黑体辐射问题”，三年以后，普朗克提出了量子假设。 【注】玻尔兹曼的贡献可视为前量子力学阶段的代表

续表

创建人	主要学说及观测结果
马克斯·普朗克  (1858—1947)	发现普朗克辐射定律,提出了能量子概念和普朗克常数 h。1900 年 12 月 14 日,普朗克在德国物理学会上报告这一结果,宣告了量子论的诞生和新物理学革命的开始。 【注】普朗克将 h 称为自然常数,因为它表征自然界的一个基本属性:所有能量的辐射和吸收既是不连续的,但又有一个最小的共同的单位,这就是能量子 h
阿尔伯特·爱因斯坦  (1879—1955)	爱因斯坦于 1905 年发表“关于光的产生和转化的一个启发性观点”的论文,对光电效应做出了量子化的解释,提出了光量子学说。 【注】光电效应是生物进化的一个重要的机制,植物的光合作用和动物的视觉感知都起源于光电效应的能量转换和信息转换——光电的相互作用和转换构成了生命活动和意识活动的主线
马克斯·玻恩  (1882—1970)	量子力学奠基人之一。他在理论中认为电子波是电子出现的几率波。他参与完成的矩阵力学与薛定谔创立的波动力学虽然是两种理论体系,但二者等效可以相互转换,并称为量子力学。 【注】量子力学的这两种数学的描述方式,即波动力学和矩阵力学二者可视为对应于粒子的波粒二象性的同一种表达
尼尔斯·玻尔  (1885—1962)	玻尔提出原子系统的每个变化只能从一个稳定态完全跃迁到另一个稳定态;与电磁理论相反,稳定原子不会发生电磁辐射,只有在两个定态之间跃迁才会产生电磁辐射。玻尔提出了著名的“互补原理”,指出经典理论是量子理论的极限近似。 【注】电子在两个定态之间跃迁的理论对生命科学具有重大意义
埃尔温·薛定谔  (1887—1961)	量子力学的奠基人之一。薛定谔方程是量子力学中描述微观粒子(如电子等)在低速(远小于光速)时运动状态的基本定律,在量子力学中占有极其重要的地位,与经典力学中的牛顿运动定律的价值相似,为量子力学奠定了坚实的基础。他想出的薛定谔猫思想实验,试图证明量子力学在宏观条件下的不完备性。 【注】薛定谔非常重视用物理学来解释生命现象,他的名著《生命是什么》是对生物物理学和现代分子生物学的重大贡献

续表

创建人	主要学说及观测结果
路易·维克多·德布罗意  (1892—1987)	物理波理论的创立者,他认为既然光的粒子行为与粒子的波动行为是对应存在的,就可以将这一原理扩展到整个自然界,从而认为实物粒子(如电子)也会具有波的特性,且为实验所验证。 【注】波长和动量的关系是:动量越大,波长越短,一个质量为 10g 速度为 300m/s 的“子弹粒子”的德布罗意波长为 2.21×10^{-23}m
沃尔夫冈·泡利  (1900—1958)	泡利提出的不相容原理是说,在原子中不能有两个或两个以上的电子具有完全相同的四个量子数,这成为电子在核外排布形成周期性从而解释元素周期表的准则之一,是自然界的基本定律,也是量子力学的主要支柱之一。泡利还预言了 β 衰变中中微子的存在。 【注】泡利不相容原理表明,在原子内部以量子方式存在的不连续性是物质世界有序性和周期性的一个起源
沃纳·海森堡  (1901—1976)	海森堡的测不准原理是说,人们不能在同一时刻准确地测量到粒子运动的位置和速度,这表明在一定程度上存在局限性,因而物理学上的基本定律有时也不能让科学家在理想的状况下正确认知研究体系,因而无法完全预测这一体系将要发生的变化。 【注】通过观察和测量对外部世界认知所起的决定性作用只能是相对的,误差是绝对的——这是基本的科学哲学观
保罗·狄拉克  (1902—1984)	量子力学的奠基者之一,他给出的狄拉克方程可以描述费米子的物理行为,并且预测了反物质的存在。最早由狄拉克从理论上预言的正电子 1932 年由加州理工学院的安德森等人所发现。 【注】正电子发射及计算机断层扫描成像系统广泛地应用于生物学的实验成像和核医学领域的临床检查
丁肇中  (1936—)	实验物理学家。发现了 J 粒子和胶子,并证明至少有 6 种不同的夸克。主持正负电子对撞实验,制造宇宙大爆炸最初的情况,产生的温度是太阳表面的 4000 亿倍。实验结果:第一,宇宙中只有 3 种不同的电子;第二,电子是没有体积的,电子半径小于 10^{-17}cm,第三,夸克也是没有体积的,夸克半径小于 10^{-17}cm。哈勃望远镜观测的目的:一是寻找宇宙中的暗物质;二是寻找由反物质所组成的宇宙。 【注】实验物理学家担负着开拓性和验证性的使命

续表

创建人	主要学说及观测结果
奥托·拉波蒂 （生卒年月不详）	“宇称”的概念最早是1924年拉波蒂在分析铁元素光谱结构跃迁时发现的，当时称为“拉波蒂规则”，即在“i 变换”： $i: x'=-x \quad y'=-y \quad z'=-z$ 下的不变性关系，后来称为“宇称”，并导致“宇称守恒定律”

2.3 经验与认知学三原理

2.3.1 何谓经验，经验和实验的等效性

表2.1和表2.2都告诉我们，科学起源于对周围世界的观察和实验。从伽利略的望远镜到国际空间站哈勃望远镜，从伽利略设计的斜塔上的重力实验到世界最大的粒子加速器——欧洲大型强子对撞机（LHC），最终反映的都是对外部世界的认知。

科学的实验也是形象化的感知，是一种在理论指导下的经验，既是探索，也是验证。经验固然是一个人认知外部世界的起点，但个人不可能事事都得经验，这就需要学习。学习就是接受前人对经验的理性总结——知识。“知识就是力量”，它代表了人类对这个世界的认知，包括我们对人类自身的认知——自身的身心进化史、文明史和社会发展史。

为什么知识会成为力量？为什么人类的知识，尽管会有着人类发展史的历史局限性，有着地区和民族的差异，但还是一步步接近自然，一步步趋向于一个又一个的共同认知，形成了人类社会的物质文明呢？

世界各民族有6000种语言，但是各民族之间都能找到相应的词汇进行翻译和交流。这说明在地球这个家园里，人对外部世界的认知、人对社会的认知，以及从感性到理性认知这一过程都遵循着一些共同的规律——自然演化和人类自身进化的规律。

为什么大家都会趋同于对真理的认知？回答这个问题，从广义来看是一个哲学问题，但科学为人类的认知原理已经做好了以下三个方面的准备：

第一，诺特定理。因为科学的实验是可以重复的，只要“实验条件”完全相

同。然而，在大自然中，“实验条件”不可能完全相同，时间、地点就不可能完全相同，但是实验所证明的科学定律是永远成立的——这就是诺特定理。

第二，相对性原理。相对性原理的思想起源于伽利略，他是要回答这样的问题：对不同的观测者而言，他们所看到的物理实在是不是一致的，或者说是等效的？相对性原理包括三个方面：牛顿力学惯性运动系的伽利略相对性原理与伽利略变换；狭义相对论的光速不变原理与洛伦兹变换；广义相对论的加速度和引力场的等效原理与广义坐标变换。

第三，宇称守恒定律。宇称守恒是指在任何情况下，任何粒子的镜像（三维）与该粒子除自旋方向外，具有完全相同的性质。该定律于1926年提出，在强力、电磁力和万有引力中相继得到证明，20世纪50年代吴健雄所做的Co^{60}原子核β衰变的实验结果实际上证明了这样一个事实：在真实空间的三维宇称变换中，弱相互作用也遵循宇称守恒定律。（【注】此为作者的观点，并在第4章给予了证明）。

以上三条是人类认知的基本原理，正因为这三条原理主宰着人类的认知活动，所以人们的认知才能一致，在真理面前人人平等，而且能达成共识。

2.3.2　诺特定理——认知学第一原理

“物质不灭，能量守恒”是人们很容易接受的一个观念，而且信奉它是自然界的一个基本的规律。据此，人们甚至可以推导出灵魂的存在，因为它和精神活动的能量是等价的。这里先不谈这样一个虚无缥缈的问题，而是看一看诺特定理是怎样描述了人类认知这个世界的潜规则，也就是说，人类从来也没有怀疑过自己的观测会在另一个时空条件下是不成立的，也只有这样才能通过经验形成认知。

20世纪初，德国女数学家阿·艾米·诺特（1882—1935）证明了物理规律每有一种对称性，即在某种变换下的不变性，就会相应地存在一条守恒定律：

与物理定律的时间平移不变性对应的是“能量守恒定律”；

与物理定律的空间平移不变性对应的是“动量守恒定律”；

与物理定律的空间转动不变性对应的是“角动量守恒定律”。

这就是“诺特定理”，是一个普遍的原理。

实际上对这个原理的表达形式，从上小学开始就已经接触到了，这就是等号“＝”，它既可以代表一种转换，也可以是一种守恒，例如：

$2+3=5$　数量守恒

$x+y=5$　总量守和

$x=5-y$　总量守恒下的变换(伽利略变换)

$E=mc^2$　爱因斯坦质能转换与质能守恒关系式

$\frac{1}{2}mv^2=mgh$　自由落体时动能和势能的转换,能量守恒

按照诺特定理,这些关系式不会因为空间、时间和方向性的变化而发生变化。变换的不变性和守恒既是科学的一个普适定理,也是人们认知外部世界的一个潜规则。

2.3.3　相对性原理——认知学第二原理

相对性原理始于伽利略,他告诉人们:世界不会因为不同的观察者所看到的现象(表象)不同而改变其真实的面貌,也就是说,物理事实不会因为不同的观测者而不一样。包括三种类型,并由伽利略和爱因斯坦所论证:

(1)对以低速匀速直线相互运动(惯性系)的不同观测者构成伽利略相对性原理(图 2.13.a)——牛顿的绝对时空观和伽利略变换。

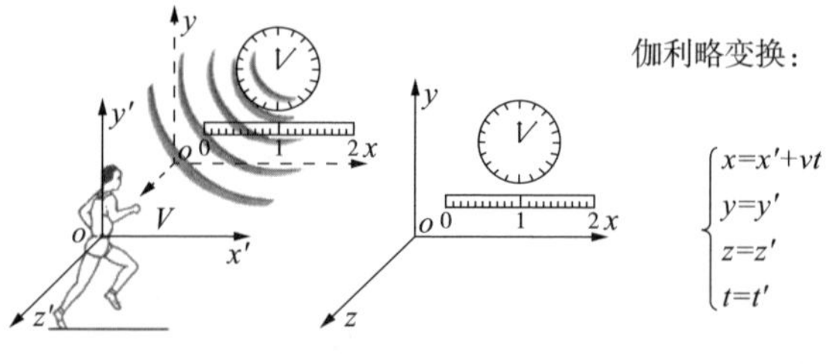

图 2.13.a　牛顿力学的时间、空间平台——伽利略变换

伽利略发现的相对性原理:当坐标系 $o-x'y'z'$ 中的观察者以速度 V 相对于坐标系 $o-xyz$ 运动时,他所看到的尺子的长度和时钟走的快慢与坐标系 $o-xyz$ 中的观察者是一致的,即观察者看不出在这两个以匀速运动相互平移的坐标系中所发生的事件有什么差异。这种等价性意味着绝对的时间和绝对的空间。

(2)对以高速匀速直线相互运动(惯性系)的不同观测者构成爱因斯坦的狭义相对论原理(图 2.13.b)——爱因斯坦的相对时空观与洛伦兹变换。

当坐标系 $o-x'y'z'$ 中的观察者以速度 V 相对于坐标系 $o-xyz$ 运动时,

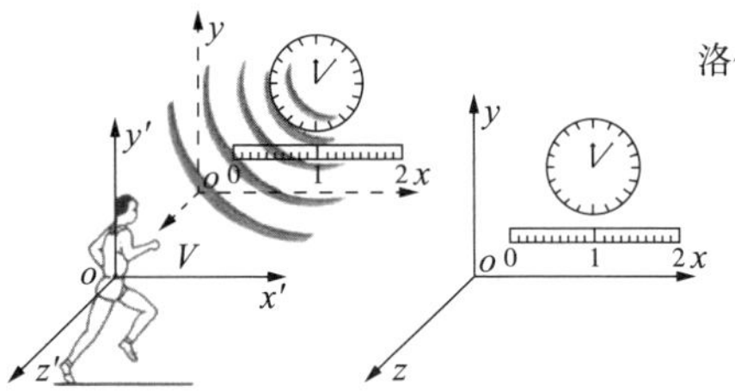

洛伦兹变换：

$$\begin{cases} x=\dfrac{x'+vt}{\sqrt{1-\dfrac{v^2}{c^2}}} \\ y=y' \\ z=z' \\ t=\dfrac{t'+\dfrac{v}{c^2}x'}{\sqrt{1-\dfrac{v^2}{c^2}}} \end{cases}$$

图 2.13.b　狭义相对论的时空平台——洛伦兹变换

他所看到的尺子的长度和时钟走的快慢与坐标系 $o-xyz$ 中的观察者是不一致的。观察者看到的尺子会缩短，钟会变慢。这种不等价性意味着时间和空间是相对的，称为同时性的相对性：

$$时间膨胀：\Delta t'=\frac{\Delta t}{\sqrt{1-v^2/c^2}}\quad（\Delta t\ 为原时）$$

$$长度缩短：\Delta t'=\Delta l\sqrt{1-v^2/c^2}\quad（\Delta t\ 为原长）$$

(3)对以加速度相互运动的非惯性系的不同观测者构成爱因斯坦的广义对论原理(图 2.13.c)——爱因斯坦的弯曲时空观与广义坐标变换。

爱因斯坦本人更喜欢将他的广义相对论称为不变性理论。所谓不变性是指对于所发生的物理事件，在不同的非惯性坐标系中所观察到的是同一个事件，它们遵循相同的物理规律，在广义坐标变换下所有的物理定律将会保留它们的结构形式不变，这被称作广义协变原理。

图 2.13.c 就是对这一原理的理解(我们在第 12 章有关人类行为的论述中，再作进一步的讨论)，实际上爱因斯坦对广义相对论的思考，起源于对自由落体时是否能感知自己体重的思考。

> 1922 年，爱因斯坦在日本发表一篇演讲时曾这样说：
>
> 我正坐在伯恩市专利局的办公室里，心里头突然出现一个想法："一个人如果自由下落时，他将不会感觉到自己的体重，我感到很吃惊，这个简单的想法给予我一个很深刻的印象，它把我推向有关重力理论的研究。"
>
> 这个直觉的领悟把爱因斯坦带上一个研究具有普遍性之相对论的起点，那就是等效原理。[10]

等效原理表明地球的引力场和地球的重力加速度是等效的，这是同一种相互作用的两种表现形式，更确切一点说，就是我们人类前庭器官感知引力的两种状态(第二篇中再作详细说明)，由爱因斯坦用形象的语言理性地表达出来。图 2.13.c 展示了这种等效性原理，同时也诠释了高深的物理学理论“广义坐标变换”的内涵。这一变换使得在地面小观众和跳水运动员各自观察到的时空变化，都遵从相同结构的物理定律，从而证明所发生的事件是符合“不变性理论”的同一事件。

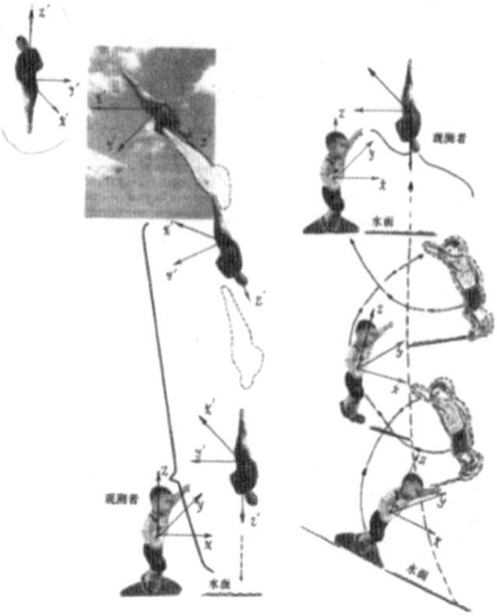

图 2.13.c　广义相对论的时空平台——广义坐标变换

左：小观众眼里的跳水运动员，转体两周，自由落体运动。

右：跳水运动员眼里的小观众，转动两周，时空旋转、弯曲。

如果我们在小观众和跳水运动员的头部装上 360°的全景摄像机，跳水以后回放，那么人们将会看到两种完全不同的时空状态的变化，图 2.13.c 是一个简化的时空变换示意图。小观测者是处在一个惯性系中，他和其他的地面观测者所看到的跳水运动员所做的动作和在空间的运动是一样的，人们才可以对同一个运动员进行各自的评分，也才能对不同的运动员所做的相同的动作进行比较。跳水运动员则处在一个非惯性系中，即引力场作用下的“准自由落体运动中”，也就是说跳水运动员经过长期的训练以后，他要在空间自由降落 12m(10m 高的跳台，起跳以后大约可到 12m 高)的有限时间内完成规定的动作，如本图中的转体两周，其结果就是在入水以前，他会发现跳水大厅整个空间围绕他转了两周，犹如太阳绕着地球在转动那样。

从伽利略到爱因斯坦对相对性原理的论证告诉我们，虽然处于不同运动状态的观察者看到的世界会是不同的，但是他们所看到的是同一个世界，同一个运动和变化着的物理实在——一个真实的世界。

于是，对于外部世界的观测和认知就变成了这样的问题：

我们每个人所看到的是一个真实的世界，还是一个想象的世界？如果是一个真实世界的写照，那为什么认知会有差别？如果是感觉以后的想象，为什么又都能想到一起去？究竟是什么主宰着我们每个人的认知，使我们既有共同点，又有差别？

生物学告诉我们，人类个体的感官和神经系统相互之间只有些微的差别，而且和高等动物非常接近，就生活习性、思想、行为、感情而言，也和高等动物有诸多相似之处。那么，我们和动物对外部世界的认知是不是会由一个共同的法则所主宰的呢？

如果有的话，那就是“宇称守恒定律”。

2.3.4　宇称守恒定律——认知学第三原理

第一、第二原理告诉我们，我们每个人都是在观测着一个真实的世界，这个真实的世界与我们观测的时间、地点和方向无关，与观测者的运动状态无关。那么，我们又是怎样认知这样一个真实的世界的呢？这个世界又是怎样以同样的方式映射在我们每一个人的脑海中，形成了我们对外部世界的共同认知的呢？

答案就是通过我们的感官进行的“宇称变换”。通过这一变换，外部世界的信息传达到我们的内部世界——大脑，构成了外部世界的“象”。规范这一认知过程的是宇称变换和在变换中实现的信息守恒，也就是外部世界信息在我们大脑中的不变性——宇称守恒。

宇称守恒定律规范了我们人类的认知过程，构成了认知哲学的基石(脊椎动物亦然，至少哺乳动物应该如此)。第三章将对宇称守恒定律进行一些讨论，第二、三篇则是对宇称守恒定律如何规范了我们的认知过程进行分析和演绎，第四篇将以人类胚胎发育的过程为依据，通过数学、物理的演绎，证明伴随着脑的发育，形成了一个脑与左右旋对称的宇称世界——这就是人类认知的生理基础。

第3章　宇称守恒的哲学意义

20世纪50年代，李政道、杨振宁发表“弱相互作用中的宇称守恒质疑”一文，随后为吴健雄的实验所证明并获得诺贝尔奖，引起了科学界的轰动。李、杨的质疑表明，当时科学界普遍认为的左右对称的“宇称”是不守恒的，科学界原本认为这样的“宇称”应该是守恒的直觉是不成立的。于是，一个普遍的现象出现在几乎所有的科普著作中，这就是用平面镜的镜像（虚像）来解释“宇称不守恒定律”，这是人们对镜像认知的一个错觉。

本章旨在阐释宇称是真实空间的三维全反的变换（“拉波蒂规则”）即宇称变换，相对应的是宇称守恒定律，并且同样为吴健雄的实验所证明。宇称守恒定律具有极其重要的哲学意义，因为它是人类认知大厦的基石。

3.1　平面镜的镜像之谜与宇称错觉

3.1.1　平面镜的镜像世界

人类对镜子的认知起源于水面，这和动物是一样的。这种镜面反射的光线，只有在一个适当的角度时，才能为我们的眼球所聚焦成像，看到镜子里“存在”的物体。在镜中我们见得最多的就是我们自身，这种变换常称为镜像变换。镜像的释义为“镜中的物像”，或是水中的物像。常有很多优秀的镜像作品，既有欣赏的价值，又在欣赏中有所怀疑和想象。

这种由平面镜实现的镜像变换是摄影界的一大看点（图3.1）。

对于镜像，我们的眼睛也和动物一样是不会怀疑的，因为它也是真实的光线在我们视网膜上所成的像，但它是由水面或者镜面反射的。我们每个人最初也和动物一样，会认为我在镜中的像是一个实实在在的另一个个体，人和猩猩慢慢地会意识到那是另一个“自我”。及至我们长大，多次到镜子后面去找那个自我、而又找不到的时候，我们才认识到镜子后面没有那个自我，我们所看到的只是镜子中的一个像，故称为虚像。这也是经验的认知——有时，眼见

（a）水中的倒影世界

（b）镜中的人是哪里来的

（c）镜像对称

图3.1　在宏观世界里的镜像对称与不对称的摄影诠释

并不为实，而需要经验去纠正。

所以，镜子中的这个虚像的世界，靠我们的眼球是不能辨别其虚实的。图3.1(a)的倒影看来好像有一个水下的世界；图(b)则会令人感到狐疑，镜子中怎么会变成另一个人；图(c)则是精心构思的一幅镜像对称的作品。艺术的效果常常介于似是而非之间。作者在《时空与灵性》一书中，曾经这样写道：

> 在我们看电影的时候，导演和摄影师常常会戏弄观众：屏幕上先是一个美丽女郎的特写镜头，正当观众看得入神揣摩着她想干什么的时候，镜头慢慢地拉远，于是一个婀娜多姿的背影遮挡了那镜子中的容貌——观众这时才意识到什么是电影中的真实世界。由于动物形态的左右对称性，因此在没有特殊参照物的正常情况下，我们对于所看到的镜子里的动物和真实的动物是无法区别的。

但是如果我们有经验的话，比如我们事先知道上述故事中的女郎，右脸上有个痣，破坏了左右脸的对称，那就能判定女郎是不是在镜子中了。再如，大多数植物的生长，由于重力场的作用，远看都是处于对称的状态，我们可以将其称为"泛对称",因此当我们看到一些植物的场景时,我们并不能根据经验判断这些植物是在真实的世界里,还是在镜子里的植物大观园中。然而,如果你看见过牵牛花,而且知道牵牛花为旋花科右旋向上的植物,那么你就会断定:如果看到的是左旋向上的牵牛花,那就是镜中的世界;如果看到的牵牛花是右旋的,那就是真实的世界了,左旋向上的牵牛花是不存在的。

也就是说,虽然我们的眼球不能区分真实的大自然和镜子中的"大自然",但是牵牛花会告诉我们孰真孰假。我们之所以能解读牵牛花的这一信息,是因为我们人类具有独特的经验、知识和智慧。

亚原子粒子世界使科学家们进入一个新世界,科学家们在这个世界里的发现,除去用严格的数学进行推演和证明外,还得用已有的经验、知识和语言进行描述(如波粒二象性原理),这一方面是为了交流和让科学通俗化,另一方面也是科学本身的需要。20 世纪 50 年代李政道、杨振宁所发表的"弱相互作用中的宇称守恒质疑"一文以及其后吴健雄的实验证明,由平面镜的镜像(虚像)构成的"宇称"是不守恒的,和牵牛花一样,在弱相互作用中的 β 衰变有着明显的手征性。不过,当时人们都把由平面镜前的真实空间的"实在"和镜中"虚像"之间的左右对称普遍地视为"宇称",因此得出了弱相互作用中的"宇称不守恒"的结论,并获得了 1957 年诺贝尔物理学奖。"不守恒"是描述当时流行的平面镜镜像"宇称"概念的一个属性。

实际上,当人们把由平面镜的左右对称视为"宇称"的同时,就是把镜中的世界也视为了一个真实的空间,形成了一个"透明的镜子"的误读:人们一方面注视着镜子里反射的空间,另一方面又不忘镜子后的真实空间,总想把镜子中虚空间的虚像在镜子后的真实空间中复制出来,而且认为应该具有和实体相同的一切属性。尽管这在宏观世界里是不可能的,但在微观世界里又似乎是不可动摇的。实际上,镜子里的空间,是无法用实验来模拟和验证的,除非是"中心对称的球"。

3.1.2 何谓宇称

科学界在 1956 年前一直认为宇称守恒,也就是说,一个粒子的镜像与其本身性质完全相同。这里有两个问题:

第一,什么是宇称?

第二,粒子的平面镜像是不是就是粒子的宇称?

(1)对于宇称 P 的概念,杨振宁对此作了如下的引用和解释[11]。

1924 年,奥托·拉波蒂(Otto Laporte)在分析铁元素的光谱结构时发现了两类项,他分别称它们为"带撇项"和"不带撇项"。跃迁总是从"带撇项"到"不带撇项"。或者反过来,从来没有发现跃迁在"带撇项"之间或者"不带撇项"之间发生。后来发现,这个规则也适用于其他元素的原子谱,并给这个规则起名为"拉波蒂规则"或"拉波蒂—拉赛尔(Laporte—Russell)规则",在量子力学发展起来之后,这个选择规则被解释为与下面的变换下的不变性有关:

$$i: x'=-x \qquad y'=-y \qquad z'=-z \tag{3.1}$$

这个变换被称为镜像,韦耳(Wail)选用符号 i 表示这个变换。韦耳给这个算符的本征值起名为"符号差"(signature)。1931 年,在维格纳(Wigner)的书中本征值被称为"镜像特征标"。"宇称"这个词是何时开始被采用的,我了解得不确切。在 1935 年,康登(Condon)和肖特勒(shortley)用了宇称算符这个词。"

值得注意的是,这个 i 变换是包含了 x、y、z 三个坐标的"镜像"变换,它和我们人类所使用的平面镜不是一回事。我们日常所使用的镜子,只在一个坐标方向上构成镜像变换(图 3.2)。这种平面镜中的变换我们称为 j 变换:

$$j: x'=x \qquad y'=y \qquad z'=-z \tag{3.2}$$

式(2)所代表的变换,显然与(1)式是不相符的。

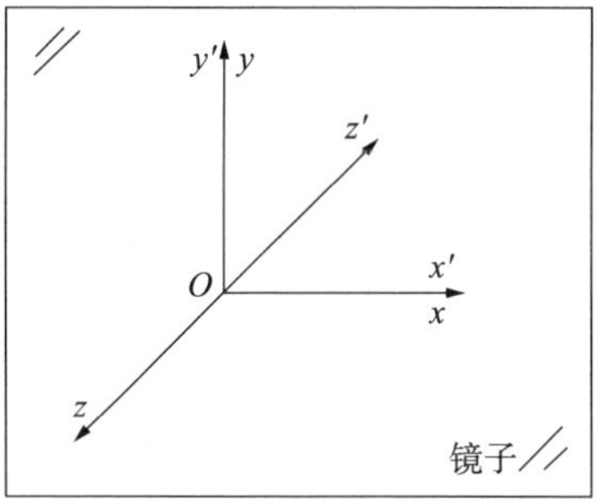

图 3.2.a　平面镜像坐标系 $o-xyz$ 和 $o-x'y'z'$,原点 o 在镜面

(2)那么粒子的平面镜像是不是左右对称,是不是粒子的宇称?

粒子的左右对称和宇称守恒都是对真实空间存在的描述,因此平面镜的镜像是不是粒子的宇称问题,就归结为 oz' 轴是否可以像 ox'、oy' 轴一样可以等价于一个真实空间的轴。

这个问题的答案是否定的。因为当虚像轴 z' 由实轴 z 所取代的时候,这个时候就形成了一个悖论,即镜子是不能取消的,因为镜子如果取消的话,按照式(2),$x'=x$,$y'=y$,这两个轴依然存在,但是 z' 轴也就不存在了,实轴 z'

也就不存在了;如果镜子保留的话,那由镜面和实轴 z' 组成的空间应该是镜子前面的空间的"像空间",而镜子又将后面真实的空间全屏蔽了,轴 z 只能是镜子中的虚轴 z'。这个悖论的核心就是"透明的镜子"是不存在的。

所以,平面镜里面的空间本身是无法复现的,镜子中所存在的物像是我们眼睛接收到的光线形成的,我们永远也不会等同于镜子中的自我。对于像质子、电子这样的点粒子,透明的镜子才是成立的,因为这样的点粒子可以等效于无上下、左右之分的球。平面镜里的镜像世界和外部世界之间是构不成像我们人体一样左右手对称的真实世界的,宇称应该是两个真实世界之间的对称。如式(3.1)所示,图 2.10中(d)及其左面的左右旋坐标系的描述,才是与式(3.1)相对应的左右手的宇称状态。

3.2 粒子在宇称对称空间的图示

3.2.1 宇称对称空间的图示

按照拉波蒂规则,可用三维直角坐标系将空间的宇称对称关系表示出来(图 3.3),从而可以看出由拉波蒂规则进行的 i 变换所构成的空间对称关系。图 3.3 由三个互相垂直的平面将空间分为 8 个区域:Ⅰ、Ⅱ、Ⅲ、Ⅳ、Ⅴ、Ⅵ、Ⅶ、Ⅷ,其中Ⅰ和Ⅶ、Ⅱ和Ⅷ、Ⅲ和Ⅴ、Ⅳ和Ⅵ构成宇称对称的空间区域,它们构成了三维镜像对称的空间,此即宇称空间。

3.2.2 粒子在宇称空间中的镜像

宇称守恒是指在任何情况下,任何粒子的镜象与该粒子除自旋方向外,具有完全相同的性质。该定律于 1926 年提出,在强力、电磁力和万有引力中相继得到证明,值得注意的是,这三种力都是中心球对称的力。

图 3.4 为一般粒子 A 在宇称空间中的镜像 A′的示图。这个图是按照拉波蒂规则的 i 变换绘制的,粒子的运动方向、自旋方向相反,互为三维空间的镜像对称。粒子 A 和 A′是否具有相同的性质,也就是说,它们所表现出来的粒子的属性是否镜像对称就成为宇称是否守恒的象征。如果是,那就是宇称守恒;如果不是,那就是宇称不守恒。

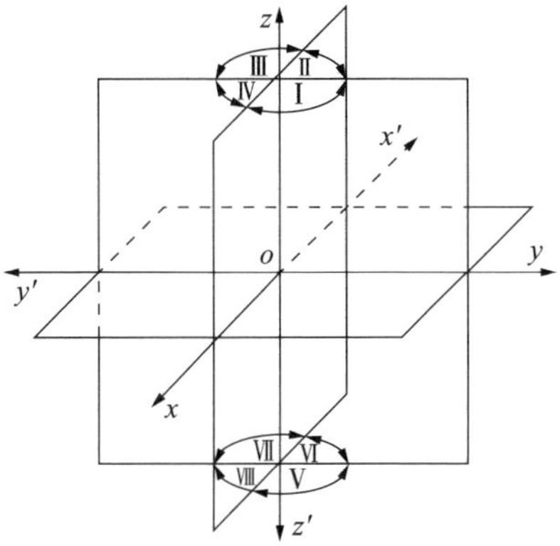

图 3.3　宇称对称的空间图示

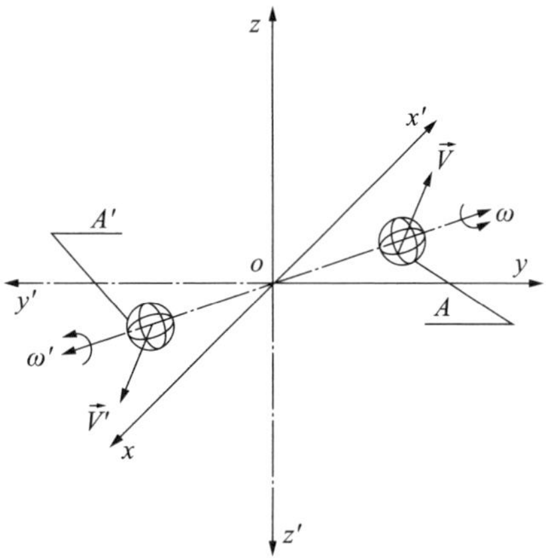

图 3.4　粒子 A 和在宇称空间的镜像 A′

3.3　吴健雄的实验证明宇称守恒成立

20 世纪 50 年代，人们得出了这样的结论：实验物理学家吴健雄的实验直接证明了 β 衰变中“上帝是个左撇子”：

> 吴健雄的实验包括从 Co^{60} 核发射的 β 衰变粒子的方向，实验的目的是确定这个方向与 Co^{60} 核自旋轴的相对关系。如图 11（本文为图 3.5），按惯例，图中自旋矢量方向与转动方向成右手螺旋关系，吴健雄发现在与 Co^{60} 核自旋方向相背时，发现电子的可能性更大。在镜中看正好相反，所以衰变确有偏好的手征，镜像中的过程是不可能的。实验直接证明了 β 衰变中宇称的破坏。[12] 这种破坏，被戏称为“上帝是个左撇子”。

吴健雄发现在与 Co^{60} 核自旋方向相背时，发现电子的可能性更大。

ω 代表 Co^{60} 核自旋的正向，在镜中看正好相反。

吴健雄的实验起源于李政道、杨振宁的论文“弱相互作用中的宇称守恒质疑”，文中提及“β 衰变中宇称守恒的可能的实验验证”，要“测量极化原子核的 β 衰变发射出的电子的角分布”。吴健雄完成了这一实验，结论是 β 衰变确有偏好手征——这原本是基本粒子属性不变的重要象征，但由于当时人们对平

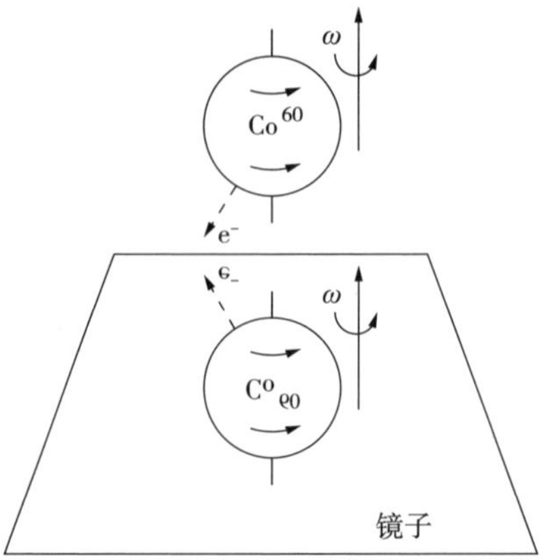

图 3.5 吴健雄的实验证明平面镜像“宇称”不守恒图

面镜镜中虚空间认知的错觉，而将本来并不处于宇称状态的对比实验，误认为宇称状态，得出了“β 衰变中宇称破坏”[12]的结论，这一结论只是证明了平面镜镜像的“宇称”是不守恒的。

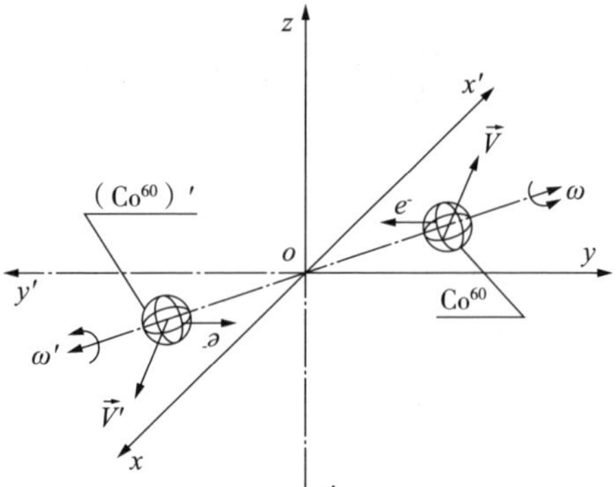

图 3.6 吴健雄的实验证明宇称守恒成立

(β 衰变中保持手征性不变)

现在，我们用 Co^{60} 原子核代替图 3.4 中的粒子 A，A′则为其镜像$(Co^{60})'$，按照吴健雄实验的结果，β 衰变中保持手征性不变(图 3.6)。

这就是说，“吴健雄的实验证明弱相互作用中宇称守恒定律成立”。如上所说，在 20 世纪 70 年代，科学家已经证明，弱力和电磁力合一而成为电弱力，图 3.6 表明，宇称守恒定律对于弱相互作用也不例外。

3.4 宇称守恒定律的哲学意义

在人类的认知中，有一个象征认知能力的词，就是智力。力在物理学中是和物质相关的相互作用的总称，而智力则是和精神相关的人的认知能力的衡量，或是代表一代人的认知水平，因此智力实际上是一个哲学词汇。动物有没有智力？人类为什么会有如此高的智力水平？人类的智力又是怎样进化和形成的呢？

要想找到正确的答案，必须纠正物理学中宇称不守恒定律的误判，找出物理学界认为“镜像＝左右对称＝宇称”的概念错误究竟错在哪里？

3.4.1 人对镜子认知的错误和觉知

人对镜子的认知有两次错误：

第一次　和动物相似，把镜中的我当作另一个“自我”。这在每个婴幼儿的认知中，仍在重复着。

第二次　就是20世纪50年代，认为镜子中的“自我”虽然是个像，但是可以复制出来。这发生在那个时代的科学精英探索弱相互作用是否宇称守恒的认知过程中。尽管人们认为要把镜中的自我复制出来是不可能的，但他们通过数学演绎认为微观世界又是可以复制出来的，由于吴健雄实验结果证明“上帝是个左撇子”，没有复制出来，就得出了弱相互作用中宇称不守恒的结论。从那时起到现在，物理学中对于宇称守恒和不守恒这样自相矛盾的“科学法则”没有做出合理的解读，因为这是大自然中光子、镜子和人眼三者联袂演出的一场自然魔术（图3.7.a）。对图3.7.a解读如下：

（1）镜像是一个纯视觉感知

图3.7.b告诉人们，镜像变换是人类纯视觉感知的结果，它反映的是一个真实世界和镜像之间的对称关系，可以用T_{R-M}变换来表示：

$$T_{R-M}: x'=-x \quad y'=y \quad z'=z \tag{3.3}$$

式3.3中$x'=-x$是一个“相向而行”的镜面反射，从表面上看图3.7.a构成光源—陀螺组合的左右对称变换，但是图中左侧的灯泡—陀螺组合体都是看得见摸得着的实体，而镜中的像是可以看得见、摸不着的虚像，一个纯视觉非实体的感知。

（2）光子的属性构成镜前左右对称的空间

图3.7.a揭示了镜子会将空间“扩大”一倍的秘密——镜像变换是光子、镜子、成像眼三者联袂变幻的一场自然魔术，其科学原理有二：

第一，光子是一个自旋为1的玻色子，镜面反射（又称平面反射）使得反射

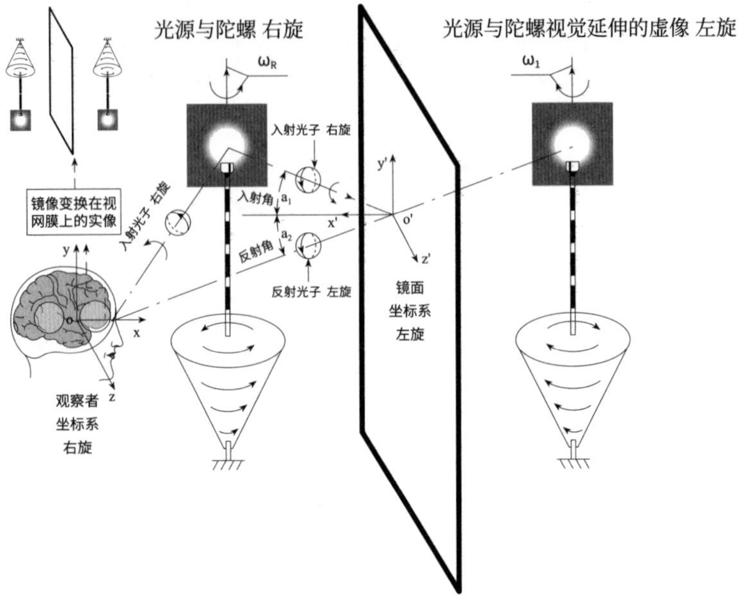

图 3.7.a　光子、镜子和人眼联袂表演的三体魔术

镜前空间：观察者和光源—陀螺（右旋）　镜子中：光源—陀螺的像（左旋）

观察者坐标系 o—xyz，右旋　镜面坐标系 o—x′y′z′，左旋，

$x'=-x \quad y'=y \quad z'=z$　入射角 α_1 = 反射角 $\alpha_2=\alpha$

光子由右旋变成左旋。

光具有波粒二象性，当我们将光视为光量子的时候，那么光就是自旋为 1 的玻色子。物理学中自然光的自旋设定右旋为正，在图 3.7.a 中是一个和陀螺一起旋转的光源，在观察者这一侧光源（灯泡）发出的总是右旋的光子。因此光子是一个具有冲量 P 的、按右手法则前进的、无比坚硬的能量包，P 有三个分量（参见第 16 章），当入射光子冲击镜面时，在 x 方向的分量反转：

$$K_X=\frac{2\pi}{\lambda}\cos\alpha \text{ 反向，变成 } \quad K_{x'}=-\frac{2\pi}{\lambda}\cos\alpha \qquad (3.4)$$

于是，镜面的反射光子就变成了一个左旋光子，如图 3.7.a 所示。

第二，左右旋光子形成镜前重叠的左右旋空间

图 3.7.a 中，镜像变换形成了将镜前空间扩大一倍的视觉效应，这一效应普遍地应用在商场的室内外装修中，应用镜像变换的科学原理产生了建筑学上奇幻的视觉效果。

按照爱因斯坦引力场方程，时空本身是由光子进行描述的。由于光子是自旋为1的玻色子，不遵从泡利不相容原理，因此自然光的右旋光子和镜面反射的左旋光子，就共同存在镜前的同一象限，即在观察者的第Ⅰ象限中，构成了一对相互重叠的左右旋时空。

图3.7.a中，由于光源—陀螺组合体是在右旋转动，因此光源的辐射光和反射光就构成了镜前空间并存的左右旋时空。右旋时空是由右旋光子描述的，是自然界原本存在的真相，其中的实物都是实在的，可触及的；左旋时空是由镜面反射的左旋光子形成的一个表象，其中实物的像只在一定的视角才能被看见，但仍然是不可触及的。从图3.7.b的观察者坐标系中，镜面反射的左旋光子也是冲着观察者飞来的，镜面反射的左旋光子和实体发出的右旋光子，二者重叠在第一象限中，这就形成光子和镜子一起变幻的一对左右旋世界，实体和镜像共存不悖，视觉空间扩大了一倍，这就是镜像效应。

(3)镜像变换在人眼视网膜上形成的是一个实像。

在观察者坐标系中，镜面反射的左旋光子虽然是逆向飞行而来，但也是一个真实的存在。它和右旋光子一起通过人眼瞳孔进入眼球，在晶状体的折光后成像在眼球的视网膜上，构成与左右旋光子相对应的两个实像，这两个实像正是图3.7.a中左右对调的倒象，见图3.7.a中左上角“镜像变换在视网膜上的实像”，图3.7.b是该图的放大图，图中构成了人眼视网膜上成像的宇称变换——左右对调，上下倒置，按照几何光学原理，又延伸至外部空间，成为误以为真实世界的镜像宇称，这就是镜像之谜。

3.4.2 视网膜上的世界与镜中世界的比较

图3.7.b是视网膜上的世界。两千多年前，亚里士多德就对观察自然现象的真实性说过：眼见为实，但不一定是真理。视网膜上的镜像变换酷似左右对称，但它是实体的像和镜面反射的光线所形成的像的对称，它只存在于视网膜上，不存在于真实空间中。在由光子、镜子和人眼三者一起变幻的这一魔术中，人眼扮演了一个没有说假话的诚实的“托儿”角色，人类至今不知道自己是个托儿，因为视网膜上的镜像确实也是一个实像，这就是自然魔术——人类魔术的祖师爷。

人们对认知学的研究，总是从视觉开始的。我们从小学开始所接受的有关视觉的教育中，有两个谜团至今仍没有得到解答。

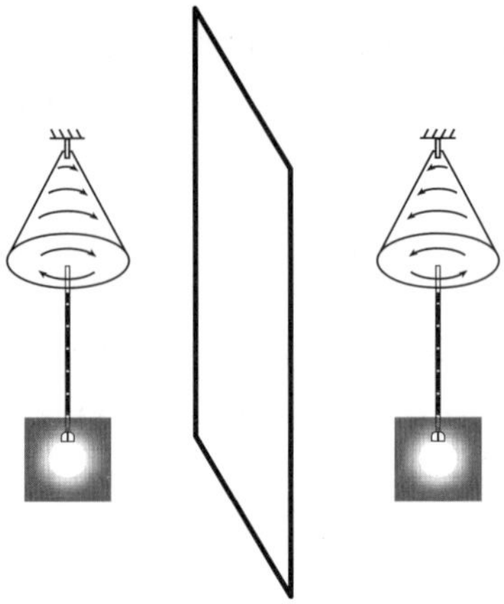

3.7.b 镜像变换在视网膜上的实像

第一个是镜子之谜。一个明明是虚假的像，却永远会吸引着我们的眼球，缘何如此？生物的对称性，特别是我们自己的左右对称和大多数物体的对称性，在镜中也常常表现出是一个左右对称的世界，这就加深了我们对镜中世界真实性的感觉。当我们长大以后，凭经验我们会知道"水中月，镜中花"不是一个真实的世界，然而我们常常会想"那会不会成为一个真实的世界呢?"会，还是不会，科学家不是为此还做了著名的"宇称不守恒的实验"吗？不守恒意味着实验的结果是否定的，那不是一个真实的世界。

人们为什么会对"镜像世界"如此感兴趣呢？这不只是好奇，而是在人们的潜意识中有一种暗示，这就是除了我们所见到的真实世界以外，还有没有另一个世界呢？比如，我们视网膜上是一个什么世界？是一个倒置的世界？那视网膜之后又是一个什么世界？这个世界在什么地方正立过来的呢？我们每个人都会做梦，那梦里又是一个什么世界？我们每个人都会有思想、有感情，有一个精神世界，那精神世界又在哪里？在图 3.1(a)中，是不是在山峦之上和水面之下还会有两个想象中的世界——一个天堂、一个地狱？

人对真实世界的感知是信息，视觉信息是最主要的，也是大量的。我们从神经生物学可以看到，动物对外部世界信息的感知都是发生在微观层面上的宏观效应，是生物分子、原子、离子、电子的"大数"作用和传递过程的结果。如果我们认识到信息是物质化的，它需要载体才能存在、传递及至形成我们的认知的话，那么对于以上所提到的种种世界，我们就会作一些实质性的分析：通常我们都认为有一个镜中的世界，但是这个世界对处于不同位置即不同视角的观察者是不一样的，虽然我们对这种不一样可以根据几何光学进行换算，但这也说明镜子本身并不产生、也不保有任何信息，所有携带信息的光线都被它反射出去了，镜中世界只是一片空白、一个虚拟空间的存在。它对我们的最大满足，就是能看到自己面部的形象——一个左右对调了的自己的假像！假象，自己欣赏起来，也很酷。

第二个谜团是视网膜上的倒像。我们在1.1节中就提到，人眼在视网膜上的成像是上下倒置的，这个倒置的像如同水中的倒影吗？不是，眼球和视网膜是和镜子截然不同的另一个世界。这个世界时时刻刻都在接收外部世界的光的信息，虽然形成的是一幅幅倒置的像，但它是实像，并且实时地将这些像的信息传递给中枢神经系统。这一过程，用物理学的术语来说，就是眼球完成了一个变换，将一个栩栩如生的外部世界变成了一个倒置的世界，投射在一个小小的视网膜上，形成了一个左右对调、上下颠倒的实像。如果我们把这个实像视为外部世界的化身，那是一点也不为过的，也就是说，视网膜上保留了外部世界的图景。我们将会在第二、第三篇中证明，由我们的眼球所实现的这种变换是宇称变换。按照宇称守恒定律，视网膜上形成的将会是外部世界的一幅幅全息的图景，我们对外部世界的认知从视网膜上的实像开始，我们内部世界的精神活动也与之密不可分。

视网膜之后就是我们的精神世界，在这个世界里居然会形成和外部世界一体化的思想、情感和智慧，包括所有高等动物在内都是如此——这常常被认为是不可思议的、人和动物都共同具有的灵性。

如果有一个主宰这灵性的自然规律的话，那就是宇称守恒定律，那就是吴健雄的实验所证明的“上帝是个左撇子”的宇宙法则。

3.4.3　宇称守恒定律引导生物的属性进化

生物进化是一个实体进化和属性进化的一代又一代的迭代过程。我们在1.2节中可以看到，几乎所有动物的身体结构都是左右对称的，也就是说左右对称法则规定了动物身体结构的进化方向：实体进化的最终选项只有一个——左右对称，又称为“宇称”。

然而在属性进化上，自然界存在两条进化的道路：第一条是以眼球成像倒置为代表、覆盖了从脊椎动物到哺乳动物的高风险的进化之路，这通常被称为高等动物的世界；第二条则是以复眼成像正置为代表、涵盖了100万种昆虫的低风险进化之路，这就形成了种类繁多的低等动物世界。

对于高等动物世界的属性和宇称守恒的相关性，将在第二、第三篇中进行详细的分析和描述，这里只是从迭代进化的角度来进行探讨：从信息化的角度来看，生物属性的进化集中表现在输入和输出信息的种类和容量的能力上。信息的输入是将外部世界的信息变成脑的内部世界的信息，输出则相反，通过行为将信息传送至外部世界。这种信息的输入和输出是不是应该有一个法则，这个法则确保在输入和输出的过程中信息是守恒的，代代如此，人人如此，时时如此，事事如此，也就是说，在信息的输入、输出和传递过程中确保守恒，这应该是生物属性进化的前提。

信息的输入、输出和传递过程，所实现的是一种信息的变换，信息的变换是由信息的载体来完成的。现代神经生物学告诉我们，信息的载体对于视觉系统就是光量子，随后我们将会证明哺乳动物视觉信息的输入和输出是一个宇称变换，从而遵循宇称守恒定律。

宇称变换的守恒机制确保内外两个世界信息的全等性，确保代代相传的信息的一致性，确保个体认知过程中信息的继承性、新信息的可叠加性和已经记忆信息的终身等效性。

因为存在着宇称守恒的信息变换机制，我们就可以将生物的进化过程视为一个自相似的信息迭代的过程(图3.8)。

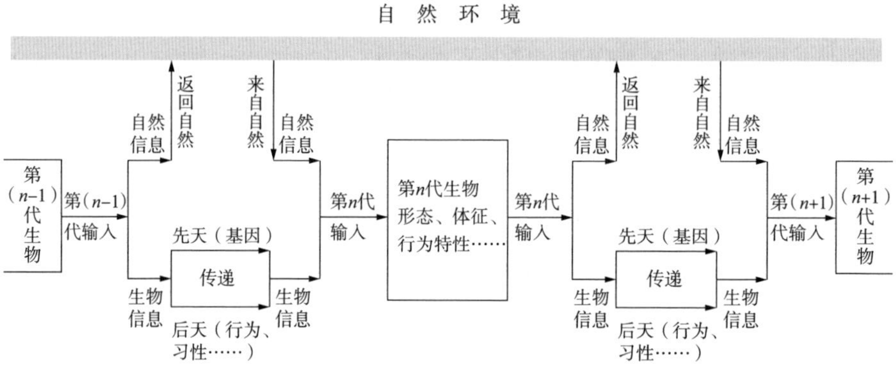

图3.8 生物进化中的信息传递图

生物和人类的每一代都可以看作这个物种自身承上启下的过渡系统，如图3.8所示。每一代生物都是该物种全部信息的载体，它包括物种基因的信息和后天习得与传承的信息。基因的变化大体上为450万年改变1%，因此可以认为在地质意义上的较短时间内，如100万年，对第n代生物而言，它的形态、体征、行为特性等信息输入量和输出量是相等的，也就是说，第n代的生物继承了第$(n-1)$代的基因及其全部特性，并且毫不走样地传给了第$(n+1)$代。但是，人类在这里出了一个变数——一代一代之间的信息不再是全等的传承。

人类的直立行走、制造石器时的手脑并用、语言的形成和交流等，使人类代代传承中的信息构成和信息量发生了根本性的变化，可以作如下的表示：

$$信息输出=信息输入+增量\Delta \tag{3.3}$$

式(3.3)必然遵循两条自然法则：

一是信息的输入和输出的过程中保持宇称守恒。第二、第三篇中将证明人类输入和输出信息的过程是一个宇称变换的过程，按照宇称守恒定律，信息的属性应该是不变的。这也就是说，我们输入的信息是外部世界真实的反映，我们输出的信息是我们所思所想的对外的表达(口误或词不达意的时候也有，那是神经系统的暂时失误)，这就使我们每个人在时时刻刻的信息流中保持一致性和连续性。

二是信息的增量Δ来自脑中能量的转换，这个增量Δ虽然是个性化的，不同人可以相差很大，但是对于一代人而言，总是增加的，这就是人类文明的创造性源泉。

图3.8表明，输入、输出量中都含有自然信息。由于人类劳动和创造对自然的反作用，因此自然信息的输入，对每代而言也会发生变化，但在增量Δ中的比例应该是很小的(现代社会则不然，地球环境正在发生急剧的变化，而反作用于我们人类自身)。因此，信息量的增加主要是生物自身信息量的增加，其中有两部分：一部分和先天的基因相关，另一部分来自后天的习得性遗传和自身的创造。人类进化中形态、体征和脑容量都会受到基因的控制，而在最近的350万年时间内，脑容量居然增加了一倍：由650～700mL增加到1350～1400mL，前者是人和猿脑容量的水平，后者是现代智人的水平。就信息量的增加而言，则更为惊人，因为每增加一个神经元就可能在神经元的网络系统上增加5万个连接点。大脑认知的神经元网络的建立是在后天逐步完成的，正因为如此，才可能有创造性的增量出现，也正因为宇称守恒定律始终主宰着信息输入和输出的信息变换，这才有近几百万年以来，急剧增加的信息的积累，从而实现了以后天获得性遗传为其特征的、飞速发展的人类文明史。

3.4.4 智力进化的三联法则

人类智力的形成和进化既是一个谜,又很吸引人。从第1章对视觉系统和神经信息的传输路径来看,人类是属于用眼球进行观察和神经信息交叉传递的这一支,即哺乳动物这一支,而不是用复眼进行观察和神经信息并行传递的昆虫那一支。前一支的信息输入遵从宇称守恒定律(对后一支没有研究,不予涉及),守恒意味着信息和信息之间的关联性在变换前后是不变的,这就是哺乳动物这一支智力的起源。

神经元是动物感知和加工这些信息的细胞,进化的标志表现在中枢神经系统和脑的形成。人类脑容量的增大与智力的进化有着明显的相关性,智力的本质是信息量的大小、信息的相关性和新信息的创生能力,它们都和信息变换的守恒密切相关。

人类的智力更为集中地体现在式(3.3)中的增量Δ上。对此,我们可以对从猿到人进化过程中的智力发展作一个十分粗浅的分析。

假设每一代猿人经过劳动所创造的信息增量为其输入量的千分之一,又假设一代人的时间周期为20年,那么上述350万年就会有17.5万代人,总的信息量增加的倍数应为:

$$T=(1+0.001)^{175\,000}\cong 175$$

这表示,在350万年中人脑的容量增加了一倍,但信息量却可能增加了175倍;或者说,脑神经元增加了一倍,但与信息相关的神经元网络则可能增加了175倍。值得注意的是,增量$\Delta=0.001$的值是我们假定的,对于早期的猿人可能达不到0.001,而对于晚期智人和现代人,会远远大于0.001。不过,人脑所拥有的1000亿神经元足可以容纳更多的信息,即令当今信息化时代信息量快速增加,但也只是用了神经元网络的很小一部分,因为由1000亿神经元所组成的用以承载信息的神经元网络将会是一个天文数字。

尽管智力对于我们的认知而言,还是一个谜,但从上述的分析来看,智力的形成有三个要素:

一是在外部世界和内部世界之间有一个容量大而又保真的信息变换系统,遵从宇称守恒法则(代号C1)——这是一个大容量的宇称变换与守恒系统,对哺乳动物而言就是以眼球、视网膜与神经信号传递通路为象征。

二是在脑的内部世界中,拥有由基因所决定的神经元的巨大数量和脑组织结构，遵从基因遗传法则（代号 C2）——这是一个大容量的信息储存与快速加工的系统，对哺乳动物而言就是包括大脑在内的中枢神经系统。显然，人类是这一系统进化的顶峰。

以上两条是人和动物所共有的，而下述第三条则是人类所独具的。

三是在人脑的内部世界中，语言信息占据了主导的地位，构成了人类独特的创新思维模式，遵从抽象思维法则（代号 C3）——这是以语言为媒介的抽象思维，这种思维会形成创新信息，并以语言和行为的方式作用于外部世界。

我们将上述三条法则 C1、C2、C3 称为构成智力进化的三联法则（图 3.9）。

图 3.9 就是描述人类智力进化的一个迭代过程，x_n 代表第 n 代的智力状态，C1、C2、C3 代表构成智力进化的三联法则，函数 f 在我们不清楚的时候，可以将方块图视为一个黑匣子。如果没有 C3，图 3.9 对哺乳动物也适用，不过此时 $x_n = x_{n+1}$。

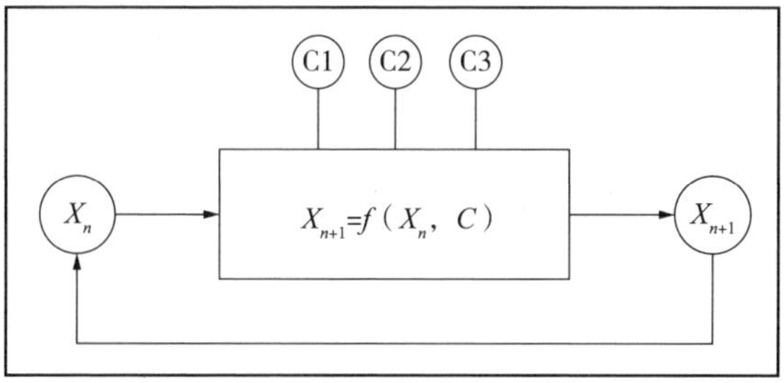

图 3.9　智力进化的三联法则

x_n 表示生物第 n 代的智力状态；f 构成智力的函数；

C1 宇称守恒法则；C2 基因遗传法则；C3 抽象思维法则

第4章 言法自然——“科学—哲学”的分与合

语言和文字尽管仍然属于由感官感知的自然符号，却带来了人类智力的飞跃，以抽象思辨为特征的古希腊的哲学体系和儒、佛、道三结合的中国哲学长久以来成为人们对自然和社会认知的准则。300多年以前，牛顿发表《自然哲学之数学原理》，象征着科学和哲学的分野，牛顿取其名曰：“自然哲学”或“实验哲学”。100多年以前，恩格斯著述《自然辩证法》，象征着哲学和科学的融合；100多年以后的今天，以物理学、生物学为代表的科学成果，正在融入哲学，加固着哲学大厦的基石。

4.1 语言在生物进化中的地位与作用

4.1.1 语言的内涵是信息

语言是特定的生物群体进行信息交流、情感沟通和认知外部世界的工具和灵性的象征。为了消除对语言和灵性的神秘感，下面将从生物对信息的依存关系开始，一步步地探讨语言和信息是什么关系。上述特定群体是指不同种类的生物，我们不妨从植物开始，植物虽没有语言，但是存在信息。

对植物而言，阳光是最主要的信息，无论是在原始森林还是人工栽植的树林中，互相争夺阳光可能是好阳、蔽阴两者互补的生存模式，到处可见。因为这一现象太自然了，人们想象不到它们之间同样会有着信息的交流和共享，而对于熟悉植物属性的园艺工作者，他们是根据什么来规划一个园林，或者去治理一片沙漠的呢？这是植物的自然属性所表达出来的对外在信息的反应，除去阳光以外，还表现在对水源、营养、地形等信息的趋向性的生长和适应等方面。

对于低等动物，包括昆虫类等节肢动物，最主要的信息是气味，感知和处理这一信息的是嗅脑。嗅脑在脊椎动物大脑皮层的发育谱系属于“古皮层”（古皮层只有 3 层，新皮层为 6 层），因为嗅觉感受到的是某种气味分子的化学信息，与视、听觉物理信息的感知、编码大不一样，这就是嗅皮层数量少的原因。在低等脊椎动物，完美的嗅觉，辅以不太完美的视觉和由振动引起的声觉，也就有了一个种群和外界进行足够的信息交流的生存能力。它们相比于植物而言，已经发展出一种接收信息和主动趋向目标的信息体系，各有一套进行彼此通信和应急反应的能力。蚂蚁社会的信息素、蜜蜂跳的 8 字舞、萤火虫的闪光、青蛙的鸣叫……这些都是它们与生俱来的交换信息的方式，所以人们也常常将此称为动物的“语言”。作者接受这样的称谓，因为语言的核心内涵是信息，这些动物的语言，象征着在生物进化中，有着各种进行信息交流的天然模式可供选择，进化是随机的、多方向性的，最终形成什么样的信息交流方式是物种整体进化的结果。当人类进入信息时代后，人们才切身地感受到信息是多么重要，因此动物的语言可以视为动物界灵性萌发的象征。人类之所以能用语言将发生在低等动物身上的这种信息与行为的关系描述出来，是因为人类的灵性高出于动物的表现，因此可以将“灵性”一词解读为对外部信息的感知模式、信息的容量和形成综合感知和反应的能力。

对于高等哺乳动物（为了简化起见，我们不讨论鸟类），一个以家庭或者小社会为单位的信息传承现象出现在几乎所有不同的物种中，其中包括两种信息：一是进行思想交流、组成社会的信息；二是认知外部世界的生存信息。虽然高等动物的信息交流主要是“肢体的形象语言”，但是用不同的发音组合编码形成的少量有限的信息，已经孕育着人类“形象语言”的雏形，这就是几乎所有的高等哺乳动物都能被人类所驯养，成为宠物的道理。我们不只是能用语言描述它们，而且可以在共同的生活中，形成以人类语言为主导的进行相互交流的“混搭式语言”，最典型的、也是最普通的就是人和“宠物犬”的关系。

对于人类来讲，语言是不同民族之间最主要的差别。据统计，全世界大约有 6000 种语言，但是根据学者王明嘉的考证：“拥有书写文字的也不过数百，其余大部分的语言，根本就是只以口语交流，并没有形成文字。”[13]因此，尽管人们已经习惯地将语言理解成包括它的书面形式在内，但是“文字”却是语言创生中的一个飞跃。

动物的语言是由形象符号编码的形象信息，或是视觉的，或是听觉的，或是特殊感官的；人类的口语实际上也有两种模式——形象的和抽象的。形象语言还常常伴有表情和手势，这是婴幼儿学习语言的起点；抽象语言是由不同音素形成的编码信息，从实质上看，它依然是听觉的形象信息，但它载有一个由音符编码的信息，这种编码就是信息的抽象化。

人类从口语发展到文字是认知的一大飞跃，它构成了由不同图形表达的视觉和听觉相兼容的抽象信息——正是这一步，形成了人类的文化，完成这一步的时间距今不到 1 万年，古埃及象形字和中国甲骨文是具有历史意义的考证（图 4.1）。图中有象形文字和现代汉字的对应关系，你知道这些象形文字的发音吗？

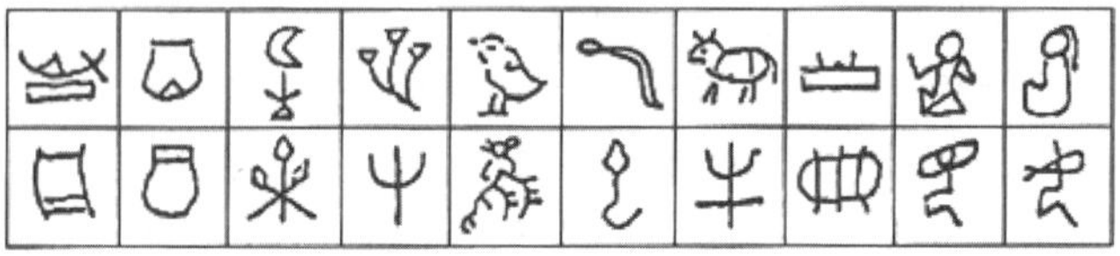

舟 罐 花 草 鸡 蛇 牛 书 男 女

图 4.1 上面一行字是古埃及象形字（圣书字），下面一行是甲骨文[14]

4.1.2 为何先有口语后有文字

就语言而言，口语在先，文字在后，这应该是一个不争的古人类的语言史实，也就是说这种表达自己对外界的认知和进行相互信息交流的进化过程，恰恰和对外部世界的感知进化过程是相反的。哺乳动物起源于兽形爬行动物（中国的吴氏巨颅兽化石），它是先有眼球的视觉信息的动物，到中生代三叠纪晚期（2.2 亿～2.05 亿年以前）才开始进化出现在哺乳动物这样的听觉系统（详见 11.2.2 节、图 11.4）。

几乎所有的生物都能被动地接受光的信号和能量，然而在自然界并不是所有动物都能发出光信号，动物界 25 个门中，就有 13 个门 28 个纲的动物具有发光现象，最典型的是萤火虫。萤火虫发光细胞中含有荧光素、荧光素酶两种发光物质，它们与 ATP（三磷酸腺苷）及氧一起反应，在氧与荧光素结合时发生电子转移，同时发生能量的变化释放出荧光光子而发光，因而萤火虫能够主动地发出光信号进行通信，萤火虫的闪光是一个码元的二进制编码信号。由于可见光的波长短，生物没有这样大的能量来激发机体发出光波，哺乳动物的体能也就只能辐射出红外线而已，因此尽管视觉信息较之听觉信息系统的形成要早若干亿年，但是生物不可能进化出一个以可见光为信号的主动式的通信系统。

听觉和发声系统的进化终于形成了哺乳动物(还有鸟类)以声音进行主动式通信的回路,即生物信息的接收和发射系统。这就形成了所有哺乳动物群体的生存和繁衍优势,差别只在于不同哺乳动物的信息模式和信息量的大小。

人类的直立对于改进哺乳动物发声能力的局限性带来了决定性的影响,直立使人类拥有远远大于所有动物的音素能力(图 8.15)。

由于声波是机械振动,大脑输出的信息可以传递到外周神经,通过由蛋白质组成的肌肉来形成自激振动发出音频振荡的声音,于是由不同音素形成的可重复的组合编码,就构成了人类通过语音进行通信、交流的海量信息能力——这就是人类语言的生命力。它不只是可以像动物那样为了生存而进行群体的、社会的通信和交流,而且可以把对外部世界的发现、认知和思想一代一代地用新的口语表达出来,这本身也体现了语言的创造和完善的历史过程。藏族民间说唱体长篇英雄史诗《格萨尔王传》就是这一历史过程的一个最好的佐证:

> 《格萨尔王传》是现在世界上唯一的“活形态”长篇史诗,这指的是,我们一般称为长篇史诗的那些作品,如《荷马史诗》、古印度的《摩诃婆罗多》和《罗摩衍那》等,都已成为固定的、经典化的文字文本,不再以口头说唱的形式流传;而《格萨尔王传》历经千年的流传,如今仍然以口头说唱的形式在民间传播,因此,其篇幅、内容等仍处于变化状态中,并未完全固定化。

4.1.3　文字符号是人类文化进化的起点

“文化”也可以狭义地理解成文字的形成和进化。上一节我们解释了为什么虽然视觉信息是最大量的而又最古老的信息,但是口语却是人类最早的交流和通信工具,现在我们要回答为什么会出现文字符号?

虽然人们将文字归入了语言,但是口语和文字却是两个完全不同的信息交流的模式。“言法自然”,因为人类的听觉和发音能力完全是由基因决定的,听觉接收的信息是被动的,它来自外部的声源;自己讲话是主动的,它来自内部声带的振动。所以,语言的根基是人类进化出来的一种先天的的能力,或者说是属性,但它也需要人类的开发和在开发中的创造。这种口语开发和创造的结果是人类可以将所有感知的信息,包括视觉、听觉、嗅觉、味觉和体感的信息都能用语言表达出来，乃至亲身经历带有个人情感的事件，直至像《格萨尔王传》这样“活形态”的长篇史诗。不过，这样口传的长篇史诗毕竟是全世界近乎唯一的人类语言的遗产，人类的文化进化主要还是起源于文字符号的创生——文字符号是人类的创造，它不是天然的，因为它的传承并不在人类几十亿年形成的基因中，而是在人类种群和社会的基因中，形成这个文化基因的历史不超过一万年。

文字符号一出现，就让人类找到了一种可以记载自己的发现和认知世界的新的途径，开始了人类创造文明的历程。文字符号相较于口语有如下的特点：

(1)声波是在空间传播的信号，随着时间会越来越远，继而消失。字符则是在二维平面上的一种符号的存在，如中国远古时的甲骨文、刻印的碑帖、书写的文章、书籍、字画和记账的账簿等，都可以长久保存。

(2)构成语音的音素与不同的民族习惯、生活条件和文化等历史背景有关，最终会形成不同的方言和语调，带来对相同事物表达上的差异。但文字符号是“白纸黑字”的固定信息，所有人看到都是一致的，如果赋予了某一个字符以约定俗成的语音和含义，这样形成的文字的含义，会在一定的历史时期内为人们所认可和使用，不会变化。

(3)所有保存的文字信息的再现，只需要一个条件就能再现和传播，这就是光。文字符号的信息随时可以由光照看见，因此文字符号可以自由创造、组合和转化，而且长久流传(如图 4.2、图 4.3)。

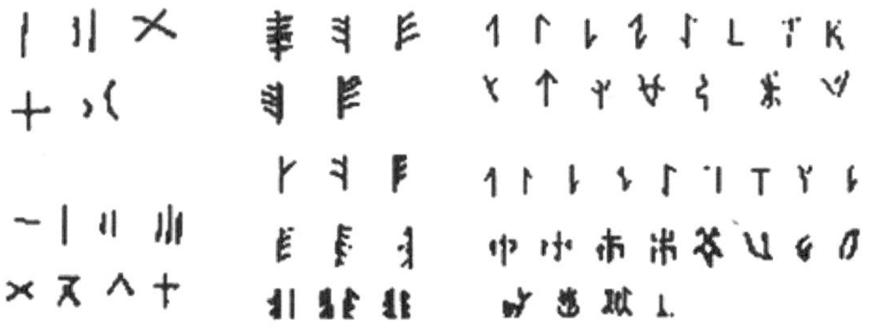

图 4.2 仰韶时代(公元前 4500—前 3000 年)中原地区陶器上刻画的符号[14]

文字符号的这一特点，给人类的文明打开创造之门，伟大的剧作家莎士比亚就创造了超过 1700 个英语词汇，例如：

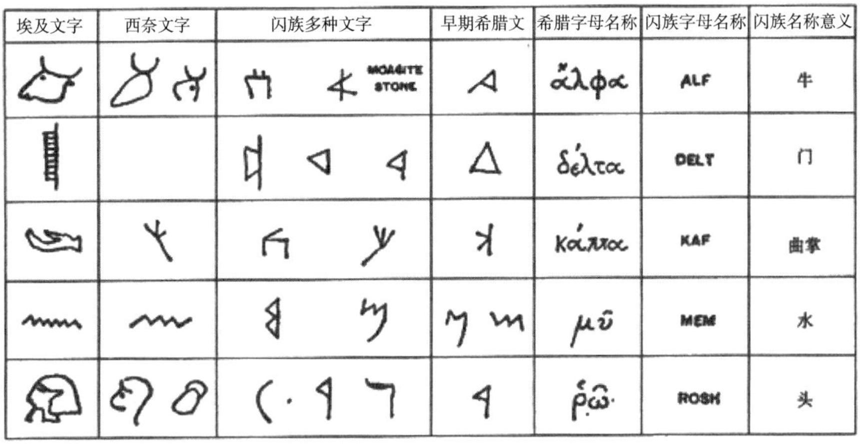

图 4.3　A、D、K、R 四个字母从古埃及象形字到早期希腊字母阶段为止的全部历史[14]

advertising(广告)

首次出现 Measure for Measure(一报还一报)

bedroom(卧室)

eyeball(眼球)

critic(批评家)

首次出现:Love's Labour's Lost(爱的徒劳)

lonely(孤独的)

首次出现:Coriolanus(科利奥兰纳斯)

blanket(掩盖)

首次出现:King Lear(李尔王)

excitement(刺激;刺激因素)

首次出现:Hamlet(哈姆雷特)

label(为……加上标签)

首次出现:Twelfth Night(第十二夜)

……。

这样的创造不只是在文学领域,在所有人类的科学、文化、艺术、体育、工程,直至现代的 IT 行业,人们创造了多少个专业的词汇、文字和符号啊！正是这些文字符号开启了人类智慧的历程,在不到一万年的时间内,人们用各种各样的文字和符号描述了一个浩瀚无边的宏观宇宙，揭示了一个蕴藏着无穷奥秘的微观世界，创造了一个以人类和地球为中心的文明世界。

4.2 语言与思想

4.2.1 语言的三重含义

《现代汉语词典》对语言的定义是："语言是人类所特有的表达意思、交流思想的工具。"[15]具体来讲，这个工具有三重含义：音、形、义(图 4.4)。由于语言是后天习得的行为，因此学习和拥有完整的语言能力的前提是生来具有正常的听觉和视觉能力，这就是汉语一词"聪明"之所指。图 4.4 中的"义"象征着对"音和形"的理解，也就是：你对这"音"和"形"是懂得还是不懂得？正如词典所释，人们使用的语言恰似人类"表达意思、交流思想的工具"，实际上语言又是人类的一种行为。言语本身是人类社会的一个教授和学习的动态过程，是建筑在习得性基础之上的传承和创造性的行为。为了理解语言和思想的关系，我们将图 4.4 稍加改变如图 4.5。

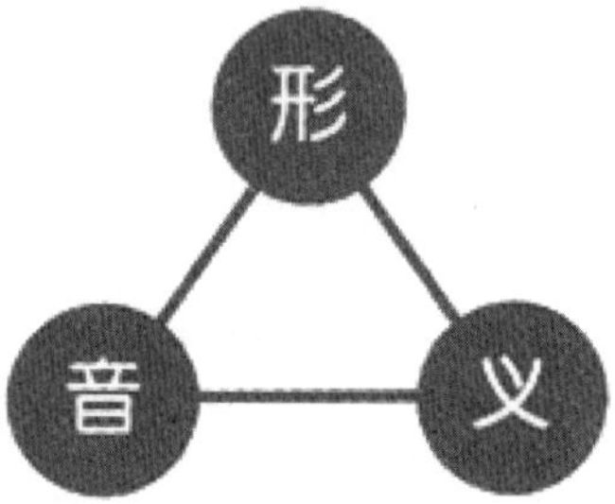

图 4.4 语言的三重含义[13]

图 4.5 虽然和图 4.4 有着共同的语言学的基础，即"形"表示"文字"的结构形状，在汉字就是由撇、画、偏旁等组成的字形；"音"代表由不同的声音表达的事物、情景；"义"代表，对语言的主观的理解。图 4.5 侧重表达了语言是和人的思想相关的一种输入和输出的行为。

4.2.2 语言是实时的思想

如图 4.5(a)所示，语言的输入是由感官眼和耳进行的，输出是由口和手实现的，两者都是一个动态过程：输入的终点是在脑内形成的"义"；输出的起点，也是脑内萌发的"义"——这两个"义"就是我们在听和说时自己的思想，说话的目的是表达意思和交流思想。

图 4.5(b)表示了交流思想中的另一层含义，在交流和接受别人思想的同

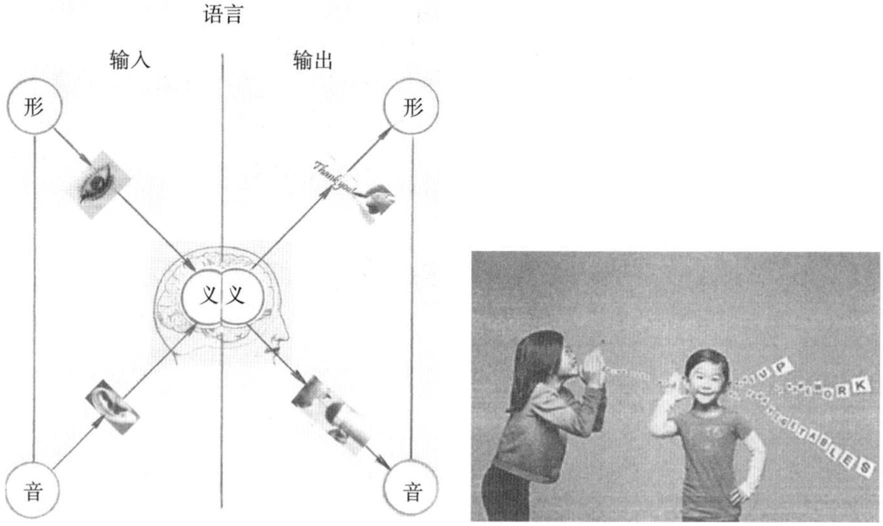

（a）　　　　（b）

图 4.5　语言的输入和输出

时，自己还可能萌发出不同的思想需要表达，这种差异就形成了语言进化的动力，其结果是一些旧词汇被淘汰掉，所以我们不知道一万年以前人们是怎样讲话的，我们不会读也不认识甲骨文（考古学者除外）；另一些新的词汇则被创生出来，如前所说，莎翁一人就创造了 1700 个词汇，像“眼球（eyeball）”这样的词造得多好啊！人类社会究竟创造了多少个词汇是很难统计的，仅以汉语和英语而论，《汉语大字典》所收汉字为 56 000 个；长达 20 卷的《牛津英语词典》（第二版）中有 171 476 个仍在使用的单词词条，还有 47 156 个废弃的单词词条。此外，还要加上约 9500 个派生词作为词条下面的分项。在这些单词中，超过半数是名词，约四分之一的单词是形容词，七分之一左右的词是动词，剩下的是感叹词、连词、介词和词缀等。这一数字并未把单词的不同词性（如名词和形容词）分别计算。

从《牛津英语词典》中可知这些单词中，超过半数是名词，其他为形容词、动词、连词、介词和词缀等，所有这些词汇的增加表明人类对客体的认知和描述越来越多，词的含义和应用也更加广泛和深入。与此同时，在语法结构上也更加规则和标准化，即使一个简单句的句型，也会有很复杂的语法结构，口语的句型很简单，但表达的意思很清晰（图 4.6）。

在人类的进化过程中，语言一直是智力的象征，但是从考古学发现的石器和头骨，只能间接地考证人类的智力水平和脑量的大小，以及语言区在颅脑内出现的年代，但对于原始人的思想毫无所知，只能是想象和猜测。直到大约1万年以前，人类的思想才能用各种文字符号记载和保留下来，至今世界各地的图书馆、博物馆所保存的书籍、文物构成了浩瀚的书海和文化的宝库都在闪耀着人类思想的光芒。

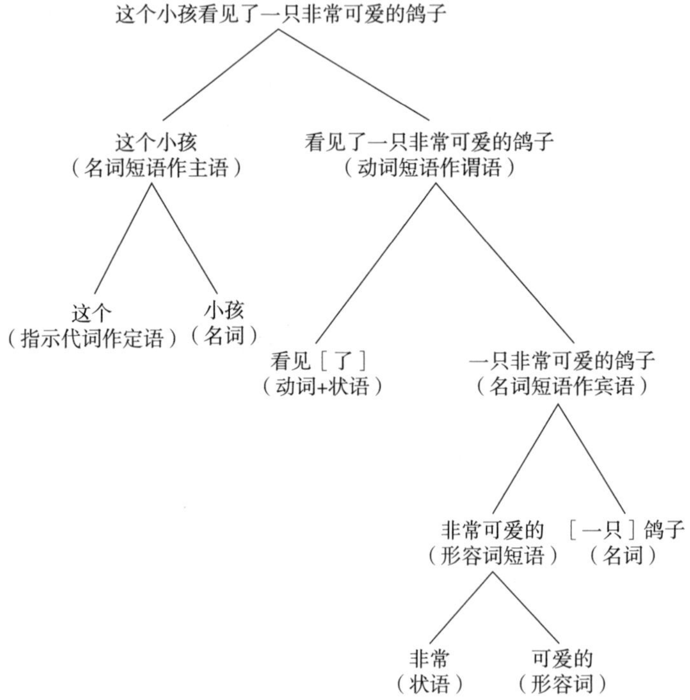

图4.6 一个简单句子的复杂语法结构[16]

4.2.3 语言与认知

从上述《牛津英语词典》中单词的分类来看，有超过半数是名词，即使其他的词类，如形容词、动词等也都是和名词直接或间接相关的，这表明虽然语言是表达意思和交流思想的工具，但语言的中心是对外部世界的抽象认知，这也就形成了语言的结构。

“人类的语言在结构上对应于概念结构（the conceptual structure）、外部世界(the word)、知识系统(the knowledge system)三个方面[17]：

(一)概念结构

概念结构是人类认知系统的基础，人类认知自身及世界离不开概念化的过程，而概念化的过程包含两个方面的能力：一是抽象能力，二是想象能力。儿童语言习得的证据可以说明这个过程确实是存在的。概念系统的外在表现形式就是语言，在人类语言发展进化的过程中，概念化是一个非常重要的认知过程。概念有它自身的结构方式，但是概念的存在和发展与语言的存在和发展是一种共生的关系。(更为详细的有关抽象思维的能力参见本书10.2.3节“抽象思维”——作者)

(二)外部世界

外部世界表现为实体及它们的属性。外部世界是独立于人的主观认知之外的，但是对外部世界的描写和刻画离不开人的概念系统。人们总是用自己所熟悉的概念去理解和认知外部世界的实体。语言的形式和意义通过概念结构与外部世界建立起像似关系和映射关系(图4.7)。

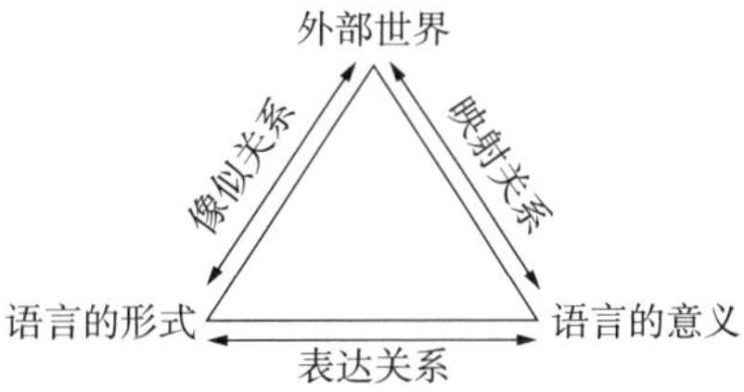

图4.7　语言—概念—外部世界[17]

(三)知识系统

知识系统是人类认知经验之和。人类的认知系统涉及人类对外部世界的分类，涉及人类对外部世界实体的认识，涉及人类对实体属性的认识以及实体与实体之间关系的认识。认知系统的表达离不开语言，而语言的表达和理解又必须依靠知识系统的支持。

通过感觉器官认知外部世界，对于人类而言是与进化相伴的永远重复的行为，而对每个个体生命来讲，却是永远新鲜的、必须亲身经历的学习过程。尽管对于动物也是如此，但是人类用约定俗成的语言将这种认知表达出来，用文字记录下来，系统的认知就形成了人类的文化。由于人的认知过程从出生开始就是在家庭、学校和社会的教育与熏陶之下，因此通过语言进行的认知过程在全世界是近乎模式化的，也就是有着大体相同的课本和教育程序。人类的认知过程是大同小异的，因为这是由自然规律所主导的社会性行为，在语言上表现在两个方面：一是象形文字和拼音文字的演化有着大体相同的演化过程；二是人类语言认知上的趋同性，带来了人类的共知共识。

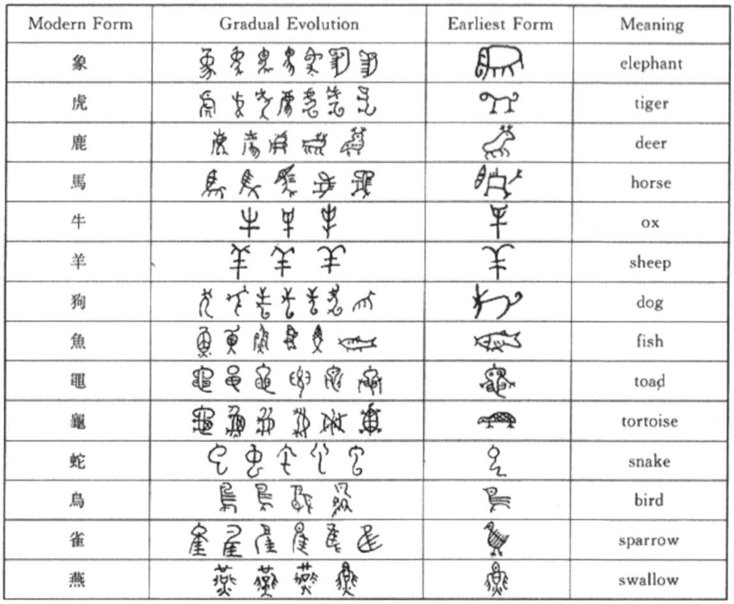

图 4.8 汉字的演变历史[16]

(1)文字的演化(图 4.8)

图 4.8 是从一本英文原著中翻译过来的，但仍然保留了原来英文表格的名称(Modern Form，现代字形；Gradual Evolution，逐步的演化；Earliest Form，最早的字符；Meaning，意义)。从图 4.8 固然可以看出中国象形文字的演化历史，但是表格中所用的英文也是演化过来的，尽管这是现在英国人的语言和文字，甚至是国际通用的语言，但英语的演化过程远比汉语的跨度要大，这与英国人的历史相关。

大约 4000 年前，当时住在英国的人，直到公元元年左右，一直都使用居尔特语，也就是说，英语起源于居尔特语。

公元元年—450 年罗马人统治时期

> 公元450—1100年间的西日尔曼语才真正是英语的起源，Old English（古英语）
>
> 公元1100—1500年，Middle English（中世纪英语）
>
> 公元1500—，Modern English（现代英语）
>
> 对于像英语这样的拼音文字，有人说得好：
>
> 拉丁语是古罗马人的语言。拉丁字母ABCDE等是古罗马人创造的，作为自己的文字。用拉丁字母写下来的拉丁语自然叫拉丁文。
>
> 拉丁字母被不同民族借去稍加改造，拼成自己的语言。中国人借来创造了汉语拼音，不过我们只是把它当作文字书写的拼音形式，而没有抛弃汉字。英国人早就古罗马化了，拼出了英文，抛弃了自己的居尔特语，或许还有自己的古文字。德国人拿去，拼出了德文。日本人拿去作日语拼音，叫它做“ローマ字（罗马字）”。

由此看来，图4.8上混合的文字结构，象征着象形文字和拼音文字共同演化的历史。现代化信息时代的到来，计算机运行和键盘的操作推动了汉语的拼音化——现在已逐渐为人们所青睐和习惯；计算机功能的多样化、简易化，又带动了操作语言和文字的象形化——这样的象形字符，同样为人们所容易熟悉和喜爱，因为即使文盲也会自学上网，打游戏，这已经被美国一所大学在肯尼亚文盲中做的实验所证实。

（2）人类语言认知的趋同性（图4.9）

图4.9是图4.7的具体化，是学者研究对从自己身体出发形成空间方位概念的统计结果。需要说明的是，自己的身体部位也应该被视为人脑认知中的外部世界（可参见7.2节手也是颅脑的外部世界）。图4.9的统计数据表明，认知语言确实存在着趋同的倾向：

> 我们对世界各种复杂关系的认知都肇始于我们自身的生活经验，例如我们对空间的认识肇始于我们自身与空间世界的互动关系。语言表达一定会反映这种认知倾向。Heine（1997）等对大洋洲土著语言及非洲语言的类型学研究表明：“前”“后”“上”“下”“里”等基本范围概念的认知起源于“身体部位”。

方位概念	身体部位	非洲诸语言	大洋洲诸语言
上	头	87%	61%
	面	4.3%	14.6%
	肩	4.3%	10%
	发		7.3%
	额头		7.3%
	背	4.3%	
下	臀部/肛门	84.6%	
	足/腿	15.6%	55.6%
前	面	52.8%	72.1%
	眼睛	15.7%	
	胸	6.7	11.8%
	额头	8.9%	2.9%
	口	6.7%	
	头	6.7%	
	肚子		7.3%
后	背	77.7%	95%
里	肚子	92.1%	17.7%

图 4.9 认知系统中抽象与具象的关联图示[19]

我们这一节讨论了人类语言认知中的两个最根本的问题，这就是语言的演化和语言的趋同。下面再做一些详细的分析，看看有什么规律可循，这些规律又对人类的认知带来什么样的问题和启示。

第一，人类在认知外部世界中是先有语言，后有文字。可以这样说，人类的语言最终都是由语音的最小单位"音素"，即国际音标进行编码发声的。其中有一个重要的规则，就是元音和辅音的差异，而音素的组合，各民族又是不尽相同的，也就形成了不同民族的语言和方言。但所有的语言之间都可以相互翻译，因为语言的抽象起于具象的"映射"，这就是图 4.9 所表示的人类语言认知的趋同性。

第二，文字和语音之间有着对应的关系，这种对应的关系最初是以图形(字符)来表示的(图 4.8)，这就是古埃及和中国象形文字的起源。由于这种最古老的象形符号是一个最原始的形的概念抽象，人类一旦开启了这一步，就逐步地演化出汉字的 28 个笔画。

这28个笔画就是组成汉字的基本元素，这些基本元素在秉承“象形”基础上的各种组合，就构成了汉字的二维构型，也可以视为汉字就是28个笔画元素组成的一个二维码的体系，这和中国人借用26个ABCD拉丁字母作为汉语的拼音的形式是很接近的。尽管汉语在拼音的方式上和英语不同（英语是28个辅音，20个元音；汉语是21个声母，35个韵母），但这还是意味着汉字的一个根本性的转变——由28个笔画元素组成的二维的平面编码转变成由26个拉丁字母组成的一维的线性编码。这一转变，如同英语一样，尽管历史不长，但书写和辨认简单，因此更有利于学习和传播，实现了在计算机时代中国古文化同世界新文化的接轨，这也证明语言从古至今就是在求同存异或处在被完全同化的演化之中。

第三，从人类语言的演化历史可以看出，语言在认知过程中有一种趋同的倾向，这是否表明有一种自然法则在更深的层次上引导着语言的创生、演化和人类的认知？

探讨这个问题就是本书的宗旨，作者归结为“认知原理”。对认知原理的探讨和阐释，最终又会回到最古老的命题上来，这就是：什么是哲学？哲学的领地在哪里？科学和哲学有什么差别，又有什么关系？

这一切，还得从亚里士多德和牛顿谈起。

4.3 科学与哲学的分野

4.3.1 牛顿以前的科学与哲学

英文哲学“Philosophy”一词既表示哲学、哲理、哲学体系，也表示除医学、法律、神学之外的所有学科，也可以解释为在欧洲中世纪大学的高等学术，于是古老的哲学就成为一个国家或者民族文化的象征。

中国哲学在世界哲学史中是独立发展的主要哲学类型之一。对于老庄哲学，“黑格尔评价说：‘中国哲学中另有一个特异的宗派……是以思辨作为它的特性。这派的主要概念是‘道’，这就是理性。这派哲学及与哲学密切联系的生活方式的发挥者是老子。”

图4.10 老子画像

“英国科学家李约瑟在《中国科技史》中说，中国文化就像一棵参天大树，而这棵参天大树的根在道家。”老子相传生活在公元前571—前471年(图4.10)，这与稍后一点的古希腊的三位思想家、哲学家苏格拉底、柏拉图、亚里士多德差不多是同一个时代，一个哲学上的启蒙和建树的时代。

苏格拉底(公元前469—前399年)是开创希腊哲学研究新方向的划时代的思想家，他把研究对象从自然转向了社会和人类的内心世界，专门探讨人类的心灵智慧与活动能力，注意政治、道德、社会、人生的基本问题，在西方人的生活领域树立起一座真善美的理想宫殿，虽然这是唯心主义的追求，却显示了人类在精神上的勇敢探索。从此，人自身成为哲学研究的中心，希腊哲学开始迈向一个新的高峰……他强调并提倡知识的作用，强调理性，要求人们用自己的思想、自己的内心世界去了解外界事物，发现真理，并提出概念在认识中的作用，确立了一系列概念范畴。他的思想对后世西方哲学有深远影响。

图4.11　苏格拉底像

柏拉图(公元前427—前347)是苏格拉底的学生和其思想的忠实继承人。主要著作以对话体写就，著名的有《申辩篇》《会饮篇》《理想国》等，内容涉及哲学、政治伦理、教育问题。他的哲学思想是一个庞大的体系，其核心为“理念论”，其他理论均以此为基础。在他看来，世界分为感觉中的自然世界和理念中的超自然世界两部分。由于感知的世界总在不停地变化，人们对它的认识会因时、因地、因人、因情而异，因而感觉世界是不真实的。唯一真实的是永恒存在的理念世界，而感受到的现实世界只是理念世界的反映。理念是世间万物的原型，万物是理念的摹本。柏拉图否认现实世界的真实性和感觉经验的可靠性，认为理念是人心之外的一种实体，真理认识只能靠对它的直接感悟，所以他的哲学是客观唯心论。他的哲学认识论成为西方唯心主义的主要思想来源。

图4.12　柏拉图像

亚里士多德(公元前384—前322)是集古希腊科学文化知识之大成的渊

博学者，哲学是他最擅长的领域。他师从柏拉图20年，著作传说达上千卷之多，大多散佚，现存162卷，包括《形而上学》《物理学》《气象学》《政治学》《伦理学》《修辞学》《范畴篇》等47部。他是现代许多科学门类的奠基人，哲学到他的手里才真正成为一门独立的学科。在他的著作中，希腊哲学的睿智与深思精神被发展到顶峰。他的哲学与他的导师柏拉图的关系是批判与继承的关系，其中的批判要多于继承。他有句科学认识史上的名言：“吾爱吾师，吾尤爱真理。”反映了他的真理高于一切的信念。

图4.13　亚里士多德像

他的哲学认识论是从批判柏拉图的理念论开始的。他在《形而上学》中认为自然界是客观的、真实的存在，人们的认识来自对客观世界的感觉，没有感觉就没有知识……亚里士多德还是逻辑学的创始人，他把逻辑学看作哲学的一部分，提出归纳和演绎两种方法。前者由个别到一般，后者由一般到个别。他的研究便是先从收集大量材料开始，通过严密的分析、归纳、概括、推理而得出结论。

亚里士多德的《形而上学》[33]奠定了西方哲学思想的基础，书中列举了136个命题，涵盖了数百个人类认知中的概念，以及概念之间的相互联系——因果关系、依存关系、逻辑关系和辩证关系。这些论述表明《形而上学》一书所阐述的是人类的智慧、认知和真理，这本书也就成了人类有史以来的“第一哲学著作”，马克思曾称亚里士多德是古希腊哲学家中最博学的人物，恩格斯称他是“古代的黑格尔”。

亚里士多德是一位百科全书式的学者，他的《物理学》《天象学》《论宇宙》《动物志》等著作表明，在亚里士多德的知识体系中，哲学涵盖着这些分门别类的内容——我们现在所说的科学；同时这些分门别类的“科学”也必然会遵从《形而上学》一书中所定义的概念。

从哲学和科学的发展历史来看，哲学先于科学，哲学孕育了科学，直至牛顿的科学时代。

4.3.2　牛顿巨著——科学与哲学的分野

早在牛顿以前不到100年，伽利略就已经用比萨斜塔上的自由落体实验推翻了亚里士多德“重快轻慢”的学说，同时开创了物理学中将实验与数学演绎相结合的研究方法，提出了著名的相对性原理。伽利略被誉为近代物理学之父，引发了一个物理学新时代的到来。

这个新时代的领军人就是牛顿(1643.1—1727.3)(图 4.14)。牛顿在科学领域有着伟大的发现和贡献：“在数学上，他发明了微积分；在天文学上，他发现了万有引力定律，开辟了天文学新纪元；在力学中，他系统总结了三大运动定律，创造了完整的力学体系；在光学中他发现了太阳光的光谱，发明了反射式望远镜。”[18]

图 4.14　艾萨克·牛顿

1686 年，经过了 20 多年的思考以后，牛顿完成了科学史上一部伟大的著作《自然哲学的数学原理——宇宙体系》(简称为《原理》)，并于 1687 年以拉丁文问世，成为开启人类历史上科学时代的象征。具体讲有以下三个方面：

第一，牛顿用 8 个定义和 4 条附注叙述了物质、物质的量、运动、力，以及空间和时间的量化概念和相互的关联。

第二，牛顿用数学演绎证明了这样一个宇宙体系存在的数学原理：宇宙的存在属于自然哲学的范畴，它不是思辨哲学的产物。

第三，牛顿规定了自然哲学中的推理规则[8]：

> 规则Ⅰ
>
> 寻求自然事物的原因，不得超出真实和足以解释其现象者。
>
> 规则Ⅱ
>
> 因此对于相同的现象，必须尽可能地寻求相同的原因。
>
> 规则Ⅲ
>
> 物体的特性，若其程度既不能增加也不能减少，且在实验所及范围内为所有物体所共有，这应视为一切物体的普遍属性。
>
> 规则Ⅳ
>
> 在实验哲学中，我们必须将由现象所归纳出的命题视为完全正确的或基本正确的，而不管想象所可能得到的与之相反的种种假说，直到出现了其他的或可排除这些命题、或可使之变得更加精确的现

象之时。

牛顿的自然哲学就是人们对物质在时空平台上运动的观测和实验现象的归纳，以及数学演绎的证明——这就是现代科学，也就是牛顿的“实验哲学”体系。因此，牛顿的《原理》带来了传统哲学的原理性的分野：

实验哲学的创立——《原理》形成了当代科学的范例，带来了一个科学创新的时代，以牛顿、爱因斯坦为代表；

思辨哲学的创新——唯物辩证法从传统哲学中脱颖而出，开启了一个哲学创新的时代，以马克思、恩格斯为代表。

4.3.3　新时代的特征和方向

牛顿本身既是一位科学家，也是一位哲学家，因此由他的巨著所开创的时代，既是一个科学创新的时代，又是一个哲学创新的时代。在这个时代，科学需要哲学，哲学也需要科学，因为科学家创新中的困惑正是哲学所要研究的命题；哲学家创新中的根基，正是科学实验所揭示的真理。

所有科学家的困惑都集中在两个问题上：一是对宇宙本源的看法，即通常所说的世界观或信仰；二是人为什么能认识和改变世界，即通常所说的智慧。一些伟大的科学家都有所回答，核心是精神和物质的关系，但这属于哲学的范畴。

牛顿在他的《原理》的第一版中并没有提及上帝，但受到了贝克莱主教和莱布尼茨对《原理》的批判，此后在第二版第三篇的总释中加了一大段对于超自然上帝的论述（见《原理》第550页），仔细琢磨一下，是以科学家的语言对上帝所作的一个注释，他说[8]：

> 我们在这个地球上的处境似乎是不可思议的。此时此刻看来，我们每个人都是不自觉地成为地球不请自来的过客，而不用知道是什么原因。
>
> 上帝这个词一般用以指君主；但并不是每个君主都是上帝。只有拥有统治权的精神存在者才能称其为上帝：一个真实的、至上的或想象的统治才意味着一个真实的、至上的或想象的上帝……他是永恒的和无限的，无所不能的，无所不知的；即，他的延续从永恒直达永恒；他的显现，从无限直达无限；他支配一切事物，而且知道一切已做的和当做的事情……他永远存在，且无所不在；由此构成了延续（指

时间——作者注)和空间。

至于牛顿自己为什么会有像《原理》这样伟大的发现和成就,对此他只是谦逊地表示[20]:

"如果我比别人看得远些,那是因为我站在巨人们的肩膀上"。

"我不知道世人怎样看我,但我自认为我不过像一个在海边玩耍的儿童,不时为找到比常见的更光滑的石子或更美丽的贝壳而欣喜,而展现在我面前的是全然未被发现的浩瀚的真理的海洋。"

另一位伟大的科学家、思想家爱因斯坦(1879.3—1955.4)(图 4.15),他在《我的信条》中,有着与牛顿近乎同样的关于信仰与智慧的表达[10]:

"一个人能够经历最优美且最深刻的体验乃是对奥秘的鉴赏力,它是宗教上的基本信条,而所有在艺术上和科学上的呕心沥血也莫不是如此。就意识到任何能被体验之隐藏起来的东西而言,宇宙中存在着一些我们智能上无法掌握的东西,其美妙与卓越之处有一种微弱的舒发,只能间接地触动着我们,这就是宗教。在这个意义上,我是有信仰的。对我来说,在惊叹于这些奥妙之余,只要虚心地用自己的头脑试着去理解那些远在天边近在眼前的巍然体系,哪怕仅仅是一个概念也就足够了。"

图 4.15 阿尔伯特·爱因斯坦

牛顿和爱因斯坦对信仰与智慧的表达,将我们带进了"全然未被发现的浩瀚的真理的海洋"和"用自己的头脑试着去理解那些远在天边近在眼前的巍然体系”，这个体系就是宇宙。对这个体系的最简单的描述就是物质及其运动的时空平台，牛顿在《原理》中引进了物质、运动、力及人所共知的“时间”和“空间”的概念，建立了一个物质运动于其间的绝对的时间和空间的平台；爱因斯坦的《相对论》（狭义和广义）的时空观是在更深的层次上表述了时间和空间的关系以及物质和时空的关系：时空既是物质运动的平台，又是物质本身存在的一种属性，所有的物质都在宇宙自身的一个共同的时空大平台中存在和运动着。

牛顿的绝对时空观和爱因斯坦的相对论时空观，打开了宇宙的大门，带来了科学时代的兴起和现代科学的飞跃。在牛顿竖起“自然哲学”（他自己又称之为“实验哲学”）大旗的时候，牛顿的绝对时空平台有如给科学长上了翅膀，让它告别了哺育它2000多年的哲学，飞向了远在天边近在眼前的“宇宙体系”。牛顿采用的实验、观测和数学演绎相结合的科学方法构成了科学向传统思辨哲学的挑战。对这一挑战感受最深的是哥德尔和胡塞尔两位哲学家。

数学与哲学家哥德尔在20世纪40年代就提出建立作为严格科学的哲学主张。他认为，哲学要成为严格的科学，首先必须具备完整的体系形态，使其各部分都能从具有确定性的基本概念和基本原理推导出来，因此哥德尔主张，“应当像牛顿在物理学中所做的那样去探讨形而上学（这近似于亚里士多德的著作《形而上学》）”。什么是形而上学？在中国，最早是严复把亚里士多德的《物理学以后（诸篇）》译为《形而上学》，因为《周易·系辞》中有“形而上者谓之道，形而下者谓之器”的说法，意思是，在有形体的东西之上的、凭感官不能感知的东西叫作道，现在我们可以理解为抽象的理念，在人脑中对应于单侧的语言区和抽象的思维；有形体的、凭感官可感知的东西叫作器，现在我们可以理解为实体以及通过经验获得的形象的认知，在人脑中对应于由双侧脑半球参与的认知和形象思维（有关形象思维和抽象思维的概念参见10.2节）。早在哥德尔之前，德国著名哲学家、20世纪现象学学派创始人胡塞尔于1910年就出版了他的《作为严格科学的哲学》一书。

> “如今这本书基本上被看作带有胡塞尔签名的现象学宣言。在这部著作中胡塞尔疾呼，自古以来哲学便致力于成为一门严格的科学，但哲学在任何时期都没能满足这个要求。这些努力的唯一结果是严格的自然科学和精神科学以及各门新的纯粹数学学科的建立，哲学本身却依然如故地缺乏严格科学的特征。如今哲学不仅是一门

未完善的科学，而且根本还不能称其为一门科学，它作为科学的生命尚未开始。因此，目前至关重要的是要进行一场‘哲学变革’：在严格的意义上彻底重建哲学。可以说，胡塞尔一生都在致力追求这一明确的理性目标，虽然经过毕生的努力，他认识到自己有生之年所做的工作最多不过是为这座大厦‘测量地基’，作为严格科学的哲学仍是一个‘无穷远点’。但他坚信，重要的是确立工作方向并为实现这样一个永久性目标而努力。”（引自刘晓力《哥德尔的抽象直觉与胡塞尔的本质直观》）

哥德尔和胡塞尔都提出了要建立“作为严格科学的哲学”的问题。胡塞尔虽然毕生都在为这座大厦“测量地基”，但是人们必须意识到尽管科学的视野大到有如牛顿、爱因斯坦的“浩瀚的真理的海洋”和远在天边的“巍然体系”，但科学研究的对象只是“宇宙”，而哲学研究的对象是“宇宙和人”。哲学包容了科学，但哲学代替不了科学；科学既遵循哲学的规律，又以科学原理夯实着哲学的根基。科学研究是在物理学的时空平台上——牛顿的绝对时空观和爱因斯坦的相对论时空观——展开的，这个平台的概念在宇宙中是普适的、共有的；而哲学研究的是“宇宙和人”，这才是哲学的领域，什么才是哲学的时空平台，对此哥德尔和胡塞尔都是迷茫的，因此他们将《作为严格科学的哲学》的命题视为一个“无穷远点”。

那么，什么才是“宇宙和人”（或者老子的“天人合一”）的时空平台呢？这就是本书所要论述和证明的一个匪夷所思的有待人们接受的一对新世界——脑与左右旋世界的存在，它构成了哲学的宇称时空观。它潜伏在自然科学的科学原理中，等待着哲学的挖掘，一个继牛顿的绝对时空观（第一）、爱因斯坦的相对论时空观（第二）之后的第三时空观，有望成为哲学大厦的一块坚固的基石。

4.4 哲学与科学的融合

4.4.1 《自然辩证法》开启哲学创新之路

大约在牛顿酝酿和撰写《自然哲学之数学原理》以后 200 年，恩格斯（1820.11—1895.8）断断续续地酝酿和撰写了《自然辩证法》，直至 1895 年逝世前还未写完。《自然辩证法》在1925年出版以后，立即成为马克思主义哲学的经典著作。

恩格斯在19世纪末期撰写的这本著作是一部非常了不起的带有前瞻性的哲学著作，当时以牛顿力学为基础的自然科学体系已经完全确立，数学原理的推演已经使宇宙体系发展到了尽善尽美的程度，自然界的各种物理现象，几乎无一不能用这个理论体系来解释。人类对自然界的探索似乎已经到了尽头，“天不变，道亦不变”的形而上学的观点侵蚀着科学界，也影响着哲学界。就在这个时候，恩格斯撰写了他没有能按计划完稿的著作《自然辩证法》，他的手稿由181个部分组成，包括10篇论文、169个札记和片段、2个计划草案。

手稿分成四束，依次是：辩证法和自然科学；自然研究和辩证法；自然界的辩证法；数学和自然科学及札记。在《自然辩证法》中，恩格斯始终把自然界放在哲学和科学共同研究和思考的焦点上，从哲学的角度辩证地论述了人类认知的四个重大的概念并作出了精辟的论述。[19]

(1)关于“宇宙的时空”

> 恩格斯：无限时间内天体的永恒重复的先后相继，不过是无限空间内无数天体同时并存的逻辑补充。

作者注：恩格斯关于宇宙时间、空间和天体之间相互关联的概念突破了牛顿绝对时间、绝对空间和天体互不相关的观念，是爱因斯坦相对论时空观在哲学范畴内进行想象的一个序曲。

(2)关于“物质和精神”

> 恩格斯：物质在它的一切变化中永远还是物质，它的任何一个属性都不会平丧失，因此，物质虽然在某个时候一定以铁的必然性在地球上毁灭自己最高的精华——思维着的精神，而在另外的某个地方和另外的某个时候一定又以同样的铁的必然性把它重新产生出来。

作者注：恩格斯在这里一方面说明“一切产生出来的东西，都一定要灭亡”，另一方面又一定会再生。现在天文学家已经发现了宇宙中有大量适合生命存在的类地行星，人们想象中的外星人就是从那里来的。恩格斯称“思维着的精神是物质自己在地球上最高的精华”，实际上也可以说：“思维着的精神是物质在地球上存在的一种最高的形式。”

(3)关于“思维与运动”

恩格斯:运动,就它一般的意义来说,就它被理解为存在的方式、物质的固有属性来说,包括宇宙中发生的一切变化和过程,从单纯的位置变动起直到思维。

作者注:恩格斯将思维也看作宇宙中发生的一种运动的形式,多么简单、又是多么地不可思议!但是,这是真实的。

(4)关于“思维规律”

恩格斯:我们主观的思维和客观的世界服从于同样的规律,并且因而两者在自己的结果中最后不能相互矛盾,而必须彼此一致,这个事实绝对地统治着我们的整个理论思维。它是我们的整个的理论思维的不自觉的和无条件的前提。

思维规律和自然规律,只要它们是被正确地认识,必然是相互一致的。

自然界和精神的统一;抽象的和具体的统一——运动形式变换的一般规律,比运动形式变换的任何个别“具体”例证更重要。

一个民族想要站在科学的各个高峰,就一刻也不能没有理论思维。

作者注:恩格斯在这里表达了辩证唯物主义的两个基本观点。

一是思维与存在的同一性,主观辩证法和客观辩证法的一致性;

二是这种一致性是人类进行理论思维的不自觉的和无条件的前提和创造性的源泉。

二者正是对20世纪两大理论——相对论和量子力学——从无到有的创新发现所作的一个前瞻性的阐释。

《自然辩证法》是恩格斯与时俱进地融合科学成果的哲学创新。这一哲学的成果首先体现在科学上,一个生机勃勃和繁荣昌盛的20世纪的科学时代证实了恩格斯的论述:科学上的各个高峰,一刻也没有脱离理论思维的创新。其次,《自然辩证法》的问世,坚定了人们对唯物辩证法的信仰,虽然这种信仰在全世界人数不多,但这是越来越坚定的信仰,也是需要信仰者越来越坚守的哲学的阵地。

坚守者的天职就是运用恩格斯以后一百多年以来的科学成果,佐证上述恩格斯的一些论断，充实和加固唯物辩证法的科学基础。循着恩格斯哲学和科学相融合的道路前进，我们就会发现物理学上的宇称变换和宇称守恒定律会从潜伏的科学原理中向人们传达一个宇宙的信息：精神活动遵从大自然的规则，是大自然的创造。于是一个以“脑与左右旋世界”为象征的宇称时空，将被证明正是人类精神活动的舞台，宇称时空观也将会成为唯物辩证法哲学大厦的一块坚固的基石。

揭示和打磨这块基石，是作者接受《自然辩证法》的启示和履行自己天职的一个尝试。

4.4.2 “宇称”之谜与“上帝是个左撇子”的自然规则

“宇称”之谜是指在物理学中至今依然存在的两种宇称观（下述内容参见第3章）：

一种是左右对称，即平面镜镜像对称的宇称观。这种宇称观，经由李政道、杨振宁的质疑和吴健雄的实验证明了《弱相互作用中的宇称不守恒定律》，这在相当多的科学文献中被用来解释左右对称的宇称不守恒现象，这种不守恒又常常被称为“宇称的对称性破缺”。

另一种是由“拉波蒂规则”定义的三维镜像对称的宇称观。作者在第3章中按照拉波蒂规则的定义，引用吴健雄的实验结果，同样可以证明宇称守恒定律成立。

那么，为什么同一个吴健雄的实验，会得到两种截然不同的结论，而且会上升到物理学定律的高度？这就涉及恩格斯在《自然辩证法》中所说的“客观辩证法”和“主观辩证法”的关系。人们之所以将吴健雄的实验结果比作“上帝是个左撇子”，是因为吴健雄的实验揭示了一个自然的规则，即 Co^{60} 核 β 衰变时发射粒子的方向有一个偏好的手征性，总是在 Co^{60} 核自旋轴左手法则的指向。这个规则在三维镜像的对称中是成立的，而在左右镜像对称中是不成立的。按照尊重自然规则的“客观辩证法”，我们会坚持说“宇称守恒”。这个规则有如在交通规则中规定大家都靠左走一样，交通规则构成了社会中自由人运动的守恒，但不构成左右对称；按照尊重人们对平面镜镜像“宇称”先入为主的“主观辩证法”，则会坚持“宇称不守恒”，因为必须尊重“上帝是个左撇子”的自然规则。自然规则不可能同时有两个选择，由此可见，科学判断的一致性也仍然需要哲学思维的辅佐。

在我们遵循着恩格斯(图 4.16)指出的客观辩证法去思考人类的认知原理的时候,我们选择了吴健雄(图 4.17)所进行的科学实验的结果——“上帝是个左撇子”的自然规则,同时在物质和精神的变换中,坚持应用量子力学中宇称变换的概念和宇称守恒定律——我们将这一抉择视为“潜伏于科学原理中的深邃的哲学原理”。实际上,这也是科学—哲学史上,科学向哲学的一次反哺与回归。

图 4.16　弗里德里希·冯·恩格斯

图 4.17　吴健雄(美籍华裔实验物理学家)

4.4.3　科学向哲学的反哺与回归

如果说哲学需要科学的话,那就是能不能用一般的科学原理去解读、推演和证明恩格斯在《自然辩证法》中所提出的上述一些最著名的论断，我们将其简化为如下的命题：

(1)科学的时空是宇宙的时空，它和天体相关，那么哲学的时空应该是“宇宙和人”的时空。那么，什么才是老子所说的“天人合一”的时空呢？

(2)思维着的精神是物质自己在地球上最高的精华，那么，精神也是物质吗？或者说，精神是物质存在的一种最高的形式吗？

(3)思维是一种运动吗？

(4)什么是思维的规律？思维规律和自然规律必然是相互一致的吗？为什么恩格斯说，运动形式变换的一般规律，比运动形式变换的任何个别“具体”例证更重要？

从牛顿的《自然哲学的数学原理》问世开始，重大的科学著作都伴有数学的推演和证明：《原理》是建立在《几何原理》等古典数学和牛顿亲自发明的微积分基础之上的；爱因斯坦的《狭义相对论》的数学基础是洛伦兹变换，《广义相对论》的数学基础是张量分析和广义坐标变换；近代量子力学的数学基础是薛定谔的波动方程和由海森堡、玻恩和约尔丹共同完成的矩阵力学。科学理论有一个共同点，即所有应用于科学中的数学原理都存在于同一个宇宙时空中，数学的推理和演绎是不能跨越时空的(这里有一个例外，就是陈省身的“纤维丛”理论，参见 16.6 节)。

迄今为止，没有人能证明宇宙和所有人之间在精神活动上是处于同一个时空，实际上也不是，因为每个人都有一个属于自己精神活动的私密空间。要想实现哥德尔的主张，即“应当像牛顿在物理学中所做的那样去探讨形而上学”是不可能的，在这里数学原理不可能跨越各个个体有别的颅脑内的时空去描写精神世界的存在和运动。哲学有别于分科的科学之处在于，哲学所研究的对象是物理、生理、心理和所有一切社会现象的总和，以及它们的存在、运动和相互之间联系的规律，它包括研究的主体——人和社会。20 世纪著名的吴健雄的 β 衰变实验为我们探索人类的认知原理揭示了一个宇宙的“交通规则”。

在探讨认知原理的过程中，我们怎样才能和科学、实验相结合，来研究“宇宙和人”的哲学呢？也就是说，怎样才能有根有据地来解读、演绎和证明上述恩格斯论述的四个命题呢？

数学能不能去推演哲学的命题和判断呢？

有没有经过实验证实的科学原理可以越过人和人精神世界之间的时空隔断呢?

回答是有希望的,参见 6.5 节、7.3 节、15.2 节、16.6 节。如前所述,吴健雄(1912.5—1997.2)的实验结果证明 β 衰变时发射粒子的方向有一个偏好左手法则的手征性(被比喻为“上帝是个左撇子”),这一自然规则是永恒的,是跨越人颅脑内外时空的一个不变的规则。尽管所有人构建的精神上的私密空间互不相通,但是都在这一自然规则的主宰之下,以颅脑外的物质世界(右旋)为模板,形成颅脑内的精神世界(左旋),精神世界无非是物质世界的一个宇称变换,所有人的精神世界是各自独立的左旋世界,而模板只有一个——物质构成的右旋世界,这是解读自然辩证法和探索人类认知原理的一把金钥匙。

作者在以下的三篇中,借助这把金钥匙,进行了详细的数理化的演绎和生物学的考证,一步步地验证了上述恩格斯的论断,加深了对自然辩证法的理解,故将此书定名为《认知原理》。

人的认知离不开“言法自然”的语言表达,《认知原理》则侧重于科学和哲学的语言、图形、文字和公式,所有这一切,又是作者从习得的科学知识和人类的共同经验出发,进行归纳、演绎、考证和编织的结果。

这一结果证明,唯物辩证法不只是传统哲学的继承和创新,而且有着雄厚的科学基础。作者认为这一结果是能成立的,因为这象征着 300 多年以来,科学告别哲学展翅飞翔以后,以其丰硕的成果向哲学的一次反哺和回归——一个客观辩证的逻辑存在于科学和哲学之间:

《自然哲学之数学原理》——科学;

《自然辩证法》之科学原理——哲学。

人类文化中的这一顶级的辩证逻辑证明了一个事实:

人类的语言、思想、认知原本起源于自然。

4.5 人在宇宙中的地位

在浩瀚的宇宙中,人极其渺小,但人又是万物之灵的宇宙宠儿。牛顿在“原理”一书中,创造了一个宇宙体系,这个体系唯一需要的就是第一推动力。这个体系有一个不动的中心,牛顿认为不是地球,就是太阳,实际上也是和人类观察相关的一种直觉,与地心说的起源是一致的。哥白尼则认为宇宙无中心，即没有一个观测者拥有特别的位置，这就是哥白尼原则。按照爱因斯坦的广义相对论，作者将我们所在的宇宙推演为一个自弯曲的四维时空的宇宙，人类观测到的是宇宙的边界——三维时空的天球（宇宙的半径观察不到），人类作为观察者，就在宇宙天球的极点上（图 4.18），该图作者取名为“相对论升级版的地心说”。

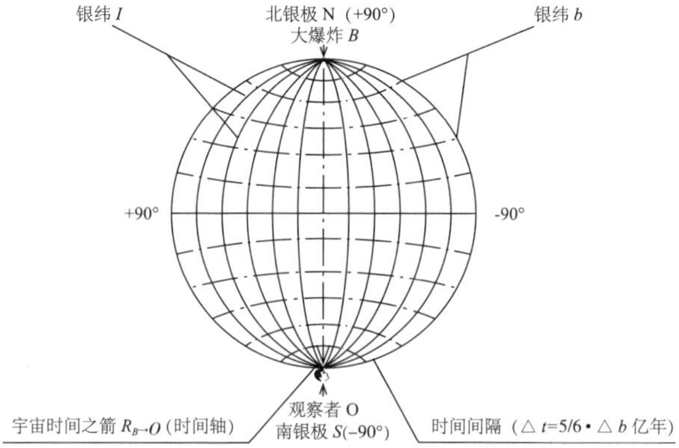

符号说明

O 观察者；*B* 大爆炸；*l* 银经；*b* 银纬；*N* 北银极；*S* 南银极；

观察者时刻（现在 ，$t_0=0$）；t_B 大爆炸时刻（设定，$t_B=-150$ 亿年）；

R 观察者看到的宇宙时间之箭（$R_{B\to O}$）。

图 4.18　相对论升级版的地心说

四维时空的宇宙和三维时空的天球

新地心说包含以下三个方面内容：

第一，宇宙天球的任一直径两端都构成天球极——大爆炸和观察者即处于极点。

第二，宇宙天球的四维时空图示——三维空间加一维时间——这是理性的认知。

第三，宇宙天球的三维边界图示——二维空间加一维时间——这是观察者的认知，宇宙的半径那一维观察者看不见。

绘制图 4.18 的天文学根据是：

（1）图中引用的是天体物理学中常用的银道坐标系。

(2)观察者的位置在银心,在图中,将银心定义为银道坐标系的南银极。

(3)宇宙天球的光线沿着天球表面的弯曲时空前行,亦即只能沿着天球的测地线前进。当我们将观察者置于银道坐标系的一个极点(南银极)的时候,所有星星、星系发出的光都会沿着经线传递到观察者的眼球上,这就是我们能够观测到天空中所有天体的相对论原理。

(4)天文学中可以用视差法的多种方法来测量各种天体的距离,并且可以用光年、"光时或光分"来表示,实际上是以光速来表示的时间间隔。这样,相对于观察者而言的时间之箭的光信号,在沿着天球测地线向着观察者飞来的同时,天球上的纬线也就记录下了时间的间隔,从南银极到北银极的时间是宇宙中时间历史的极限,现在设定为 150 亿年——南银极代表当下观察者的现在时刻 $t_S=0$, 北银极代表久远以前创世大爆炸的时刻 $t_N=-150$ 亿年,因此南银极到北银极的纬线既是球面上的一维,又是宇宙天球时间的一维,从现在到 150 亿年以前。

(5)图 4.18 表达了四维时空的宇宙,包含三维空间坐标:天球的直径 D,银经 l、银纬 b 和与银纬标示相重合的时间之箭的一维时间 t;实际上我们所观察的星空是三维时空的天球界面,包含二维空间坐标 l、b 和一维时间 t,天球的直径 D 是地球上的人不能观察到的。图 4.18 也验证了拓扑学的一个基本原理,四维时空的界面是三维时空,而不是有些科学家所说的三维空间。

这样,我们就会发现,当我们坐在天文馆中,观察黑暗中的星星的时候,就如同我们身处南银极(相当于宇宙的制高点上)观察天球一样,切身感受到广义相对论的精髓,尽管我们对爱因斯坦的引力场方程和张量运算很难深入进去,但我们亲眼所见,确信:

宇宙是由四维时空构成的,我们所看到的三维时空的天球就是四维时空的宇宙的界面,这与数学上的拓扑原理相符。这就是爱因斯坦的相对论所揭示的升级版地心说,从公元前亚里士多德和托勒密的地心说开始,经过哥白尼的日心说,人类又回到了新的地心说。这一回归的核心并不是意味着地球真的是处在宇宙的中心,恰恰相反,新地心说表明宇宙是没有中心的,尽管如此,但是作为观察者的人类却是处在观测宇宙的坐标原点上,人类对宇宙做的所有研究的成果对于宇宙是普适的,对于宇宙中其他天体上的智慧生物,都是同样可用的。这既符合哥白尼原则,即没有一个观测者拥有特别的位置,也符合爱因斯坦的信条,他更喜欢将他的相对论称为不变性理论。

人类最古老的地心说，在爱因斯坦相对论的推动下，以升级版的面貌复活了——天文馆展示了一个真实的宇宙，宇宙没有中心，我们人类作为观察者就成为宇宙的中心和代言人。从牛顿到爱因斯坦，经典力学的一首宇宙时空协奏曲，在繁星密布的星空中回响，它的主旋律是广义相对论，一个统一宇宙时空的不变性理论。

我们人类之所以能够心旷神怡地聆听和理解这首和谐的宇宙时空协奏曲，还得归功于认知哲学的另一首交响曲——宇称时空变奏曲。宇称时空是属于每个人自己的变幻无穷的曲目，它的主旋律是宇称守恒观，一个宇宙中左右旋对称变换的守恒理论。这个理论最接地气的实用价值就是：揭示了意识创生的奥秘，打开了一扇通向未知世界“人脑黑洞”——颅骨内一个光也不能进入的左旋空间的大门。（参见《时空外史》[66]）

第二篇　脑的世界

——宇称(k)变换原理

自然界和精神的统一。自然界不能是无理性的，这对于希腊人是不言而喻的。

运动形式变换的一般规律，比运动形式变换的任何个别的“具体的”例证都要更具体得多。

一个概念或概念关系（肯定和否定、原因和结果、实体和偶然性）在思维的历史中的发展同它们在个别的辩证论者头脑中发展的关系，正像一个有机体在古生物学中的发展同它在胚胎学中（或者不如说在历史中和在个别胚胎中）的发展的关系一样。这种情形是黑格尔为说明概念而首先揭示出来的。在历史的发展中，偶然性发挥着作用，而在辩证的思维中就像在胚胎的发育中一样，这种偶然性融合在必然性中。

——恩格斯：《自然辩证法》

导　言

当21世纪来临的时候，在资本主义故乡的英国，由剑桥大学文理学院、广播公司和路透社分别举行了三次评选“千年第一思想家”的活动，结果是马克思和爱因斯坦位居最前列，并列第一。

作为思想家，马克思留下的最为著名的一句哲学名言就是：“哲学家们只是用不同的方式解释世界，而问题在于改造世界”；爱因斯坦留下的是对创造性思维的名言：“逻辑会把你从A带到B，想象力能带你去任何地方。”

1843年3月14日，马克思在躺椅上悄悄地安然辞世；1955年4月18日，爱因斯坦因腹部动脉瘤破裂，自愿放弃手术治疗，实现了自然回归的心愿。两位伟大的思想家，就是以这样融合于自然的方式，告别了这个世界，诠释了生命的含义——他们留给人们的是一笔宝贵的思想财富。事实上，从19世纪到20世纪的人类社会、世界格局、科学技术的走向都和这两位思想家有着深层次的密切关系，直至今日依然如此。

人们在尊崇马克思和爱因斯坦的同时，都有一个疑问，这就是为什么他们会成为伟大的思想家，当然不只是他们，自古以来还有很多受人崇敬的思想家、哲学家、艺术家、文学家等，都有着特殊的天赋。为了解开这个谜团，在20世纪50年代，人们已经有条件用现代医学的解剖技术来探索天才的大脑。

爱因斯坦逝世以后，普林斯顿大学的专家曾将他的大脑保存了下来，并切成240片进行研究。研究的结果是：爱因斯坦的脑子重1230克，低于男人的平均值，并不出众，而数学王子高斯的脑子就比较符合人们对天才的期望，重1492克，不过也只是比平均值稍高。爱因斯坦的大脑总体结构是正常的，大脑尺寸正常，整体形状非对称性也正常，不同寻常的是大脑各个部分的复杂性和褶皱，特别是脑中进行信息综合和创造性思维的大脑额叶部分特别复杂。但是人们仍然不能回答：这样一个并不出众的脑为什么会形成天才的思想？

回答这样的问题，我们需要动用上篇提到的吴健雄实验这把金钥匙，不是用外科的手术刀，而是开辟一条宇称时空隧道进入人脑，因为思想是脑在左旋世界中的一种生命的功能，或者说是蛋白质的功能。当你打开颅脑的时候，你所看到的是生存在右旋世界中的脑组织，看不到思想，更看不到天才。

以马克思、爱因斯坦为代表的天才思想家的智慧是永恒的常青树，人类文明的积淀，为研读人类脑的世界指明了方向和探索的途径，正是人类的智慧和知识的积累，我们才有可能站在这一探索的起点上，这就是编写第二篇的宗旨。

第5章　前庭器官坐标系与惯性信息的感知

我们每个人的左、右内耳中各有一套前庭器官，用以感知体位和身体运动的变化。这种变化的信息是基于严格的半规管坐标系建立起来的，它是保持身体稳定和调控全身运动状态的基准，最终在大脑中构成了对自身运动状态的认知和操控。

5.1　牛顿力学的核心——惯性律

在中学学习物理时，老师往往会把牛顿力学总结成如下的形式：

牛顿力学的核心是惯性律，即动者恒动，静者恒静。动和静是相对于大地坐标系而言，即如无外力作用，物体或是以匀速直线运动永远运动下去，或是在原地永远不动。如果有外力改变物体的这两种状态，物体就会在外力(F)的作用方向上产生一个加速度 a($F=ma$)，同时给予施加外力的物体一个反作用力，这个力就是惯性力(F')。这个惯性力和外力大小相等、方向相反($F'=-ma$)。

这就是我们在汽车加速时，人体要往后的那种感觉。汽车座位的靠背紧紧地贴在我们的背上，同时靠背也被压凹进去。这个力有多大呢？如果我们能够测出汽车的加速度(a)，就能计算出乘客背部和靠背之间的相互压力是 ma，m 是人体的质量。

正是牛顿力学的这一惯性律原理，主宰了动物由低级向高级的进化过程。在这一进化过程中，高等动物的神经系统对身体运动行为的操控达到全方位和更为有效的极致程度，人类更是如此。

5.2　前庭器官感知的惯性坐标系

人对运动的感知有两个途径，一是用眼睛看，二是由前庭器官来测量。眼睛虽然可观察物体的运动和运动的快慢，但是我们对自身运动状态变化的定量感知，是由前庭器官按照惯性原理来完成的。

我们在第2章中已经定义了人体大地坐标系(图2.1)和人体体轴坐标系(图2.2),两个坐标系刚好相差180°。人体体轴坐标系 $o-x'y'z'$ 和人体大地坐标系 $o-xyz$ 就构成了相互映射对称的左旋和右旋三维直角坐标系。

图2.2定义的人体体轴坐标系需要进一步加以限定,因为除去颅骨以内的脑以外,人体各部分之间都是可以改变相对位置的连接,不可能构成三维直角坐标系的刚性结构,它们都在三维坐标系里发生着局部的或者些微的相对运动。始于笛卡儿发现的三维直角坐标系,既是对空间的理性认知,又是对人体构架的自身感悟。笛卡儿坐标系可以等同于固定在头颅颞骨内的前庭器官,前庭器官由内耳中的左、右两组附着在骨迷路中的椭圆囊和球囊(图5.1.C)和两组由三个"C"形互呈直角排列的骨半规管(图5.1.A)组成。

人在行走、跑步或做各项运动时,前庭器官会把感知运动状态变化的信息不断地传递到中枢神经系统。这种信息会和颈部肌肉感受器传给人脑的感觉信息一起,实时地形成头部和身体的相对位置信息,这对于操控身体的运动和保持身体的平衡是必需的。虽然头部可以做一些相当快速的运动,但前庭信号的形成和传送频率,只有几赫兹(Hz)或更少。

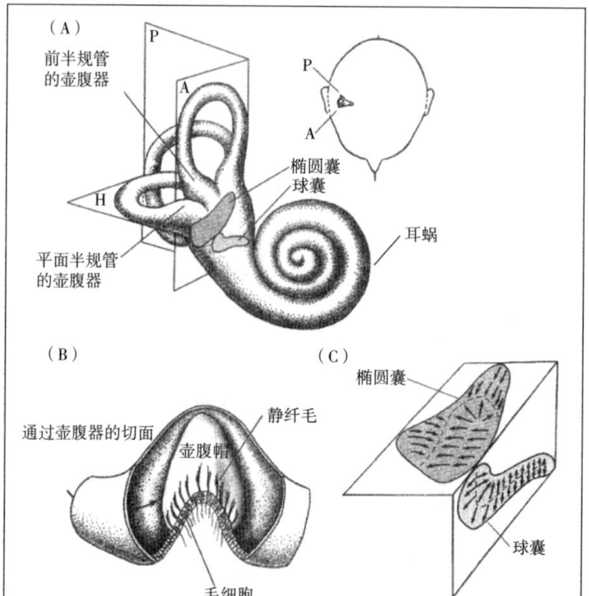

图5.1 前庭器官[2]

图 5.1 显示的是从前方看到的人体前庭器官。椭圆囊和球囊(C)会对线性速度的变化做出反应。椭圆囊里囊斑的朝向和水平面一致(图 5.1.C),球囊的囊斑朝向垂直方向,同矢状面一致(图 5.1.C),二者分别感知在水平面内和垂直方向的速度变化。三个互呈直角排列的半规管(A)形成了半规管直角坐标系:前半规管 A 和后半规管 P 互呈直角,与人体体轴坐标系中的矢状面(图 2.2.a)各呈 45°,平面半规管 H(又称外半规管)与水平面一致(图 2.2.a)。半规管直角坐标系与人体体轴坐标系之间在水平方向上有一个 45°的角度差,因此在这两个坐标系之间,通过在水平面内 45°角度差的坐标变换,二者是完全等价的。

头在空间的运动有两种模式,即以颈部为支点的相对于身体的运动和随着身体的运动。这两种运动可以叠加和合成,从而把头部视为在人体大地坐标系里可以进行 6 个自由度方向的运动:沿着 ox、oy 和 oz 三个轴的平移和绕着这三个轴的转动,其移动速度为矢量 $\boldsymbol{v}$,三轴的分量为 v_x、v_y、v_z;其转动角速度为矢量 $\boldsymbol{\omega}$,三轴的分量为 ω_x、ω_y、ω_z。

前庭器官是检测头部在这 6 个自由度上线速度和角速度发生变化的器官,是感知头部线加速度矢量 $\boldsymbol{a}'$ 和角加速度矢量 $\boldsymbol{\varphi}'$、保持人体平衡的传感器。还有一个功能,就是可以感知头在空间的位置和重力作用方向之间的差异,因而可以判定头以地面为参考点时的相对位置。这样,我们对前庭器官的作用和原理将分为三部分来论述:前庭坐标系与对平移运动的惯性感知;半规管坐标系与对转动运动的惯性感知;地心引力坐标系与对体位变化的感知。

5.2.1　前庭坐标系与对平移运动的惯性感知

惯性加速度的感知原理就是牛顿的惯性律(图 5.2)。椭圆囊和球囊的囊斑结构中存在着毛细胞,毛细胞的游离纤毛穿插在一块像胶质板的耳石膜中。耳石膜的比重大于内淋巴液,因此具有较大的惯性。人体直立位时,椭圆囊中囊斑的位置呈水平状态,耳石膜在毛细胞顶部纤毛的上方;球囊中囊斑平面的位置呈垂直状态,毛细胞和纤毛向水平方向伸出,耳石膜悬在纤毛外侧,与囊斑相平行。

在颅骨的颞骨骨迷路中,形成以膜迷路的结构模式来测量人体线速度变化的坐标系。左右两侧前庭器官的坐标系方位完全一致,即所测量的头部线加速度相同。ox' 轴指向人体后方。

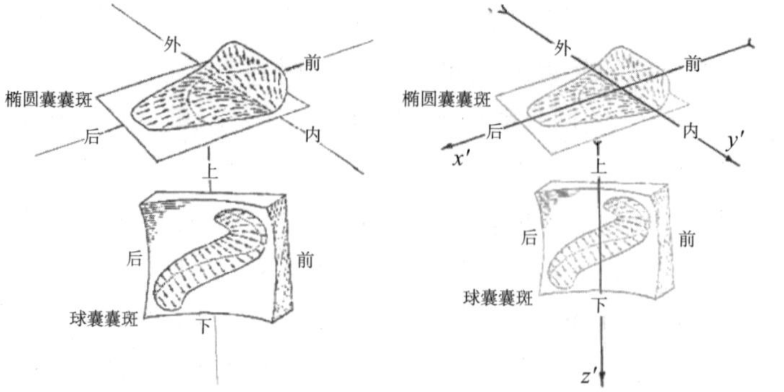

(a) 左侧椭圆囊囊斑 和球囊囊斑图示
前后为身体的前后方向，
外内为身体的左右方向。

(b) 按人体体轴坐标系
来标示椭圆囊囊斑和球
囊囊斑的坐标轴。

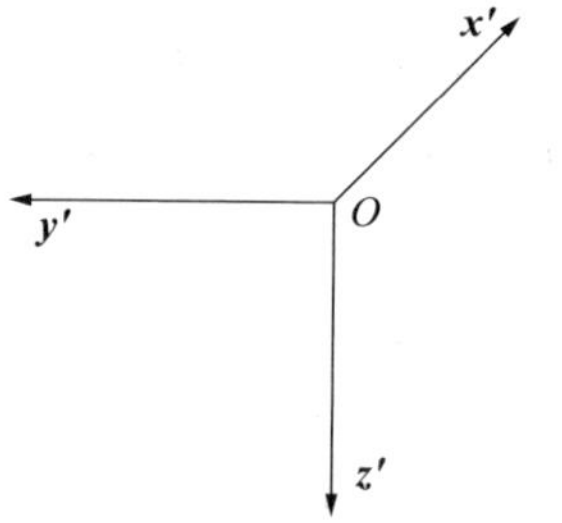

(c) 椭圆囊和球囊坐标系，
与人体体轴坐标系重合。

图 5.2　感知线速度变化的惯性坐标系[20]

当人体以加速度 $\boldsymbol{a}$(矢量)在水平面任意方向作直线变速运动时，由于耳石膜的惯性带动椭圆囊毛细胞纤毛发生相对于囊斑的加速度为 $\boldsymbol{a}'_{x'y'}$ 的运动。将矢量 $\boldsymbol{a}'_{x'y'}$ 分解到 ox'、oy' 方向上，则有 $a'_{x'}$、$a'_{y'}$(图 5.3.a)。球囊囊斑则用来测量 oz'方向的线性加速度 $a'_{z'}$，(图 5.3.b)。

前庭器官感知的惯性线加速度矢量 a′在前庭惯性坐标系(人体体轴坐标系)的分量为 $a'_{x'}$、$a'_{y'}$、$a'_{z'}$。

假设头部在空间任一方向运动时的线性加速度为 a，示于图 2.4c 的人体大地坐标系($o-xyz$)，那么前庭器官感受的线性加速度则为矢量 $\boldsymbol{a}'$，与 $\boldsymbol{a}$ 方向相反，数值相等，示于图 5.3.c 人体体轴坐标系($o-x'y'z'$)。$\boldsymbol{a}'$可分解为 oz'轴的分量 $a'_{z'}$ 和在 $x'oy'$ 平面的分量 $\boldsymbol{a}'_{x'y'}$，这样 $\boldsymbol{a}'$在 $o-x'y'z'$ 坐标系的分量即为 $a'_{x'}$、$a'_{y'}$、$a'_{z'}$。

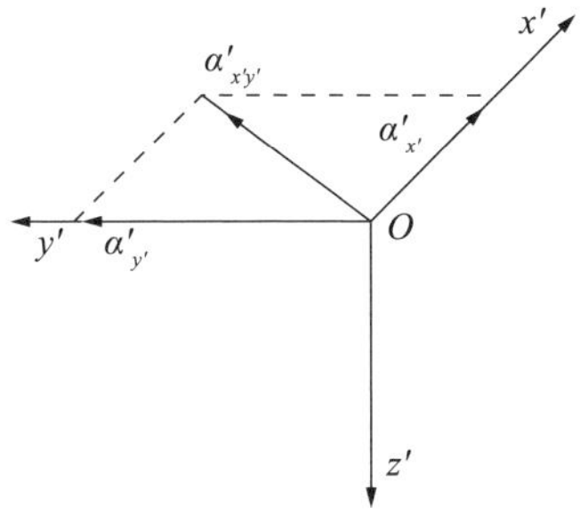

（a）在水平平面$ox'y'$感受的惯性加速度$a'_{x'y'}$的分解图：a'_x、a'_y为在ox'和oy'方向感受的惯性加速度分量。

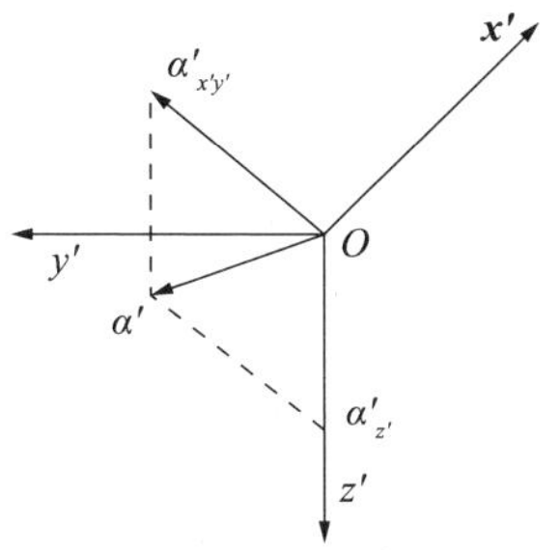

（b）前庭器官感知的惯性加速度矢量$\boldsymbol{\alpha}'$在前庭惯性坐标系（人体体轴坐标系）的分解图：$a'_{x'y'}$和$a'_{z'}$。$a'_{z'}$为人体矢状轴（垂直地面）z'方向感受的惯性加速度。

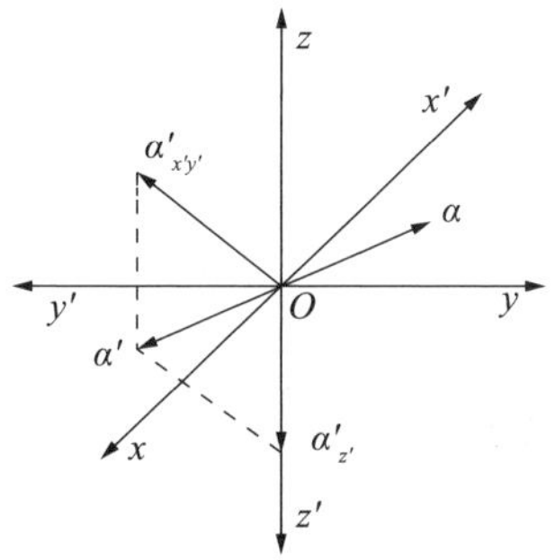

（c）假设人体在空间任一方向运动时的线性加速度为$\boldsymbol{\alpha}$，前庭器官感受的线性加速度则为矢量$\boldsymbol{\alpha}'$，与$\boldsymbol{\alpha}$方向相反、数值相等，并可按照椭圆囊或球囊的感知方向进行分解。

图 5.3　惯性线加速度的感知

前庭器官在三个体轴方向上对线性加速度定量感知的结果，会以神经电信号的形式直接传递给中枢神经系统，实际上这三个分量代表了人在运动时所感受到的在三维左旋惯性坐标系中线性运动的变化。

5.2.2　半规管坐标系与对转动运动的惯性感知(图 5.4)

半规管坐标系也是一个左旋直角坐标系(图 5.4.b)，当头部绕任一方向的空间轴进行转动并改变角速度时，在人体大地坐标系内有一个角加速度矢量$\boldsymbol{\phi}$，半规管坐标系就会感受到一个惯性角加速度矢量$\boldsymbol{\phi}'$，$\boldsymbol{\phi}$与$\boldsymbol{\phi}'$数值相等、方向相反。

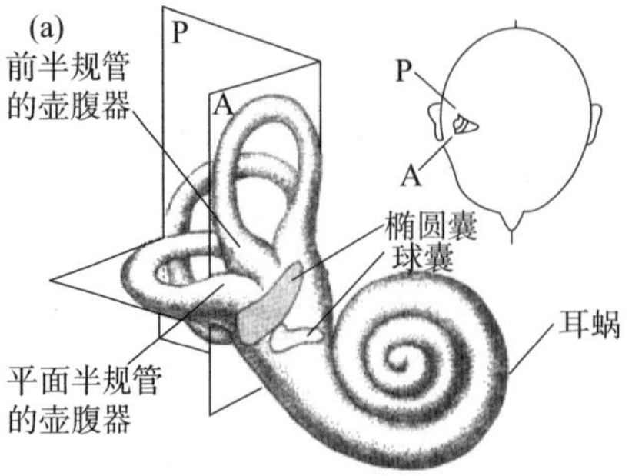

(a)半规管(人体右侧),三个半规管平面互呈直角。H为水平半规管平面;A为前半规管平面;P为后半规管平面。

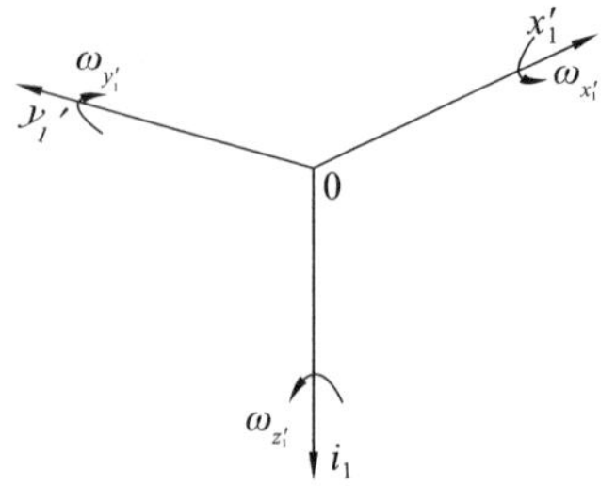

(b)半规管直角坐标系$o\text{-}x_1'y_1'z_1'$,由于A平面、P平面与人体矢状面(图2.2)有45°夹角,经过坐标系转换,该坐标系与人体体轴坐标系等价,且左右半规管的结构,确保两者皆为左旋坐标系。

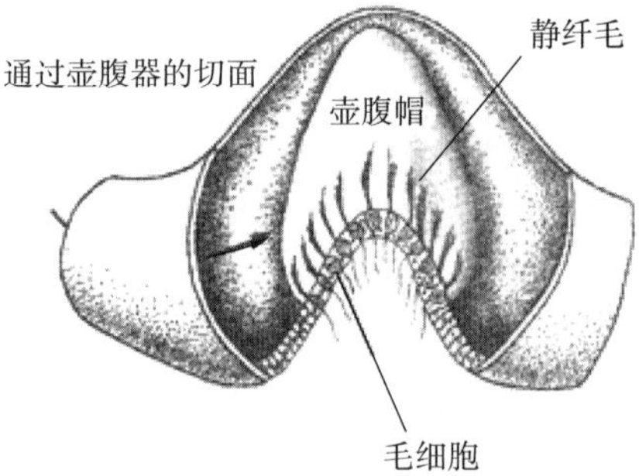

(c)角加速度$\boldsymbol{\varphi}'$的感受机制

图 5.4 半规管对转动运动的惯性感知

$\boldsymbol{\phi}'$的感受机理如下:图 5.4.c 显示当头开始顺时针旋转时,内淋巴液因惯性会在旋转的管内以相反的方向运动(箭头)。液体挤压壶腹帽的凝胶状物质,带动毛细胞底部的静纤毛偏转,并向中枢神经系统发出带有脉冲编码的电信号。当头部不再加速而以匀角速度转动时,液体停止在管内的流动,毛细胞不再发出电信号。当头的旋转运动减速至停止时,液体在管内的流动方向相反,毛细胞发出相反的电信号,直至旋转停止,电信号也就停止。

当头部绕空间任一轴转动的角加速度为矢量$\boldsymbol{\phi}$,那么左右半规管所感受到的惯性角加速度为矢量$\boldsymbol{\phi}'$,$\boldsymbol{\phi}'$与$\boldsymbol{\phi}$数值相等、方向相反。二者可以分别表达在半规管直角坐标系$(o-x_1'y_1'z_1')$和人体大地坐标系$(o-xyz)$中。

人体实际感知的角加速度是三个分量$\phi'_{x_1'}$、$\phi'_{y_1'}$、$\phi'_{z_1'}$,并传递给中枢神经系统,实现对人体自身的操控和保持平衡(图 5.5.a)。

人体在大地坐标系内的平移和转动可以用矢量 $\boldsymbol{v}$,和角速度矢量 $\boldsymbol{\omega}$ 表示。从人体解剖学可知,人体体轴坐标系 $o-x'y'z'$ 和半规管坐标系 $o-x_1'y_1'z_1'$ 都是左旋坐标系,与左右半规管坐标系在水平面上相差 $\pm 45°$,经过坐标变换,可以证明两个坐标系全等(图 5.5.b)。

两坐标系的垂直轴 oz_1' 和 oz' 重合,$x_1'oy_1'$ 与 $x'oy'$ 在同一平面,相差 $45°$。$\phi'_{x1'y1'}$ 是 ϕ' 在水平面的分量,它可以在两个坐标系中分别分解为 $\phi'_{x1'}$、$\phi'_{y1'}$ 和 $\varphi'_{x'}$、$\phi'_{y'}$。两组分量的合成是等价的。因此,半规管坐标系 $o-x_1'y_1'z_1'$ 和人体体轴坐标系 $o-x'y'z'$ 等价。

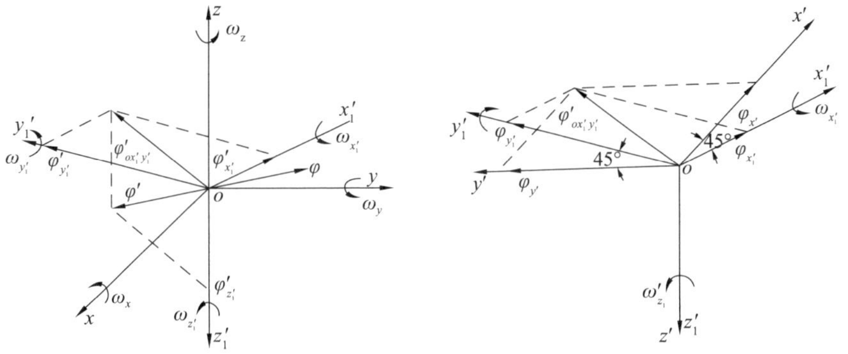

(a)角加速度φ'的坐标表示

(b)半规管坐标系$o\text{-}x_1'y_1'z_1'$和人体体轴坐标系$o\text{-}x'y'z'$的转换

图 5.5　半规管坐标系对转动运动角加速度的感知

图 2.4 表明,脊椎动物也能通过半规管来感知自身在空间的姿态变化,从而保持身体的动态平衡,鸟类和哺乳动物与我们人类比较接近,这说明生物在进化中对自身动态平衡的感知和控制,是受力学定律的主宰和支配的。

5.2.3　地心引力坐标系与对体位变化的感知

由于身体各部分之间都是非刚性的连接,所以讨论人体对直立与体位的感知时,我们仍采用人体解剖学中对体坐标系的约定(图 2.2)。

三个半规管,学名为骨半规管。骨半规管和颅骨是硬连接,它限制了其中膜半规管中内淋巴液的流动范围,使其只能感受沿着管内流动引发的惯性角加速度,因此它不可能提供静态时体位的感知信息。头以地面为参考点时的相对位置的变化,是由椭圆囊和球囊共同完成的,我们可以选取直立、仰卧、俯卧、侧卧、前倾、后仰等典型状态进行讨论，从而了解前庭器官是如何感知自身体位的。

有一个前提：重力是永远同时作用在身体各组成部分上的力，永远指向地面，它在人体地面坐标系中与 oz 轴方向相反（图 2.1），而在人体体轴坐标系中，与 oz' 轴方向相同（图 2.2）。当物体静止时，各部分都会受到一个和重力大小相等、方向相反的反作用力，使物体平衡而保持静止状态。这个反作用力可以是由下而上的支撑力，可以是由上而下的拉力，也可以是沉浸在液体或者气体中的浮力。重力虽然和这三种力可以达成平衡，但是这些力的性质不同：支撑力和拉力是有一个或多个着力点的一维的集中力或二维的分布力，浮力是液体或气体在物体表面上二维分布的压力“面积分”的合力；重力是该物体包含的所有物质地心引力的三维物体“体积分”的合力，重力引起重力加速度 g，即 $F=mg$（牛顿定律）。

支撑力、拉力和浮力与重力在性质上是不同的，这是我们能够感知重力的根本原因，尽管其他三种力可以与重力相等而使物体处于平衡状态，但是我们依然可以感觉到重力的存在，并没有产生失重的感觉。原因是重力是和一个物体的三维质量分布相关的力。当物体具有惯性加速度 a 时，可以进行矢量叠加：如 $a=g$，则加速度为 $2g$；如 $a=-g$，则加速度为 0，此即失重状态。据此，我们可以对人体在静态时如何感知自身的体位，作如下的描述。

（1）仰卧

新生儿只能仰卧，这是离开母体的羊水以后，独立地感知重力的起点。此时，球囊中悬浮在内淋巴液中的耳石膜产生了对毛细胞纤毛 1g 的重力效应，并集中在体轴 ox' 方向（图 5.6），这就形成了仰卧时感知重力的信息——这样的记忆，就是一生中感知仰卧的标准信息。

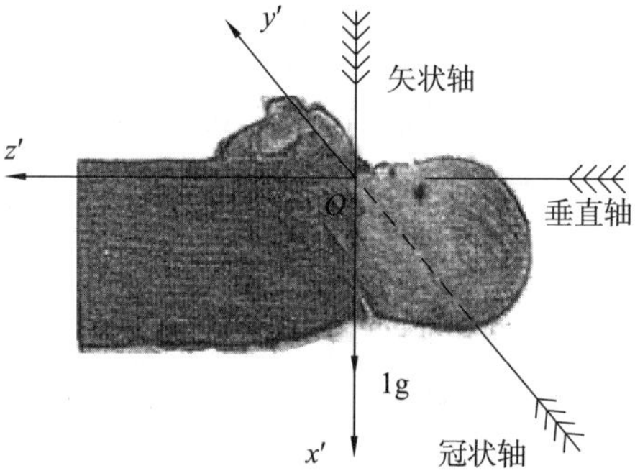

图 5.6　仰卧时 ox' 方向感受 1g 的重力

宝宝对重力感知的外在表现，就是嘴和手。3 个月大以后，手脚乱动明显增加，开始活动他的脚趾，或者把他的拳头放到嘴里。他能同时用两只手去抓大的东西和摸他自己的脚，也能抓握东西，抓到东西以后，就会往嘴里放(图 5.7)。

人类认知这个世界，首先从感知自己的身体开始。当新生儿诞生时，他的第一声啼哭表明了一个新的独立生命的开始。胚胎发育时由口凹形成的口，除去明显的进食功能外，它还是感知、记忆自己身体各部分的起点，是建立自身体坐标系的原点。

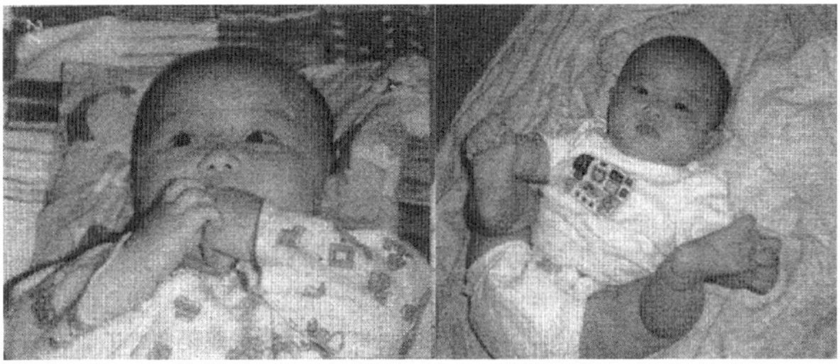

图 5.7　宝宝先用嘴熟悉自己的手，再用手感知自己的脚(5 个月大)

(2)直立

直立是人们活动和运动的最基本的体位(图 5.8)，也是宝宝成长中对重力感知和保持身体平衡的一个重要象征。人在直立时，按照耳石膜对毛细胞纤

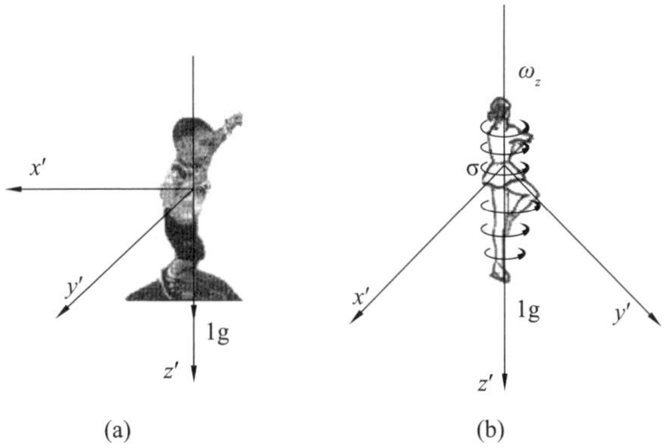

图 5.8　人体直立时感受到的重力效应：1g

维的作用原理，球囊在垂直轴方向上感受到 1g 的重力效应。由于人体双脚站立或单足行走时，脚的支撑面积远小于四足的哺乳动物，因此与哺乳动物相比较，人体直立或行走状态，是最不稳定的状态，因而也是最灵活的状态。这就是人类的新生儿要到一岁左右才能学会走路的道理。因为要做到保持平衡、稳定和实现灵活机动的能力，需要建立起一个具有感知、存储、运算和操控能力的人体系统，它涵盖中枢神经系统和身体——所谓的“心—脑”一体化的智能。

5.2.4 运动时的体位感知

运动时，会有着各种体位，我们选图 5.9 的两种状态为代表。跑步时，前倾的姿势使重力在垂直平面内为球囊囊斑的两个方向所感受，分解成两个分力 1$g_{x'}$ 和 1$g_{z'}$。体操运动员倒立时，头和身体常常呈 90°，头部呈俯视状态，对重力的感受与仰卧相反，即在 ox' 轴方向为 −1g。

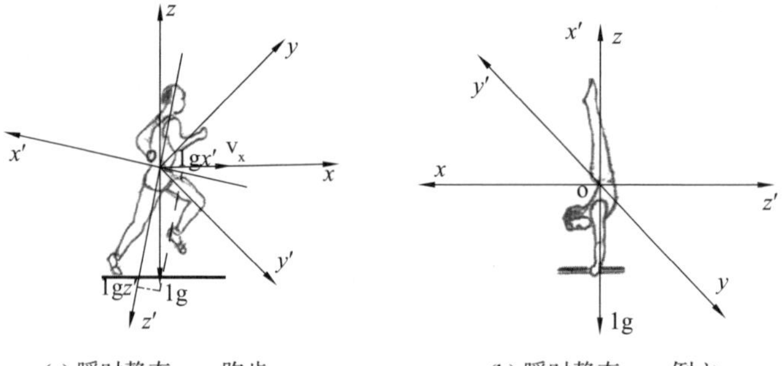

(a) 瞬时静态——跑步　　(b) 瞬时静态——倒立

图 5.9　运动时的体位感知

5.2.5 失重时的体位感知

人们常常会在很短的时间（远小于 1s）处于失重状态，如电梯突然下降或者汽车过一个凹沟时，就会有一个失重的感觉。然而跳水、体操运动员可以有较长的失重时间（最多可达 3 秒左右），在空中完成各种优美的动作。

事实上，在失重的条件下，椭圆囊和球囊的耳石膜与毛细胞纤维都处于无重力的平衡状态，在任何一个方向上都感受不到重力的信息，也就不可能向大脑传递身体相对于重力方向的体位信息。运动员所完成的一套动作，全靠训练时中枢神经系统的信息记忆和操控肌肉的行为模式记忆来完成，而探知体位的功能，则由眼睛单独来实现。

除去前庭器官以外，眼睛对于运动起着不可或缺的作用，特别是在失重的条件下，眼睛是提供身体体位和周围空间相关信息的唯一重要的器官（失明的人在失重条件下会完全失去自我的感觉）。那么，眼睛又是怎样工作的呢？下一章将对视觉系统进行分析。

第6章 眼球成像坐标系与视觉的时空全息原理

人类的视觉是建立在物理学基础之上的一种感知的意识。在现代物理学中“光与时空”有着独特的奠基的地位，而我们的眼球正是一个光的接收器，并且通过晶状体实现了一次物理学的时空变换，在视网膜上形成了一个倒置的实像，我们将这一变换称为缩小一个系数的宇称(k)变换。视网膜又实现了一次光电转换，将这个倒置的像用电信号发送至大脑，大脑皮层接受以后形成了外部世界的全息图像，包括形状、大小、运动状况、颜色等，视觉完成的这一宇称(k)变换，遵循宇称守恒原理。

6.1 眼球是通向大脑的窗口

对于眼球的结构和视觉的感知，解剖学、生理学和神经生物学等学科已经研究得相当透彻，并且都得出了大体上相同的结论，即人脑获得的信息中，相当大的一部分来自视觉系统(有资料说是80%以上)，并且确认眼睛无疑是人体最重要的感觉器官，在个体发生上和脑是同源的，角膜、晶状体和视网膜都来自由间脑两侧突起的初级视胞(图6.1)。

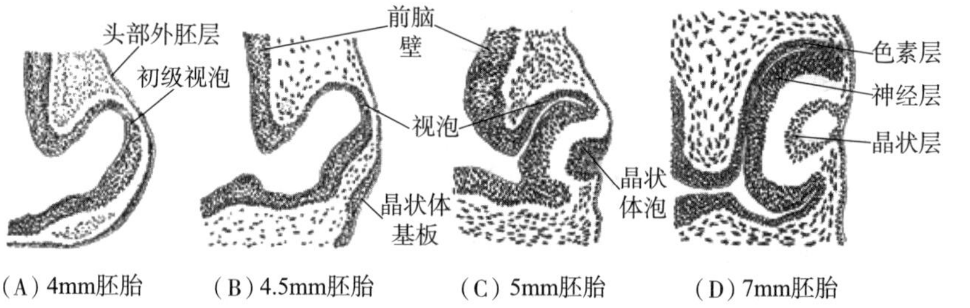

图6.1 脊椎动物眼的发育[21]

(A)视泡从脑中突出，并接触外胚层；(B、C)当视泡产生皱褶，晶状体基板发育为晶状体泡时，外面覆盖的外胚层分化为晶状体细胞；(C)随着晶状体泡内凹，视泡变为神经视网膜和色素网膜；(D)晶状体泡将外胚层诱导为角膜。

现代微电子技术的发展，特别是功能磁共振成像技术(fMRI)为脑科学的实验研究作出了重要的贡献，可以大体上跟踪人在意识活动时，脑神经信息的传递和相关的脑区。但是，所有实验的研究依然留下了一个理论上的空白：视觉信息和听觉、嗅觉、味觉、体觉、冷热觉、触压觉和痛觉是如何协调一致的，是如何定位的？建立在这样的感知基础之上的主观感觉和精神活动是物质性的吗？感觉是物质派生出来的吗？如果是，那又是怎样形成的呢？人们把眼球的构造和功能(图6.2)归结于基因。也就是说，这是由基因所决定的蛋白质的一种表达形式，我们所做的工作只是论述了视觉信息的形成所遵循的自然法则，最终可以看到"物质变精神"最明显的表现是从我们的视觉开始的，眼球实现了颅脑内外时空平台的变换，于是我们所说的精神现象也就是在颅内的左旋时空平台上发生和演绎的。

眼球的凸透镜成像原理，在中学物理中已经讲得很清楚，且高等动物和人类眼球成像的机制都相同。眼球的结构，远比凸透镜复杂，眼球近似球形，位于眼眶内。正常成年人眼球的前、后径平均为24mm，垂直径平均为23mm。最前端突出眶外12～14mm，受眼睑保护(图6.2)。

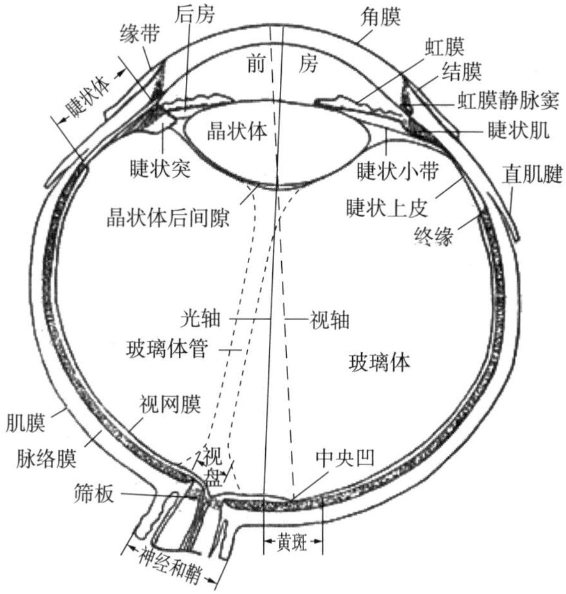

图6.2　眼球的构造：水平切面、中央凹(右眼)[22]

眼球的折光系统并非一个单球面折光体或一个薄透镜，而是由一系列曲率半径和折光指数都不相同的折光体所组成的，包括角膜前面、角膜后面、晶状体前面和晶状体后面四部分，这个折光系统可以称为生物透镜。生理学家对人眼作为生物透镜的成像原理做了简化处理(图 6.3)：设想眼球由一个前后径为 20mm 的单球面折光体构成，折光指数为 1.333；外界光线只在由空气进入前方球形界面时折射一次，此球面的曲率半径为 5mm，即节点在球界面后方 5mm 的位置。由此所决定的后主焦点在节点后 15mm 处，正好是简化眼的后极，相当于视网膜的位置。

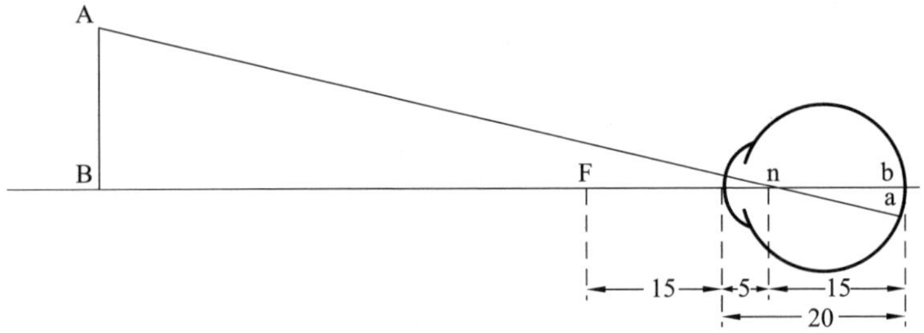

图 6.3　简化眼球等效成像的图示(单位 mm)[22]

n 为节点，AnB 和 anb 是两个相似三角形；如果物像为已知，
就可由物距大小算出物像大小，也可算出两三角形对顶角(视角)的大小

正常人处于安静而不进行调节的状态时，生物透镜后主焦点的位置，也正好是眼睛视网膜所在的位置。眼球的这一结构及简化眼的表示模式，对于理解正常人眼球的折光成像能力和如何感知浩瀚的外部世界极为重要：它表明，凡是在眼球前 6m 以外直至无限远处的物体，由于它们发出或反射来的能为眼球所接受到的光线都近于平行，所以都可以在视网膜上形成清晰的物象。

从生物学和医学的角度，人们对眼球的成像、调节和视觉信息的感知、传递等已经做了极其充分和深入的研究，却留下了两个问题，没有得到明确的答案：第一个问题，视网膜成像是倒置的，它在信息传递和大脑皮层的存储中有没有翻转过来？第二个问题，视网膜本身是一个厚 0.1～0.5mm 的球面，球面的直径约为 22mm(图 6.2)，在它上面所成的像是几维的？眼球本身构成了一个什么样的时空平台？

6.2　视网膜上的像在人脑中保持倒置不变

就作者所查看的所有资料而言，视觉信息在传递和整合过程中，神经系统的第一个特征就是确保视网膜地形图信息的拓扑映射关系不变。神经生物学的研究证明了这一点："由于通过晶状体成像时图像发生了倒转，因此视野上部投射到视网膜下方，进而投射到（大脑皮层）V_1 区距状沟下方；而视野下部却投射到距状沟上方。"[2]（图 6.4）。这一发现和论述，不只表明了视觉信息的感知和整合是一个拓扑映射的保真过程，而且带来了人类认知体系的实质性的飞跃——它揭示了精神世界和物质世界相互倒置的映射关系。

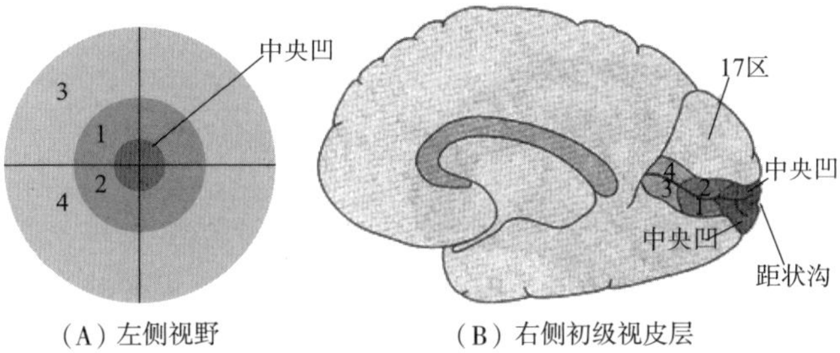

图 6.4　视网膜地形图到视皮层的拓扑投射机制[2]

皮层视野图：(A)视野被分为中心区（中央凹区）和 8 个扇形区。左侧视野投射到右侧初级视皮层。(B)人的初级视皮层（17 区）几乎完全占据了枕叶内面。中央凹区投射到枕叶最后部，而周围区则投射到靠前的位置。中央凹占据的初级视皮层的份额大得不成比例。

在人脑中，初级视皮层 V_1 几乎占据了整个枕叶，但枕叶的形状并没有发育成和视网膜一样。一个成人的视网膜构成一个球面的 72%，这个球面的直径约为 22mm，而大脑皮层像核桃一样的的沟回是增大皮层面积的节约化设计，很难也没有必要再造一个和眼球一样的视网膜，所以视网膜上信息的拓扑投射，就是生物进化的最佳选择。在拓扑变换的点对点的投射中，有一个"不动点原理"①，

① 不动点原理。考虑一个曲面到自身的连续变换（映射），即曲面的每一点被移到该曲面上的新的位置，连续是指互相邻近的点被移到互相邻近的点，新旧位置相同的点叫作这变换的不动点。随后，每个不动点也有个"指数"，即当动点绕它一周时，从动点指向其像点的矢量转动的圈数。拓扑学家们发现，曲面到自身的映射的不动点个数如果是有限的，它们的指数的代数和不会因对这映射做细微的修改而改变，因而可从这映射的某些粗略的特征计算出来。特别是对于实心圆上的映射，指数和恒为1，所以实心圆到自身的映射总有不动点。

在从视网膜到视皮层的拓扑变换中，这个不动点就是中央凹（图6.2、图6.4）。中央凹是视网膜上正对晶状体中心线的一个凹点。视网膜后部有一直径约2mm的浅漏斗状小凹陷区，称为黄斑，其中央有一小凹为黄斑中心凹，黄斑的信息最精确。虽然斑点只占整个视觉面积的0.01%，但是视神经里10%的信息是由这里的轴突传递所致。中央凹更为重要的作用就是它是成像信息的基准点，在信息传递到大脑初级视皮层时，它定位在枕叶的最后端，仍然保持着视网膜地形图基准点的位置和作用。

神经生物学的研究告诉我们：眼睛在观察外部世界时，视网膜上形成的倒置的实像，在视觉信息的传递、存储和整合过程中，始终保持倒置状态不变，也就是这种实像倒置的信息在我们记忆和思维的过程中是不变的，并且是一个必须遵循的规则。

6.3 眼球本身是一个四维的时空平台

一个成人（单眼）视网膜有600万～800万个视锥细胞和1.2亿个视杆细胞，感光以后形成视觉感受的编码信息，经由100万个视神经传给丘脑。在丘脑经过神经元换元以后再一对一地投送至视皮层，保持视网膜地形图拓扑变换的不变性和信息的保真。

通过视觉，人们首先形成了点、线、面的几何概念，带来了物体的大小、形状和颜色，进而可以记住路标、识别方位，可以观察物体的动、静、快、慢等运动现象，这些构成了我们人类生存与精神活动相关的绝大部分信息。虽然，最终的视觉认知，是大脑整合的结果（这方面的知识，在生理学和神经生物学已经有了详细的研究和描述，从略），但是对于在人类认知中眼球的结构性时空效应和哲学意义还有必要作进一步的阐述。

6.3.1 视觉的空间限制

- 视野是眼球不动、向前注视一点时，所能看到的空间范围。视力正常的单眼视野范围为鼻侧60°，颞侧90°，上方60°，下方70°。如果计及眼球的转动，视野范围还可以扩大，但再大也不能超过视网膜的成像范围，即250°的球面。由于头部和身体都可以转动，因此人所能观察的范围实际上是全方位的。
- 视物的大小与视网膜上成像的大小相关，同样大小的物体，远看则小，近看则大。远的限度是在视网膜上的成像不能小于 5μm，因为这是视锥细胞的平均直径；近的限度是不能覆盖全视野，因为视觉的认知是和背景相关的信息的编码。

6.3.2　眼球结构的界面划分和视觉信息的变换

眼球结构的进化机理就是实现对光信息的接收和转换的最大化和保真。为了能最大范围地观察外部世界，眼球前部是一个以晶状体为标志的可活动部分，用以调节视轴的方向和聚焦特性；眼球的后部是由玻璃体支撑住而与色素上皮层紧贴在一起的视网膜。角膜和晶状体将外部世界的入射光折射进入眼球内部，投射并成像于视网膜上。

这样，我们看到了眼球内外两个世界之间的映射关系：

- 角膜外——一个以可见光示形于外的、运动着的物质世界；
- 角膜+晶状体——光线折射，物质世界信息格式变换；
- 视网膜——变换后的折射光聚焦成物质世界的实像。视网膜上发生的光电效应永远遵循左手法则[著名的吴健雄的实验所揭示的宇宙的法则（见第 3 章）]，将实像信息转换成电信号，由视神经传递给大脑，形成精神世界的视觉认知。

值得注意的是，角膜、晶状体、视网膜都起源于胚胎发育时的神经外胚层，视网膜属于神经系统，或者说是大脑世界的边缘（图 6.1）。

6.3.3　宇宙和眼球的映射对称

如果我们将宇宙视为物质世界的统称，把由晶状体和视网膜组成的眼球内部视为视觉世界，那么这样一个小小的眼球和宇宙之间，也会符合映射对称的规则。真的如此吗？

眼球折光后在视网膜上所成的实像，带有外部世界的形状、色彩和相对运动的的信息，这些在所有的教材和通俗读物中已经讲了很多，不再细说。由于视网膜本身是一个由玻璃体支撑的包围着 72%球形空间的三维球面，按照已经证明的庞加莱猜想“任一单连通的、封闭的三维流形与三维球面同胚”，就会推论出视网膜所涵盖的视觉世界应该是与折光以前的外部世界呈现对称映射模式的同胚。这里虽然存在着一个认知上的不完备性问题，即我们可以把宇宙看成单连通的流形，但我们不知道它是封闭的还是开放的，也就是说，我们对宇宙这样一个极限状态的物质世界并没有或许也不可能完全认知，但是我们的祖先却派生出来“天圆地方”说。“地方”说随着对地球的认知已不再为人们所接受，但是“天圆”一说，又有谁反对呢？谁能证明天不是圆的呢？相反，当人们深处大海之上或者一望无垠的旷野的时候，每个人前面都是一个球面的深空间视野——古人将之称为“苍穹”。苏州大学徐斯年教授对“苍穹”一词的解读是：“‘苍’者蓝色的天也，亦可指缈远、渺茫；‘穹’者倒扣之碗状也，如‘穹庐’，即帐篷顶部。”

苍穹还是我们人类对不知深浅的太空的主观感觉，因为当我们身处广袤无垠的原野的时候，双眼的视野左右可达180～200°，上下可达130°，天空就会在这样一个立体角范围内映射在我们的视网膜上。于是三维球面的视网膜地形图所解读的天空就是一个苍穹。

苍穹是一个意味深长的词，天文馆的穹顶就是模拟苍穹的一幕。实际上，天上的星星都不在同一个球面上，我们看不到，也根本不知道穹顶在哪里，但不同大小的天文馆的穹顶对我们每一个人确是逼真的演示。

这样，眼球和宇宙构成映射对称的而又无限的两个球：一个大球，一个小球；一个宇宙的时空大平台，一个眼球的时空小平台，它们对于零维的点而言是可以点对点、一一对应的时空平台，无穷的点和无穷的点对点的投射，也就包含和传递了无穷的信息，所以我们可以用望远镜直接看到多少万光年甚至多少亿光年以外的几近无穷的天体。尽管这样一个映射对称的无限性在数学上是成立的，但是它受到生理条件的限制，即在视网膜上的成像不能小于5μm的尺度和7～8个光量子的形成视觉的能量要求。

于是，人类发明了望远镜。望远镜的第一个作用是放大远处物体的张角，使人眼能看清角距更小的细节。望远镜的第二个作用是把物镜所收集到的比瞳孔直径(最大8mm)大得多的光束送入人眼，使观测者能看到原来看不到的暗弱物体，从而弥补人类生理条件的限制，实现宇宙中遥远星球对眼球的光的投射，形成倒置的实像于视网膜上。

1990年发射入轨的哈勃太空望远镜是有史以来最大、最精确的天文望远镜。它上面的广角行星照相机可拍摄上百个恒星的照片，其清晰度是地面天文望远镜的10倍以上，1.6万km以外的一只萤火虫都难逃它的“法眼”，观测到了迄今为止人类已发现的最遥远的古老星系(这个最古老星系其编号为UDFj－39546284，距地132亿光年)。

这些正是恩格斯所说的“辩证思维”的典型例证。无穷大的宇宙空间，通过光的折射变换，映射在只有 22mm 直径的视网膜地形图上。原本是肉眼看不见的深空间，我们却可以通过望远镜，“拉近其距离”和“增大其光通量”，从而实现了宇宙空间肉眼看不见的星球和眼球空间视网膜上点对点的投射和成像，这也就是天文馆的穹顶虽然可大可小但都很逼真的道理。就这样，一个无可争辩的事实摆在了我们面前：我们的头脑在宇宙中；宇宙映射在我们的脑海中。宇宙是物质，头脑也是物质，而宇宙在脑海中的映射就构成了我们的认知、意识，即精神，并由此形成了我们人类的多元文化(图 6.5)。这就是我们的认知哲学，或曰世界观。图 6.5 中有两个宇宙：一个是客观上存在的真实的宇宙；另一个是我们头脑中所映射的宇宙。这两者之间是什么关系，如何评定我们对宇宙认知的置信度，既是一个科学问题，也是一个哲学问题。

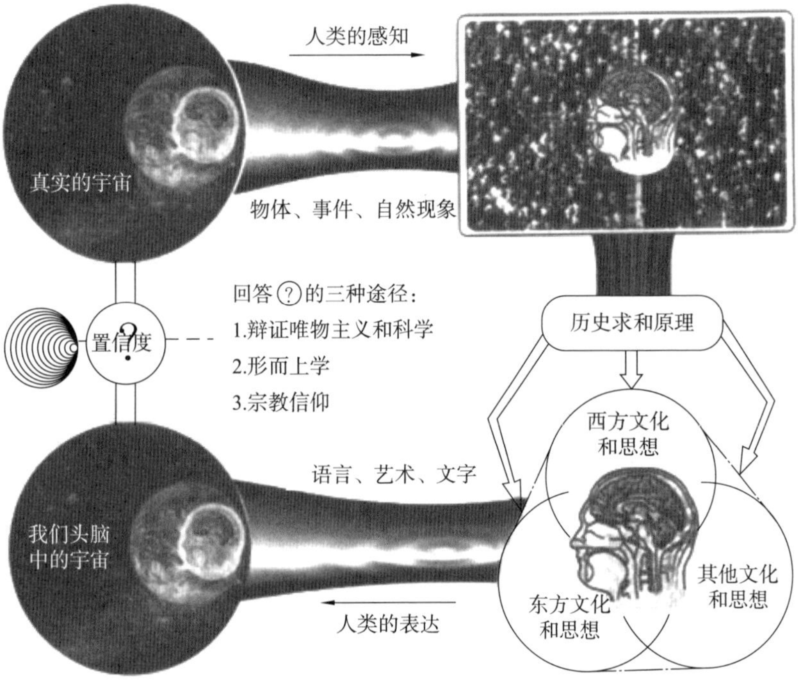

图 6.5　宇宙和人类的认知

6.4 眼球成像与相机照相的差异

前面我们论证了眼球和宇宙的映射对称关系,美国生理学家约翰·道林将眼称为通往脑的窗口。事实上,它不只是脑的窗口,视网膜本身就是脑的极其微小的一部分:视网膜地形图上的实像是外部世界的写照,而角膜和晶状体的生物折光效应,构成了宇称对称的两个时空世界——这就是我们认知上“形”和“象”的起点,也是科学和哲学的摇篮。我们不妨从数学和物理学的角度,对我们的认知作一个还原性的推演,首先从眼睛和照相机的功能比较谈起(图 6.6)。

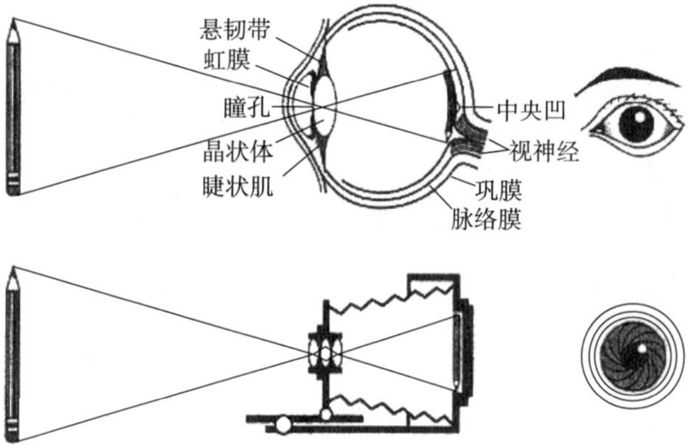

图 6.6 眼睛和照相机成像功能的比较[23]

由图 6.6 可知,对于同样大小的物体和同样的物距、焦距等成像条件,在眼睛的视网膜和照相机的底片上会得到近乎同样大小的倒置的带有色彩的实像,这是物理学透镜成像知识告诉我们的,并且成了中学生的经典教材;但这又是不全面的,乃至成为一个说不出两者差别的一个误区,如图 1.1 和图 6.6。误解的地方就在于,人们都知道看物体时的立体感是由双眼的视觉形成的,但是单眼有没有深空间的景深感?有没有视线方向的距离信息?也就是说,我们视网膜上的像也和照片底板上一样是二维的吗?如果是二维的,那么我们单眼的景深又是如何形成的呢?(看 3D 电影时,单眼仍有景深感。)

人眼成像和相机照相的主要差别有两个:一是和照相机底板的一次使用不同,视网膜是一个人终身无穷次使用的成像底板,它随时成像、记录、传递,又随时归零而又重复这一过程，直至终身；二是视网膜地形图和照相机平面底板不同，它带有成像的三维信息。对于这两个差别，下面将作较为详细的分析。

6.4.1　视网膜成像的光量子效应

视网膜上的视杆细胞对光的敏感度较高，在昏暗的环境中也能引起视觉，但没有色觉。即令在黑暗中，单个光量子就能引起视杆细胞产生可测量到的信号，只要有 7 个左右的视杆细胞被单个光量子激活就能产生感知，远高于照相机的感光能力。

视网膜的光感受器，是由视杆细胞和视锥细胞的视色素分子构成的。对视杆细胞感光效应进行的分子生物学的实验研究，得出了对认知科学极为有用的结果（参见图 6.7 和图 6.8 及其说明）[2]。

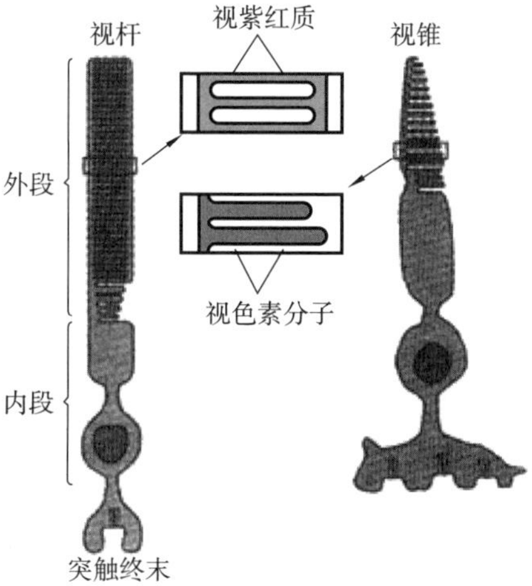

图 6.7　视网膜的光感受器，视杆和视锥的模式图

“视色素分子集中在视杆细胞和视锥细胞的外段膜上（图 6.7）。每个视杆细胞约含有 10^8 个视色素分子（视紫红质），它们聚集于数百个与外膜分离的膜盘上……视色素分子占总膜盘蛋白的 80%。视色素分子的排列非常紧密，其间距小于 10nm。这么密集的排列，提高了光子通过时被视色素分子俘获的概率。视色素分子由两部分组成：视蛋白和生色基团——11－顺维生素 A 醛……一旦视紫红质吸收了一个光子，视黄醛将发生光致异构化，从 11 -顺型变成全反型，非常之快，仅需约 10^{-12}s。

该蛋白的一种构型——间视紫红质Ⅱ，对光传导过程非常关键。图 6.8 显示，漂白和活性视紫红质复生中发生的变化序列。间视紫红质产生于光子吸收约 1ms 以后；漂白后视色素复生很慢，需数分钟。

黑暗中视紫红质非常稳定，计算表明，单个视紫红质分子的自发热异构化约每 3000 年才发生一次，这比光致异构化要慢 10^{23} 倍。光引起的视紫红质的光致异构化，有着极高的放大倍数……（实验表明）当鳖光感受器吸收一个光子而激活 10^8 个视色素分子中的一个时，即可产生出可测量的电信号（时间大约不到 0.1 秒。——作者）”。[2]

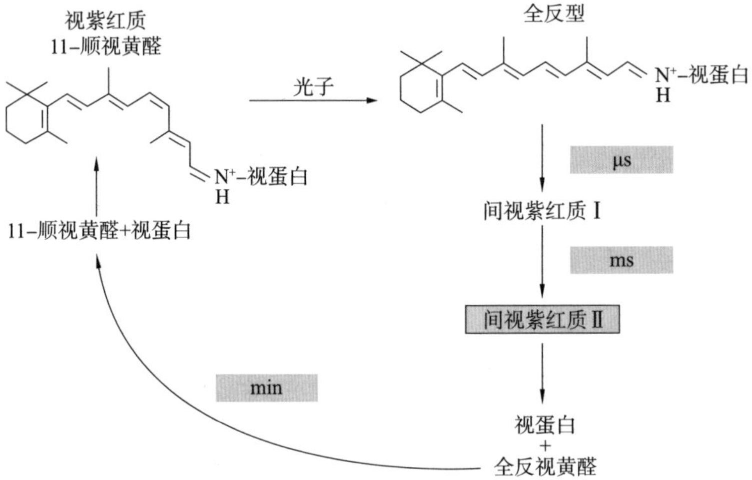

图 6.8　光量子效应　光对视紫红质的漂白和视紫红质的还原再生[2]

光对视紫红质的漂白。黑暗中，11 -顺视黄醛与视蛋白结合。吸引光子后，使 11 -顺视黄醛异构化为 11 -全反视黄醛。随后，视蛋白全反型分子迅速地转变为间视紫红质Ⅱ，后者解离为视蛋白和全反视黄醛。视紫红质的复生依赖于光感受器和色素上皮细胞之间的相互作用。间视紫红质Ⅱ触发第二信使系统的活化。（引自 Dowling，1987。）

上述神经生物学的研究告诉我们，我们的视觉是由视色素分子的光致异构化引起的，这样一个量子化过程极快，只有 10^{-12}s，形成视神经电信号的时间大约不到 0.1s，视色素分子还原复生的时间需数分钟。视神经信号传递至大脑的速度为 120m/s。

和照相机底板相比，我们的视网膜不是只具有量子效应的光感，并且能够还原复生，多次使用，下一节将证明还能实时地输出三维图像的视觉信号。这就是人眼成像和相机照相的第二个差别。

6.4.2　视网膜地形图的三维信息

如图 6.9 所示，铅笔在照相机底板和视网膜上的像虽然都是倒置的，但两者是不一样的：相机上的像是笔直的，视网膜上的像是弯曲的。相机上的成像是平面的、二维的，视网膜上的成像是三维的，它带有三维空间的信息（见图 6.9）。

图 6.9 中用两支垂直相交的铅笔构成 Q 平面，与视线垂直，铅笔作为可视物体（P 平面与 Q 平面垂直）：

铅笔在眼球视网膜上的成像为两段弧线：AA′铅笔对应于弧线 awa′，上下倒置；BB′铅笔对应于弧线 bwb′，左右对调；w 表示中央凹的位置，是球面视网膜的基准点，作为铅笔像的两段弧线代表了两支铅笔的三维空间信息。与此相对照，在相机底板上的成像为平面底板上的两段直线，上下倒置，左右对调，所记录的是两支铅笔的二维信息。

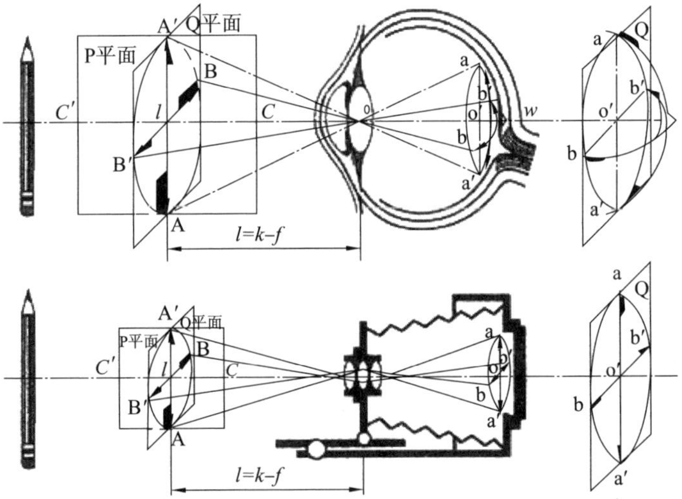

图 6.9　眼球与照相机成像功能的比较

O——节点；l——物体到节点的距离；f——焦距；k——一个不定的系数，$k>1$。

w——视网膜的中央凹。Q′与 Q 平面平行，右侧为成像的放大图。

图 6.9 最右边的是视网膜和底板上成像的放大图,视网膜上的两支铅笔的图像是在一个侧放着的“饭碗的碗底”上的两条相互垂直的弧线,这是在一个球缺的球冠内表面上所成的像;照相机底板上就是两支垂直相交的直线,但人眼中视网膜上像所占据的一个和中央凹相关联的碗底深度的信息被丢失了(图 6.9)。视网膜在科技书籍中,常称为“视网膜地形图”,这是有着深刻含义的一种表达。

6.4.3 视网膜地形图的“等高线”

我们都知道,地图和地形图的差别就在于地图是二维的,地形图是三维的。地形图上有一个等高线,即地面上高度相等的点连接在一起所画出的线,这对于军事用途和打高尔夫是很有实用价值的。如果在视网膜上引用这个概念(图 6.10),对于我们理解景深和视线方向的运动,对于理解眼球对时空信息的感知原理是很有帮助的。

图 6.10 中,wo 为视线,垂直于视线的平面与与视网膜相交的圆,我们可以称其为视网膜的等高线。“等高线”是所视物体大小和距离的一个综合感知,对于所熟悉的物体或同一个物体而言,等高线代表了物体的距离信息,距中央凹 w 越近,则距离越远。当一个沿着视线方向运动的物体运动时,在视网膜上成像的大小会发生改变。当朝向观察者运动时,等高线会远离中央凹;反之,则会靠近中央凹,直至成为一个点,最终成像小于 2.5μm,而从视线中消失。

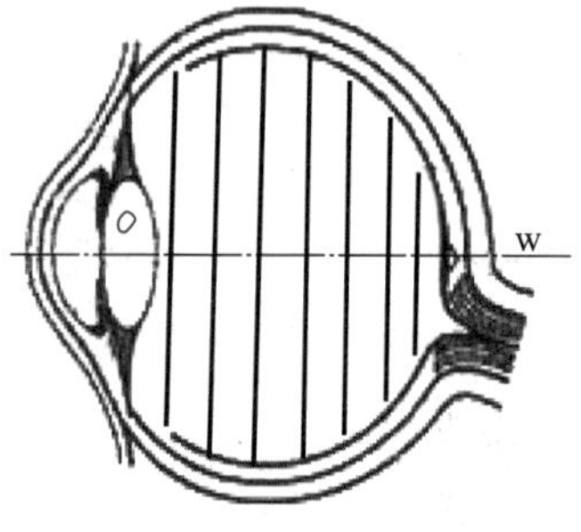

(a)眼球过视线wo的水平剖面,顺时针转90°。w为中央凹,o为节点,竖线代表视网膜上的圆周,即“等高线”

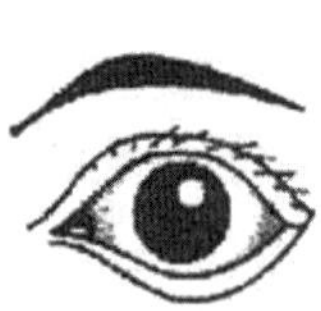

(b)眼

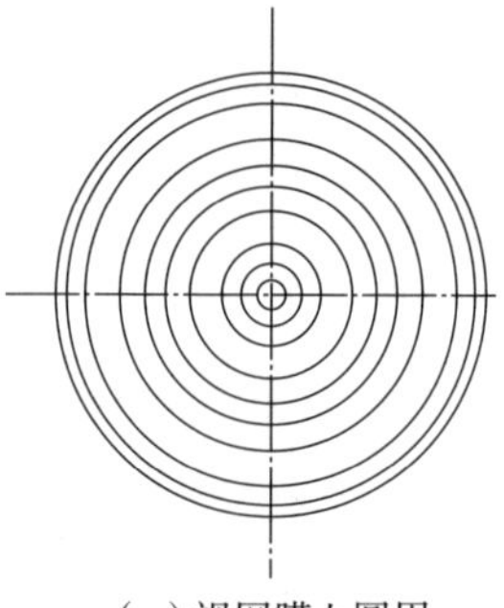

(c)视网膜上圆周形的“等高线”

图 6.10 视网膜地形图的等高线

等高线应为等深度线,中心点为中央凹。

等高线代表同样大小的物体距离眼球的远近,越远成像越小,越靠近圆心。

6.5 眼球坐标系与眼球内外时空的变换

从图 6.10(c)可以看出，视网膜上的像是具有三维信息的，即垂直、水平和视线的深度方向。脑就是这样来解读和记忆所看见的物体的，我们可以通过数学演绎来描述这一过程。

6.5.1 眼球成像坐标系的建立

由图 6.3、图 6.9 可知，在眼球成像的节点 o 前后，构成了两组相似的互为倒置的三角形，如，$\Delta Al\ o \backsim \Delta ao'o$；$\Delta Bl\ o \backsim \Delta bo'o$，且有：

$$\frac{ao}{Ao}=\frac{ao'}{Al}=\frac{oo'}{lo}=\frac{bo'}{Bl}=\frac{bo}{Bo}=1/k \tag{6.1}$$

在图 6.9 上 Ao＝Bo，ao＝bo＝f，f 为节点 o 至视网膜的距离，即等效焦距(图 6.3)。式(6.1)中，k 为系数，则有 $f=1/k\times Ao=1/k\times Bo$，$k>1$。这样，我们就可以将眼睛的成像进一步用坐标系的变换来表示(图 6.11)。

人体直立大地坐标系($o-xyz$)代表了人在视线上观察物体时的时空体系，在这里又可以称为眼球视线坐标系。在数学上，这是一个三维右旋坐标系，这是人在对外部世界进行观察时的参照坐标系。

人体体轴坐标系($o-x'y'z'$)在这里又可以称为视网膜成像坐标系，因为视网膜是镶嵌在颅骨的眼眶上的，它和头颅的位置关系是固定不变的。眼球捕获到物体发出的光线经过角膜和晶状体折光以后，在视网膜上形成一个三维左旋坐标系中的倒置实像——宇称守恒原理(又称拉波蒂规则，下面再详细叙述)在生命现象中的一个体现。

将图 6.11(a)、(b)和图 6.9 相比，可以看出：

眼球的球形视网膜和一整套改变视线、调节焦距的系统，保证人们(包括哺乳动物)在生存活动的范围内能够获得所需的由光线传播的全部时空信息，从而实现了人类头颅这样一个小空间对所需要认知的外部大空间的一个变换。这个变换作者称为“宇称(k)变换”，$k>1$，即缩小了 k 倍的宇称变换。

为了更好地理解拉波蒂规则和宇称(k)变换的概念，以及在人类认知和思维中的意义，我们有必要借用数学中的矢量来描述物和像的关系，从而对视觉的认知作一个理论上的简化，这一简化对我们进行思维模式的分析也是有帮助的。

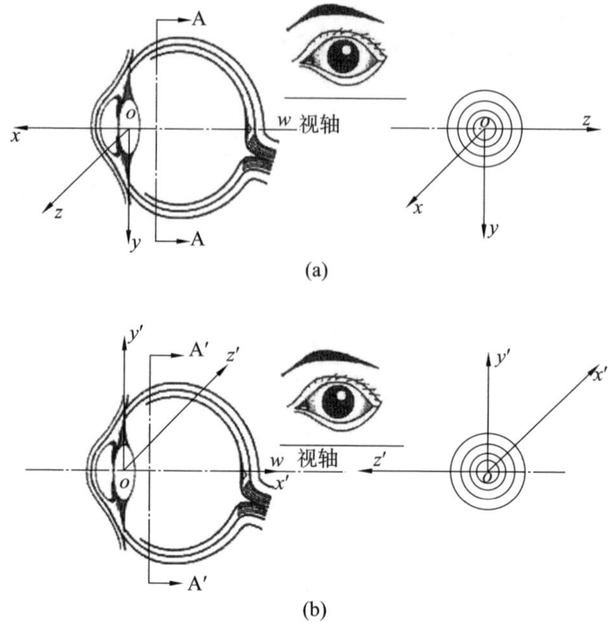

图 6.11 眼球成像坐标系

(a)人体直立大地坐标系 $o-xyz$(眼球水平剖面,又称眼球视线坐标系)

图左:眼球过视线 wo 的水平剖面顺时针转 90°。w 为中央凹,o 为节点。

图右:为过 AA 的剖面,逆时针转 90°。

(b)人体体轴坐标系 $o-x'y'z'$(眼球水平剖面,又称视网膜成像坐标系)

图左:眼球过视线 wo 的水平剖面顺时针转 90°。w 为中央凹,o 为节点。

图右:为过 A′A′的剖面,逆时针转 90°。

6.5.2 物体与像的矢量描述

人类乃至动物的认知都是“眼见为实”,即所看到的是实实在在的物体。物体和我们感知之间是什么关系,最早证明视觉始于视网膜上像的科学家是 Wilhelm Kühne(图 6.12)。图中表示人所看到的图和兔子视网膜上的像互为倒置的相关性。

Wilhelm Kühne(1837—1900)。在他画像的左下侧,显示从他的房间看到的图景。这幅图景呈现在兔视网膜上,谓之漂白,并形成清晰可见的窗户布局图像。Wilhelm Kühne 率先分离了视紫红质。

几何学中一个最基本的概念，就是点、线、面、体，分别是零维、一维、二维、三维。几何学设定空间是由点、线、面、体构成的，但是如果把点视为零维，那么空间的大小又是从何而来？虽然这是一个悖论，但是建立在这些公理基础之上的严密的逻辑推理，仍然是我们认知一个真实世界的科学途径，尽管数学家哥德尔证明了这是不完备的。

图 6.12 看见的图与视网膜像的对照[2]

这样，我们对视觉的认知就可以简化成从对一个空间点的认知开始，但这个"点"是一个带有光学信息为我们人类可认知的点，即：

- 可见光(含有色光)；
- 在视网膜上的成像不得小于视锥细胞的最小直径 2.5μm。

图 6.13 就是对在视野范围内任意一个空间点的视觉的矢量演绎的图示。图中以节点 O 为坐标原点，可以建立两个坐标系：

- 眼球视线坐标系($o-xyz$)——右旋坐标系；
- 视网膜成像坐标系($o-x'y'z'$)——左旋坐标系。

空间的任意一点 A 及其在视网膜上的像 a，在这两个坐标系中可以分别用矢量 $\boldsymbol{R}_A$ 和 $\boldsymbol{r}_a$ 来表示(黑体字表示矢量，下同)。

按照矢量运算规则，有：

$$OA=\boldsymbol{R}_A=OL+LA=OL+LA'+A'A=\boldsymbol{R}_X+\boldsymbol{R}_Y+\boldsymbol{R}_Z \tag{6.2.a}$$

$$oa=\boldsymbol{r}_a=oo'+o'a=oo'+o'a'+a'a=\boldsymbol{r}_{x'}+\boldsymbol{r}_{y'}+\boldsymbol{r}_{z'} \tag{6.2.b}$$

图 6.13 中，还可以看出在坐标系 $o-xyz$ 中的三角形通过节点折光后在视网膜上所映射的三角形都是相似三角形，即有：

$\Delta OLA \backsim \Delta oo'a$ 则有 $OL/oo'=LA/o'a=\boldsymbol{R}_A/\ \boldsymbol{r}_a$(非黑体字为标量)

$\Delta LA'A \backsim \Delta o'a'a$ 则有 $LA'/o'a'=A'A/a'a=LA/o'a$(非黑体字为标量)

OL、LA'、$A'A$ 为 $\boldsymbol{R}_A$ 在 $o-xyz$ 的三个分量 $\boldsymbol{R}_X$、$\boldsymbol{R}_Y$、$\boldsymbol{R}_Z$；

oo'、$o'a'$、$a'a$ 为 $\boldsymbol{r}_a$ 在 $o-x'y'z'$ 的三个分量 $\boldsymbol{r}_{x'}$、$\boldsymbol{r}_{y'}$、$\boldsymbol{r}_{z'}$。

对于一个点，我们可以得到如下的表达式：

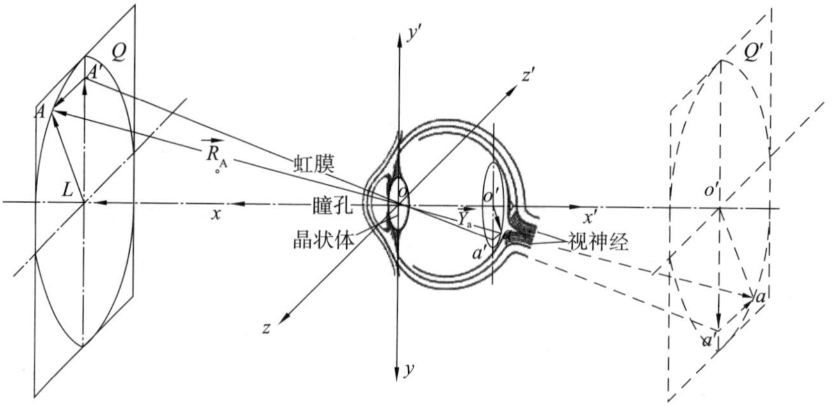

图 6.13　眼球对空间任意一点 A 视网膜成像的演绎图示

Q 为过 A 点垂直于视线 OX 轴的平面，右侧虚线图为像点 a 所在的视网膜“等高线”圆的放大图。Q' 平面与 Q 平行。

$$\mathrm{R}_X/\mathrm{r}_{x'}=\mathrm{R}_Y/\mathrm{r}_{y'}=\mathrm{R}_Z/\mathrm{r}_{z'}=\mathrm{R}_A/\mathrm{r}_a=\mathrm{k}\text{（非黑体字为标量）}\qquad(6.3.\mathrm{a})$$

或者

$$r_{x'}/\boldsymbol{R}_X=\boldsymbol{r}_{y'}/\boldsymbol{R}_Y\text{、}=\boldsymbol{r}_{z'}/\boldsymbol{R}_Z=\boldsymbol{r}_a/\boldsymbol{R}_A=1/k\qquad(6.3.\mathrm{b})$$

由此，我们得出了一个结论：任何一个在视野中的空间点（这里指的是具有观察意义的有形的点），在视网膜地形图上的成像大于 2.5μm 时，就会带有如下的光学信号：三维空间的位置、相对运动、运动的变化及颜色。除去颜色外，都可以按照几何公理和数学物理的规则来描述这个点的存在和运动。

人们所观察的外部世界是一个在右旋三维坐标系中存在的物质世界，可以用一个个点来代表；在我们视网膜上的像是在左旋三维坐标系中对应的一个个点。两者同样带有三维的空间信息，构成了宇称（k）变换的两个世界。

宇称（k）变换系作者引进的一个有关人类认知的术语，它建立在第 3 章对于宇称和宇称守恒概念的基础上，作者认为这一概念对科学和哲学都具有普遍的意义。

6.5.3　视觉认知中的宇称（k）变换

图 6.13 从认知原理的意义上看，眼球将外部世界进行了一次缩小的三维的反演变换映射在视网膜上，视网膜是脑的窗口，也是脑的一部分。就这样，外部世界以这样的方式进入了我们的内部世界，即精神世界。这种变换，又称

为三维的镜像变换，在经典物理学和量子力学中又被称为宇称变换，或拉波蒂规则(参见第 3 章)。

当我们在眼球成像的过程中，将宇称这个概念应用到外部的物体和视网膜上像的映射对称的时候，我们需要强调的是：

第一，视网膜上的像是一个三维“镜像”对称的实像，它和平面镜的镜像所不同的是，它是一个实在的信息，是外部世界实在信息的一种变换。

第二，实物的尺度与视网膜上的像的比为 $k:1$。

$k\simeq$物体至眼的距离(mm)/15mm(眼节点至视网膜的距离)。

第三，一个在外部右旋坐标系中存在和运动的物质世界，经过眼球结构的宇称(k)变换以后，成像在视网膜上，并传递给大脑，构成了在人脑内部左旋坐标系中外部世界的一个真实的映射。

第四，人的正常意识和思维活动，必然会建立在这样一个真实世界映射的基础之上。迄今为止，科学还没有发现我们视网膜上的倒置的像是什么时候在什么地方翻转过来的，这也是不可能的。那么，这是不是意味着我们人脑的意识和思维就是在一个左旋时空里的脑细胞的存在和运动呢？

我们不会怀疑一个客观的真实世界的存在，也不会怀疑我们视网膜上的感知是一个外部世界的真实的映射，它同样也是一个实实在在的存在，但它是在左旋的四维时空中——这恰恰是符合拉波蒂规则的宇称变换，在信息的模式和属性上必然会遵从宇称守恒定律，只是缩小了 k 倍而已。在弄清楚这样的关系以后，下面我们可以结合现代神经生物学的知识，看看我们的眼球是怎样来认知自然界的——认知是不是等效于信息的接收、传递、存储和综合？

6.5.4　点、线、面及其运动的视觉认知

点、线、面的概念有着双重意义：一是几何学对点、线、面的抽象描述；二是在实际生活中、工程上、艺术上把点、线、面视为最基本的结构元素。这两者都和我们的视觉觉知相关，而且是一种自然的融合。

(1)点，自然意味着是一个点光源。

点光源的强度，可以是一个光量子，也可以是夏季中午太阳光下的照度，约为 10^6 勒克斯(lx)，或者是黑夜，0.001～0.02 勒克斯[①]。

---

① 勒克斯的定义为：被光均匀照射的物体，在 1 平方米面积上所得的光通量是 1 流明时，它的照度是 1 勒克斯。发光强度为 1 烛光的点光源，在单位立体角(1 球面度)内发出的光通量为“1 流明”。

单个光量子就能引起有意识的感觉，7～8 个光量子就能产生急速闪光的视知觉，这在科学上已经得到实验的证明。视觉接受 2 个光量子的照度，相当于在空气完全透明的情况下，人眼能感受到的 1000 米远处 1/1000 烛光的光源。

对于照度很弱的点光源，我们可以选择三种情况。

一是在黑暗中单次发射的光量子。由于视杆细胞和视锥细胞是 14∶1的数量级，而在黑暗中瞳孔放大又无法聚焦，所以单个的、极少数的光量子大多会随机地被视杆细胞所捕获，即使在黑夜中这种随机捕获光量子的情况也会发生，所以黑夜的最小照度也不是零。每次捕获的一个光量子，会和感光性化学物质视紫质（也叫作视紫红质）发生极快的化学反应，大约只需一万亿分之几秒的时间，就引起了意识的感觉——一个点，一个无形的点。这和欧几里得几何中点无大小的概念是天然一致的，人们之所以接受数学上点无大小这一概念，也是因为在冥冥之中都有着这样的无法言表的感觉。

二是天空中的星星。整个天空中，肉眼能见到的星星有 6000 多颗，按其视亮度分为六等：肉眼刚能看到的星定为 6 等，比 6 等亮一些的为 5 等，依次类推，亮星为 1 等，更亮的为 0 等以至负的星等。例如，太阳是－26.7 等，满月的亮度是－12.6 等，金星最亮时可达－4.4 等。星等每差 1 等，其亮度差 2.512 倍。1 等星的亮度恰好是 6 等星的 100 倍。我们从视觉感知的角度选择两种，即肉眼刚能看到的 6 等星和－12.6 等的满月的月亮，前者作为一个点光源，在这里进行讨论；后者作为一个面光源，在以后讨论。

天上的星星仅凭人眼的视觉难分远近，通常将其看成在天球的一个球面上。其中最暗的星是 6 等星，而且是恒星，只是离我们很远很远，所以我们所看到的只是一个点、一个黑暗背景上的一个个亮点，但不产生色觉。所以，这些光点的成像应该是在视杆细胞构成的一个感受野区域，而且也只能由神经节发出一路信息向大脑报告。一路信息是不可能形成编码的，因此对于这 4840 颗 6 等星，单个来看，我们肉眼是无法区分和进行记忆的，我们所能记住的是空中星星的编码，这就是星座。

这也告诉我们，数学上的点为什么是零维的道理：点只是一个位置的存在，它在我们的视野中，只能发出一路信息报告给我们的中枢神经系统。每只眼睛的视网膜有 100 万条视神经来传递信息，单个的点只能由一路视神经来传递一个电信息，除去表示存在以外，不构成任何其他信息，有如数轴上的一

图 6.14　夜晚的星空【百度】

个点，如果不选取坐标原点，除去一个点的存在以外，什么意义也没有。

三是在黑暗中发射闪光的微弱光信号，如萤火虫。

闪光信号比起相同照度的单次持久信号，更容易为人们所识别，这是因为闪光信号的信息量增加了一倍。闪光信号和持久的强光信号都会引起人们的注视，使光信号集中在布满视锥细胞的黄斑区。视觉对于“给光”和“撤光”都能形成光的感知，因此对于持久的光照信号，只是由给光感受野的神经节发出一定频率、一定强度的连续电信号；而对于闪光的光照信号，则在光闪和光停的时候，分别由给光感受野和撤光感受野的神经节发出不同的电信号，信息量大了一倍，形成了闪光的视觉。如果将给光和撤光发出的信号用 1 和 0 来表示，那么从视网膜传递给大脑的闪光信号就是由 10－10－10——形成的编码信号，闪光不只是一个光点，而是一种信息存在的方式。

(2)线，是指线光源，最好是直线光源。

在自然界里举出一个线光源的例子是不容易的，闪电是线光源，但时间短，线的形状不规则，不是直线，不便于分析，这样我们就把线光源选定在点动成线的流星雨和雨上。

流星体大都很小，产生 5 等亮度流星体直径约 0.5cm，质量 0.06mg，流星会以 11～72km/s 的速度进入大气层，在 80～120km 高空与大气摩擦、燃烧发光，划破天空存留的时间是 0.5～3.5s。

我们可以对流星的视觉信号做一个简单的估算。视杆细胞的一个感受野[①]为约 6′，月球的感受野是 30′，如果一个流星运动过程中的感受野是月球的

① 感受野的定义是光照视网膜能改变该处神经元活动的区域。

10～20 倍，那么一个流星的感受野将覆盖 300′～600′的视网膜，这意味着流星要在经过的时间内移动 50～100 个视杆细胞的感受野。在视网膜上成像的这些感受野的神经节，将实时地传递了流星经过的信号，于是一个流星体形成的一段流星的直线运动的轨迹就会被中枢神经系统所感知，同时也就带有时间的信息。

人们对雨的观察和流星是不一样的，虽然同样也是点动成线，但有着极大的差别。雨滴直径一般在 2～5mm，这样的大小，我们肉眼可以看清和分辨。我们可以感觉出雨滴的大小，但是我们看不出雨滴的形状，几乎也从来没有想过雨滴在从天上掉下来时会是什么样的。这是为什么呢？

雨滴的落地速度为 6m/s～9m/s，近处看到的雨是线段，看不到上面的头，因为人的视野在向上的方向上只有 40°(图 6.15)。近处距离 6m 的雨滴在我们视野内的时间，大概不到 1s。一个 3mm 的中等雨滴，在视网膜上的成像大小是 7μm，这大于一个视锥细胞的最小视野 2.5μm，但远小于一个视杆细胞感受野的大小(约 30μm)。雨滴在不到 1s 的时间内，通过了眼睛纵向的一半视网膜，因此，沿着雨滴成像的"直线"(实为球面曲线)方向，扫过了视网膜上分布的大约 350 个视杆细胞的感受野，并由神经节发出了 350 个信号向中枢系统报告，这就是人们对一段雨线的运动认知。

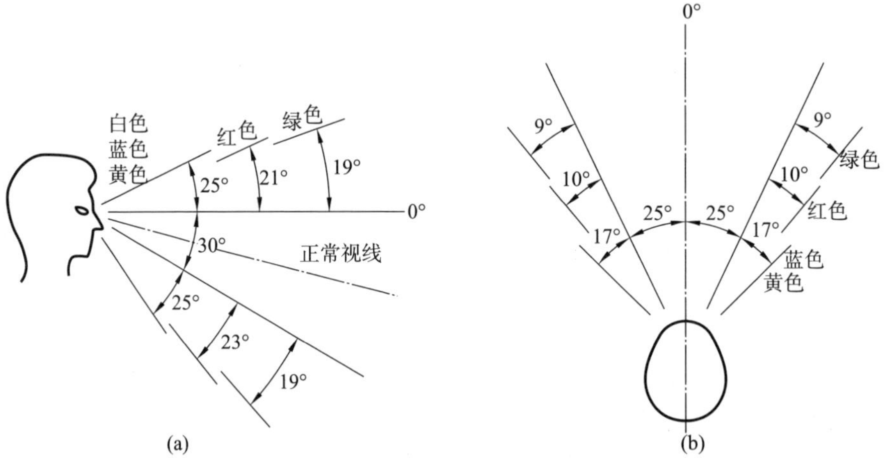

图 6.15　人的视野

如果一个足够强的点光源在视网膜黄斑上的成像小于 2.5μm，那大脑的感知只能是一个点的存在，因为只会有一个视锥细胞的神经节发出一路信息；

如果大到 5μm，那就可能覆盖 4 个视锥细胞的感受野，继而同时发出 4 路信息，大脑从这 4 路信息的编码中，会觉察出点的的大小。然而黄斑的直径只有 2mm，其面积约为视网膜的 1%；黄斑上清一色集聚视锥细胞的中央凹只占视网膜面积的约 0.01%，因此眼睛能感受到雨滴大小和雨线宽度的概率是很小的，特别是我们观察远处的雨景的时候，都只是细细的雨线。下面所述就是我们通常（最大概率）的情况下，雨和雨滴留给我们的印象。

每个雨点在视网膜上的成像都只在一个感受野的范围内，因此每个神经节发出的信号，有如数轴上的点一样，它只是表明了雨滴的位置，而不能构成大小和形状的信息，所以我们看不出雨滴的大小和形状。在数学上，人们将点视为只有位置而无大小的零维存在，大家都接受且公认“点动成线”——原来这一切都是大自然对我们感知的设计。人类的智慧仅仅是发现了点、线、面的这一公设，点没有大小，线也就自然没有了宽度。面则不然，下面我们将以月亮为例来论述面的概念和我们视觉的关系。

（3）面，自然应该是指面光源，像太阳和月亮。

太阳光过强，不能直视；月光虽弱，但在人类早期乃至现在对天体的认知中，它仍然占有独特的重要位置。满月时亮度平均为－12.6 星等，它给大地的照度平均为 0.22lx，相当于 100W 电灯在距离 21m 处的照度。与之相对照的是：黑夜的照度为 0.001～0.02lx；阴天室内地的照度为 5～50lx；阅读书刊时所需的照度为 50～60lx。

在黑夜的背景上，满月时的平均照度是黑夜的 220 倍，足以对视杆细胞形成视觉信息，所以我们看到了一个圆圆的月亮或者一个弯弯的月牙，我们不仅看到月亮远比星星要大得多，而且能对它周期变化的形状留下一个永恒的记忆，尽管月亮不像恒星那样在天空中的位置是固定不变的，而是时时刻刻在变化着。月面在近地点时要比远地点大 14%，这个变化人的眼睛也能看出来（图 6.16）。

图 6.16　月亮

月球移动的视速度很慢，每小时相对背景星空移动 0.5°，即与月面的视直径(30′)相当。视杆细胞的感受野大约为 3 分，因此满月的月球在视网膜上的成像就可以覆盖 100 个视杆细胞的感受野，即令是弯弯的月亮，也会覆盖 10 个以上的感受野。

这样，在满月时就有 100 个神经节发出 100 路视觉信号报告大脑，而在月亏时，则有 10～99 路信号发送给大脑，构成了月亮的大小和形状(这里的数据或有出入，只作为论述问题的参考)。

以满月而论，这 100 路信号是由视网膜上圆形分布的 100 个感受野发出的，而每个感受野输出的信息又是由三个部分组成，同时也形成了感受野之间的相互关联。

> 一是来自一个点光源形成的双极细胞的信号，是进行编码的主信号。
>
> 二是来自水平细胞的信号。水平细胞从许多光感受器接收突触输入和反馈信号，也终止于双极细胞上。这种水平细胞的功能，应该是该双节细胞周围关联信息的一种表达。
>
> 三是来自无长突细胞。该细胞接收双极细胞的输入，其输出既反馈给双节细胞，又和神经节细胞形成突触连接。这很像对双极细胞信息进行处理以后，获得并反馈的一个新的编码信息(神经系统的编码信息常常是双向的)。[2]

总之，由 100 路视神经输出的月亮的信号，表面上看是 100 路碎片信号，实际上是已经形成了彼此相关的信息对接点，有如大型计算机里专用接插件一样，这就构成了一个人眼睛看到的月亮的全息的编码。当所有信息传递到大脑的时候，实时的自动对接就构成了脑海里的月亮。我们之所以能实时地完成视觉的这一形象感知，除去在视网膜上形成的视觉信息和编码外，还有两个条件是不可忽视的：一是光的感知可延续 100ms；二是视神经的信息传递速度，大约是 120m/s，这又清晰地提醒我们，信息是在时空中运行的。

就这样，一个有盈有亏的月亮的形象在我们的脑海中诞生了，它给人们带来了时间的感觉和历法；它给人们带来了古老中国文明的一极太阴；它给人们带来了情感的寄托和慰藉；它还给人们带来了真理的启迪：月亮的另一面是什么样子？星星真的没有大小吗？

以点、线、面及其运动的视觉认知为代表，可知视觉的奥秘就在于，它使我们看到了一个颅脑外的“形”的物质世界，又构建了一个颅脑内的“象”的物质世界——眼球所实现的宇称(k)变换构成了物质在宇称空间中存在和运动的另一种形式：我们将它称为“象”，在这里象是精神世界的象征——象和形象征着物质在一对左右旋宇称时空中的存在和运动——这无疑是哲学领域的一个新概念，宇称时空是继牛顿的绝对时空观(第一)、爱因斯坦的相对论时空观(第二)以后的哲学的时空观——人类的第三时空观。

象在精神世界是如何存在、运行和作用于外部世界的，将在第三篇进行较为详细的讨论。

第 7 章　感觉与运动信息的变换与守恒

脑和身体之间的神经联系左右交叉是人所共知的的生理现象，这在解剖学和生理学中已经研究得很透彻了，我们将依据现有的学科知识，对其进行新的解读，这就是感觉信息的输入与运动信息的输出，二者都遵循宇称(k)变换的规律，输入和输出分别是正向和逆向的宇称变换。本章将要论述：除嗅觉以外，视觉、位听觉和本体感觉都构成了宇称变换的两个世界，所有变换都遵循宇称守恒的法则，因此人类的认知本身永远是一个符合宇称(k)变换原理的迭代过程。

7.1　周围神经系统信息的传递路径

颅脑即通常所说的位于颅腔内的脑，它起源于胚胎时期神经管的前部。人脑可以分为端脑、间脑、中脑、后脑(包括脑桥和小脑)及延髓5个部分，延髓向下经枕骨大孔连接脊髓。颅骨是脑的内外界面(图7.1)[20]，颅骨由23块大小不同的扁骨和不规则骨组成(中耳的3对听小骨未计入)。除下颌骨和舌骨外，其余各骨都借缝(少数借软骨或骨)牢固连接，形成许多腔洞，容纳、支持和保护脑、眼、耳等感觉器官以及消

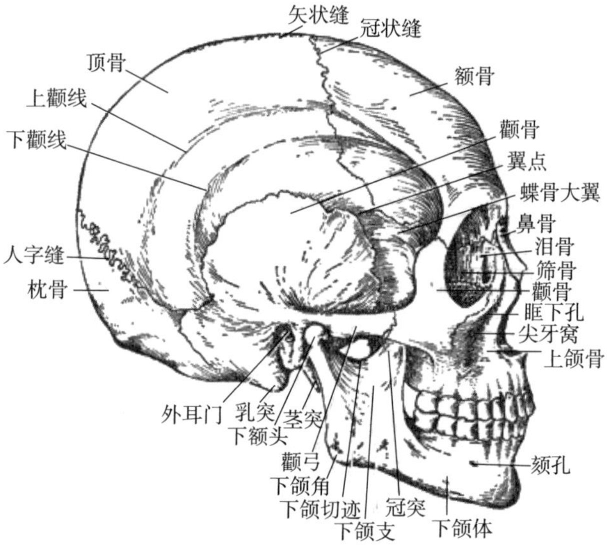

图 7.1　颅的侧面观

化系、呼吸系的起始脑区。

7.1.1　周围神经系统

人脑通过 12 对脑神经和 31 对脊神经将颅脑内的中枢神经系统和身体连接成一个有机的整体，这种连接旨在实现信息的变换和传递。

12 对脑神经可分为三种类型：

感觉型　嗅神经、视神经和前庭蜗神经；

运动型　动眼神经、滑车神经、展神经、副神经、舌下神经；

混合型　三叉神经、面神经、舌咽神经、迷走神经。

感觉型神经是将感觉到的信息传送给大脑，称为上行性神经；运动型神经是将大脑发出的运动信息传送到肢体；混合型则含有感觉型和运动型两种神经纤维，既传递感觉信息，又传送运动指令信息。

31 对脊髓神经则全为混合型神经。

对脑而言，这些神经中上行的必须有一个统一的入口，这就是丘脑(图 7.2)；下行的必须有一个统一的出口，这就是锥体束(图 7.3)。

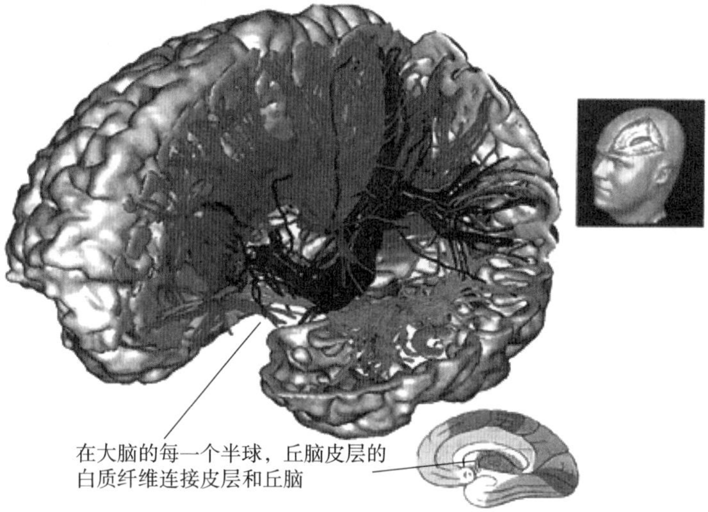

图 7.2　丘脑是大脑皮层的入口，通向皮层的上行输入必经此处[1]。

丘脑和锥体束是灵长类动物传递上行(感觉)和下行(运动)信息的特有的神经系统的进化安排。大脑皮层不发达的动物，丘脑本身就是感觉的最高级中枢,进行信息的处理;大脑皮层发达的动物,丘脑成为感觉信息上传的换元站,只进行感觉的低级分析与综合,以保证信息传递的保真度(如视觉信息的点对点的投射和拓扑变换)。锥体束是灵长类最重要的下行传导通路,在进化上是新集成的神经束,这是运动方式的多样化和身体复杂动作的协调需要带来的进化结果,随着新皮层的出现而出现的神经集成现象,只见于哺乳动物。

下面将逐一研究上、下行信息是怎样传递和实现内外变换的。

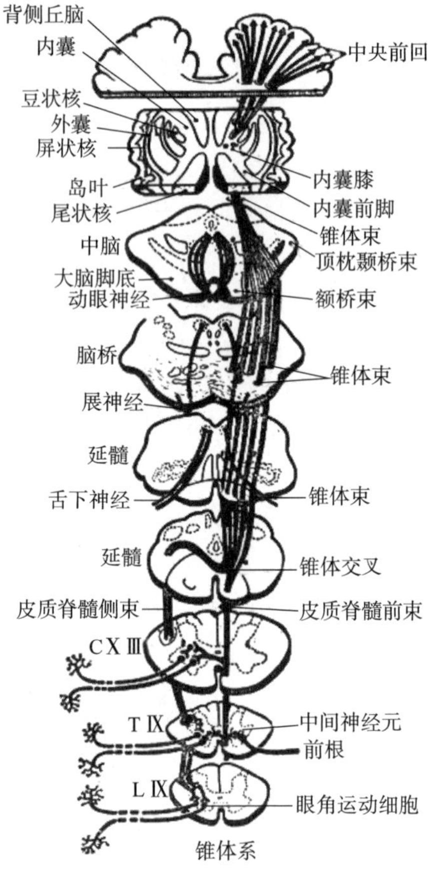

图 7.3 锥体束是大脑皮层运动信息的下行通路[20]

7.1.2 感觉信息的上行传递通路

(1)视觉

视觉的感知,是指对颅脑以外的外部世界视线所及的感知,包括自己颈部以下的身体部分,而头颅除外,因为是视线所不及之处(在体感部分将详细论述)。图 7.4 是视觉通路。每个视网膜的右侧只接收视野左半部的信息,右侧视皮层也是只接收视野左半部的信息,这就是所谓的视交叉。至于"视倒置"将在第 8 章进行详细论述。

该图显示了视觉交叉,正如本文所论述,应该是宇称(k)变换向另一侧的外侧膝状核和另一侧视皮层投射的的继续。

(2)位听觉(前庭蜗神经)

前庭器官的作用及其对运动变化的感知,在第 5 章已经做过较为详细的论述,而且前庭器官形成的坐标系正是人体的体轴坐标系,与视网膜的坐标系是完全一致的。

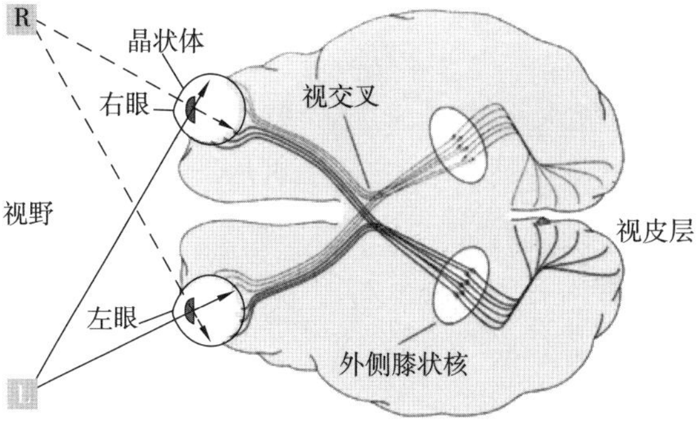

图 7.4 视觉通路[2]

视觉通路。每个视网膜右侧用灰色显示,投射至外侧膝状核的右侧。所以,右侧视皮层只接收视野左半部的信息输入。

听觉系统依赖具有机械感觉的毛细胞的能力,形成对频率的选择性。图 7.5是前庭蜗神经抵达对侧大脑听皮层的通路。人可以通过声音来定位,那是中枢系统对双耳信息比较的结果。

(3)躯体感觉

由脊髓上传到大脑皮层的躯体感觉传导路径可分为两大类:一类为浅感觉传导路径,传导痛觉、温度觉和轻触觉;另一类为深感觉传导路径,传导肌肉本体感觉和深部压觉(图 7.6)。图中,浅感觉传导路径是先交叉再上行,而深感觉传导路径是先上行再交叉,两者的共同点是交叉以后才能进入对侧的丘脑的后内侧腹侧核,最终传递到大脑皮层的中央后回。

(4)味觉和嗅觉

味觉和嗅觉的共同之处是通过物质分子的化学作用而形成的感知;不同之处在于,味觉(咸、酸、苦、甜、鲜)信息是通过舌咽神经上传到大脑皮层,而嗅觉(香、酸、

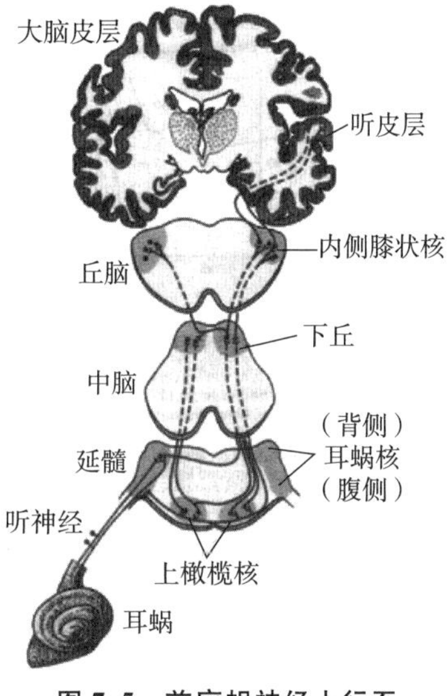

图 7.5 前庭蜗神经上行至对侧听皮层的通路[2]

听觉的中枢通路概略地示于延髓、中脑和丘脑的横切面,以及大脑皮层的冠状切面。听神经纤维终止于背侧和腹侧耳蜗核。第二级纤维上行至对侧下丘;来自腹侧耳蜗核的纤维也提供侧支至双侧上橄榄核。进一步的双侧相互作用发生在下丘水平。纤维接着上行至丘脑的内侧膝状核,再抵达听皮层。(引自 Berne and Levy,1988。)

臭、甜)信息是从左、右鼻腔直接传送到大脑左、右半球的嗅脑(不发生左右交叉)。在第一章中我们论述过昆虫的神经信息的传递模式是不交叉的左右并行,嗅觉是最主要、最古老的感觉功能,因此其传递的并行路线也和昆虫相同。人类的嗅脑来源于原始的古脑皮,低等脊椎动物嗅脑很发达,高等脊椎动物则退居次要地位。嗅觉信号对人的生存、引发食欲、性爱和繁衍以及母婴的记忆和吸引都是必不可少的。嗅觉的刺激又往往会引起一种特殊的情感和诱发长时的记忆,这是人们的一种主观的情感状态,但它也仍然是由物质分子的化学作用引起的。这种嗅觉受体分子的存在,可以使这种效应放大1000倍,在信号上传给中枢神经系统以后,形成了一种强烈的刺激——一种由物质的相互作用而引发的精神效应。

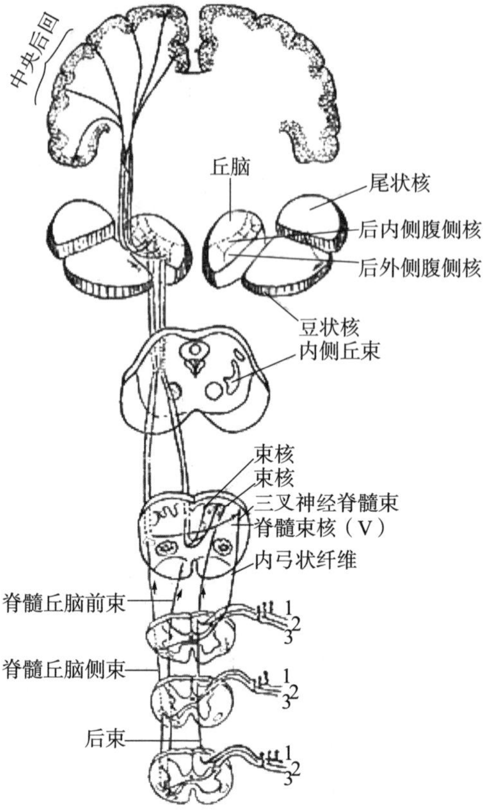

图7.6　躯体感觉的传导路径[22]

1——深感觉;2——触觉;3——痛觉;4——温度觉

味觉的功能,有助于我们辨别不同的味道,选择食物,形成各自的喜爱或偏食,中国人又称之为“打牙祭”或者“饱口福”,这既是一种精神享受,也有助于对营养的摄取和机体内恒定环境的调节。

(5)大脑皮层与人体各部的感觉投射关系

图7.7是人体各部在大脑皮层第一躯体感觉区(解剖学上还有第二感觉区)的投射定位。该图对于我们认知人体和大脑皮层之间的投射关系有四点启示:

第一,人体感觉区的总的投射是倒置的:足在上,头在下。这表明,在视觉中,颅脑以外的手足也属于外部世界,与视网膜上倒置成像是一致的。

第二，图 7.7 的大脑左半球第一躯体感觉区，左右交叉，故显示的是右手、右足。

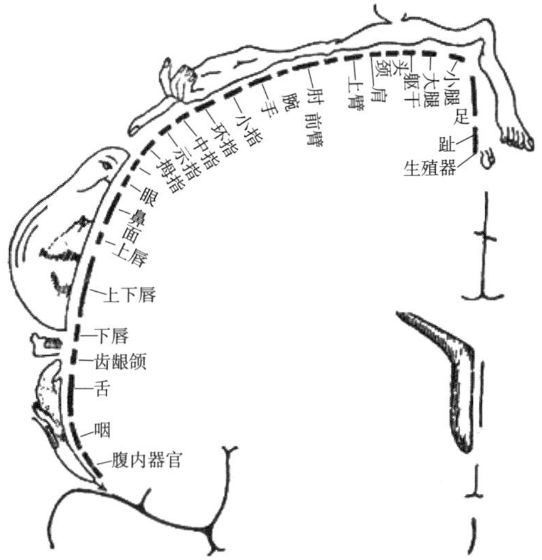

图 7.7　各部在大脑皮层第一躯体感觉区的投射定位[20]

第三，颅脑中的眼球和前庭器官是建立人体坐标系的标定器官，它在颅脑中无论是自身的存在，还是在映射中的存在，都必须保持统一的坐标体系。图 7.7中显示的是头部向上的右侧，与体轴坐标系一致。

第四，人体对于自身身体的感知是从嘴啃手开始的，嘴是人身体天然的坐标原点。头部是人自己不可能看到的部位，是只能由手来碰触各个器官的部位，从嘴啃手形成对手的感知，进而用手去触摸身体的各个部位，这样就形成了人体体表一体性的感知，形成了没有标记的体表坐标系，所以在图 7.7 中，头和手就有着最为密切的投射关系。

7.1.3　运动指令的下行传递通路

(1)图 7.8 是人体各部在大脑皮层第一躯体运动区的定位(解剖学上还有辅助运动区)。这个定位图和图 7.7 很相似，二者是大脑信息一进一出在大脑皮层上的映射。如同感觉区的定位图示一样，身体呈倒置的映射状态，和人体体轴坐标系保持一致。虽然对人体具有普遍意义，但运动皮层的定位功能具有可塑性，这一点已经用功能磁共振成像等技术得到了证明。[2]

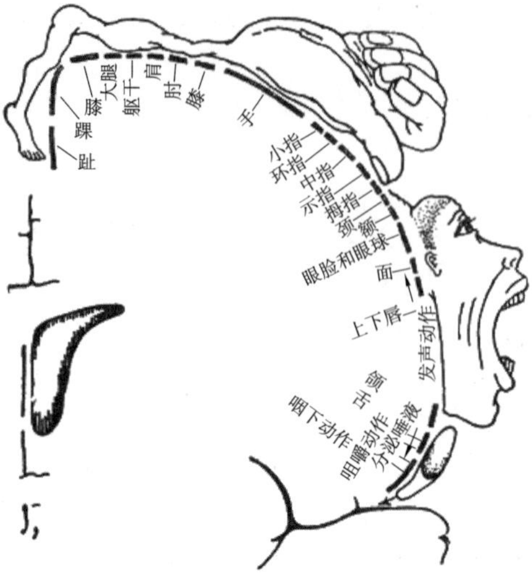

图 7.8　人体各部在大脑皮层第一躯体运动区的定位[20]

(2)锥体束

如上所述,丘脑在感觉信息的上行通路中起到一个集中归口的作用,像一个收拢的喇叭口一样。与此相反,锥体束则是在运动指令下行的通路中起到一个定点分散的作用,像一束分流的水管一样(图 7.3),实现指令流的定点分流。从图 7.3 可以看出,锥体束起于中央前回,在下行的过程中,分流为动眼神经、展神经、舌下神经、皮质脊髓侧束和皮质脊髓前束,最终形成 31 对脊神经,这样就实现了脑对身体各部分运动进行左右交叉的支配和控制。

人体左右交叉的神经支配现象并不是绝对的,例如头面部肌肉的支配多数是双侧性的,像咀嚼运动、喉运动及脸上部肌肉的运动就是双侧性的,这也容易理解,这些动作需要左右一起来完成;但是面神经支配的下部面肌及舌下神经支配的舌肌却主要受对侧皮层控制。

(3)人体运动系统的组构

更进一步的研究和实验表明,运动指令的形成和传递要比图 7.3 复杂得多[2]。图 7.9 表示,对运动的高级控制是由大脑皮层、基底神经节和小脑共同完成的,在通过像肌肉这样的效应器官实现运动的同时,对运动状态的感觉反馈在几个层次上都会发生。指令的准确性,取决于大脑皮层所感知的输入信息的全面性、精度和整合水平;运动的最终效应,则取决于对运动状态感觉到的信息的反馈。两者相结合,构成了人类能够进行正常的生存活动、竞技运动和精细作业的基础。这个基础,我们可以称为“神经元网络”(这个术语在神经生物学领域用得不是很普遍),这种网络的结构特点是:大量的神经元之间的连接(突触)是极其复杂的、微观的,时刻处于解构和组构的过程中,因而很难做细致而准确的测试和描述。

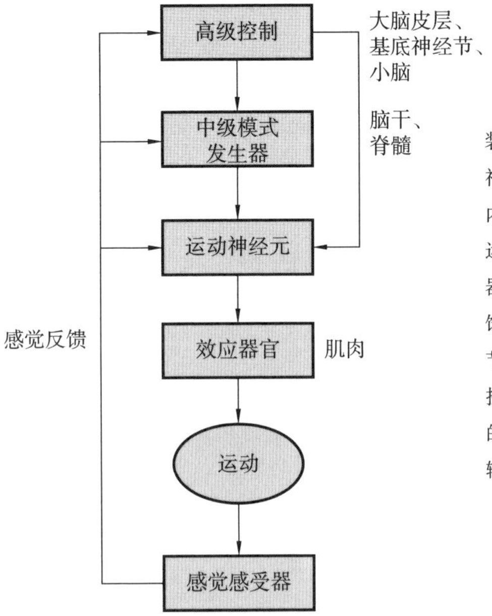

肢体肌肉由脊髓运动装置的运动神经元和中间神经元控制。脊髓和脑干内的中间神经元组成指导运动装置和中枢模式发生器。运动输出的计划和修饰是由运动皮层、基底神经节和小脑完成的。在运动控制的每个层次,感觉输入的作用是引发、报告和调制输出。

图7.9 人体运动系统组构略图[2]

7.2 手也是颅脑的外部世界

7.2.1 肢体运动时大脑皮层细胞的活动

“肢体运动时大脑皮层细胞的活动”[2]是一个典型的神经生物学的命题,它揭示了意识和行为之间相互关联的科学原理。这里分两个部分来研究:第一部分引用《神经生物学》[2]中Georgopoulos及其同事对运动控制的细胞机制的研究的结果——“与上肢运动方向相关的皮层细胞活动”(图7.10);第二部分为作者所设计的手的运动和视觉指令的相关性分析(见7.2.2节、7.2.3节)。

与上肢运动方向相关的皮层细胞活动

伸出上肢抓住一个想要的东西需要一系列精确的神经计算。首先，视觉信息处理用以辨认物体及它的空间位置；其次，目标的位置必须与手的位置相比较，并计算出一个轨迹将它连接；最后，那个空间轨迹必须转换成肌肉的协调收缩，使手移动到空间的那个位置。这些过程中有哪些发生在初级运动皮层呢？视觉引导的整个上肢运动的实验表明，初级运动皮层上肢区的一些神经元，在运动沿特定方向进行时以最大频率放电。最优方向并不是绝对的，这类神经元的放电会随着伸出角度的改变而减少。而且，最优方向还随着肢体的初始位置或姿势而变化。

具有相似的最优方向的神经元聚焦在 M_1 区，并通过兴奋性突触相互连接。最优方向相反的神经元倾向于相互抑制。Georgopoulos 及其同事们认为，运动轨迹由在神经元的一个集群中的活动决定，其活动结果所编码的方向（图 7.10）等价于所有活动神经元的最优方向的矢量和。这种矢量作图与运动的视觉目标在视皮层 MT 区被映射的方式相似。

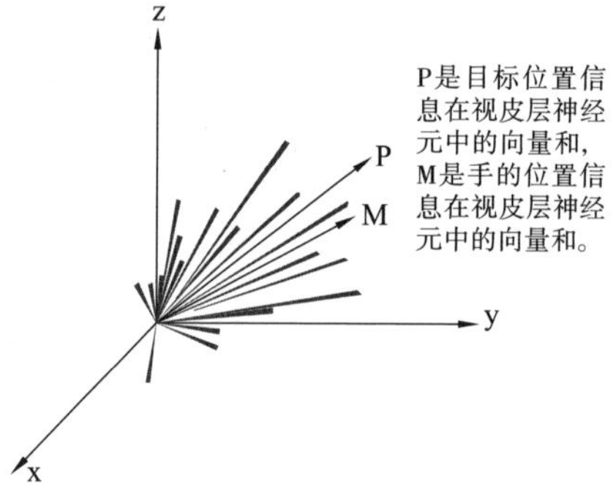

图 7.10　与上肢运动方向相关的皮层细胞活动[2]

运行信息在运动皮层的编码。在三维坐标中表示皮层神经元的最优方向。在经训练的肢体运动期间，每个神经元的活动以一个矢量表示，矢量的长度与它的发放频率成正比。该神经元群的向量和 P 由箭头表示，其方向与运动的方向 M 相似。（引自 Georgopoulos，Schwartz and Kettner，1986.）

对运动的计划

M_1 中的神经元怎样确定目标在空间中的位置？Shen 和 Alexander 训练猴子做运动或对准一个视觉目标，或对准自视觉目标旋转 90°的位置，以这种方式，他们就能将位置依赖性活动与运动依赖性活动区分开来。

Georgopoulos 及其同事所得到的结果（图 7.10）和作者所作出的结果（7.14.a）相比较，既相吻合，又有差别。差别是由于作者的演绎是以颅脑内的细胞运动和手的运动是一个宇称（k）变换的反向关系。

下面，按照本文所建立的人类认知的时空体系，对“伸出上肢抓住一个想要的东西”时，颅脑内神经元的集群运行作一数学的演绎。

7.2.2　颅脑中手和目标相对位置的表示

人对自己手的存在的感知有两种方式：一是通过肢体的感觉系统，最终通过左右交叉投射在大脑皮层上，这对于盲人也是一样的；二是通过视觉系统，在视网膜上成像，认知自己的手，包括每个人所特有的指纹，这对于盲人是做不到的。对于视觉而言，手也和外部世界的物体一样，因此盲人看不到目标，也看不到自己的手，也就不会知道目标和手两者的相对位置和方向。而手的动作绝大部分都是和视觉相关的，这是人的一大特点，灵长类动物也是如此(图 7.11)。

图 7.11　记录与腕部神经运动相关的神经细胞活动的实验装置[2]

先训练猴子学会把手柄移动到指定位置。猴子坐在椅子上，前臂放在一个槽中。猴子通过腕部的弯曲或伸展，向左或向右在不同的档之间转动手柄。用负重系统或力矩马达(图中未显示)给手柄加上负载来对抗弯曲或伸展力。对于视觉引导运动，手柄位置示于显示屏上。当猴子将手柄放在指定位置上时，它得到果汁作为奖赏。单个运动单位的活动用置于脑适当区域的微电极进行记录，电极放置通过固定于颅骨上的微操纵器实现。

视觉会给手带来运动信息的输入量，手在完成自己对目的物的动作时，它是身体的一个器官，但同时它又和目的物一样，是颅脑之外的世界，从而在视网膜上的成像也才会是协调一致的，最终手可以达到目的物的位置，完成手的行为，特别是手的精细动作。

我们可以用一个自身的例子，看看手和劳作对象之间的位置在视网膜上的成像和变化情况。图 7.12 是作者用手去拿茶杯的过程，可以简化为 A、B 两个点的运动：A 代表手，并在视线范围以内；B 为想要去拿的茶杯，也在视线范围以内。

位置 $A_1 \sim A_5$ 对应于图 7.13 中 $A_1 \sim A_5$。

那么，按照我们前面建立的人体大地坐标系和人体体轴坐标系的概念，就可以将手去拿杯子的运动情况用矢量表示(图 7.13)。图中 t 为时间，在两个坐标系中相同。图中 A_1 表示开始去拿杯子时的位置，A_5 表示拿到杯子时的位置。

图 7.13 中，按照矢量运算(以下黑色字符为矢量)，在人体大地坐标系

图 7.12　手去拿杯子的运动情况，运动过程由右至左

$o-xyz$内，则有

$$\boldsymbol{R}_{\mathrm{B}}(t)=\boldsymbol{R}_{\mathrm{A}}(t)+\boldsymbol{R}_{\mathrm{AB}}(t) \tag{4.1}$$

在人体体轴坐标系内，则有：

$$\boldsymbol{r}_{\mathrm{b}}(t)=\boldsymbol{r}_{\mathrm{a}}(t)+\boldsymbol{r}_{\mathrm{ab}}(t) \tag{4.2}$$

图 7.13 中，手 A 将沿着 $\boldsymbol{R}_{\mathrm{AB}}(t)$的方向接近茶杯，其一阶导数为手的运动速度，二阶导数为手的运动加速度；视网膜上的像，将沿着 $\boldsymbol{r}_{\mathrm{ab}}(t)$的方向移动，一阶导数为像的移动速度，二阶导数为像的移动加速度。所以 $\boldsymbol{r}_{\mathrm{ab}}(t)$既是视网膜传送给大脑的输入量，又是检测和反馈的信息。

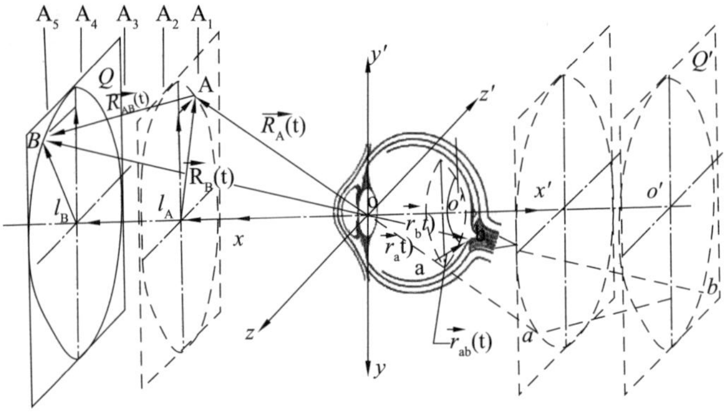

图 7.13　视觉与自身上肢运动的相关性

7.2.3　视觉形成运动指令的输入量

图 7.13 有两点重要的启示：

第一，视网膜上由点 a 到点 b 的运动，是和自身的手的运动相关的，它是发自自身的动力行为，是受大脑指令控制的行为。它和观察别人运动的差别，就在于矢量 $\boldsymbol{r}_{\mathrm{ab}}$首先是自身形成运动指令的输入量。

第二，在矢量 $\boldsymbol{R}_{\mathrm{A}}$ 与 $\boldsymbol{R}_{\mathrm{B}}$ 形成的平面中，矢量 $\boldsymbol{R}_{\mathrm{AB}}$与矢量 $\boldsymbol{r}_{\mathrm{ab}}$是不平行的，原

因是眼睛成像的宇称(k)变换原理中 k 与物体到眼球的距离呈线性相关。图 7.13右侧的虚线图表明,假设 k 为一常数时,$\boldsymbol{R}_{AB}$ 与 $\boldsymbol{r}_{ab}$ 是平行的,但方向相反。不过,这不符合眼球的结构和成像原理,因为 k 是一个和经验相关的系数,是人类理解什么是“经验”的一把量化的钥匙。

在图 7.13 中,将矢量 $\boldsymbol{R}_{AB}$ 与 $\boldsymbol{r}_{ab}$ 移动至同一个坐标原点,则有图 7.14(a)。图中可见手和视网膜上像是在同时运动的:手在颅脑外部世界中从位置 A 运动至位置 B;视网膜上的象在颅脑内部世界中从位置 a 移动至 b。两者方向近于相反,只相差一个较小的角度,这是由于系数 k 在 A、B 两个位置不等,而且是随着距离的变化而变化引起的。图 7.14(b)为文献【2】中用猴子进行的实验结果(图 7.11,原图 22.21)。

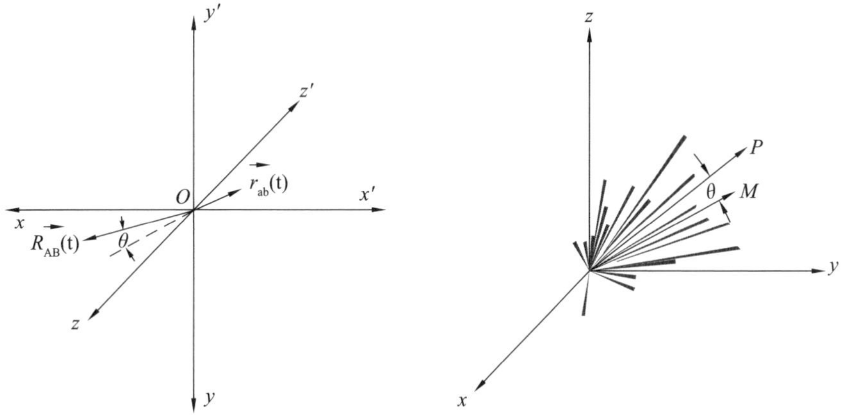

(a)手在取茶杯时,手在颅脑内外两个坐标系运动的图示。

(b)原图取自神经生物学[2]原著只选用一个坐标系。

图 7.14　上肢运动时大脑皮层细胞的运动

对图 7.14(a)、(b)进行比较,可知:

第一,矢量 $\boldsymbol{r}_{ab}$ 与矢量 $\boldsymbol{P}$ 同向,矢量 $\boldsymbol{R}_{AB}$ 与 $\boldsymbol{M}$ 反向,这是由于 Georgopoulos 只选用了一个坐标系引起的,也就是将颅脑内外视为一个时空体系引起的——这是人类认知学迄今为止的一个误区。按照本书作者的分析,原图中大脑神经元的动力指向即矢量 $\boldsymbol{P}$,应该和视网膜上像的运动方向一致,而与上肢在外界的运动方向矢量 $\boldsymbol{M}$ 相反,即原图中 $\boldsymbol{P}$ 和 $\boldsymbol{M}$ 应该方向相反。

第二,在肢体的运动方向和神经元的动力指向之间,二者都有一个小的角度 $\boldsymbol{\theta}$,因对两者而言,系数 k 都是一个变数,故两者一致。

7.3 宇称(k)变换

7.3.1 宇称变换与“宇称(k)变换”

将“宇称变换”的概念引用到生物学领域的时候，它含有四重意义。

第一，宇称本身就意味着符合拉波蒂规则(3.1式)的空间对称和变换。人体前庭器官所实现的动力学变换就是宇称变换，镶嵌在颅骨中的前庭器官，按照惯性原理，将自身运动变化的形(加速度)转换成了惯性感知的象(惯性加速度)，将地球引力的形(重力加速度)转换成了永恒感知的位置的象(上下方向)。这一变换的对称表现在：变换前后，数值相等、方向相反。

第二，眼球所实现的变换是宇称对称在生物进化中自然演化的结果(参看1.1节“视觉感知的两种进化选择”)。按照光学透镜的聚焦原理，镶嵌在颅骨中的眼球，将外部世界(起于宇宙的右旋世界)里物的形变换成了内部世界(始于视网膜的左旋世界)的象——这一变换的特征是：变换前后，空间信息的数值按一比例系数 k 缩小，方向相反。

第三，系数 k 的意义。从广义的角度来看，系数 k 是属于大自然的，是由几何原理所决定的；从狭义的感知的角度来看，是属于各种有眼球的生物自己的。也就是说，生物眼球实现的这种效应，即将外部世界投射为内部世界、将形的世界变换为象的世界的这种效应，是和物体的距离及眼球的结构相关，系数 k 对不同的生物固然不同，即令同一种生物、同一个个体，在不同的年龄段，不同的视线距离上，也是不一样的，它需要身体实际丈量、身体的接触和各种运动方式的校正。

第四，视觉的觉知从广义来讲，也是一种光电效应，是受光激发的电子发射效应，当光信号转变成电信号的时候，同时眼球结构也实现了信息模式的转变，即由光信号编码的信息(形、像)转变成由电信号编码的信息(象)。在第15章中我们将会看到生物的细胞是有一个从植物级到动物极的极性的，人眼的感光细胞(视锥细胞和视杆细胞)的排列都是一致的，细胞的极性保证所有的电信号都有一个同一的方向，即向大脑传送的方向，也就是视网膜上左旋坐标系轴 ox' 的方向(图6.13)。这恰恰符合吴健雄的实验所证明的“上帝也是一个左撇子”这一宇宙的基本法则，即 β 衰变时电子的发射总是在左旋方向的一侧。神经生物学已经证明视觉是由视紫红质实现的一个量子跃迁过程引起的(图6.8)，因此在光致异构化的过程中，电子发射的方向是在轴 ox' 的方向，电信号必然传向大脑。

7.3.2　系数 k 的作用

由于系数 k 和距离是等效的，因此使得在一定距离以外的外部世界都可以投射到视网膜上成像，这样小小的视网膜就可以等效视野范围以内的天空。也可以说，宇宙成像在我们的视网膜上，经过视网膜的光电转换以后，"天象"就映射在我们的脑海中，所以说眼睛又是通向宇宙的窗口。

正常人的眼睛处于安静而不进行调节的状态时，眼球前6m以外直至无限远处的物体，都可以成像在视网膜上。但是近点的远近则取决于水晶体的折光曲率，即水晶体前后面凸出的最大能力，它是由水晶体的弹性来决定的。这种弹性随着年龄增大逐渐变小，水晶体越来越平，因此8岁的儿童近点平均为8.6cm，20岁左右的成人为10.4cm，而60岁时增大到83.3cm，成了老花眼。对于眼球调节不正常的年轻人的近视和老年人的远视，由于眼球节点到视网膜的聚焦距离是一个定数(约15mm)就只能改变 k 的大小：老花镜使 k 增大，近视镜使 k 减小；同样地，放大镜使 k 增大，望远镜使 k 减小。这里所有观察的物体的距离都没有变，但是系数 k 变化了。

系数 k 的这种可变性，常常会对我们的感知带来错觉。在我们没有掌握物理学知识以前，我们并不能区分放大镜看到的是"虚像"，望远镜看到的是"实像"这样的概念，我们感觉不到形和象是两个世界，也可能会错误地认为原本有差别的物体却是同一的(图7.15)。

图7.15中，所有的正方形都是不相同的，但在人们的视觉感知上却不能区分开。对于图a来说，如果，按照视线的位置，准确放置，人所观察到的正方形的大小与距离(系数 k)成正比，而视网膜上的成像则与距离成反比，因此在视网膜上的成像是完全一样的；图b则不然，单个放置时，在视网膜上的成像，依然会成为扭曲的像，但因为曲度如此之小，也难以区分。所以，人们将a图中的4个正方形称为相似，而b图中则称为不同。我们所看到的天空中的星星更是如此，在科学不发达的时代，除去像太阳、月亮、太阳系的行星、银河系和一些可以标识的星座以外，其余的天体一概称为星星，星星是一个大一统的概念，因为在视网膜上成的像都是一个点，而现代天体学告诉我们，它们的差

别会是多么巨大。

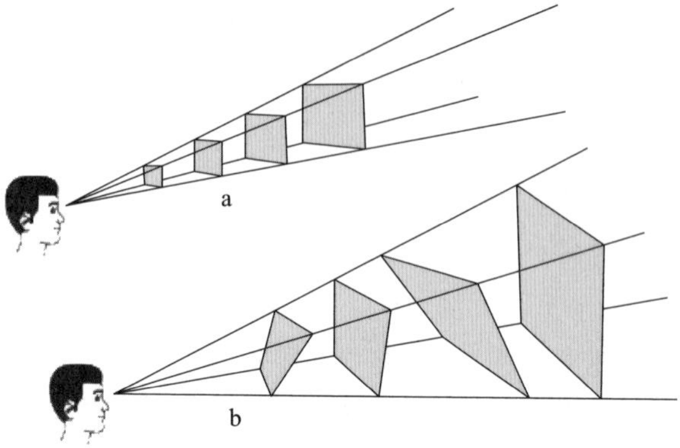

图 7.15 观察中隐藏的差异[23]

上面两图中的所有这些四边形物体，在一个眼睛的视网膜上将产生同样的模式。图 a 中的物体具有同样的形状、只是大小不同。图 b 中的各个物体形状差异很大，但这些物体的角全都落在如图所示的四条视线上，正如会聚在观察者眼睛附近的长线所示。

像正方形、星星这样的名词，或者说概念，是一个同一的或者说统一的概念。2000 多年以前的亚里士多德在他的哲学名著《形而上学》一书中，对这种形而上的称谓是这样讲的："凡是那些无法区分的和尚未区分的都是'单'(统一性)。""我们曾经对"一"进行系统性的区分归纳时，发现其中有'相同'、'相似'和相等。"

因此，从某种意义上说，形而上学是研究人所感知的"象"的一门学问，即"形而上者谓之道"的"道"。即使现在人们不借助望远镜，也还不能准确地区分远处的正方形是一个标准的正方形还是一个扭曲的方形四边形，更不能区分星星是几等几级，是白矮星、中子星或红巨星；近处的，人们不借助显微镜，也看不到细菌，但是现在的人们都相信细菌是存在的。

所以亚里士多德的《形而上学》是一门学问，是研究人们对感知的"象"如何进行抽象的一门学问，当我们认定世界的物质性的时候，同时涵盖了物质的另一种存在形式，即精神认知中"象"的存在和运动，这本身就是建立在第一哲学著作《形而上学》诸多概念基础之上的辩证法。

从视觉的认知来说，大自然并没有把一切全都安排好，因为如何从视网膜上的像反推出真实物体的大小，需要知道系数 k，这是大自然留给每一个人在出生以后需要亲自做的功课，也就是当你对外部世界进行观测和输入视觉信息的时候，需要你不断地去经验和形成真实的距离感，不断地存储各种各样判断系数 k 的数据；同样，当你要实现你的想法，进行随意的动作的时候，也需要你能准确地掌控系数 k' 的大小，将颅脑微观世界中由神经元组构的“象”，按照你的意志复制到外部宏观世界中去，这是一个“宇称 k'（逆）变换”。正变换和逆变换的差别是：正变换是信息的输入，其视网膜上的几何尺寸缩小 k 倍；逆变换是信息的输出，其大脑皮层输出的空间信息放大 k' 倍。k 和 k' 是一个看不见摸不着的经验系数，在人类的认知和实践中具有极其重要的意义。

大自然将宇称变换和守恒的法则公平地交给了每一个人，但系数 k 和 k' 既代表了一个人的智慧和天赋，也离不开经验、勤奋和不断的进取，它是由脑的全部功能来实现的一个象征智慧的系数。

所有的著名的表演艺术家、出色的运动员、精湛的高级工程师和高级技工，以及完成人体再造的外科大夫，对于系数 k 和 k' 都有着极其精准的判断和控制能力，在一定程度上，它们就是创造人类形体文化和物质文明的代表和载体。

7.4　人类认知过程中的宇称(k)变换迭代原理

人类感知的信息输入和运动的信息输出是一个永无止境的循环、迭代过程，这个过程的数学描述与量子力学中由拉波蒂规则所定义的镜像变换（i 变换）是一致的（3.1 式）。杨振宁对量子力学中拉波蒂规则还有一段表述：

“1924 年奥托·拉波蒂（Otto Laporte）在分析铁元素的光谱结构时发现了两类项，他分别称它们为‘带撇项’和‘不带撇项’。跃迁总是从‘带撇项’到‘不带撇项’，或者反过来。从来没有发现跃迁在‘带撇项’之间或者‘不带撇项’之间发生……

对于拉波蒂所称的‘带撇项’和‘不带撇项’，用后来的名词来说，即偶能级和奇能级两类。在这些能级之间跃迁，如果只发射或吸收一个光子……能级总是由偶变奇，或由奇变偶。能级的这种奇偶性后来就叫作能级的宇称。偶能级定义为具有‘+1’宇称，奇能级定义为具有‘−1’宇称。另外，光子的宇称定义为‘−1’。因此拉波蒂规则可以表述如下：在发射一个光子的原子跃迁过程中，初态的宇称等于终态的总宇称（在计算宇称时要把所有的粒子的宇称乘起来）。换句话说，在跃迁过程中宇称守恒，即不改变。”[11]

照此表述，结合我们在第5～7章中对位听觉、视觉和体感信息与运动信息的宇称变换模式，进一步对“人类认知的宇称k变换迭代原理”表述如下：

人以颅骨为界分为两个世界：外部是一个在右旋四维时空中运动着的物质世界——天、地、生；内部是一个在左旋四维时空中运动着的物质世界——思维着的精神。二者是天然的宇称(k)变换的映射关系。

对照物理学和神经生物学所揭示的科学规律，我们可以看出形成视觉的过程就是蛋白质分子捕获和吸收一个光量子的微观过程，以及这一过程的集群化形成的宏观效应。而人在胚胎发育过程中有一个三胚层分化发育阶段，外胚层发育成了人与外界进行信息—能量交换的脑及其左右旋世界的生理机制(见第15、16章)。按照视觉觉知的这一宇称变换过程，可以将物质世界的宇称定义为“+1”，精神世界的宇称定义为“−1”，眼球视网膜吸收一个光子的宇称定义为“−1”，那么物质变精神的过程就是一个吸收一个光子的过程，这个过程符合上述杨振宁论述的拉波蒂规则的宇称守恒原理，即初态的宇称等于终态的总宇称，简单的计算如下：

物质世界的宇称(+1)=精神世界的宇称(−1)×光子的宇称(−1)

换句话说，在视觉觉知的过程，即吸收一个光量子的光致异构化的跃迁过程中宇称守恒，即不改变。至于精神变物质，这是一个与此相反的逆向变换的过程，书中对此通过坐标系的变换，证明这是一个宇称逆变换的过程。其系数为k'，但其物理学和神经生物学的量子过程的机制还有待于科学家去发现和推演。

人类的认知可以表述为宇称(k)变换的迭代过程。在这一过程中，宇称守恒是大自然的法则，它构成了精神世界和物质世界双向变换的不变性；$k(k')$是后天形成的经验系数，在认知过程中不断地修正，从而不断地提高双向变换的精准性——人的正确思想就是源出于此。

宇称(k)变换迭代过程是一个左右旋四维时空中的双向动态变换过程。人的所有感知，都是起源于外部世界输入的信息，思维是对输入信息的处理和加工，同时脑的生命机制会将生物能量转变成脑细胞的活力和运动，形成思维中的一个信息增量Δ，从而构成了脑中自生的新的信息，我们称为“意象”信息，意象信息象征着人类思维的想象力和创造力，这在第10章中再详细讨论。

第8章 脑的世界

脑是生命的中枢，是意识的栖息地，是智慧的发源地，这里仅从人类认知和精神活动的角度对脑的世界进行一些分析，重点是颅脑内的时空架构和网络化的中枢神经体系。

8.1 脑是一个什么世界

8.1.1 人脑的三重性

如果问:脑是一个什么世界？那么，我们可以说它是一个物质世界，因为脑确实是一个由脑细胞形成的具有各种形态的组织和器官:解剖学展示了各部分的结构;生理学研究了脑组织的活动机制;神经生物学则侧重于阐释神经信号的形成、传递和接收的电化学效应……这一切，使人们从科学的角度看到了脑无非是物质世界在颅内的另一种功能性的存在，以至于人们会联想到人脑和灵长类动物、高等哺乳动物乃至脊椎动物没有什么本质上的差别。真的没有什么差别吗？

如果我们将人脑界定为具有三重功能的巨系统，那么谁都能看出人和动物既有同源的进化基因，又有着进化上的质的差别。这三重功能系统是植物性功能系统、动物性智能系统和语言型创新系统。这也可以视为为脑在生物进化中的三级跳。

8.1.2 植物性功能系统

在生物学中，早就有人将人体围绕新陈代谢进行的食物消化吸收、呼吸空气、体液循环、泌尿等内脏功能和生殖功能等统称为植物性功能，这和植物的生命活动是极其相似的，它不支配动物所特有的骨骼肌。它和植物一样，是一个自动维持生命的新陈代谢系统，人在昏迷失去知觉时这个系统依然工作，极端情况下的病人即植物人，还可以活很多年。尽管人们将调节内脏活动的神经系统称为植物神经系(又称为自主神经系),但它还是和植物不一样,仍然是受中枢神经系统控制的,只是分管这一部分的中枢神经系统大都不直接参与意识和思维罢了(所谓“大都”,因为也有例外,如虹膜)。

植物神经系只是调节内脏活动的一个下行的输出系统,自然还会有一个感觉内脏状态的上行的输入系统,包括面神经、舌咽神经和迷走神经中的感觉神经和内脏感觉神经,它们都终结于脑中的孤束核。内脏感觉神经的神经元,位于脑、脊神经内,分布在内脏和心血管等处的内脏感受器会把感受到的刺激经内脏感觉神经传递到各级中枢和大脑皮层。不过,内脏的感觉是比较模糊的,比如心脏病发作时常常表现为后背疼痛或胃疼,再如内脏器官的恶性病变,等等。这表明植物性的功能系统在进行正常的新陈代谢时,是有一定的裕量的,对器官的部分损伤是可以进行代偿的,例如,肝脏受损 4/5 仍能正常生活,肾脏只需一个肾的 1/2 就能维持生命,所以内脏的感觉是比较模糊的。

植物神经系统仅指支配内脏器官的传出神经,生物学上分为交感神经和副交感神经两部分。虽说这样的机制像是植物性的,没有人的主观意志的介入,但是调节内脏活动的中枢仍然是位于中枢神经系统的各级水平上,其范围虽然尚未完全确定,但是大脑和背侧丘脑、下丘脑、脑干和小脑都参与其中(图 8.1)。下丘脑则被认为是调节内脏神经活动的高级中枢,同时又是调节内分泌的高级中枢,具有调节体温、饮食摄取、体液平衡、内分泌等重要的生理机能,也参与人的情绪反应活动。

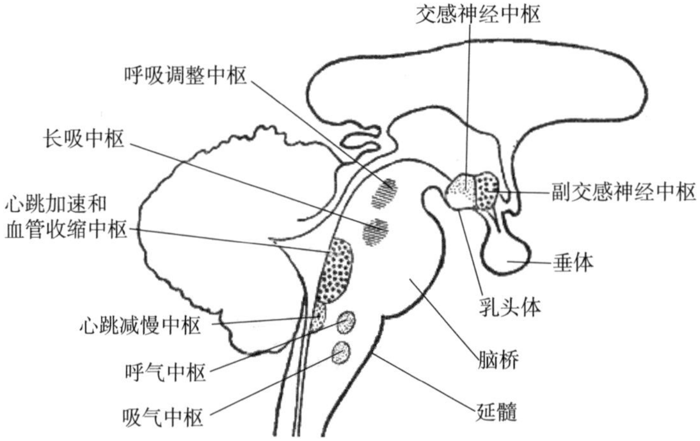

图 8.1 脑干内脏神经调节中枢模式图[20]

植物性功能的一大特点就是除去进食、呼吸和排泄废物以外，和外界几乎没有信息交流，因此它是一个适应外界环境的被动式的开放系统，这也是称为植物性功能的由来。相对于植物性功能而言，人们将运动、感觉、思维等功能称为动物性功能。除此之外，人类还独具一种功能，这就是语言。但语言又离不开上述的动物性功能，而大脑皮层的功能分区和也佐证了语言的形成过程和语言在人类精神活动方面所具有的深远的意义。

8.1.3　动物性智能系统

图 8.2、图 8.3 分别是人脑的底面图和正中矢状面图。如此复杂的脑起源于胚胎时期神经管的前部，对哺乳动物和人都是如此。

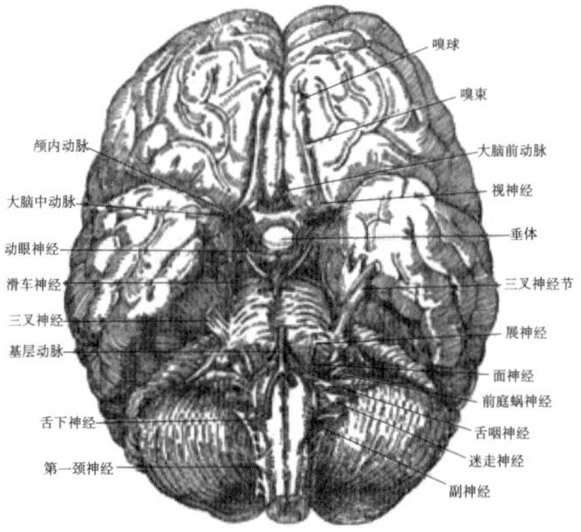

图 8.2　人脑的底面图[20]

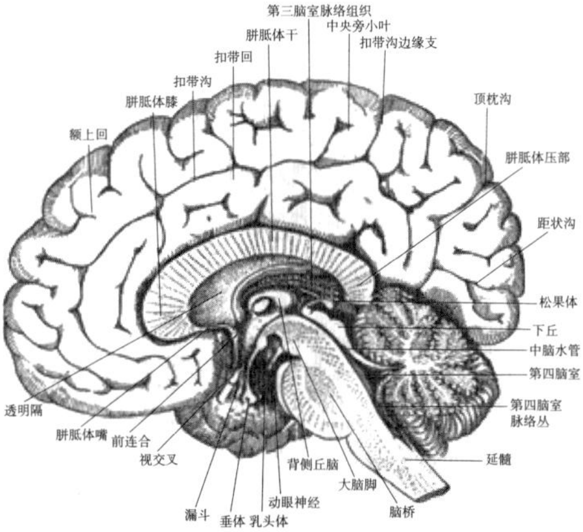

图 8.3　人脑的正中矢状面图[20]

尽管我们每个人都知道头脑是人生最重要的部位，但与身体的其他部位相比可能是了解最少甚至是最容易忽略的部位——相比于五脏、五官、性器官、排泄系统、四肢而言。这也难怪，因为它被保护在坚实的头颅内，从最早的硬骨鱼类开始就是这样的。坚硬的颅骨是我们探讨如何从动物性功能到形成意识、思维和语言的一个跳板，颅骨内外是不一样的世界，为此我们将图 8.2、图 8.3 作一个简要的归纳。

人脑可分为端脑、间脑、中脑、后脑（包括脑桥和小脑）及延髓五个部分，延髓经枕骨大孔连接脊髓。通常把中脑、脑桥和延髓一起合称为脑干，间脑也可以归入脑干。脑干是生命的中枢，主宰着植物性功能和动物性功能系统的所有生命活动，它是生命和智慧的中枢，但它不是智库。通常所说的大脑包括大脑皮层、嗅脑、纹状体和第一、二脑室，它是思维和智慧的主体和智库。小脑、12 对脑神经和脊髓是意识的执行系统，操控全身和各部位的有意和无意的行为和运动。丘脑是脑干和大脑之间的中央信息通道，但不是唯一通道。

端脑表面所覆盖的灰质称作大脑皮层。从脊椎动物比较解剖学，可以看出在生物进化的过程中，人类的大脑皮层可分为三部分：形成海马和齿状回的古皮层，构成嗅脑的旧皮层，新皮层。新皮层虽然为哺乳动物所共有，但人类的新皮层特别发达，人类的新皮层占全部大脑皮层的 96%（图 8.4）。古皮层和旧皮层是 3 层的皮质，新皮层为 6 层。大脑皮层各部位的厚度不同，中央前回处为 4.5mm，枕叶的视皮层区为 1.5mm，组成皮层各层的神经元，其大小、形状和密度也各不相同（图 8.5）。

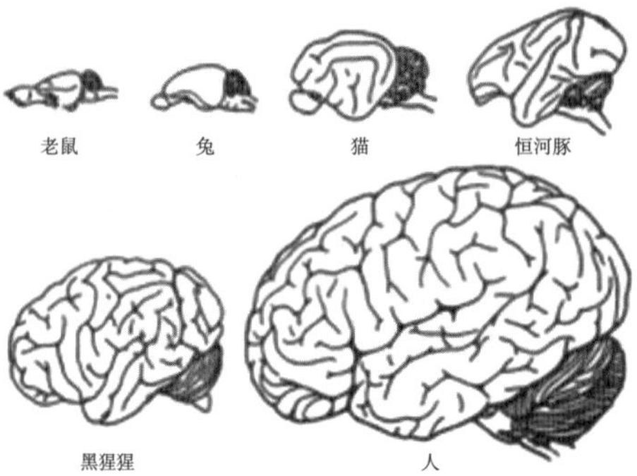

图 8.4　6 种哺乳动物大脑同一尺度略图[24]

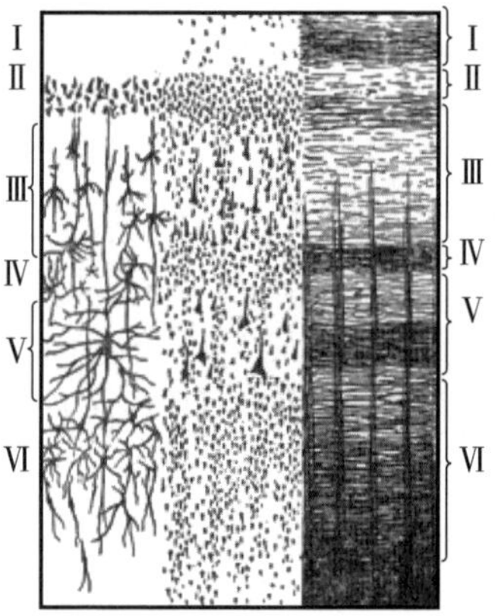

图 8.5　大脑皮层的 6 层示图[20]

Ⅰ.分子层；Ⅱ.外粒层；Ⅲ.外锥体层；Ⅳ.内粒层；Ⅴ.内锥体层；Ⅵ.多形层

大脑皮层大约有几百亿个神经元，类型很多。依据轴突联系形式的不同可以分为 4 种主要类型：

①神经元具有下降轴突，组成投射纤维和联络纤维；

②神经元具有短轴突，轴突仅在细胞体附近分支；

③神经元具有上升轴突，轴突在皮层的浅层部位分支；

④神经元具有水平方向走向的轴突。

各种神经元在皮层中的分布井然有序，具有严格的层次。但是这些神经元在先天和后天条件下所形成的组织结构，在各层的厚薄、纤维的疏密以及各种细胞分布的状况都有所不同，并且在大脑皮层解剖结构中形成了明显的差异。为了探知脑的秘密，学者们将大脑皮层分成了若干区（图 8.6）。

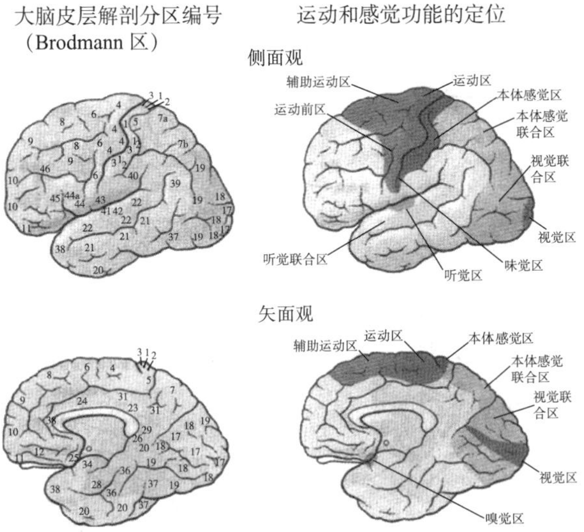

图 8.6　大脑皮层解剖分区和运动与感觉功能的定位[2]

1909 年，德国神经科医生 K. 布洛德曼根据细胞和纤维结构将大脑皮层划分为一系列解剖区域，他的分区系统包括每个半球的 52 个域（图 8.6 左图 Brodmann 区）。各区对大脑皮层的运动与感觉功能定位如下：

- 躯体一般感觉区，包括布洛德曼第 1、2、3 区；
- 躯体主要运动区，包括布洛德曼第 4、6 区；
- 视觉区，相当于布洛德曼第 17 区；
- 听觉区，包括布洛德曼第 41、42 区；
- 语言区，包括布洛德曼第 21、22、39、40、44、45 区。

需要说明的是，与布洛德曼人脑分区图等同的类人猿脑分区图中，44、45 区根本不存在，21、22 区和 40 区也只有很小的一部分。更多的解剖学证据表明，黑猩猩可能只部分地具有相应于人类 39 区的脑区。这样的分区对于认知大脑的结构、神经信息的流向和生理、病例的研究具有指导性的意义。

下面我们将从与精神活动相关的角度对脑作如下的划分和描述：

（1）视听区——“象”与颅脑内的时空体系。

(2)感觉与运动区——自体“形”和“象”的宇称对称区。

(3)语言区——信息的抽象表达区。

(4)网络化的联络区——信息的模式、节律、传递、存储、整合与输出。

8.2 视听区——“象”与颅脑内的时空体系

8.2.1 视觉信息的时空架构

如前所述，视网膜上所成的实像与物体是宇称(k)变换的对称映射关系，同时形成了一个与人体体轴坐标系一致的左旋三维直角坐标系。当视觉信息由视神经传递给大脑的时候，这个坐标系也随之保真地进入了大脑的初级视皮层。此后，是在大约20个脑区中对视觉信息进行分解和整合，科学家也很难跟踪在各个脑区中的视觉信息的延续及其处理过程，但可以相信，这样的坐标系是会维持不变的，这从大脑的功能结构上可以看出来。

如图6.13所示，外界物体在视网膜上像的移动，也就形成了像的速度 $\dot{\boldsymbol{r}}'$ 和加速度度 $\ddot{\boldsymbol{r}}'$，从而感知到物体的运动速度 $\dot{\boldsymbol{R}}$ 和加速度 $\ddot{\boldsymbol{R}}$，因而也就包含了时间的信息。

$$\dot{\boldsymbol{r}}' = \mathrm{d}r'/\mathrm{d}t \tag{8.1}$$

$$\ddot{\boldsymbol{r}}' = \mathrm{d}^2 r'/\mathrm{d}t^2 \tag{8.2}$$

$$\dot{\boldsymbol{R}} = -k \cdot \dot{\boldsymbol{r}}' \tag{8.3}$$

$$\ddot{\boldsymbol{R}} = -k \cdot \ddot{\boldsymbol{r}}' \tag{8.4}$$

$\dot{\boldsymbol{r}}'$、$\ddot{\boldsymbol{r}}'$：像的移动速度、加速度

$\dot{\boldsymbol{R}}$、$\ddot{\boldsymbol{R}}$：物的移动速度、加速度

k＝物距/焦距$\cong R$(mm)/15mm

这些简单的数学推演表明，在眼球内外的时间是一个共同的参数。k 是一个和距离相关的变系数——它通过经验来自动校正和装填。

对于视觉信息的自然处理的第一步就是视交叉，这与昆虫的复眼成像的信息的处理截然不同，后者是并行不交叉的(参见第1章)。脑是一个整体，但有左右之分，视交叉现象就此发生(图7.4)。图7.7和图7.8中，头部和身体在皮层区的投射方向刚好相反，这正说明颅脑的内部世界和人体体轴坐标系是一致的，而肢体作为颅脑以外的世界，在大脑皮层上的投射是上下颠倒、左

右对调的，这和视交叉又是一致的，如图 8.7 和图 8.8 所示。

图 8.7 是一幅经典的揭示左右视野交叉的示意图，它表明左右视野经视交叉而分别投射到右侧和左侧视皮层。这幅图还表明视交叉代表了人的感知体系，即从左、右两侧肢体来的其他感觉输入也是交叉投射到大脑的右半球和左半球，听觉也是一多半信号投射到对侧半球，只有嗅觉除外(原因前面已经说过)。因此，构成时空体系的感官信息到大脑皮层之间的传递都是交叉的。这似乎是一个谜，其实这是大自然的系统设计，正如我们在第 1 章中所说的，是选择眼球作为视觉感受器的这一支动物进化的必由之路，因为眼球成像是一个宇称变换。

图 8.7 选自《脑的进化》[24]，这幅图被很多著作引用，成为一幅经典的视交叉视图，但图中的一个错误(作者认为)在流传中未得到纠正，也就成了一个经典的错误——图中的左右手只在大脑皮层交叉。而作者认为，图中的左右手不应该只在大脑皮层交叉，也应该倒置才对，因为按照几何光学的成像原理应该是左右交叉、上下(前后)倒置的，因此作者将图 8.7 改为图 8.8。

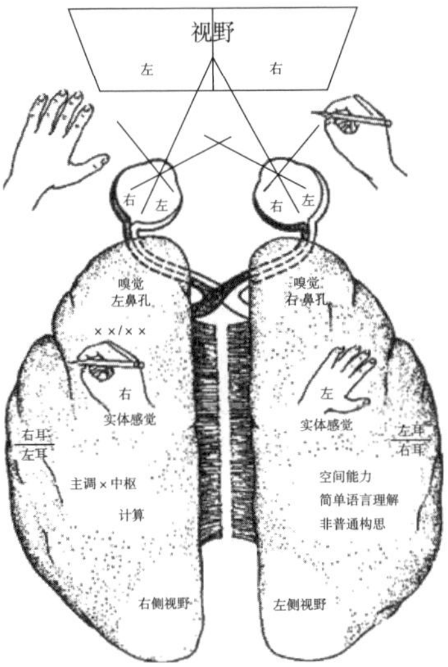

图 8.7　大脑半球与左右视野交叉[25]

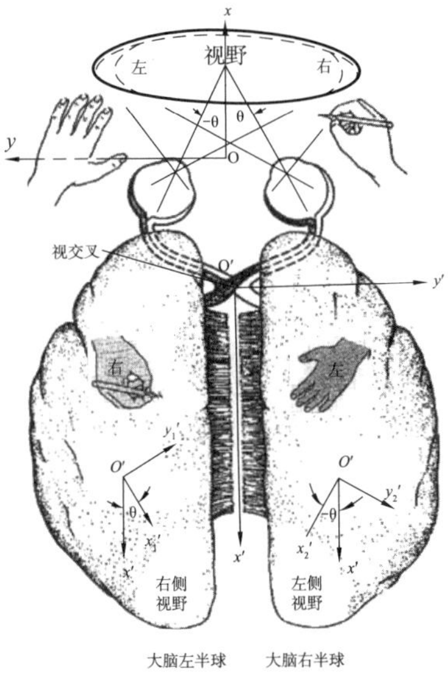

图 8.8　视觉信息的时空架构图

$o'x'y'$ 为人体体轴坐标系(二维图)，$ox_1'y_1'$ 和 $ox_2'y_2'$ 为右眼和左眼视网膜坐标系(二维图)。

oxy 为人体大地坐标系(二维图)，图中的 $\pm\theta$ 夹角是夸大的，视野太近。

图 8.8 中不只是视交叉带来了左右的对调，而且图像是倒置的。这样，视网膜上的成像传至大脑时，继续保持和视网膜坐标系的一致性。图中由于左、右眼与视线轴有个$\pm\theta$的夹角，因此左、右眼视网膜的坐标系会和人体体轴坐标系有一个$\pm\theta$的夹角。这个夹角是一个由动眼神经可感知的角度，通过坐标变换，左、右眼视网膜的坐标系和人体体轴坐标系是一致的，眼球实现了将外部世界的"形"转变成内部世界"象"的变换，即由颅外的右旋坐标系向颅内左旋坐标系的变换。

8.2.2 位听信息的时空架构

如前所述，耳中除去听觉器官外，在内耳还有一套前庭器官。两者分别感知听觉和位觉信息，并向脑传送(图 8.9)。

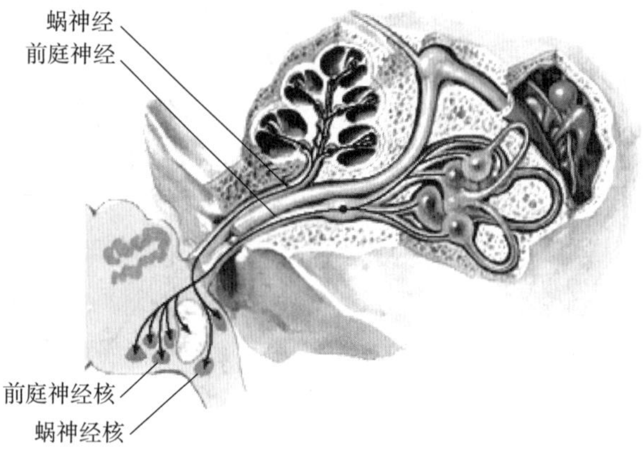

图 8.9 前庭蜗神经向脑传送位觉和听觉信息[百度]

听觉是人和动物智力的一部分。失聪的人失去了语言的功能，如不辅以哑语教育，则无法进行智力的开发。声音是含有不同频率的振动波，是通过空气的运动来传播信息的一种形式。声波和人体(其他动物也一样)的运动在物理学上同属于机械运动的力学范畴，因而在生物进化上将听觉和位觉结合在一起，在外表上是一个器官——耳。

值得注意的是，两者就其功能而言差别是很大的。人们重视"听觉"，因为它是智力的源泉；人们不了解"位觉"，因为它深藏在内耳之中，紧挨着脑干，然而它是生存所不可或缺的核心器官——当美尼尔氏综合征出现的时候，人们才会感觉到它是一个多么重要的器官。图 2.4 表明，前庭器官从鱼就开始进化，下面我们引用《脊椎动物比较解剖学》[6]中有关对脊椎动物听神经所做的比较，看看生物进化中自然是如何优先进化出位置觉，而后有听觉的。

> 听神经（或称前庭蜗神经）完全由感觉神经组成，分布于内耳。在低等脊椎动物，前庭蜗神经分为前、后两支。前支分布于前半规管和水平半规管的壶腹、球囊和瓶状体（司位置觉）。高等动物的瓶状体渐增长，到了哺乳类称为盘旋的耳蜗管。这时，前庭蜗神经后支改称耳蜗神经，司听觉；前支改称前庭神经，司平衡觉。两条神经一起在面神经的后面进入延脑，在通路上，它们分别和螺旋神经节（蜗神经核）和前庭神经节（前庭神经核）相连。

无论是从生物进化的角度，还是从人的生存角度来看，位置觉都比听觉更为重要，原因是，位置觉是生存和运动的前提，前庭器官按照惯性原理构成的前庭器官坐标系是人体体轴坐标系的标准，是人体颅脑内看得见的空间平台（解剖学定位），是人体应用惯性律来感知运动状态变化信息的体现；听觉是人体在这个时空平台上对外部世界声波的感知，接收由声波传达的信息，同时还可以借助双耳信息的差异对目标进行定位，以达到搜寻、觅食和逃生的目的。

在生物进化的道路上，从耳蜗感受神经到大脑皮层的听觉系统，对于高等动物进化得已经很完备，它代表了一种智力活动能力的进化，在这一方面很多动物都各有所长。在人类的进化路上，半规管的进化是人和猿的分界标志之一，人类学家理查德·利基告诉我们：

“在人属的所有物种中，内耳的结构均与现代人无法区别。同样，在南方古猿所有物种中，半规管看起来像猿。”[5]

这表明，人类前庭器官的进化是人类的直立和两足行走状态的标志，也是神经系统对地球重力场的最佳的感知方式。我们在中学课本中学到的笛卡儿坐标系。是笛卡儿对数学的灵感还是他的半规管告诉了他有这样一个直角坐标系的存在，我们不得而知。但是视听信息的上行交叉传递和运动指令信息的下行交叉传递，是不是在暗示着我们，这些信息的传递存在两个变换：外部世界的“形”变为内部世界的“象”的“i 变换”和从内部世界的“象”变为外部世界的“形”的“$-i$ 变换”？

前庭器官坐标系是按照惯性原理建立起来的，它和代表外部世界的人体地面坐标系构成了宇称对称的映射关系，即遵从拉波蒂规则（见式 3.1）。这对于我们的感知和在感知基础之上的认知是一个启示，也是一个挑战。它从科学的角度告诉我们，我们对自身运动的感知也是一个真实世界的映射，是一个数值相等、方向相反的映射。我们无须怀疑经过视听器官的宇称变换以后所获得的认知的真实性，但是也有两个问题是很正常的：

第一个问题，我们为什么感觉不到负号，即方向相反的存在？也就是说，当我们从物理学的知识知道视网膜上的像是倒置的时候，为什么我们看到的仍然是一个正立的世界？

第二个问题，我们的思想又是怎样变换到外部世界的呢？我们思考所形成的“象”会在外部世界里实现，是不是就是一个如下式表示的带有一个系数 k' 的“$-i$ 变换”呢？

$$-i\text{ 变换}: \boldsymbol{x}=-\boldsymbol{x}' \quad \boldsymbol{y}=-\boldsymbol{y}' \quad \boldsymbol{z}=-\boldsymbol{z}' \tag{8.5}$$

这两个问题确实是值得我们思考和回答的，这是一个最核心的哲学问题：外在的“形”可以形成视网膜和大脑皮层的“象”，那么大脑皮层思考形成的“象”，会不会变成外部世界的新的“形”呢？用哲学的语言来说就是：

- 我们主观世界能正确地映射外部客观世界吗？
- 外部世界能正确地复现我们的主观世界吗？

为此，我们首先必须弄清楚颅脑内外的时空平台是什么关系？是一个相同的时空平台吗？如果“是”，那又是怎样形成的？如果“不是”，那又是怎样变换的？又是怎样对接的？

8.2.3 颅脑内的时空体系

通过上面对视觉和位听觉的综合分析，我们可以对形、象作出恰如其分的解释：对于我们认知主体而言，形是颅脑以外物质世界运动和存在的表现；象是形经过宇称变换以后，在颅脑以内物质世界运动和存在的表现。二者相关联，“形象”一词反映了我们主观世界对客观知世界的认知。

然而，“象”是通过感官形成的，什么样的感觉器官形成什么样的“象”：视觉构成“图形的象”；听觉产生“声音的象”；位觉形成“自身体位和动态的象”。就是这样，我们的视听器官，实现了将颅脑外的时空与颅脑内时空的映射耦合，一个称为“苍穹”的宇宙可以映射在我们具有 72%球面的视网膜上，视网膜的中央凹就对应着苍穹宇宙的穹顶，这就是古人所说的“天人合一”的图景。当我们漫步在广袤无垠的原野或者航行在一望无际的大海的时候，“天人合一”不正是穹顶之下一个自我的自然感知吗？

由基因所形成的视听器官决定了我们人类颅脑内时空平台的架构，这是一个和牛顿、爱因斯坦经典力学的参考系（右旋）相对称的参考系（左旋），即一个左旋的笛卡儿坐标系。由于时间对颅脑内外都是不变的一维，所以颅脑内是一个左旋的四维时空平台。正如同大自然的所有的“形”都是物质在四维的时空平台上的演绎一样，我们颅脑中所有的“象”，也会在颅脑内的四维时空平台上进行演绎，时时刻刻形成与我们思维活动相关的“意象”，它是由“神经元网络”（见 8.5 节）完成的。有关意象的概念和脑细胞的运动会遵循什么法则，我们将在第三篇进行研究。这里对颅脑内的时空体系作如下的综述。

第一，脑是一个固定的空间软组织结构。由颅骨覆盖的脑是密实的、相对位置固定的、有序的软组织和器官，除去体液、激素、神经递质、树突和轴突的生长、连接以外，在发育完成以后，神经元之间没有相对位置的改变。这和肢体、内脏器官不一样，因为脑的活动要求脑的各部分组织和器官处于三维空间中的结构状态是不变的，以保证神经信息在人体体轴坐标系中的稳定性。

第二，脑有自己固定的、统一的空间三维直角坐标系，即人体体轴坐标系。这就是处于颅骨中的左右两组半规管，它们标识了头脑和身体可以进行感知和转换的三维直角坐标系——半规管坐标系。这一坐标系的作用是使人能够感知自身运动的变化，并且实现对外界信息的感知和转换（嗅觉、味觉除外），构成了全脑信息的统一的空间坐标体系。人类对空间三维直角坐标系的理性认知始于 17 世纪的笛卡儿的发现和创造——对空间认知的这一理性启蒙，也可以说是半规管坐标系对外部世界的一个自我的映射。

第三，脑对运动的感知也就是对时间的感知。前庭器官可以感受自身运动状态的改变；视觉则可以感受相对运动、运动的速度、加速度。这就是呈现动态的时间的那一维，时间这一维在颅脑内外是一样的。

第四，颅脑内的空间固然是和外部空间宇称对称的，但它的时间和空间的两个基准却又是由我们颅脑对地球的感知来标定的。

第一个基准是垂直轴，也就是地球重力的方向，这是由前庭器官中球囊的囊斑来实现的，从而可以判断人体体轴坐标系相对于地面的位置（见 5.2 节）。

第二个基准是时间，也就是地球昼夜的周期和脑的活动节律，这是由松果体、内髓板核细胞和前橄榄体神经元共同来实现的。

松果体通过褪黑激素的分泌实现对地球昼夜周期变化的同步，形成了对所有人能共同感知的时统信号，“时间只有一个，不能反演”[25]，这就是为什么一个时区的人会有一个共同的作息时间的道理。

松果体为豆状淡红色小体，重120～200mg，位于丘脑的上后方，以柄附于第三脑室顶后部。松果体分泌褪黑激素，掌控睡眠和觉醒的节律。

松果体是人体“生物钟”的调控中心。由于褪黑激素的分泌受光照和黑暗的调节，因此，昼夜周期中光照与黑暗的周期性交替就会引起褪黑激素的分泌量相应地出现昼夜的周期性变化。实验证实，褪黑激素在血浆中的浓度在白昼降低，在夜晚升高。松果体通过褪黑激素的这种昼夜分泌周期，向中枢神经系统发放“时间信号”，转而引发若干与时间或年龄有关的“生物钟”现象，如人类的睡眠与觉醒、月经周期中的排卵及青春期的到来，等等。

300年前的哲学家笛卡儿认为，松果体即灵魂位于大脑中部跨域中线的栖息地(图8.10)。笛卡儿论证道，“既然脑内没有两个松果体，而且既然我们只有一个灵魂，那么灵魂一定位于松果体中”。我们不妨将这句话改为“松果体是人生的时统信号中心的栖息地”，如果每个人的灵魂是一个和各自的时间轴相关的存在的话，那么笛卡儿的话还是有道理的。

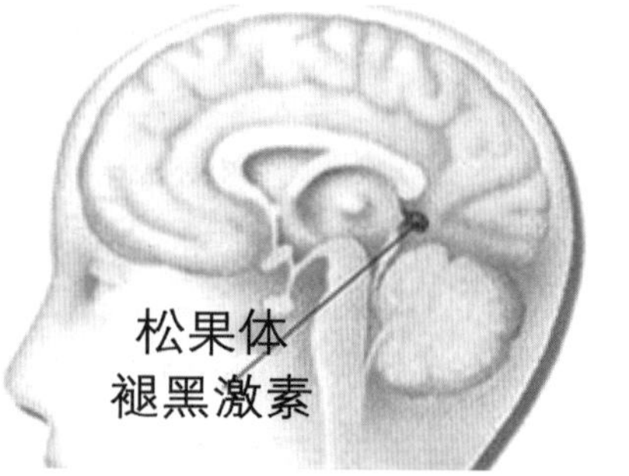

图8.10　松果体是脑的时间基准

丘脑的内髓板核细胞会自然地以40Hz的频率发出信号，这是使所有输入信号进行同步的基准，比如当视觉信号由视神经传入时，丘脑则将视觉信号的活动节奏调整到40Hz[26]，这可以理解成脑对信息进行统一采集、整合的正常工作频率。

脑干中的前橄榄体神经元会自然地发出10Hz的脉冲，控制和统一脑输出信号的频率，以控制和协调人体的动作节律，将大脑的运动指令和所有肌肉的动作关联起来，一个人可以同时完成几个动作，但是动作的频率不会超过10Hz[26]。

以上构成人脑中的四维时空体系，是我们记忆、思维和行为的时空平台。图8.11与图7.12、图7.13一起诠释了颅脑内外的时空与信息交换的输入、输出的迭代过程(参见第7章和8.3节)。

图中符号的意义参见图7.12、图7.13，内容解释参见第3、6、7章。这是一个要求输出信息相关于输入信息的过程演示。“$\boldsymbol{R}_{A'}=\boldsymbol{R}_{A}$?”和“$k'=k$?”两式

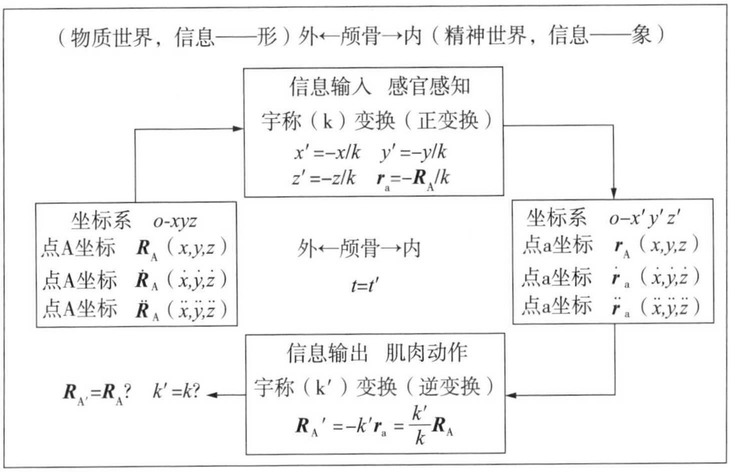

图 8.11　颅脑内外的时空与信息变换

中的问号表明不是必然的，而是要努力实践才能做到的。一般的动作人们可以做到，但盲人做不到。人类的精细行为就建立在对上述两个"="的判断和掌控上(参见第 11 章)。

8.3　感觉与运动区——形与象的四种映射类型

图 8.12 中感觉区和运动区在大脑皮层中所占的位置虽然不同，但是紧靠在一起的，与图 8.11 的输入—输出关系呈明显的对照。大脑皮层体表感觉与躯体运动功能有手足型、颅面型、全身型、化学型 4 种类型。这 4 种类型是脑中"身—心"自体映射的体现。

8.3.1　手足型

手足型的躯体感觉和运动功能区在大脑皮层上的占位与身体直立时相反，但它和我们在视网膜上的成像是一致的，和大脑视皮层像的映射也是一致的，即左右脑和身体的肢体是左右交叉的，脊神经也是这样安排的。手脚上下倒置的映射只能是起源于眼球的成像效应，因为，视网膜上的像才是导引我们手、足去接近和握住物体的信息源头(如图 7.12 所示)，而篮球和足球运动员接球、传球和投篮、射门的那一瞬间，正是外部世界的球和同样是自身颅脑以外的肢体之间接近、交会和接触、分离的绝妙演示。

我们可以把肢体和球之间的这一相对运动过程看成现代航天器的飞行运动的原理，是人们所惊叹的空间站交会、分离的原型，也是航天员登月、返回的原型——这和我们用手去拿茶杯，拿到以后放下来，再把手收回来，本质上是一回事。

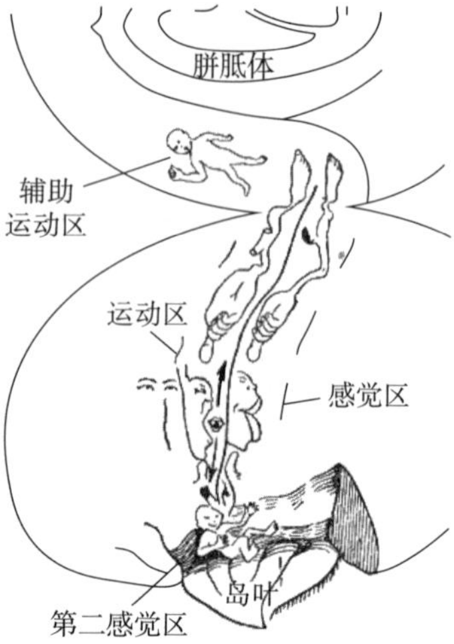

图 8.12 大脑皮层体表感觉与躯体运动功能代表区示意图[22]

从人类肢体运动的原型(图 7.12)演绎到现代航天器对目标的搜索、跟踪、交会和分离之间，只有一步之遥。这一步就是将原本在颅脑内对肢体进行指挥、控制的思维活动，变成了一套在外部世界对航天器进行指控的地面设备的操控，而颅脑内的思维活动却集中在操控这一套设备的运行上。这一套设备就好像人类智慧的二传手那样，将颅脑内的构思一步步地从颅脑映射到外部世界中来。

第一位登月的航天员尼尔·阿姆斯特朗留在月球上的第一个脚印(图 8.13)就是这一映射的象征，他说："对一个人来说，这只是一小步；对人类来说，这却是一大步。"这一大步是人类智慧的象征，是人脑的思维转换成物质运动的最高境界，它演绎着这样一个真实的故事：日、月、地的三体运动创造了地球上的生命，生命又参与了日、月、地的三体运动，这也就是"天人合一"的一场宇宙时空的游戏。航天员登月的那一瞬间，月球的质量增加了，地球的质量减小了，时空发生了变化，只是太小太小，我们感觉不到而已。

然而超音速洲际航行的时差效应我们都会有着切身的体会，洲际航行意味着将地球的自转速度加快或减慢；空间站绕地球轨道的飞行使失重成了生存常态，同时还改变了空间站上昼夜的周期时间；伽利略用望远镜将遥远的星星拉近进行观测，登月飞行则将月地距离的 38 万 km 缩短为零，而将月球踩在了人类的脚下；地面雷达系统、GPS 和北斗导航卫星等空中卫星通信系统，时时刻刻在发射着无穷多的人造信息，在空中飘逸，在空中交会，充填在日、地、月乃至更远的时空中……这一切又使人感到：人类不正是这宇宙时空平台上

第一位登上月球的宇航员尼尔·阿姆斯特朗

人类留在月球上的第一个脚印

图 8.13 第一位登月的宇航员尼尔·阿姆斯特朗

的探索者和玩家吗?!

人类之所以能达到这一步，与图 8.11 中的两个带有问号的等式“$\boldsymbol{R}_{A'}=\boldsymbol{R}_{A}$?”和“$k'=k$?”密切相关，它们代表了我们的认知能力和行为能力的精准水平。

对于我们身体的手足而言，系数 k' 的效应会在视网膜成像和在完成动作指令时对消，经验的积累会使得 $k=k'$。因为视觉信息的上行传递是“i 变换”，那么运动指令的下行传递就是“$-i$ 变换”，所以在四肢实现的“从感觉到运动”(由“形”到“象”的上行再由“象”到“形”的下行)的一个时空周期内，总的系数应该为1(图 8.11)。人体自小通过触摸建立起来的四肢和身体各部分的远近感是很精确的，同时又是随着年龄而变化的一个动态参数，这就是为什么任何人都可以将球放进够得着的篮筐或者踢进紧挨着的球门的道理，但盲人未必能做到，因为缺少视觉的贡献。

当篮球离开手、足球离开脚的那一瞬间，球的速度矢量是由手和足来控制的，对于是否进球起着决定性的作用。但是目测距离的准确性又是形成手足运动指令的条件，因此对系数 k 的精准感知的重要性在所有的运动中都是第一位的，系数 k 既取决于经验也取决于天赋。而在登月飞行中，这种起源于动物的形象思维和计算，变成了人脑科学理论的思维和计算——人类跨越这一步，应该是从语言开始。

8.3.2 颅面型

图 8.12 中,在感觉区和运动区都各有一个表示面部的头颅。这个示意图有着极其重要的生理的含义,可应用于一般的教学和生理、病理性的分析、诊断上,作者则主要从精神的和哲学的层面对此进行研究和解读。

(1)图 7.7、图 7.8 中所画出的头部只是颅骨以外的部分,它包括具有体感的和可动的眼、耳、鼻、舌、嘴(嘴唇)、咽喉等器官和面部肌肉(对于多数哺乳动物耳朵都是能动的,有些人的耳朵也是能动的)。图 8.12 进一步显示了感觉区和运动区在大脑皮层上的映射关系。

(2)头的面部是正置的。这一部分的器官和肌肉是附着于颅骨上的,它们和颅骨之间不发生整体性的相对位置的变化,它们处在视线的盲区,不可能像手、足那样在视网膜上出现倒置的像。它们在人体体轴坐标系内理应处于正置的位置。

(3)头面部的器官除去视听系统参与并形成颅脑的时空体系外,其余的器官和肌肉运动都兼容于这一时空体系而不发生矛盾。就躯体感觉传入冲动向大脑皮层区的投射而言,一侧的肢体体表感觉传入冲动具有交叉性质,即向对侧皮层的相应区域投射,但头面部感觉的投射是双面性的;同样,对躯体运动的调节支配也具有交叉性质,但头面部肌肉的支配多数是双侧性的,如咀嚼运动、喉运动及脸上部肌肉的运动支配就是双侧性的,但是面神经支配的下部面肌及舌下神经支配的舌肌却主要受对侧皮层的控制。

头面部的感觉传入冲动(上行)和运动控制指令(下行)投射的双侧性表明,头面部和躯体对身体体轴坐标系的相关性是不一样的,以与颅骨是否可能发生相对运动为界,由于下颌和舌头会发生相对于颅骨的运动,所以也和肢体一样受对侧皮层的控制。由此可以看出颅骨的作用:它是颅脑内时空体系的边界,它保护着脑细胞结构不发生相互的位移和错动,包括深藏于颅骨眼窝和耳蜗中的视听器官,以及附着于颅骨上的肌肉。

8.3.3 全身型

图 8.12 中的第二感觉区和辅助运动区是双侧型的,即单侧的脑区所感觉到的信息和对运动的支配是双侧型的。在人脑,第二感觉区位于中央前回与岛叶之间,全身体表感觉在第二感觉区内的投射也有一定的分布,但是这种分

布对全身而言是整体一致的、正立的，而不存在倒置的问题。辅助运动区在皮层内侧面(两半球纵裂的侧壁)布洛德曼分区第4区之前。对人脑所做的实验证明，刺激第二感觉区可以引起体表一定部位产生主观上的麻木感，这种感觉具有双侧性。图中以一个躺卧的小孩来表示，刺激辅助运动区会引致双侧肢体的运动和发声，图中也以一个整体的人来表示。这种一侧大脑，会有双侧性的功能具有两重含义。

(1)大脑皮层的塑造和整个脑的功能一样。

人从诞生开始就处在神经元的竞争上岗的状态下，即在“刺激—发育”的机制下构建大脑皮层的功能。作者在帮助抚育孙女时，曾经特别注意人类的四肢是怎样形成具有各自独立活动能力的。图5.7告诉我们，婴幼儿最初对自己身体的感知是双侧同时进行的，伴有双侧肢体的对称的运动：嘴感知到了左右手，左右手也感知到嘴；左右手会感知到左右脚，左右脚也会同时感知到左右手——这些信息以同等的机会同时发生，又通过周围神经系统都同时传送到了大脑皮层的两半球。所以这种在婴幼儿时期原始的感觉和运动上的两侧的相关性，并不伴有与周围世界的相对运动，也不会产生与时空相关的思维活动，因此就往往会留存在第二感觉区和辅助运动区，而与视听信息并不相干，也就是说，与人体体轴坐标系不直接相关，故在图8.12上表示为两个整体的人体。我们每个人大概都有这样的亲身经验，有时感到身上奇痒，却挠不着痒的地方，说明这种感觉在体坐标系中是比较模糊的。

(2)左右大脑皮层既独立又相关。

人在婴幼儿时期发育时形成的体表感觉和运动信息的通道以及在大脑皮层的储存，按照人体周围神经系统的传递结构路线，虽说是单侧性的，但是“牵一发而动全身”，两侧皮层的功能又是相关的，这是通过脑中间的胼胝体实现的(图8.7、图8.8中，中间被切开的部分称为胼胝体)。实验证明，大脑皮层一侧所建立起来的信息通道和功能也能通过胼胝体转移到另一侧。胼胝体具有2亿～2.5亿个神经纤维，将两侧皮层相对应的部位联系在一起，对处理、整合双侧的感觉和运动的功能起着重要的作用。右手学会了一种技巧运动，左手虽然没有经过训练，但在一定程度上也能完成这种运动，说明一侧皮层的学习活动功能可以通过胼胝体传递至另一侧。

全身型的体表感觉和对运动支配的双侧性表明，它们和人体体轴坐标系的相关性是不强的，和人体视听觉几乎是不相关的。它会影响人的情绪，但对于认知、意识、思维等精神活动似乎并不相关。

8.3.4 化学型(味觉、嗅觉与嗅脑)

除去眼和耳以外，舌头和鼻腔也是属于特殊感觉器官。味觉和嗅觉是由味蕾和嗅细胞感受的气体和食物分子的化学作用引起的，这首先是对呼吸的空气和吃进的食物的一个鉴别，关系着生存环境是否合适、生命的能量是否得以维持。所以这两个位于头部的特殊感觉器官也是由脑神经直接将感知的信息传递给大脑，构成味觉区和嗅脑(图 8.6)，它们都是属于接收信息以后，要及时作出反应的脑的区域。

味觉器官(味蕾)的构造在生物进化中变化不大，但分布不同，这里就不详述了。值得注意的是，味蕾的神经支配从鱼到人均是由面神经、舌咽神经和迷走神经这 3 对脑神经支配的。从表面上看，味觉的进化是很不明显的，而味觉虽然在我们的意识、思维、生活和人际交往中并不占有重要的位置，但对于人类而言，从农耕文化开始，畜牧业、捕鱼业、养殖业、杂交嫁接、转基因作物、饮食业等，其出发点都和味觉相关，就是这样构成了人类舌尖上的文化。

味觉属于吞咽时的一种对食物的感受，少数情况下也会因为不对味而不下咽，将食物吐出来。嗅觉则是对发现食物、捕获食物和是否可食用所进行的一种探测和鉴别的功能，这是自然选择机制的体现，是不同种类的动物在进化中自适应的一种本能。人类有着对芳香气味沁人心脾的好感，而对腐臭气味就极其厌恶，乃至恶心呕吐。味觉和嗅觉不参与人类对外界认知的时空体系的构建，但是它们对弥散于其间的对生命有益抑或有害的物质却布上了两道化学的防线——凭嗅觉和味觉的好恶而做出取舍。视听器官的进化带来了智力的进化和升华，它们覆盖了味觉和嗅觉对生存的第一鉴别作用，人们凭父母的教导和传承，就知道对食物的选择和鉴别。图 8.6 中，嗅觉和味觉所占大脑皮层的区域都很小，图 8.14 中可以看出在生物进化中，嗅脑所占比例越来越小，近代研究表明，它们除与嗅觉有联系外，还和广泛的植物性机能有关，故又称为内脏脑，我们也可以称其为古典脑。

对于高等动物的四种特殊感觉器官而言，嗅觉和味觉器官是化学型的，与生命的本能更为相关；而视觉和位听器官是时空型的(电磁场和引力场)，从而带来了意识、思维和智力的进化。对于后者，我们可以从人类语言的进化上，做进一步的阐述。

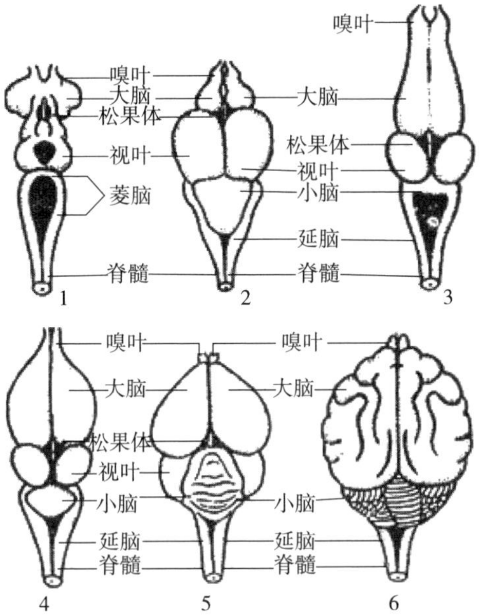

脊椎动物各纲脑的比较

1——七鳃鳗；2——鲈鱼；3——蛙；4——鳄；
5——鸽；6——猫

图 8.14 脊椎动物的嗅脑和脑[6]

8.4 语言区

8.4.1 语言是怎样形成的

正如恩格斯所说，“直立行走，这就完成了猿转变成人的具有决定意义的一步”。而这一步既不是单独发生的，也不是一蹴而就就能实现的，而是一个长期的、全身心的协调、演化的过程。由古人类化石佐证的“人属”进化史表明：

“直立行走”的进化道路，大概始于250万年以前的石器时代。石器是人类最早手脑并用制作的工具，它是直立人进化成智人的的历史见证。在制作石器过程中的手脑并用是直立人智力进化的动力，形成了直立人大脑对于抽象信息的构思和言传身教的交流、传播和认同，最终建立起在人类社会中手脑并用的行为方式和相应的语言。虽然对直立人是否具有语言能力这一问题学术界还颇有争议，但是，直立人的语言进化是和直立人的口的功能的转化、人脑中抽象思维的发展以及发声器官的演变同步的。

(1)直立行走带来了人的手所特有的抓握功能，这就使嘴从格斗、撕咬、劳作、搬运幼崽和食物、自我清洁的生存模式中解放出来。鸡鸣狗叫、狮吼狼嚎——通过嘴发出声波来传递信息，实现群居社会的交流，几乎是所有高等动物的本能。直立人嘴的解放使这一功能实现了信息世界的飞跃——语言诞生了，语言，尤其是符号，使得抽象成为可能。

(2)通过语言的交流和传播，逐渐地使直立人对外部世界感知的信息抽象化。抽象化的信息带来了大脑皮层部分区域的突变，因此尽管直立人没有留下“语言的化石”，但还是从古人类的头骨化石上获得了间接的启示。1972 年，拉尔夫·霍洛韦的考古队有如下的发现[5]：

> 在肯尼亚的特坎纳湖东岸发现的并且测定为约 200 万年前的能人的一个很好的标本，不仅在头盖骨内面发现了布罗卡区(语言区)，而且发现脑的左右两边的形状稍稍有点儿不对称。这表明能人之间能用比现代黑猩猩的发声范围更复杂的声音互相沟通。

(3)声道和发音能力的进化。

人类的语言是利用声波来传递信息的，虽然在超声波和次声波的范围无能为力，但是由于人类有着最大限度的发出不相连贯的声音和音素的能力，这就使人类只靠自己发声就可以使通信能力达到动物之最。

人类有 50 种音素，而猿只约有 12 种。从表面上看，50 种音素不算多，但在口腔发音机能的限制以内可以进行任意的排列和组合，因此实际上使用声音来传递的信息量是无止境的。据科学家推算，人类可以平均具有 10 万个单词的词汇量，而人类社会中又可以将这 10 万个单词组合成无数的句子、演讲、文章，这有如钢琴上只有 88 个琴键却能弹奏出无数不同旋律的乐曲那样。

人类之所以能具有这么多的音素，这和直立人声道的同步进化是不可分的。经过了 200 多万年直立人的进化，声道的结构才从猿的位置演变成我们人类现在的样子(图 8.15)。人类婴儿出生时像猿一样，喉位于喉咙的高处(如图 8.15 左)，可以同时呼吸和吃奶。18 个月以后，开始下移。孩子长到 14 岁时，喉到达成年人的位置(图 8.15 右)。这就是为什么小孩子学说话不那么流畅、唱歌时是童音的缘故。

于是，我们得出了这样一个结论，语言是直立人在上述三个条件下进化出

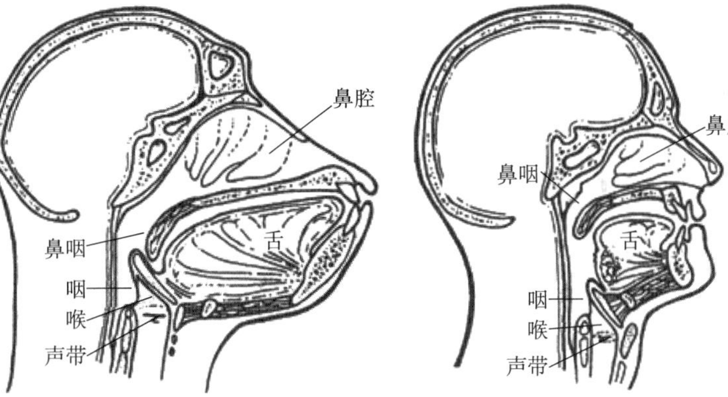

图 8.15 猿和人声道的比较(左为猿,右为人)[5]

左图:像所有哺乳动物一样,在黑猩猩的声道中喉位于喉咙的高处。这是一种容许呼吸和吞咽同时进行的结构,但是限制了咽部空间能够发出的声音的范围。

右图:人类的喉在喉咙中的位置低,这在哺乳动物中是独一无二的。其结果是人类不能同时呼吸和吞咽而不被噎住,但是他们能够发出范围很大的声音。在所有早于直立人的人的物种中,喉的位置都是像黑猩猩一样。头骨颅底的形状也是对人类发声能力进化程度的一个象征:猿的颅底是平的;人的颅底是呈弯曲的弧形。在肯尼亚北部发现的年代约为200万年前的直立人的头骨上,已经可以看到颅底形状的变化。这个被认为是最早的直立人的标本,可以看出当时的直立人已经具有发出诸如boot、father和feet中的某些元音的能力。这大概表明,早期直立人喉的位置会等同于现在6岁小孩的情况。

来的一种功能。如此,就可以用语言学家许国璋的话给语言下一个定义:“语言是人类特有的一种符号系统,当它作用于人与人的关系时,它是表达相互反应的中介,当它作用于人和客观世界的关系的时候,它是认知事物的工具(1986)。”这和我们第4章中对语言的论述是一致的,但我们更为关心的是语言在人脑中和时空的相关性,这里先谈语言区的位置,至于语言和时空变换的关系,将在第10、11章中再作详细的讨论。

8.4.2 大脑皮层语言区的位置

从19世纪开始,很多人就已经知道大脑皮层的左侧有两个区域和语言是相关的,即韦尼克区和布罗卡区(图8.16)。

韦尼克区和视、听信息的输入相关,布罗卡区和形成说、写的信息输出相关,这两个脑区的损伤会导致失语症。前者表现为听不懂别人的说话也看不懂文字的含义，这意味着输入的信息中断，或不能被识别；后者表现为说不出想要说的话也写不出想要表达的文字，这是信息输出的运动系统功能障碍，使得发声和动手的肌肉功能紊乱。

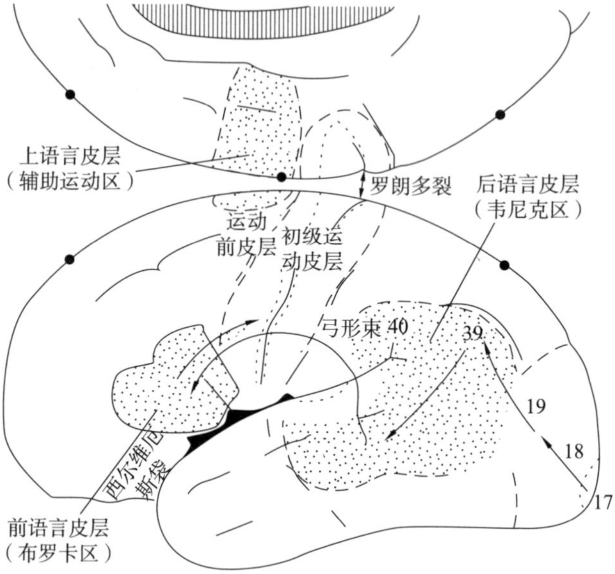

图 8.16　左半球和语言脑区[24]（前额叶指向左侧）

图中箭头表示控制诵读的神经通路，由视觉脑区（17 区、18 区、19 区）投射到 39 区（韦尼克区），然后经弓形束投射到布罗卡区，信息经过处理变换为复杂协调的运动模式，以用来控制运动皮层的活动，完成发声的肌肉操作。

值得注意的是，美国巴尔斯等编著的《认知神经科学》[1]中，对应用核磁功能成像技术对语言产生和语言感知所做的测试结果表明，现代认知科学对语言区的理解和 19 世纪的解释是非常接近的。

8.5　网络化的中枢神经体系

由于大脑皮层既是感知信息上行传入的终点，又是运动信息下行传出的起点，所以人们常常把人的大脑皮层称为第二中枢。从图 8.6 可以看出，在大脑的分区中有些区的功能的名称是不具体的，如视觉联合区、本体感觉联合区、运动前区等，这些分区是对各种信息起到加工、整合的作用。而脑干中的丘脑是脑干和大脑之间的中央信息通道，脑干是人体生命的中枢，也必然是神经体系的中枢。对于大脑皮层不发达的动物，如爬行动物，丘脑就是最高级中枢，是感受信息的终端处理器，具有接纳、分析、综合和处理信息的功能。尽管低等动物丘脑的信息量不会很大，但是它必须具有短时的感知、记忆和应对的能力，从而在这些低等动物的世界里也生活得很好、很自如。随着哺乳动物新皮层的增大，丘脑的功能也相应地进化，由爬行动物的感觉信息终端处理器，变成了感觉信息的第一级处理器。

对人类而言，发达的大脑皮层，经过在人类社会中模仿、学习、教育的智力开发以后，大脑皮层就会成为一个庞大信息流的仓库和加工基地、一个信息的整合和创新的中心。在一个人的成长过程中，除去锻炼和养成12对脑神经和31对脊神经的感知和运动功能以外，同时还要让中枢神经系统能建立起一个实时的、最佳的信息处理系统。

这个信息处理系统是可塑的、动态的、个性化的网络体系。

8.5.1　神经元网络的可塑性

所谓可塑，就是神经元网络本身具有不确定性，即在一个人出生以后，可以建立起这样或那样的神经元网络体系，也可能建立在不同的脑区。我们可以将之称为“用进废退，竞争上岗”的神经元可塑性机制，一个意大利男孩的悲剧就是一个很有说服力的佐证【27】。

> “这名6岁的男孩一眼失明，其原因在医学上开始是一个谜，因为在眼科大夫看来，他的眼睛是完全正常的。最后这个谜终于解开了，真相大白：在他还是婴儿时，为了治疗轻微感染，男孩的眼睛被绷带缠了两个星期。这样的治疗对于我们已经成熟的具有构筑完好的神经联系的脑并无影响，但对处于出生后这么短的时间，眼睛至脑的神经元回路正处于构建的关键时期的婴儿来说，其影响就非常大。
>
> 由于缠绷带那个眼的神经元不工作了，其原来的靶区就为正常工作的另一个眼的神经所接管。在此情况下，脑把暂不工作的神经元当作根本不存在似的，因此这些不活动、功能上不存在的神经元的靶区容易为活动的脑细胞所侵入。”

这种神经元网络的可塑性机制，使得大脑把眼睛由于扎上绷带而不能传递视觉信息误解为男孩在初期建立联系的阶段就已经废弃了这一只眼睛，所以这一部分脑区也就另作他用了。再如，医学上还有这样的案例：婴幼儿发育时左脑受损致残，长大以后仍然会具有良好的语言能力，这时语言区转移至右侧。

中枢神经体系网络化的可塑性，在人体上无法用实验来证实，因为常常是损伤性的，只能以一些病例来进行研究和解释。但神经生物学对青蛙和哺乳动物的研究表明，神经元网络的可塑性是一个不争的事实，它不只会带来像上述男孩那样的一只眼睛失明的悲剧，而且也会给脑的损伤、先天性缺损，形成一种功能的重新分配和代偿性的补偿。

对有触须动物的实验表明，在发育时段和成年以后对神经元损坏所带来的影响是不一样的。发育时的损伤往往是影响终身，而成年以后的受损，会带来神经元网络的重新组合，从而对损伤有所补偿。触须对动物来说是身体很重要的一部分，保证动物能穿过狭窄的洞口。触须与动物身体最宽部分同样宽，它们一旦碰到了什么，立即通过神经发送信号至大脑。如果触须两边同时碰到了，那么显然动物的头碰到了一个对身体其余部分而言太窄而不能进入的通道(图 8.17)。

> 图中“小鼠的桶状结构总是排列为五行。值得注意的是，这种模式严格对应于小鼠口鼻上的触须排列模式。如果在出生后早期拔掉一根触须，则相应的桶就从皮层消失，如果较晚去掉传入信息的触须，就会导致多种变化，包括皮层桶内神经递质受体表达的改变。通过对皮层桶内各个细胞电活动的记录发现，每个细胞对相应的触须的运动均有反应，有些选择性地对特定方向的运动有所反应。小鼠将它的触须作为敏感的天线，当它爬行时，通过来回摆动的触须探知路径两旁的物体。”[2]

图 B 表示那些与触须相关联的神经投射至脑中时，其相应的神经元集群在一起排列成桶形，所有的信号在一起构成了一个信息——能否通过？这样的神经元的桶形结构，代表什么呢？如果我们注意到拔掉小鼠一根触须带来的后果，这种后果是和出生后的早期还是晚期密切相关，如在早期拔掉小鼠一根触须，则相应的桶结构就会从皮层消失，也就是说，缺失了一根触须的传入刺激，就会导致所有的神经元无法建立其触须信息投射和加工的模式状态(这就是前文所说小男孩失明的原因)；如果较晚去掉传入信息的触须，就会导致多种变化，包括皮层桶内神经递质受体表达的改变。这样，我们对这个桶状结构的神经元群体就会有一个新的概念：它是一个彼此相关联的神经元网络，这

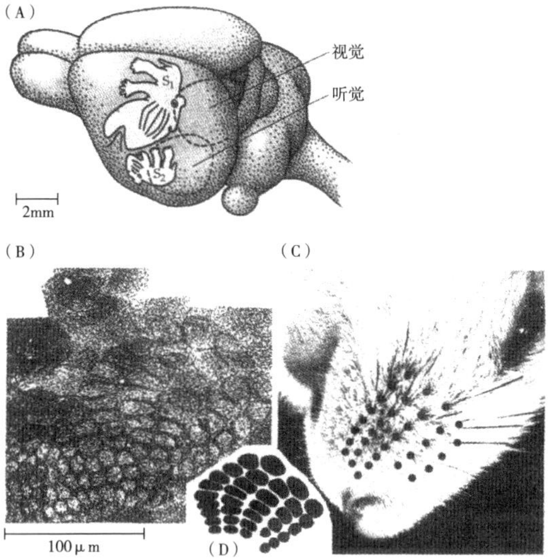

（A）显示感觉皮层躯体定位代表区的小鼠脑示意图，特别是面部和触须代表区。S_2是次级躯体感觉皮层。（B）经触须代表区的皮层水平切面，显示横切面中的桶状结构。（C）触须的近视图，每一触须的根部由黑点标出。（D）图（B）的桶状结构的模式图，显示与触须的对应。

图 8.17　触须和触须信息的投射

个网络在实时地、等效地记录触须的信息，并向中枢神经网络传递，进而对通道的障碍和两旁碰触的物体作出行为上的应对。小鼠桶状结构这样的神经元网络在哺乳动物中具有普遍的意义，由此我们可以看出，神经元网络是在出生以后的习得过程中建立起来的。

8.5.2　神经元网络的动态特性

神经元网络虽然是可塑的，但它有一个前提条件：在中枢神经网络统率之下的所有神经元网络的动态特性都应该是一致的，或是匹配的，包括时间和空间两个方面。

(1)时间、节律与意识的关联。

下面引用的几个参数，有助于理解意识和信息整合的关系，也可以作为我们人类天然的动态反应能力的参考：

一是视网膜对光的感知可延续 100ms[2]。

二是在最粗的神经纤维中，最快的神经信号的传递速度约 120m/s[2]。

三是中枢神经系统的时间节律：

24 小时——觉醒与睡眠的时间周期；

40Hz——自然振荡频率，脑正常工作状态；

2Hz——自然振荡频率，脑处于睡眠状态；

10Hz——自然振荡频率，脑处于清醒、不工作状态；

10Hz——大脑的运动指令、肌肉动作的最高节律。

这些标志着中枢神经系统工作、休息和监测的节律表明，神经活动中信息的采集、传递是有着不同节律的自适应的动态过程，而单个的神经元不能构成信息，信息是由多个神经元组成的神经元网络来表达的。因此，神经元网络应该是精神活动的基元。

(2)空间、形、象与意识的关联。

如前所述，脑的动物性功能首先表现在对外界信息的感知上。所感知的信息就其原理而言有三类：

电磁原理——视觉和温度觉，所感受的是电磁波的频率；

力学原理——位、听觉、触觉、痛觉，所感受的是惯性力、声波和接触时的机械作用力；

化学原理——嗅觉和味觉，所感受的是分子的化学结构。

所有感受到的这一切，都是客观存在的物质的属性，我们可以统一地称为"形"；所有被感知到的这些形，在进入大脑时实际上都发生了各自的转换，但我们也可以给一个统一的称呼，称为"象"。施加于感觉器官的"形"可谓是形形色色，但从属于以上三种作用原理；但所有被感觉器官转换成的"象"，最终都是同一的电信号。

生物的视觉、听觉、嗅觉、味觉、触觉等神经感受器，其共同的功能，就是最终要将各种不同的信号都转换成脉冲式的电信号，形成中枢神经系统的统一的认知信号。这种上行到中枢神经系统参与认知的信号和从大脑发出的运动指令信息都是电信号，称为动作电位。

动作电位是一种触发产生的、爆发性的全或无事件，但形成动作电位有一个清晰的阈值，当刺激信号超过阈值时，神经元会突发一个电脉冲信号，幅度约为0.02V，时程约为1ms(图8.18)，用符号e_P(0.02V，1ms)来表示。动作电位的信号只有两种类型，即有和无。当刺激信号不超过阈值时不产生动作电位，这就是无，可以用"0"来表示；当刺激信号超过阈值时，就会产生一个频率为f的脉冲e_P信号，频率f代表动作电位的强度。这种生物电信号的形成和传递是钠、钾、钙和氯四种离子转移的结果，它们经由跨膜蛋白形成的特异的离子通道的开启和关闭来实现。

神经元电信号的一个重要特征是,它们在体内所有神经细胞中实际上是相同的,不管它们是传送运动的指令,传送关于颜色、形状或疼痛刺激的信息,还是在脑的不同区域间进行相互联系。电信号的另一个重要特征是,它们在不同种动物间是如此之相似,以至于甚至一名有丰富经验的研究人员也不能肯定回答:在实验中,摄影记者记录的某一个动作电位是来自鲸、小鼠、猴、蚯蚓、毒蜘蛛,还是实验教授自身的神经纤维。从这层意义上讲,可以认为动作电位(沿神经纤维传播的神经密码)是一种定型的单元,它们在所有已经研究过的神经系统中是信息交换的共通钱币。在脑中对信号的区分,很可能是细胞的庞大数字(可能是 $10^{10}\sim10^{12}$ 个神经元)和连接的多样性,而并非信号的类型,从而可以解释为何脑能承担如此复杂的任务。[2]

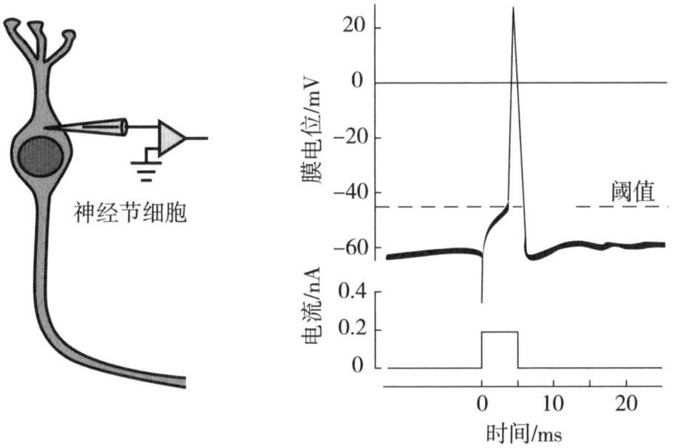

图 8.18　动作电位[2]

动作电位,用胞内微电极记录视网膜神经节细胞。经电极向细胞注入电流作刺激,引起去极化反应;当去极化超过阈值时,引发全或无动作电位。在动作电位期间,神经元内部变为正。动作电位沿神经节细胞轴突传播至其终末,引起递质释放。(引自 Baylor and Fettiplace,1977。)

以上神经生物学所做的研究表明,动物神经系统信号的形成和传递是一个量子化的过程,神经信号的量子就是电脉冲 e_P(0.02V,1ms)。这个 e_P 的准确值应该能从量子力学计算出来,它是一个和量子跃迁能级相关的量,信号的强度虽然可以用频率 f 来表示,物种不同,但神经元电信号是同一的。人脑对信号的采集频率是统一的 40Hz,通过突触相互连接的多个神经元信号的同时传递构成了"象",象的信息载体是神经元网络。人脑中,所有神经元网络的运动(注意:不是神经元的运动)都遵从颅脑内的左旋时空体系,在这一时空体系内所有象的信息的交会,即神经元网络的汇集,就构成了中枢神经网络和运行于其间的我们每个人的意识流(参见第四篇)。

8.5.3 中枢神经网络的个性化特色

中枢神经系统,在人脑的世界里都是相同的,如大脑的结构和分区、颅脑内的时空体系、感觉和运动信息的上行和下行,等等,对所有的人可能有着些微的差异,但大都是一样的,这是由人类先天的基因所决定的。

然而每个个体的行为和精神状态总是会有差异的,甚至很明显。原因是各个人在成长和全部生命的活动中,所构建的中枢神经网络是不一样的,其表现就是记忆信息的差异、思维活动的差异、动作行为的差异,这表明中枢神经网络才是中枢神经系统的运行状态,它不仅和先天基因的差异有关(与神经细胞蛋白质结构和活力有关),而且取决于后天的环境、接受训练、教育的等级和自我开发和努力的程度。中枢神经网络的工作状态是神经元网络活力的体现,和年龄段有着很强的相关性。

中枢神经网络是精神活动个性化的载体,"十年树木,百年树人"就是塑造这一看不见的网络的写照,而且塑造的过程有着自身发育的时间节点,"机不可失,时不再来"。作为反面的极端的例证,20 世纪 20 年代发生在印度轰动一时的狼孩事件,就是最好的说明。

> 1920 年,在印度加尔各答东北一小城,人们常见到一种"神秘的生物"出没于附近的森林。往往一到晚上,就有两个用四肢走路的像人的怪物尾随在三只大狼后面。后来人们打死了大狼,在狼窝里终于发现这两个怪物原来是两个裸体的女孩。其中大的年龄七八岁,小的约两岁。这两个"狼孩"被送到孤儿院去抚养,还给她们取名,大的叫卡玛拉,小的叫阿玛拉。到了第二年阿玛拉死了,而卡马拉一直活到 1929 年。(图 8.19)

> 美国《自然史》杂志 1976 年 4 月号:"据记载,狼孩刚被发现时用四肢行走,慢走时膝盖和手着地,快跑时则手掌脚掌同时着地。她们总是喜欢单独活动,白天躲藏起来,夜间潜行。怕火、怕光、也怕水,不让人们替她们洗澡。不吃素食而要吃肉。吃时不用手拿,而是放在地上用牙齿撕开吃。每天午夜到凌晨 3 点钟,她们像狼似的引颈

长嚎。她们没有感情，只知道饥时觅食，饱则休息——有嘴不会说话，有脑不会思维，人和野兽的区别也泯灭了。”

(a)狼孩卡玛拉

(b)狼孩阿玛拉和卡玛拉

图 8.19 狼孩[46]

我们之所以详细引用20世纪20年代印度狼孩的故事，因为这是由狼来实现的一次有关我们人类行为、意识和智慧的科学实验，人类付出的是两个女孩的代价，实验结果具有深远的意义。

第一，我们人类诞生时带来了生物界最复杂、最完善、可以成为万物之灵的基因；与此成显明对照的是，我们人类诞生的婴儿是生物界最无自助能力的生命体，除去啼哭和吃奶以外，什么都不会。由此，我们得出的第一个结论是：基因的信息量和出生时的自助能力成反比，没有家庭和社会的帮助，基因所携带的信息将不能充分表达出来，以至于人连狼都不如。

第二，“人之初，性本善，或是性本恶?”对此我们就会有一个中性的回答。从美国《自然史》杂志的报道来看，自幼和狼生活在一起的“人”，将不具有人的行为能力、生活习性和意识，而是类狼的动作、行为、生活习性和狼的意识(对于后者，可以存疑)，但又不能发育成狼的体格和具有狼的运动能力，因为这是由人的基因决定的，不可能形成狼的发育状态。

第三，因为两个女孩是生活在狼的世界里，所以神经元的功能没有能得到人为的开发。两个女孩脑中的1000亿神经元之间形成的相互连接，和正常人的发育相比就会失去时机，只能建立起酷似狼的生活习性、与狼的意识相对应的“中枢神经网络”，我们将此称为神经系统发育的狼化开发。因为没有人类的语言，自然也不可能形成和人类的精神活动相通的意识形态。意识产生于中枢神经网络信息的集成化，而智慧则来源于多神经元网络的开发和共生的活力。

狼孩既没有人的行为，也没有人的智慧。这或许已经反证了我们人类的意识是后天形成的，和人类社会的环境、条件密切相关。

人的中枢神经网络形成的精神活动体现在三个方面：与感知、语言相关联的意识和智慧；与肢体动作相关联的运动能力和行为模式；与内分泌相关联的情感、性格和精神状态。

这些将在第三篇进行讨论。

第三篇　意识和智慧

——左旋世界中的精神活动

运动，就它一般的意义来说，就它被理解为存在的方式、物质的固有属性来说，包括宇宙中发生的一切变化和过程，从单纯的位置变动起直到思维。

思维着的精神——物质自己在地球上最高的精华。

——恩格斯:《自然辩证法》

导 言

意识和智慧是人精神活动的象征，它在哪里？

从第二篇可知，输入的信息是由右旋世界的“形”变成左旋世界的“象”，输出信息则是由左旋世界的“象”变成右旋世界的“形”，这样的研究和论述，对正在兴起中的认知科学的研究是有意义的。对于输入和输出信息不能只停留在“宇称 k(k′)变换”上，而且要探知输入信息到哪里为止，输出信息从哪里开启，输出信息和输入信息是如何衔接的，是在哪里完成的。这个过程，对于低等动物，比较简单，可以追踪，甚至一目了然；对于高等动物，则很复杂，甚至非常复杂，难以捋清；对于人，则几乎无法从微观上进行全面追踪，可以称为认知上的“黑匣子”。这个“黑匣子”多少有点像人身体上的血液在动脉和静脉之间的毛细血管中的回流那样，难以做到一一对应地衔接起来，而且由于毛细血管细到只能容许一个红血球通过的程度，从微观上去研究每一个红血球的运行路线也是不可能的，这就有如人脑中信息的输入和输出的关系一样。因为人脑输出的信息并不等于输入的信息，如同静脉回流的血不等于动脉输出的血一样，而传递神经信息的突触连接是在量子层级上的，远小于红血球的细胞层次。因此对精神活动的探讨必然会承认这个“黑匣子”的存在，人们对脑的探知就是一层层地打开这个“黑匣子”，但总是会有所保留和适可而止。

精神活动通常包括记忆、思维、意识与自我、行为与动机、情感、梦幻与精神状态等各个方面。这在动物世界里特别是高等动物也都有不同程度的表现，对人类而言则集中体现在以直立、语言和自我意识为标志的这样一个三位一体的中枢神经网络上。

写过著名的科普读物《布罗卡的脑》的科学家卡尔·萨根曾经在评价 F. 克里克对生命的理解和对《灵魂的科学探索》所做的贡献时这样说道：

> “在我们对生命的分子基础的理解方面，克里克也许比其他任何人都做出了更大贡献。《惊人的假设》提出了一个引人入胜的观点：意识和长期以来被称为灵魂的东西，现在可以用科学的方法来研究了。我们内部的所有状态——感觉、知觉、意识和自我意识——都是

我们头脑中神经元网络的性质。”[23]

在有关人类认知的精神活动中，很少有科学家像卡尔·萨根这样将“感觉、知觉、意识和自我意识”和“我们头脑中神经元网络”相关联，通常都只是提到“神经网络”，而不是“神经元网络”。原因是“神经网络”除去解剖学上明显的12对脑神经和31对脊神经以外，在脑内还有一些传递信号的神经通路也是很明显的，如视网膜至中枢神经系统之间就有100万条信息通道等，这些在解剖学、生理学和病理学中都是有科学根据的，所以引用“神经网络”一词不会有异议，因为它确确实实是脑内存在的一种联系形式。这些连接如发生故障，就会形成病态或残疾。但是这种连接只是传递信息，它本身并不能构成信息的编码。那么，信息的编码是由谁来完成的呢？答案应该是“神经元网络”。神经元网络大量地存在于脑中，问题是这种神经元网络除去能在动物身上得到部分的实验验证外，对于人类这种有语言参与的神经元网络是很难得到实体的实验验证的。对于爱因斯坦大脑的解剖结果表明，他在神经元的相互连接上，远远地超过常人，然而谁能知道这些超常发达的连接代表了什么意识和思维呢？他的“相对论”的创造，究竟和哪些神经元网络相关呢？这或许是永远也不可能解开的谜。

人们之所以不能解开这些谜，原因是尽管“神经元网络”和“神经网络”只有一字之差，但它代表了不同的构成机制。神经网络主要是由基因所决定的神经细胞和胶质细胞的一种发育和生长状态，也可以说是网络的结构取决于构成它们的原子、离子和分子的性质，因此它们在同一个物种的不同个体上有着明显的可重复性，神经网络主要取决于先天；神经元网络则不然，它们是由感官接收的信息所形成的神经元的编码体系，它既是信息的载体，也是信息叠加、整合的基础，它们在脑中的存在，就构成了所有自我意识的碎片（人和高等动物的差别，就在于动物没有自我、意识和认知的语言碎片和这些碎片的网络结构），而这些碎片的源头都是来自后天感官的刺激形成的外界信息的输入和变换。也就是说，它们有着与环境相关的成因和可塑性，这在同一物种的不同个体上是不会完全重复的，即神经元网络主要取决于后天的自我塑造。

实际上，神经网络和神经元网络两者都是建立在神经元特性基础之上的、密不可分的一个信息体系，但又各具特色：神经网络的生长发育过程保持了基因的先天不变性，而大量的神经元网络则具有适应环境、汲取外界信息的可塑性。神经网络将神经元网络的意识碎片，有机地组合在一个大脑的时空平台上——我们将之称为“中枢神经网络”，自我意识和人类的智慧就运行于其中。

第三篇就是要对构成我们意识的主要精神活动——记忆、思维、行为、自我和身心健康因素——进行一些探讨和分析，并遵循两条基本原则：

(1)人脑信息的输入和输出符合宇称守恒定律，但在脑的左旋世界的运行中有一个增量的创造，这个增量来自脑中以“神经元网络”形式存储的信息体系和“神经元”的自激发机制，二者构成了灵感和智慧的源泉。

(2)“自我意识”和“灵魂”的自省正是中枢神经网络存在和发挥作用的体现，这是一种网络式的存在，它存在于颅脑内的左旋四维时空世界中，中枢神经网络就是“自我”和“灵魂”的栖息地。

第9章 记忆——精神的基石

正如《人脑之谜》的作者苏珊·格林菲尔德所说："记忆是我们的精神基石。"[27]

由于记忆是最为明显的也是最重要的精神活动，因此对"记忆"的研究颇多。"关于记忆的系统和记忆的子系统有着不同的观点。对多重记忆系统的提法也有很多种：二分法如短时记忆与长时记忆，分门别类记忆与现场记忆，海马与非海马记忆，陈述性记忆与非陈述性记忆，还有一种记忆包含程序、知觉、语义、工作记忆和情景系统记忆的划分，等等。"[28]我们则将记忆分为三类，即生理记忆、认知记忆和事件记忆。生理记忆和语言无关，如行走、进食的动作等；认知记忆大都和语言相关，如事物的名称等；事件记忆则往往与时空、语言、文字和个人情感相关。

从认知的角度出发，我们对记忆的探讨将侧重于这样的问题：

- 记忆和经验、语言的关系："形象"记忆与"抽象"记忆。
- 记忆的机制：记忆的编码、长时记忆与短时记忆。
- 中枢神经网络中，记忆信息的存取和运行。

9.1 记忆与意识

9.1.1 认知中的形象、抽象和意象

第8章论述了人的所有的感知都是从经验开始，将外部世界的"形"转换成内部世界的"象"，而且都是以统一的电信号的模式来传递的。

人类对形的认知，总是要变成语言和文字的描述，包括文学的、艺术的、科学的、哲学的，等等。所有语言和文字对客体的描述都发生在外部世界：在自然界是客体的形，在口语中是声音的形，在纸面上是文字和符号的形；而在我们头脑中既是"自然界"的象，也是"文字和符号"的象，前者称为"形象"，构成形象的记忆，后者称为"抽象"（也包括语言信息形成的语象），构成抽象的记忆。

对“抽象”信息的理解会受教育层次的限制，分门别类的知识都具有从基础开始的宝塔式的结构体系，一层层提高，知道这一层，但更高一层的知识未必懂得，因此在学习和认知过程中，又常常会形成几个“为什么”？回答这些为什么就会自发地在脑中形成一种猜想和新的构思，对脑中发生的这种属于自己的新的构思和想法，我们称为“意象”，它是创造性思维中的一幅幅画面，在形成语言和文字输出前，它会暂存于脑的记忆中（对这种创造性思维的论述，详见第10章）。

当人类出现了语言并用语言参与认知过程的时候，相较于哺乳动物而言，在人脑中就逐渐地进化出一个新的“记忆－认知”的体系——形象和抽象相结合的认知－记忆体系。这个体系的基础是两个对应和一个变换。

第一个对应：在外部世界中语言、文字、符号的形与实物的形相对应，也就是用前者的形对后者的形进行编码，两者都是形：前者称为“编码形”，后者称为“实物形”。

一个变换：经过宇称(k)变换，在颅脑内“编码形”映射为“抽象”，因为编码形不是实物形，因此抽象所携带的信息不遵循宇称守恒定律，抽象信息存在于脑的一侧语言区，即抽象思维区；实物形映射为形象（或称具象），形象所携带的信息遵循宇称守恒定律，形象信息存在于脑的左右半球，构成形象思维。

第二个对应：脑中存在于语言区的抽象信息和存在于左右半球的形象信息相对应，是第一个对应按照宇称(k)变换的守恒规律在颅脑内的映射，对此，我们视为抽象信息由形象信息所背书而被认知，两者存在的形式不同，但信息是等价的。

这样，脑中对抽象信息的理解和记忆，就变成用形象信息的直接对照，或者由低一级的抽象信息来解读高一级的抽象信息。人脑就是这样建立起一个抽象和形象信息兼容的记忆－认知的体系。

我们从咿呀学语开始就是在这样一个兼容的体系中进行学习、记忆和认知的，这样的认知途径从深层次上来看，是一条由自然法则所规定的必由之路。这可以从两方面来说明。

从个人的因素来看，首先是先天的因素，也就是由基因决定的神经元的记忆活力，有的人被称为记忆天才。其次是记忆的技巧和重复性的演练，这样可以提高神经元网络的连接强度。二者相结合，就会出现奇迹，中国的吕超就是其中之一，他能背诵圆周率至小数点后67 890位，并获得了吉尼斯世界纪录证书。

从视觉认知的字称(k)变换(6.5.3节)原理来看,信息的属性是不变的,但视网膜上的像与实物尺度的比是$1/k$,k是一个不能由视觉确定的系数。怎样解决呢?他需要经验,需要用身体来比对和测量的感知,从而在中枢神经网络中形成对视觉系数k的经验认知。最好的例证就是篮球和足球运动员的投篮和射门,他们必须精准地目测距离,才能命中得分。而这样的功夫是通过若干次训练的亲身经验,在中枢神经网络中,形成了对距离目测的经验记忆,如将篮筐的大小、足球门的大小、守门员的身影的大小等作为参照系,从而在瞬间意识中就能提取出系数k的经验值,准确地做出对距离的判断。所以在记忆一认知的体系中,形象的、经验的认知和记忆是第一位的。

所以,人类认知记忆从基本原理来讲就是:自然法则+经验。

9.1.2 从学习、记忆到意识

记忆是一个和学习相关的过程。我们每个人从诞生时开始,就在接触外部世界,就在学习,于是从一个孱弱的宝宝成长为一个聪明能干的成年人。但是要说清楚这一过程,似乎很难,尤其是四岁以前。

婴幼儿早期的记忆和高等动物很相近,我们称为生理记忆。对记忆的分类,我们倾向于从生物进化和发育的角度将其分为三类,即生理记忆、认知记忆和事件记忆。

(1)生理记忆与意识的启蒙

生理记忆是相对于人的心理记忆而言,其实心理记忆也是和生理记忆相关的,因为没有能离开生理条件的心理记忆,生理记忆是指人所意识不到的那些记忆。新生儿来到这个世界,基因赋予他的本能如同哺乳动物一样,就是求得生存。为此,从诞生的那一刻开始,就告别了由脐带供养、循环的生存条件,开始努力做好三件事:一是觅食吸奶;二是依偎妈妈,寻得安全;三是模仿学习,直到和先辈一样能独立生活。

模仿学习是一个和记忆相联系的过程,尽管我们回忆不起来记忆的细节,但是只要你注意婴幼儿的发育过程,你就会发现婴儿在三个方面有着明显的进步和记忆:一是进食,对母乳有着特别的记忆,从6个月开始就对半固体食物感兴趣,有了明显的味觉记忆;二是身体的运动和控制能力,3～4个月时可以侧翻身,6个月时可以翻身撑起前半身,7个月时会滚,8个月时会爬,9个月时能站立，11～12个月时学走路，到了一岁半时，就可以搀着他（她）的小手去散步了；三是咿呀学语时所表现出来的天真。一岁多的宝宝，他（她）有记忆，他（她）能重复，他（她）能凭借记忆和你交流，他（她）有意识的萌芽，他（她）在模仿说话，但还不能准确地懂得语言的含义。

我们可以把这种形式的记忆称为生理记忆，因为这不仅是婴儿的记忆，也是动物和成人的记忆模式，如鸟类学习飞翔，猎豹学习捕猎，以及成人"熟能生巧"的那些习惯性的记忆，如游泳和开车时的手脚配合等。生理记忆来自神经元的本能的活动，从新生儿开始，大脑就在不断地发现人体656块肌肉的存在和用处，神经元在各种信息输入的激励下，不断地和这些发育中的肌肉建立联系，从幼稚的不协调动作，到手脚的默契配合和全身协调一致的动作。大脑重量和整个体重的比例也在出生后18个月时达到人生的极限，此时神经元连接大为增加，神经元网络急速扩展（图9.1）。

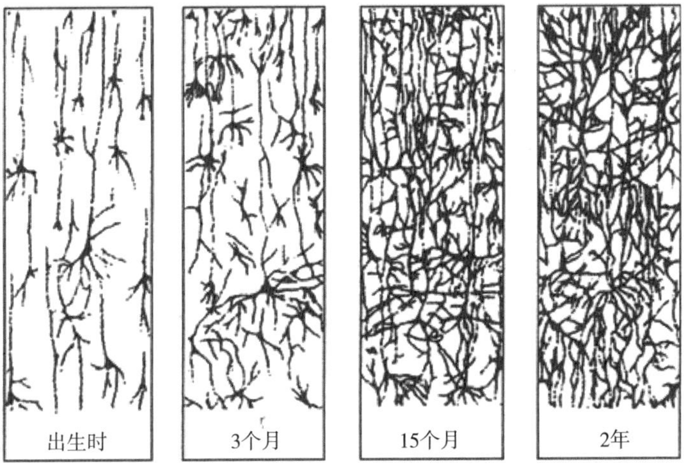

人脑皮质的发育的特征是神经元连接数的增加。
单个细胞在新生皮质中较易看见，但到两岁时就很难在致密的连接网络中分清神经元了。

图9.1 婴幼儿发育时，神经元网络急剧扩展[27]

生理记忆也是动物进化的一个象征，有记忆才会有意识，才会有思维。低等动物除去本能的记忆和神经反射以外是没有意识的，哺乳动物和灵长类动物，同样有一个后天的学习和记忆的成长过程，它们的意识和它们记忆的信息量相关，因为在它们的大脑中神经元也会呈现出富有活力的连接，形成一些记忆的神经元网络。

美国加利福利亚大学伯克利分校的华特·弗里曼博士建立了以干扰和网络为基础的理论,他说:"就像从一个水分子的物理特性看不出飓风的迹象一样,单个神经元的特性也不能清楚地表明意识。意识产生于神经网络间的合作。"[26]因此婴幼儿从生理记忆开始,通过神经网络间的连接,实现了以神经元网络表达的意识碎片的自由融合,这就形成了意识的启蒙。

(2)认知记忆与信息模式

对于人类的认知记忆而言,可以分为两类:一种是通过感官的认知,另一种是通过语言的认知。前面已经讨论过,所有通过感官的认知,都可以归结为由形转换成象,我们将这一类象称为形象(或具象);通过语言的认知,就是学习和接受对事物的语言表达,并形成共同语言,这是一种抽象的认知,是在已有的形和象变换基础之上的一种概念的界定和认同。

人类从婴幼儿开始,对外部世界的认知都是实物和语言同时并进的,婴幼儿大脑中构成形象和抽象的神经元网络也是同时进行的,只是侧重点不一样,早期侧重于形象,后期侧重于抽象。婴幼儿从一开始就是接收的这种"形象"和"抽象"混搭式的信息,"形象"信息按照自然法则,左视野存在于脑的右侧半球,右视野存在于脑的左侧半球;而"抽象"是虚拟时空中的信息,至于存放在大脑的左半球或是右半球并不重要,只要始终参与对外界的认知过程,并且遵从人类社会的法则就行(包括社会法则、科学法则)——这一点,在大脑中是自动实现的。

如果我们还要追问:"为什么大脑能自动地完成单侧语言区的功能呢?"回答是,"这种'形象'和'抽象'信息混搭的信息模式,是建立在用形象信息来背书抽象信息的基础之上的,这样的模式使大脑的功能得到了最佳的发挥"。人在脑海中形成的"抽象"认知,已经不具有真实的时空特性,但它是符合逻辑的语言和文字的信息,例如"一亿年以前",这个"以前"在哪里?一亿年又是什么意思?但它符合逻辑;又如,"苹果"手机,这个"苹果"是不能吃的,还被咬掉了一口,苹果成了手机的品牌。前一个例子是有关时间的,后一个例子是有关空间的,两者和我们都不处在同一个时空,它们只是一个和"年"与"苹果"形象相关的抽象存在。语言带来了抽象存在的信息,本身不构成宇称对称的时空变换,所以语言区不需要左右脑的对称参与,只要一侧大脑即可胜任。

通过语言进行认知—记忆的过程,也是婴幼儿构建语言式意识流的过程。

幼儿的发音器官是与神经系统同步发育的。幼儿专家们公认，一岁半至四岁是学习口语也是音乐启蒙的最佳年龄期。

儿童学习说话的过程如下：

语音—听声音，看口型，激励言语动觉，包括声带、唇、舌等发声器官；

↓

理解——大脑对语音传递的信息，如苹果、哭笑、喜欢等，进行与实物、情景的对照记忆，即抽象的语音认知记忆过程；

↓

表达——口说，即大脑激发发音器官，再现语音所表示的信息内容，完成认知的循环。

语言是人类伴随着直立行走而进化出来的特殊功能，是精神世界的标志。尽管动物也有彼此传递信息的方式，或者我们可以将其称为动物的语言，但仍属于生理记忆的意识范畴。人类通过语言进行学习和交流的过程是一个抽象的过程，是一个不完全从属于生存需求的过程，是一个带有认知宇宙和人类自身的探索过程，也是通过语言的交流来实现对事物描述的趋同和确认的过程。

小宝宝一岁多以后，在语言学习中最典型的语句就是：

问："这是什么？"或"他是谁？"

答："这是苹果。"或"他是叔叔。"

大概从两岁开始，宝宝就会很入神地听你讲话，而且会积极主动地向你发问。他（她）不只是问："这是什么？"或者"他（她）是谁？"，而且萌发出求知的愿望，常常会恰到好处地问一个"为什么？"比如，"云彩为什么会追着月亮走？""太阳落山以后又到哪里去了？"等等。中国人将各种知识统称为"学问"是有道理的。从两岁多开始，我们每个人都是在边学边问，而这也正是我们人类和动物在语言和心智上的本质差别。马戏团的动物表演再好，但也没有迹象表明，有哪一种动物能在训练中会有这样的意识，像两岁多的小孩一样构成一个"为什么"的问题。

语言一旦打开了幼儿的心扉，激发了神经元集群的共鸣，就会形成大量的与语言信息相关的神经元网络，宝宝的学习能力就会大大提高。宝宝不仅可以继续通过感觉器官认知外部的形的世界，记忆大量信息，而且可以通过语言接收人类积累的文明宝库中的各种信息。生理记忆与语言认知记忆的的综合能力在一岁半到四岁时进步最快。四岁时，脑容量可达 1160 克左右，大约为成人脑量的 83%，已经和人类进化史上的晚期直立人的成人脑量相当。莫扎特四岁就能作曲，四岁幼儿在聪明才智上可以和我们的祖先智人相媲美。

人在四岁时形成的生理记忆和认知记忆是永恒的，它是人生中建立自己精神大厦的的基石，因为这是“幼学如漆”的“童子功”。

(3)事件记忆与意识的形成

每个人都会回忆起儿时亲身经历的、最早而又印象深刻的几件事，我们将之称为“事件记忆”，有的学者称为“陈述性记忆”或者“场景记忆”。事件记忆既包含了场景，又是陈述性的，一般会具有如下的特点：

- 有时间信息——即使在没有钟表的时代也有一定的时间特征可记忆和回忆，如时令即春夏秋冬，时辰即白天黑夜、早中晚、上下午、还有晴天雨天等。
- 有地点信息——即周围的环境，用科学的话说即空间信息，如房屋、道路、交通工具、场景、人物，等等。
- 有过程信息——即事件随时间的进行和变化，特别是新奇的预想不到的发展。
- 有自己本人的情感和心理活动——喜怒哀乐、震惊、害怕、祈求、逆反等。
- 最后一点，是可以用语言、文字、符号或者绘图再现出来。

事件记忆是幼儿学会语言后的一大飞跃，是语言认知的延续和发展。事件记忆是人类智力的升华，其核心是对时间和空间有了一个抽象的或者说理性的认识。幼儿到了四五岁时，经过自己的亲身感受和成人的灌输和教育，开始以自我为中心来理解和接受时间和空间的概念，时间如白天黑夜、早中晚、上下午，空间如前后左右、东南西北、屋里屋外等。

事件记忆的这些元素，表明幼儿到四五岁的时候，其脑中存储的记忆碎片已经不再是一些记忆的基元，而是构成了在一定的时空中相互关联的事件。这些事件，不只是对当时场景的回忆和过程的陈述，而且掺杂有自己的感情，甚至很强烈的心理活动，这就是自我意识——一个自在的自我在颅脑内的左旋四维时空中诞生了，人们常常将这个对自我感知而又无法言表的一面称为“灵性”或者“灵魂”。

9.2　记忆的机制

前一节虽然对记忆的存储和分类作了描述，但是并没有释去人们心中的疑问：

记忆究竟是怎么回事？

我们又是怎样能记住的？有的记忆时间很长，有的则很短，记忆的时效性机理是什么？

9.2.1 信息记忆的模式

首先，我们有一个直觉的概念，即单个的神经元构不成信息，而单个的信息也构不成意识——因为所有不相关的“1”不构成信息的编码，一堆不相关的“1”犹如一堆沙子一样，就只是沙子。

信息是什么？按照美国数学家、控制论的奠基人诺伯特·维纳在他的《控制论——动物和机器中的通信与控制问题》中的定义，信息是“我们在适应外部世界、控制外部世界的过程中同外部世界交换的内容的名称”。照此说来，单独的一个神经元不能记住完整的信息，因为每一个神经元只能输出“全或无”即 1 或 0 这样的信号，它不可能记忆和传递同外部世界所要交换的所有信息的名称。

神经生物学告诉我们，人由感觉器官感受的信息已经是第一级的编码信息，随后经过大脑皮层的入口丘脑向大脑皮层投射，目的是由大脑感知、存储或作出应急的反应，通常把这种存储称为记忆。实际上，“记”和“忆”是两个过程，信息经过丘脑换元向大脑皮层投射后，大脑皮层将会对有用的信息以多个彼此相关的神经元网络的形式进行表达，构成感知的信息在大脑中的存储，也就是一连串神经元编码的信息记录。人脑对信息的感知、传递和存储总是力求保真和准确，神经生物学对视觉信息所作的跟踪观察就是最好的说明：视觉信号由 100 万条视神经传输至丘脑，丘脑则以点对点的投射方式传送到初级视皮层，而视皮层是一个和视网膜相似的拓扑变换的地形图，所以视觉的图像完全保真地传送到了大脑。

由于输入的信息本身是多种多样的，但是脑对所有的信息进行了统一的处理和整合：第一是神经信号的模式都是同一的电脉冲 e_P（大约为 0.02V，1ms，图 8.18，见第 8 章）；第二是所有信号的采集频率是统一的 40Hz，使得原本在外部世界各自独立的所有信号被脑的 40Hz 节律全部同步化(8.5.2 节)。

这样，人类的精神活动从记忆开始就形成了信息的共同模式：

①对外界感知的所有信息的“象”是保真的——由“神经元网络”进行编码

记忆；

②构成信息的电信号模式是同一的——全或无(1 或 0)的脉冲信号 e_P (0.02V，1ms)；

③信号的强度由脉冲信号的频率来决定——$f(e_P)$；

④所有信号的节律是同步的——40Hz。

这 4 条正是脑可以对所有信号进行存储、传递、统一整合的前提，第②、第③、第④条来自神经生物学的研究成果；第①条是作者提出的有待界定的一个概念，因为它接近认知的核心，即如何对感知的信息进行编码这个黑匣子。

从学习和知识的逐步积累的过程来看，我们所记忆的信息应该是模块式的，语言和知识就是按照语法和知识体系进行的模块式的拼接和逻辑的演绎(有关知识的创新参见第 10 章)。如此看来，人类智力有着共同的基础：共同的人类基因；共同的时空、共同的时间节律；共同的信息变换原理——宇称(k)变换法则；共同的中枢神经系统和神经信号的模式；共同的模块式学习和记忆的过程，以及共同的语法和知识体系(【注】各民族的语言虽然不同，但由于信息变换原理相同，所以不同的语言是可以翻译的)……所有这一切将人类的智力推上了一个顶峰：在所有进行认知的共同的基础之上，每个人都会强烈地感觉到一个自我的存在，表达一个富有个性的自己——这就是建立在记忆基础之上的意识。

9.2.2 怎么记住的

对于正常人，记忆是很普通的事情，但为什么能记住，又为什么会有短时记忆和长时记忆之分呢？

事物的记忆既然是和神经元网络的编码相关，那么记忆的准确性、记忆时程的长短也就取决于神经元的特性及参与记忆活动的模式：长时的记忆，如我们会永远记住上学第一天的情景；短时的记忆，有如我们平时打电话时只能记住 7 位数(平均)，而且打完电话以后常常就忘了。长时的记忆一定是在参与记忆的那些神经元中留下了不可抹去的印记；而短时的流动式的记忆，只能是保存较短的时间，边记忆、边清除、再记忆、再清除……。视网膜的信息就是短时程记忆，它的信息只保留 100ms，因为视网膜不能像我们的照相机的底板那样可以一张张地更换，它要不断地清除、归零，不断地接收和传出新的图像信息。

短时记忆又称为工作记忆，既随着时间而流逝，又随着时间而更新。这对于人类和动物——章鱼、猫、狮子、猩猩——可以想象应该是差不多的。因为没有了短时记忆的能力，就不能捕食和避险，就不能进行方位和空间的比较，也就不会有运动的意识和应急反应的行为。

长时记忆是不随着时间的流逝而消失的记忆，它会不断地增加内容，扩大范围。但仔细分析起来，它还是以自己个人的生活、生存为中心。我们每个人长期深藏着的那些记忆，都是亲自经历而留下来的宝贵的经验。

以上的分析告诉我们，记忆是一个生命现象。记忆的机理是什么呢？诺贝尔奖获得者、波动力学的创始人埃·薛定谔的名著《生命是什么》【28】为我们提供了寻找答案的途径。

(1)多神经元结构和信号强度是记忆的前提

如前所述，一个神经元的信息量最多可达10万个输入和1万个输出，因此表达神经信息的神经元网络必然是属于多神经元结构。多神经元结构的提法和薛定谔的多原子结构是一致的。他在书中说道：

> “我们得到的结论是，一个有机体和它经历的全部生物学相关过程，必须具有极多的‘多原子’结构，必须防止偶然的‘单原子’事件起到太重大的作用。”

对此我们可作如下的解读：“多原子”和“单原子”都是带引号的，应该理解成微观世界的普适小单位的数量，这里我们可以理解成在丘脑换元后投射到皮层时，这种点对点投射的成功概率，对多神经元结构而言是越多越好。

薛定谔对于有机体和它经历的全部生物学相关过程，必须具有极多的“多原子结构”的论述是我们认知记忆和思维的理论基础。它提示我们记忆和思维为什么不会是“单神经元”的事件，为什么在哺乳动物的进化中，大脑皮层的神经元数量会越来越多，对人来讲多达140亿个神经元，因为这样可以“防止偶然的单神经元”事件起到太重大的作用。

按照薛定谔介绍的“物理学定律的不准确度的期望值，即所谓$\sqrt{n}$律”可知，事物记忆的准确度和参与神经元网络记忆的神经元数量相关，其不准确度的期望值是神经元数量的平方根，即如果参与记忆的神经元数是100，那么不准确性的相对误差为10％；如是10 000，则为1％；如是1 000 000，相对误差为1‰……而人类大脑的一个神经元就可以有多达10万个输入连接和1万个输出连接,“$\sqrt{n}$律”和人脑所拥有的大量神经元告诉我们,人脑会有着海量的记忆能力和惊人的准确性。

(2)神经元编码记忆的锁定机制——量子跃迁

那么,一个记忆模块的神经元编码是怎样被锁定的呢?会不会被抹去呢?其核心就是要弄清楚“记住”的机制是什么?

我们每个人都会有这样的体会:在背诵英语单词的时候,在做几何题和代数题的时候,在解决所面临的难题的时候……总之,在记忆和思考的时候,在用脑的时候,头脑会感觉到发热,太久了会感觉到累,过度用脑还会使神经系统受伤,影响睡眠和带来神经系统的功能紊乱。

很显然,用脑子就要消耗能量。“尽管脑只占我们身体总质量的2.5%弱,在安静状态下,它却要消耗20%的能量。这些能量是用来干什么呢?它使脑能够‘工作’。当一个脑区‘工作’时,它消耗的能量剧增。”[27]能量从何而来呢?机体能从我们摄入的食物中产生存储能量的物质三磷酸腺苷(ATP),ATP既能存储能量,也能释放能量。这就是神经元活力(电、化学的活动)的能量来源,因此脑需要大量ATP的存储和消耗。

这些消耗的能量又哪里去了呢?记忆是一个很重要的方面,短时记忆和长时记忆的“记住”都是能量转换的结果,否则你怎能记得住呢?其能量转换的机制就是薛定谔在《生命是什么》中所阐述的一个基本原理:“量子论—不连续状态—量子跃迁”。为了能将这一原理应用于记忆的机制,我们将较多地引用原著如下:

“量子论的最大启示是在‘大自然之书’里发现了不连续性的特点,而原先的观点认为自然界中除了连续性外全皆荒谬。”

“许多个原子核,包括围绕它们的电子,当彼此靠拢形成‘一个系统’时,是本质上不可能任意选择一种假想构型的。可以选择的只是大量的但不连续的‘状态’系列。我们通常称这些状态为能级——但是对状态的完整的描述,要包括能量以外的更多的东西。正确的说法是,状态是系统中全部粒子的一种确定的构型。

一种构型转变为另一种构型就是量子跃迁。如果后一构型具有更大的能量(‘处于较高的能级’),那么,外界要向这个系统提供不低于两个能级间能量差额的能量,才能使这种转变成为可能。当然系统也可以自发地变到较低的能级，通过辐射来消耗多余的能量。

> 分子。在给定的一组原子的若干不连续的状态中，不一定有但其中可能有使原子核彼此紧密靠拢的最低能级。在这种状态中，原子组成了分子。需要着重指出的是，分子必须具有一定的稳定性；除非外界供给它以‘泵浦’到邻近的较高能级所需的能量差额，否则，构型是不会改变的。因此这种数量十分确定的能级差定量地决定了分子的稳定程度。”

显然，薛定谔认为这些物理学的基本原理在生物学的分子结构中也是适用的，但是他用了很多词汇，这些词汇不同于一般物理学、化学中所使用的词汇那么明确、那么确定、那么形象化，因为他要涵盖的是所有生物大分子，从而使物理学的基本原理对于生物学依然是具有指导性意义——特别是对于由脱氧核糖核酸组成的DNA大分子和由各种氨基酸、蛋白质组成的神经元的分子结构而言①。

对于DNA的分子结构，应该是越稳定越好。这样，才能确保物种的遗传特性得以传承。事实上，物种的基因大概1万～10万年才改变1个。但是，基因也会发生变异，特别是现代社会的工业和放射性污染，带来了更多的畸形儿、癌症和其他疾病患者。从患病的机理上来讲，根本的原因，就是因为这些污染具有更大的辐射能和化学能量，足以使DNA分子因“量子跃迁”而发生构型突变，破坏了遗传特性而罹患各种疾病，甚至致命。

对于神经元的分子结构而言，如果也是越稳定越好，那它怎样来实现长时和短时这两种不同的记忆形式呢？前者要求是长时间的、稳定的记忆；后者要求是短时间、自动消除的记忆。这两种记忆状态是“相辅相成”的有机组合，构成了人类认知、生存和所有精神活动的基础。这种长时程和短时程的记忆组合状态是怎样形成的呢？也就是说，记忆的机制是什么？长时记忆为什么能够记得在，短时记忆为什么能够自动消除？

薛定谔在《生命是什么》一书中对量子跃迁理论所加的两个重要的“修正”应该是对此问题的一个原理性的回答：

> 在分子稳定性理论的讨论中，已经默认了我们称之为“泵浦”的

① 神经元的分子结构原书中未曾提及，作者认为也是适用的，但需要用心解读。

量子跃迁的结果，如果不是导致分子的完全分解，至少也是导致组成分子的原子形成了本质上不同的构型，即化学家说的同分异构分子，都是由相同的一些原子按不同的排列所组成的分子。

对这个解释必须做两点修正：

第一个修正

在最低能级上面还有着一系列密集的能级，这些能级并不涉及整个分子构型的可察觉的变化，而只是对应于原子间的一些微小的振动……它们也都是量子化的，不过是以较小的步子从一个能级跳到相邻的能级……我们可以忽略能级图的“振动精细结构”，而把“相邻的较高能级”这个术语可以理解为构型有一个不太小的变化的相邻的能级。

第二个修正

有这样一些情况，即两个能级之间的自由通路被堵塞了，谈不上供给所需能量就能产生跃迁；事实上，即使从能量比较高的状态到比较低的状态的通路也可能被堵塞了。

化学家都知道，相同的原子团结合组成分子的方式不止一种。这些分子叫作“同分异构体”。同分异构现象不是一种例外，而是一种规律。分子越大，同分异构体也就越多。图 9.2 给出了一个最简单的例子，两种丙醇同样由 3 个碳原子(C)、8 个氢原子(H)和一个氧原子(O)组成。氧可插入任何氢和碳之间，但只有像图中的两种情况才代表自然界真正存在的物质。两个分子所有的物理常数和化学常数都是明显不同的。它们的能量也不同，代表了“不同的能级”。值得注意的是两个分子都是完全稳定的，它们的行为就像它们都是处于“最低状态”。不存在从一种状态到另一种状态的自发跃迁。

理由是两种构型不是相邻的构型。要从一种构型跃迁为另一种构型，只能通过介于两者之间的一种中间构型才能发生，而这种中间构型的能量比它们中的任一构型都要高。浅显地说，为了把氧从一个位置上抽出来，插到另一个位置上，如果不经过能量相当高的构型，是无法完成这种跃迁的。见图 9.3. 图中 1 和 2 是代表两个同分异构体，3 代表它们之间的阈值，两个箭头表示“泵浦”量，分别代表为了产生从状态 1 变到状态 3 或从状态 2 变到装态 3 的跃迁所需要的能量。

在能级 1 和 2 之间，箭头表示转变所需的能量。

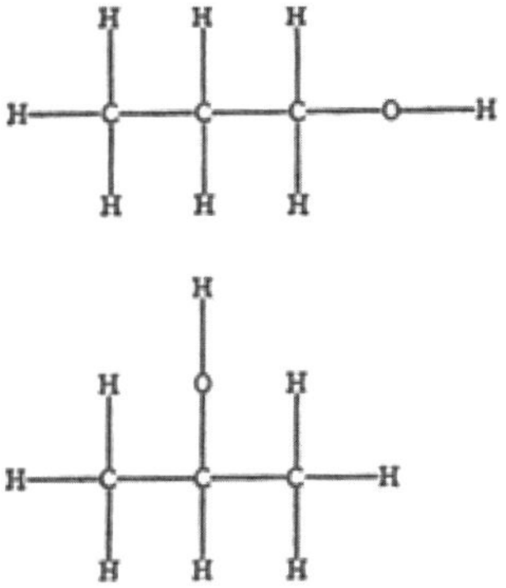

图 9.2　两种丙酮的同分异构体

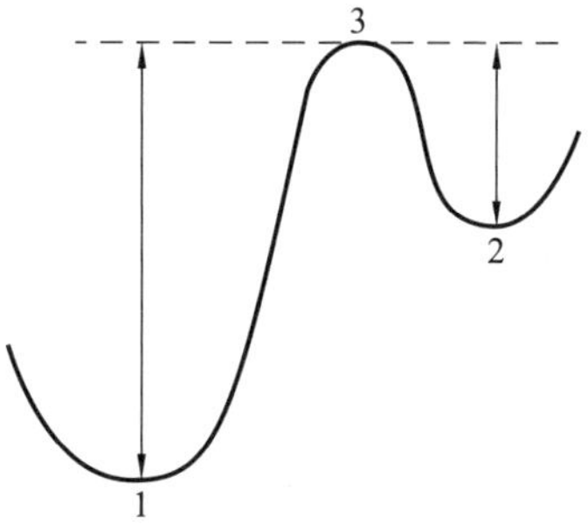

在能级 1 和 2 之间，箭头表示转变所需的能量。

图 9.3　同分异构体的阈值能 3

(1)现在可以提出第二修正了，唯有这一类“同分异构体”跃迁才是在生物学应用中感兴趣的，因为它们是稳定的。这种“量子跃迁”，就是从一个相对稳定的分子构型变到另一个构型。供给跃迁所需的能量并不是真正的能极差，而是从初始级上升到阈值的能量差，如图 9.3中的箭头所示。

(2)在初态和终态之间不介入阈值的跃迁是毫无兴趣的，这不仅在生物学应用上是如此。这种跃迁对分子的化学稳定性实际上没有贡献，因为它们没有长期效应，是不引人注意的。由于没有什么东西阻止它们往回走，所以当它们跃迁时，几乎就立刻回复到初态了。

我们对上述两段的论述，很受启发：

第(1)段正好表明，在长时程记忆中由于神经电信号的激发，而产生了神经元某分子的稳定的同分异构体，由此而构成了“长时记忆”。

第(2)段，薛定谔是不感兴趣的，“因为它们没有长期效应”，这是有其科学发展的时代背景的。因为在 20 世纪 40 年代，人们的注意力是在遗传的稳定性的机理上，所以他认为对不介入阈值的跃迁不会引起人们的注意，原因是这种跃迁对分子的化学稳定性实际上没有贡献，没有长期效应。但是作者注意到，不介入阈值的跃迁会有短期效应，对于我们研究“短时记忆”这一课题而言，恰恰正是理论上所需要的。在生物进化中，没有短时记忆，就不能应对环境，就无法运动。但是如果不能及时地消去这些记忆，那就时时刻刻会停留在过去，这绝不可能成为进化的选择。动物的运动特性，注定了必须是“短时记忆”和“长时记忆”相结合。而薛定谔所论述的这种不介入阈值的跃迁，由于没有什么东西阻止它们往回走，所以当它们跃迁时，几乎就立刻回复到初态了。这不正是我们的短时记忆和自动遗忘的机制吗?!

对于用薛定谔的“量子跃迁”原理来解释“长时记忆”比较容易接受，但解释“短时记忆”似乎比较勉强。这里，我们举出两个例子，作为佐证的参考。

第一例。触须对动物来说是身体很重要的一部分，触须使动物能探测和穿过狭窄的通道。对应于触须更为重要的是，我们看到了一个信息的转换，“一个意识”的诞生。触须信息投射的那些神经元，也形成了一个类似触须端点布局的“桶形结构”(图 8.17)。这是一种对空间信息探测的等效变换——只要“神经元桶”没有一个神经元被激发，那就可以通行无阻。因为这是属于“短时记忆”的范畴，所以这一信息是在实时转换的。一个能不能通过当下障碍物的信息，就是这样在思维时空里被感知，形成了能否通过的判断和指导是否继续前进的“一个意识”，这是一个神经元随时被激发、传递信息又随时归零的“短时记忆”的状态。

第二例。科学家们对眼睛所做的实验表明，视网膜就是大脑皮层的外延，实际上，所有已知的神经递质均见诸视网膜，所以它的成像、传送、还原、再成像的动态过程和大脑皮层的记忆模式和机制是相同的。眼睛的信息保留时间是 100ms，这本身就是一个“在初态和终态之间不介入阈值”的量子跃迁效应。图 6.8 所示的光量子效应，表现了光对视紫红质的漂白和视紫红质还原再生的过程，光引起的视紫红质的光致异构化，有着极高的放大倍数，但这是短时的记忆效应。单个光量子对视紫红质的漂白和视紫红质还原再生的效应是大脑皮层记忆机制的最贴切的参考(但是，激发大脑皮层量子跃迁的能量是来自电信号)，这有助于我们了解大脑短时程记忆的量子化过程。

9.3 学习和记忆的神经元网络

大脑皮层记忆的信息，就好比图书馆里收藏的一本本书一样，只有被编目和参加借用的流动才有价值，这就构成了人脑中非常复杂的一类神经元网络的活动，这种网络活动类似图书管理系统，梅镇彤教授称之为“脑内的记忆系统”[29]。

神经生物学和神经心理学的研究指出，高等哺乳类动物脑内至少有两个主要的与记忆相关的系统：一个系统以边缘系统为主要环节，与认知性记忆有关；另一个系统以基底神经节为主要环节，与习惯的获得和适应性反应的记忆有关。

参与感知觉的大脑皮层远远不只是局限于接受每一种感觉型投射的初级感觉皮层，有很多高一级的、具有感觉型特异的、相互连接的皮层感觉区参与，从而形成一个多突触的感觉信息加工通路。从初级感觉投射区出发至少可以形成两条通路：一条通向背侧，与额叶的运动系统相连接；另一条通向腹侧，与颞叶的边缘系统相连接。背侧通路似乎对空间感觉、方向性和空间感觉引导的运动是十分重要的，而腹侧通路则对物体或刺激性质的感知，以及最后对运动反应的触发是关键性的。感觉信号经过多级处理加工最后形成感知的整合构型，然后再与边缘系统或基底神经节形成记忆回路。

9.3.1 事件记忆的神经元网络

我们记住的信息是怎样提取的？简单的回答是从形成记忆的信息载体“神经元网络”中提取的。我们之所以对像记忆这样的精神活动更倾向于用神经元网络这一术语，是因为精神活动不像生理性的活动那样有着很清晰的可以跟踪、探测的神经回路。

我们从感觉器官得到的信息，最终以神经元网络的形式存储在大脑的各个分区中，就好比图书馆中的藏书一样，大脑如何提取信息，就好比图书馆借出一本书那样。每一本存放于库区的图书都有统一编号的信息，通过图书采编，纳入图书馆管理系统，这样才能参加图书的流通，进入借书和还书的环节。哺乳动物大脑皮层的进化，实际上是生物信息体系的更新换代，高度分化的超大量的神经元的出现，使得丘脑换元后点对点投射的神经元网络成了信息编码的载体。在生物进化的过程中大脑皮层更新换代，一个大脑中的职能型的脑组织也就在原有的基础上出现了，它类似图书馆管理系统，对所有的神经元网络——信息编码的载体——自组织地履行关联和提取的功能，从而使每一个信息都有可能参与全脑的社会化动态管理和运行，使每一个信息都成为心—脑体系精神活动中的一个参数。这个人类脑中类似图书馆管理系统的脑组织，就是边缘系统(图 9.4)。

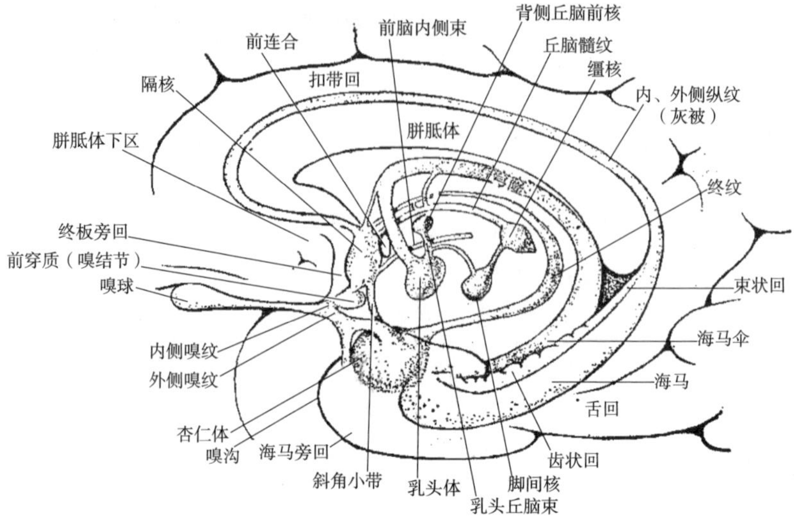

边缘系统包括大脑相当广泛的部位：梨状皮层、内嗅区、眶回、扣带回、胼胝体下区、海马回、脑岛、颞极、杏仁核群、隔区、视前区、下丘脑、海马和乳头体。

图 9.4 大脑边缘系统图示[22]

大脑边缘系统是神经中枢及通信回路集群的总称。在大脑半球的内侧面，扣带回和海马回围绕胼胝体等集成一环，加上在进化中被挤到侧脑室下的海马和齿状回，共同组成边缘叶。边缘叶再加上与它联系密切的皮质下结构，如杏仁体、隔区和隔核、下丘脑、背侧丘脑的前核群等，共同组成边缘系统。我们所说的记忆信息的神经元网络必须经过与边缘系统的连接，才能成为一个可回忆的信息，成为一个可以参与脑中各种相关活动的脑内的社会化信息。梅镇彤在《学习和记忆的神经生物学》中以视觉认知为例描述了建构学习和记忆的中枢神经网络的路线图(图 9.5)。

“视觉信号从视网膜经外侧膝体到达视皮层，在皮层视觉信号需经多级神经元的加工才能被识别。除初级皮层 V1 外，还要经 V2、V3 和 V4 等高级视皮层的整合再到颞叶以完成更为复杂的视觉信号的识别。然后经颞下回与边缘系统连接进入记忆回路……边缘系统的这三个部分，即内侧颞叶、内侧丘脑和腹内侧额叶(图 9.5)是认知性记忆回路中三个关键性环节。在猿猴上的实验结果证明，损坏其中的一个环节,动物就不能完成带有认知性记忆的任务操作。边缘系统的这三个部分又是通向基底前脑胆碱能系统的闸门,而基底前脑胆碱能系统被认为是另一个对认知性记忆十分重要的脑结构。胆碱能系统与边缘系统有双向的连接,并可投射到大脑皮层广泛的区域,这样就形成了一个认知性记忆神经回路(图 9.5)。

当视觉信息通过神经网络进入腹内侧颞叶和腹内侧额叶的时候,一个可以调取视觉信息的机制就形成了。图 9.5 表明额叶和颞叶皮层与哺乳动物记忆有很强的相关性,更为确切地说,原本在皮层感觉区(顶叶和枕叶)存储的信息,经过边缘系统的采编以后,已经扩展到了皮层运动区(额叶和颞叶)。

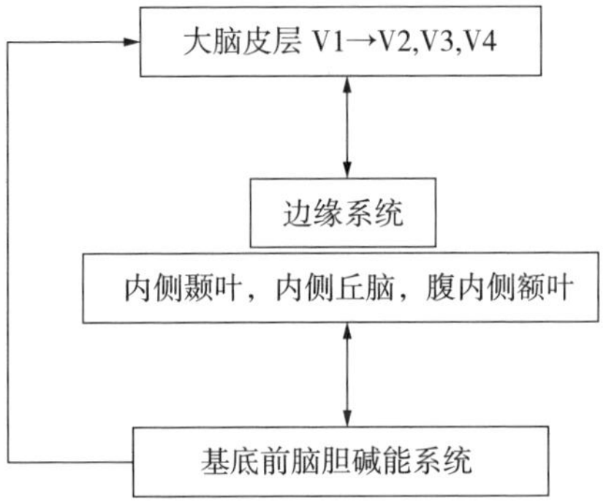

图 9.5　视觉认知的中枢神经网络建构图示[29]

此前,记忆信息在额叶和颞叶的存在已经引起科学家的注意,《脑的进化》一书中引用了 1985 年做过的一个关于前额皮层和记忆、思维相关联的动态试验(图 9.6)。

图 9.6(a)是当实验对象做序列递减的心算时(从 50 开始,连续递减 3),在前 45s 间记录到的区域性脑血流量(rCBF)有显著增长的脑区,引人注目的是两侧前额叶 rCBF 都有显著增长,同时两侧顶叶角回也分别有 20.3%和 14.7%的增长。相应地,对有双侧角回缺损的患者在临床上观察到有失算症。图 9.6(b)是试验对象默念简单韵律诗句时,rCBF 有显著增长的脑区,这些脑区几乎都位于两侧前额叶。右侧颞叶有 16.5%的增长,表示脑区有专门涉及韵律的记忆,它和听觉输入的实验结果是一致的。

实验证明了记忆的意识活动产生于神经元网络间的合作,特别是额叶皮层。额叶就是一个储存大量信息并且编目入网的记忆库,它通过边缘系统所提供的信息构成回忆、思维和意识;通过基底神经节调用的信息构成运动和习得性行为。

生理记忆通过基底神经节形成记忆的网络参看第 11 章的行为模式,这种记忆更多地是和运动、行为相关,这里不详细叙述。

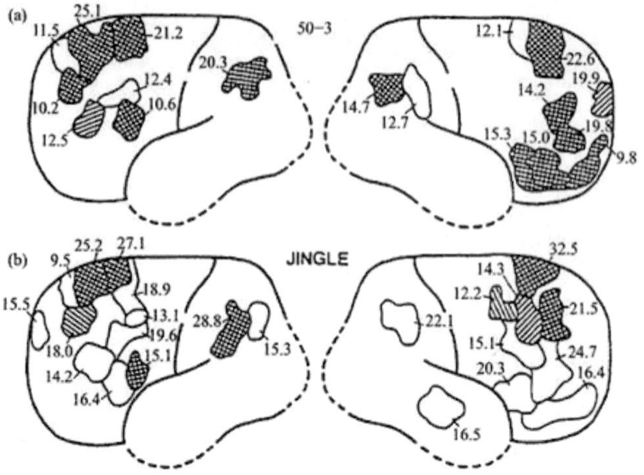

图 9.6 记忆的动态测试图[25]

9.3.2 学习和记忆框架图

作者综上所述,绘制了一幅学习和记忆的框架图(图 9.7),说明如下。

(1)学习和记忆是以颅脑为界的两个世界里发生的从物质到精神的意识活动,所以图 9.7 以颅骨为界分为内、外两部分:外部是包含自身身体在内的客体世界;内部是中枢神经系统,两者相互间的联系中介是周围神经系统(脑神经和脊神经)。

(2)输入的信息均为统一的物理信息和化学信息。

(3)中枢神经的记忆为网络式结构,因此输入和输出的信息走向是清楚的,但是信息的具体链接是不清晰的。

(4)中枢神经记忆网络是一个履行记忆功能的网路,同时也是从记忆功能引发思维、行为等意识活动的网络。

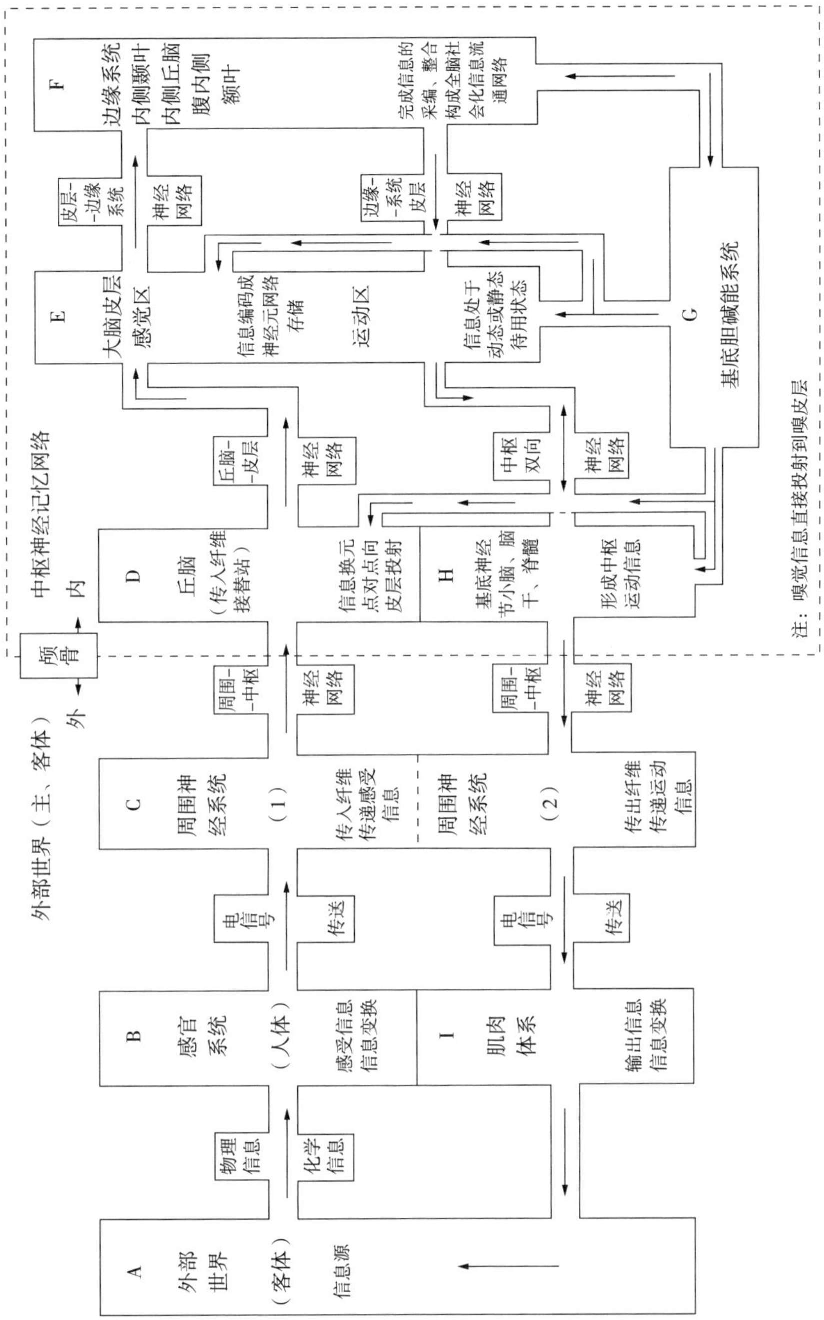

图9.7　学习与记忆框架图

第 10 章　思维——信息的架构与创生

思维就是颅脑内长时记忆和短时记忆信息的解构、组构和新信息的创生过程，思维的结果会形成一个"意象"信息，即一个属于自己意愿的要向外表达的信息，从外部信息的输入到意象信息的输出，思维是人脑中枢神经网络的一种主要的运动模式。

10.1　思维的实质

10.1.1　思想与情感

当我们探讨人类的思维活动的时候，常常会问的问题是：思维是不是人类特有的一种精神活动？动物有没有思维？图 10.1 就是对高等动物和人类的思想、情感、意志和行为的一种比对和阐释。

一方面，人类在婴幼儿时期的认知不能说是理性的认知过程；另一方面，高等动物在捕猎时，或是在和人类交流互动时的表现，也都说明它们是有思想和情感的。从图 10.1 可以看出，图中的所有个体都是有着不同程度思维能力的精灵。瞬间的思维，既是人类富有理性和逻辑推理能力的大脑的活动，同时它也蕴藏在婴幼儿、灵长类动物和高等动物的意识之中。思维一词虽然也和高等动物的精神活动相关，但是人们更多的还是专指人类成人的思维活动，因为成人的思维活动包括两方面，即形象思维和抽象思维。抽象思维是人类所特有的以语言为基础的思维模式，而动物只具有形象思维的能力，所以人类可以用自己的思想去解读所有动物的行为，相反，动物不能理解人类的抽象思维活动。形象思维能力是人类和动物进行交流和互动的基础。

10.1.2　精神活动的三相状态：感知、思维与行为

感知、思维与行为构成了人脑的三种典型的精神活动，以统一模式编码的神经信息在这三种活动中处于不同的运动状态，但又相互关联。对这三种不

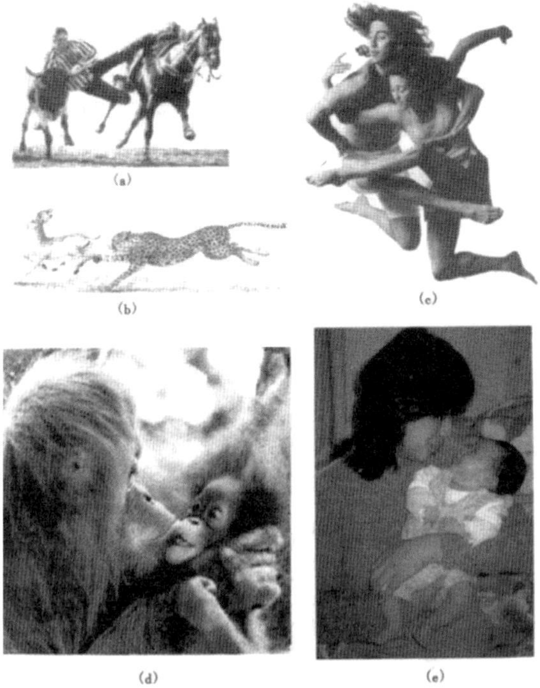

图 10.1 思想、情感、意志和行为的展现。他(她、它)在想什么?

(a)“三体”运动;(b)博弈:追与逃;(c)空中的和谐;(d)猩猩母子;(e)宝宝和妈妈。

同的状态我们称为:感知相、思维相、行为相。

(1)感知相——信息的输入

感知相始于感官的感觉,并将外部世界的信息,经过宇称(k)变换(i 变换)变成颅脑内的感知信息,以神经元网络的编码形式,存储于大脑皮层的视觉区、听觉区、嗅觉区、味觉区和本体感觉区(图 8.8),从而构成了初级的感知记忆。

感知相的记忆终于大脑何处,这是一个很自然而又实际的问题。

第 9 章中,根据已有的资料,绘制了《学习与记忆的框架图》(图 9.7)。图中的“中枢记忆网络”代表了大脑中所记忆的信息随时处于“解构—重构”的待用状态,这和图 8.8 中的视觉联合区、听觉联合区和本体感觉联合区是密切相关的。

也许我们永远也找不到大脑皮层中感知相的明显的边界,但是视觉、听觉和本体感觉联合区的存在表明，从我们认知外部世界的最初感觉开始，思维就一直和认知、记忆为伴，思维是感觉和记忆的实时的合成和延伸。

(2)思维相——信息的组构

思维的实质就是人脑在颅内左旋时空平台上，对各种信息进行加工形成新信息的过程，有如下的特点：

①信息的输入来自中枢神经的记忆网络，包含短时记忆(又称工作记忆)和长时记忆(又称认知记忆或事件记忆)。

②所有信息的发生和运行都是在颅脑内的时空平台上，即人体体轴坐标系(四维左旋)，并且和外部世界的时空平台，即人体地面坐标系(四维右旋)之间形成宇称对称的关系。

③思维的节律为40Hz，也就是所有的信息将以40Hz的频率进行采样、整合和创新。

④思维的结果，即思维信息的输出将会有两条路：一条是进入中枢神经记忆网络的记忆库；另一条成为运动的指令输入量。(后者从图8.8上的视觉、听觉和本体感觉联合区发出，这也是三个联合区较之各自的感觉区更为靠近运动前区、辅助运动区和运动区的道理。)

⑤思维是神经元之间建立新的突触连接的过程，也是一个消耗能量的过程。为了使消耗的能量最小，有两个因素会起作用：

第一个因素是脑内的信息是外部世界的映射，而外部世界本身是众多信息相关联的物质世界，这种外部世界物质运动的规律也会遵循宇称k变换的守恒法则而映射到脑内来。

第二个因素是神经元彼此之间突触的连接，会顺着生长锥的向化因子引导的捷径，走一条快速通道[27]。

⑥思维最终构成主体“我”的思想，包含意图、决策、创造和行为。

为了进一步研究脑的功能活动，这里将第一篇视听器官的感知体系综合在一起(图10.2)。由图可见，颅脑内的左旋坐标 $o-x'y'z'$ 和颅脑外的右旋坐标系 $o-xyz$ 分别是精神活动和身体运动的参考坐标系。

(1)人体大地坐标系是人对外界观察和自身运动的参考坐标系，它存在于以颅骨为界的颅脑以外，按照数理学科的通常习惯定义为右旋直角坐标系 $o-xyz$。

(2)人体体轴坐标系Ⅲ。笔者所见资料最早出现于解剖学的定义，按照人

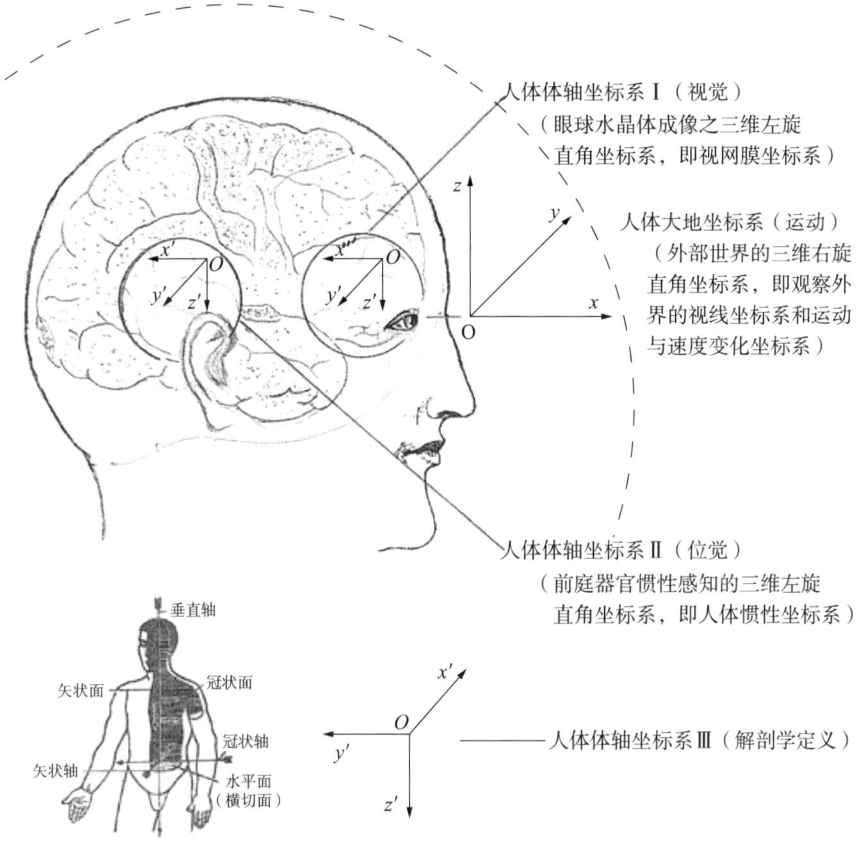

图 10.2　人体颅骨内外的参考坐标系

体直立的体位特点，笔者将其解读为三维左旋直角坐标系 $o-x'y'z'$。

(3)人体体轴坐标系Ⅰ是人体观察外界时眼球晶状体折射成像后的坐标系，也是视网膜地形图的三维左旋直角坐标系 $o-x'y'z'$，一直保持到大脑视皮层。

(4)人体体轴坐标系Ⅱ是人体自身运动状态变化时(惯性加速度和惯性角加速度)，由前庭器官感受到的惯性力所构成的人体惯性坐标系，同样也是三维左旋直角坐标系 $o-x'y'z'$。

(5)在人体体轴坐标系Ⅰ和Ⅲ之间由于眼球视线的变化会有一个不固定的角度差；Ⅰ和Ⅱ两坐标系在水平面上有一个固定的 45°角差。这两种差异都可以通过坐标变换证明人体体轴坐标系Ⅰ、Ⅱ、Ⅲ是互相等价的。因此人体体轴坐标系 $o-x'y'z'$ 构成了颅骨内以思维为代表的精神活动的参考坐标系。

如前所述,由于嗅觉和味觉的感知是分子的化学作用,保持了低等动物感知信息的并行传递机制,对于左、右脑是双侧均等的,因此和颅内的左旋坐标系是兼容的;如图 8.12 所示,体表感觉在大脑的功能定位,有如外部世界一样,也是左右脑和对侧肢体交叉,手和足是上下颠倒的——这和人眼所见到的外部世界在视网膜上的成像的倒置和视觉信息传送至视皮层时发生视交叉是完全一致的。

脑把颅骨以外的部分(包括自己的身体)都视为外部世界,它们生活、运动于四维右旋的人体大地坐标系的时空平台上;外部世界经过感官以后的映射,构成了颅脑内的精神世界,它们存在、运动于四维左旋的人体体轴坐标系的时空平台上。思维相就是人脑在颅内时空平台上精神活动的一种主要形态,思维对大脑记忆的信息有一个重构和创造的加工过程,并且会形成一个信息输出大于输入的增量 Δ,而这个 Δ 是在颅脑内的时空平台上产生的,它是人脑对所有输入信息进行思维的自然衍生物。所谓“自然”,就是说在某种意义上是不受意志支配的,甚或可以说是形成个人意志的一种量子起伏式的“自然”创生,这就是人们常说的“眉头一皱,计上心来”。

人类的思维永远在解读着大自然和生物世界,解读着人类社会和精神世界,由于在大脑和外部世界之间永远遵循着宇称守恒的交换法则,大自然和社会的运动中的规则和“真、善、美”的主旋律也必然会映射到人们的脑海和思维中。图 3.8 表明人类的智力发展是和拥有语言的思维相关的一个迭代式的进化过程,大脑中不断地将能量转化成了新的信息和信息的增量 Δ,正是这一个又一个 Δ 的点滴积累,造就了人类的文明世界。

(3)行为相——信息输出

我们每个人虽然不能感知自己是如何进行思维这一过程的,但是总是会把思维的结果有意或无意地变成自己的行为。这一转换是在图 8.8 的运动前区、运动辅助区和运动区来完成的。

图 8.12 中,躯体运动区和本体感觉区一样,也是脑与肢体交叉,手和足在脑区是上下颠倒的。这告诉我们,当思维的结果变成躯体运动的指令,由效应器官肌肉完成肢体动作时,就实现了思维着的脑向颅骨外的信息输出。

这就是行为相,它实现了人脑信息由颅脑内的左旋时空向外部右旋时空的转换。从感知相信息输入时的正向宇称(k)变换(i 变换)到行动相信息输出时的逆向宇称(k′)变换($-i$ 变换),输入信息经过思维加工后输出到外部世界的信息是一个新的信息,但是这一变换的守恒过程确保了颅脑内、外两个世界物质信息属性的不变性,也即同一性。

10.2　信息与思维

10.2.1　三象信息说

如同第9章对记忆机制的分析一样,思维同样也不是由单独的神经元来实现的。第9章中我们论述了对信息及其相互之间关联的记忆模式,即记忆是由神经元网络这种编码形式来实现的。记忆是精神活动的基石,记忆本身也是建立在模块式基础之上的,每个记忆的碎片称为记忆的基元。长时记忆的这些基元是在三四岁以后累积起来,可大可小,也可能是概念套概念的"俄罗斯套娃"。思维是一个进行时,除去调用这些"套娃"中的记忆信息外,还包含实时的信息输入形成的"工作记忆"的碎片,这些碎片的载体也同样会由神经元编码的网络来表达。无论是长时记忆,还是短时记忆,信息只能由神经元编码来表达,这应该是脑的唯一的选择。由此我们可以推论:

神经元网络是人脑思维的基元。有如人体的运动是借助肌肉这一细胞存在的层次来实现,而不是由一根根肌纤维单独来完成一样(人有656块肌肉,但是有60亿根肌纤维),人脑的思维活动是由神经元网络这一神经元存在的层次来实现的,而不是由单个神经元、也不是由脑中的某一神经器官单独的、瞬时的连接来完成的。这就构成了人脑的思维模式——神经元网络的组构运动。

如第9章所说,信息的记忆是神经元网络编码的模块式记忆,这种模块有如我们记忆单词一样是可以存储和叠加的,因此思维的过程就会是片段的、模块式的、或者集成式的信息的重新组合,我们将此称为神经元网络的"组构"。"构"代表"构象",表明只是神经元的构象发生了变化,而蛋白质依然保持其功能基团精确的空间组织形式,却形成了新的更高一级的神经元网络——一个有着更多层网络图案的"俄罗斯套娃"。这一高级的神经元网络的衍生,恰恰就是人们可以自我感知的新的更高一级的概念和思想,它是在脑内的左旋时空平台上由思维创生的新的信息，是输入和存储信息的自然拼接和延伸——这就是人脑"自然流淌式"地创造出来的信息，我们将其称为"意象"信息，它和形象（又称具象）、抽象（又称语象）信息一起构成了大脑中的"三象"信息。我们将形象信息、抽象信息和意象信息三者一起并称为颅脑内的"三象信息说"，与此相对应的是三种思维模式。

在9.1.2节中已经讨论过人类所感知的形象和抽象两种信息模式，两者都是由感官输入的信息。意象信息是经过思维以后要由大脑输出的信息，它代表了思维的脑所要实现的意图。按照思维和输入、输出信息之间的关系，可以将思维模式分为形象思维、抽象思维和意象思维。

10.2.2 形象思维

形象（又称具象）是我们全部感觉器官所接收到的信息的统称，它和高等动物没有本质的差别。由形所成之象，是实实在在的"具象"，是一个外部世界在脑中的的映射，是由物理信息和化学信息所显示的形变换为由神经元网络所描写的象。宇称(k)变换的守恒法则确保象也会遵循形所遵循的自然规律去运动。形象思维就是从感知、记忆的具象信息出发，所进行的神经元网络的从解构到重构的"组构"运动。

形象思维是人类和高等哺乳动物所共同具有的思维模式，这种思维模式遵循共同的自然规律，也就是共同的思维法则，所以人类和哺乳动物可以交流，有着极为相似的思想和感情，在生物进化的道路上，获得了共同的成功（图10.1）。不过，形象思维的能力在物种间和个体间还是有差异的，这取决于先天的基因和后天的经验，基因决定了脑组织的结构和神经元的数量、活力，经验决定了具象信息的深度、广度和信息量的大小。

因此，形象思维只是颅脑内已经复制的一幅幅外部世界图景的回放和拼接，它是由神经元网络的解构和重构的运动来实现的。这种神经元网络自由运动的最佳途径就是遵循这些"象"所携带的相互关系和运动规律的信息，进而产生形象思维的信息。这一信息对动物而言就是它思维的全部信息，表现在它们千差万别但又是永远重复的行为上。对于人类，它是思维输出信息的一个有机的组成部分，渗透在文学、艺术、运动、科学、技术、生产、生活等人类所有的活动领域中。

对外部世界而言，物体的哪些相互关系和运动规律可以被我们感知到，并且成为引导我们自由思想的法则呢？应该说，这些就是我们常见的、也是各种哺乳动物所能感知到的自然法则。具体化的自然法则比比皆是，我们人类所能感受到的自然是和我们感官相关的那一些——我们没有动物的次声波或其他感官系统，所以我们不能按照形象思维的法则去预报和逃避地震的灾害。不过，我们的感官系统毕竟还是按照大概率事件来进化的，因此我们所能感知的自然法则是最基本的，同时也涵盖了最广的范围。

在形象思维中，同样也会存在通常所说的逻辑思维，它所遵循的是形象逻辑法则，这一法则往往会决定思维的走向、选择和取舍。形象逻辑在自然界体现在形序列、数序列和时间序列三个序列上。

序列本身是人类和动物在感知过程中潜移默化形成的默认规则，形、数和时间序列皆是如此。

- 广义的形序列包含：物体的形状、大小、重量、位置；空间的大小、景深；声音的高低、强弱；光线与色彩的明亮与黯淡；气味的好恶和浓淡的感受程度；温度、气压的高低；速度的快慢，等等。
- 数序列是数量的多少，从广义来看也属于形序列的感知范围，而时间序列则更是如此。
- 时间本身就是人类从自然现象中抽象出来的一个序列的概念，在形象思维的世界里，时间是和日出日落，月圆月缺，生物的生长、发育、衰老、死亡等周期性现象相关联的。时间是不能单独存在的，象征着物质世界的存在和运动的时间都是和它的载体相关的，也就是物体的运动和变化带来了人们对时间的周期的和先后次序的感觉。

形象逻辑中的形序列、数序列和时间序列有一个共同的特点，它们都可以归结为对外部世界的存在、运动和变化相关的一种感知上的差异和比较，因而形象逻辑的思维法则就是自然规律。这种思维法则对于高等哺乳动物而言是统一的、亘古不变的，差别只是信息的模式和信息量的大小有所不同而已。树上结的苹果有大有小，有生有熟，猩猩和猴子也都会挑大的、熟的摘，而且是多多益善，一手一个，有时嘴里还会叼一个；动物的领地感很强，它们常常用自己排泄物的气味来标志，定期巡视，狗则用尿来记录它返回的路线；南极的企鹅对人则以高、矮的标准来决定它是否和你交流，当你站着时，你比它高，它不理你，当你躺下时，你比它矮，它才会搭理你，和你交往，此时它没有危险感，而有高傲感；非洲大草原上，狮子、猎豹等捕猎时都会以比猎物更快的速度去追捕，而且大都是选择幼崽或行动迟缓的老弱对象，从来也不敢去挑战成年的大象和强悍的水牛群……所有这些表明在高等动物的心目中，形的系列还蕴含着一些更为本质的属性，如水果的成熟与否，领地是否受到侵犯，狩猎的对象是强是弱，觅食和回家的路线对不对，等等。这些都是从“形”的比较上进行的逻辑推演。

在形序列的逻辑思维上，我们和高等动物几乎是完全一致的，因此对它们的行为就很容易分析和理解。人类的思维尽管超越了所有动物，但是“形象思维法则”仍然是我们思维的起点，所有的发明创造从来也没有离开形象思维的智慧：飞机是从模拟鸟的飞行开始；阿波罗登月飞行演绎了嫦娥奔月的故事；人类至今的历史，不知设计了多少款交通工具，但没有一款是轮子朝天的，即使神话中脚踏风火轮的哪吒也是如此……这一切都是从脑海中的“象”变换成了外部世界的“形”。这就是形象思维在人类思维中所具有的“老大”地位，因为它所遵循的是至高无上的自然法则。

单纯的形象思维能不能形成创造性的思维呢？这似乎很难，因为形象思维所遵循的是亲身经验所感知的的自然规律，即使有那么一点点创新的变化，也是极其缓慢的。据人类学家的考察，人类在200万年以前的进化道路上就可以用一些简单的发声来进行信息交流，但是直到10万年以前仍然“完全缺乏会被现代人认作语言的东西，解剖学上的现代人虽然这时已经出现，但是他们还没有发明出文化含义上的语言。语言出现要晚得多：直到3.5万年前，这些人群才掌握了我们现在所知道的语言和文化”[6]。所以，人类的文化进化只有几万年的历史（文字则更晚），语言是这一进化的象征。当语言变成了人类认知外部世界和进行交流的工具的时候，人类结束了单纯的形象思维的思维模式，语言构成了抽象的信息体系，于是建立在形象思维基础上的抽象思维模式逐渐地占据了思维的主导地位，就在这最近的几万年、几千年、几百年乃至几十年的时间内，一个庞大的人造文化信息库在地球上诞生，不只是以互联网共享，而且向宇宙空间扩散、传播。

这一切都和人类的抽象思维模式相关。

10.2.3 抽象思维

相对于具象信息可以自然地形成人的认知而言，抽象信息能否构成颅脑内的认知信息，取决于是否接受过该信息系统的传授和学习，也就是和家庭、学校、社会的教育有关。抽象信息有两个特征。

(1)抽象信息的形成需要经过三次变换(这与9.1.1节的论述是同样的意义,只是从思维的角度换了一个说法)才能升华为人脑内的认知信息。

第一次,由实体的形变成符号的形(广义的形,包括语音、文字),这是由人类社会所实现的。我们将此称为文化变换,它与人类和各个民族的文化相关。

第二次,由符号的形变成感知的符号的象——构成人脑内的抽象信息。抽象信息是由三种类型的"符号的具象信息"编码所构成的:语言是听觉符号信息;文字、手语是视觉的符号信息;盲文的凸字是触觉的符号信息。

第三次,抽象信息的升华——在接收抽象信息的同时,人们会用脑的具象信息解读抽象信息,或者用具象信息和已经掌握的抽象信息来解读新的抽象信息,这就是对抽象信息的理解过程,包括抽象思维法则。

抽象思维是伴随着人类语言而一同进化的一种新的、越来越发达的思维模式。人类现在除去有6000种不同民族的语言以外,还有用各种各样语言创造的人类的文化,如宗教、政治、军事、哲学、科学、文学、艺术、体育等,每一个门类都包含各自的语言信息和知识体系。这些语言信息都是抽象的或者象形的符号,分别遵循着各自的规则构成一个知识体系,由低级向高级发展,形成一个硕大无比的知识宝库。如同我们从小学习语言也就同时掌握了语法一样,我们学习每一门知识的同时,也就掌握了这一门知识的原理、规则和演绎、推理的程序等,这些就是我们独立思考时所要遵循的思维法则。形象思维法则是自然规律,永恒而不变,按照宇称(k)变换守恒法则,印记在脑的左右半球。抽象思维法则是人类的知识,知识是一个动态继承和创新的文化宝库。知识的表示有两个层次:一是用以表达语言的符号,这些符号通过宇称(k)变换守恒法则投射到大脑左右半球,而成为符号的具象信息,引发形象思维;二是构成语义和知识的符号编码,投射到脑内的就是符号的具象信息的编码。经过编码并被人脑接收以后,就变成"超时空"的抽象信息。记忆和解读这一超时空编码信息的脑组织是以语言区为代表的大脑主导半球——人脑特有的主导抽象思维的功能区。

(2)大脑的主导半球。

抽象信息的形成最终构成了人类大脑半球的抽象信息区优势,人们通常称为"语言区优势"或者"主导半球"。这种大脑半球功能的不对称性恰恰是由于抽象信息的超时空(如"3万年以前"这一信息,有谁经历过?)特点所引起的,也就是说，人类的进化创造了语言，而语言的进化又带动了大脑半球语言区功能的进化。图 8.8 中大脑皮层语言功能的 39 区、40 区在灵长类动物中就很小，位置也不相同，这一进化主要是在人类进化到直立人以后的 70 万年时间内实现的，这是人类可以进行抽象思维的脑组织基础。

抽象信息本身是属于人为制定的语言和文化的规则体系，在形成脑内的信息时，抽象信息的符号的形依然遵从宇称(k)变换的法则，进入大脑，构成符号的象，也可以称为语象。虽然构成抽象信息的语言区只存在于脑的一侧，构成了脑内的不对称的信息形式，但由于经过具象信息的解读和背书，和具象信息是一个等价的关系，因此同样也存在于脑内的左旋时空坐标系中。由于抽象思维是建立在形象思维基础上的思维模式，因此抽象思维的内容和形象思维一样遵循宇称(k)变换原理，这就带来了人类思维的飞跃，即形象思维和抽象思维混搭式的意象思维的模式，也就是平时我们所说的思维。

10.2.4 意象思维

意象思维，即一般所说的思维(下同)，最终形成意象信息的输出。当人类的形象思维和拥有语言媒介的抽象思维相结合的时候，惊人的文化创造就在人类的各个历史时代留下了它的印记，它们都是意象思维所创造的文化瑰宝：诸如《易经》，亚里士多德的《形而上学》，老子的哲学，伽利略和牛顿、爱因斯坦的科学发现，等等。即使我们肤浅地鉴赏一下这些经典、名著和名人名言，我们也会惊讶地发现：思维是人类精神财富的源泉。在历史名人中，爱因斯坦对于产生灵感的思维机理有着独特的研究(图 10.3)。

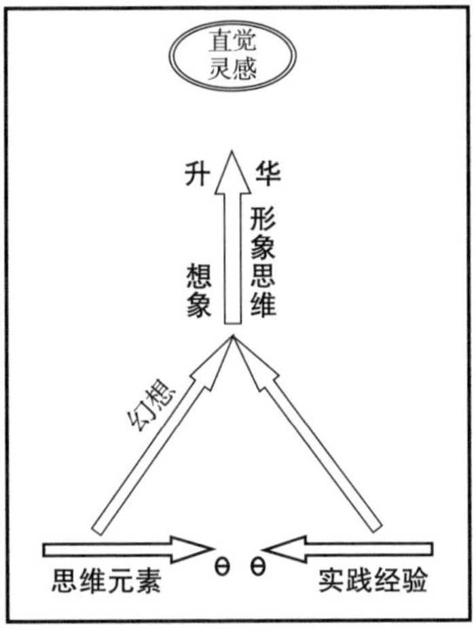

图 10.3 爱因斯坦对思维机理的描述[30]

图 10.3 表示，实践经验和形象思维是一个方面，思维元素和想象思维是另一个方面。按我们的理解，思维元素应该包含个人神经元的内禀特性和已经掌握的知识体系与方法论体系，除去神经元的内禀特性以外，思维元素和实践经验都是个人输入、储存的信息。按照箭头所指，实践经验和思维元素是在脑中相遇

融合的。建立在实践经验基础之上的思维是形象思维，而建立在思维元素基础之上从幻想到想象的思维则主要是抽象思维，二者融合成一个思维的主线，我们称为意象思维，最终升华形成直觉和灵感——形成新的信息。这些新信息既可以暂存于记忆中，也可以用语言和文字表述于外部世界。这种灵感的产生，超过已有的经验，也不完全遵循已有的知识体系和现成的认知哲学和思想方法，这就是创造性的思维。从人类文明的发展脉络来看，7000 年以前的《易经》、2000 多年以前的亚里士多德和老子、400 多年以前的伽利略、300 多年以前的牛顿直至 20 世纪评选的千年伟人马克思、爱因斯坦，所有这些伟人的著作都镌刻着人类创造性思维的智慧，并且给予我们一个重要的启示：自由的思想总是会遵循着现有的思维法则，又在创造着新的法则。新的法则能否成立，是由牛顿在《原理》中的规则 4 来检验的(见 4.3.2 节)，用我们现在的说法，就是“实践是检验真理的唯一标准”。

10.2.5 思维的踪迹

“心之官则思”说明思维是脑的一种功能，思维要用脑，这对每个人都有切身体会。用脑意味着消耗能量，消耗什么形式的能量呢？就是人体食物中产生的并能储存的物质三磷酸腺苷(ATP)氧化释放的能量。利用在思维(含记忆)过程中会消耗更多的能量这一原理，应用现代化的两种成像技术就能将能量消耗增加的脑区记录下来。这两种成像技术是正电子发射断层摄影技术(PET)和功能核磁共振成像技术(fMRI)。由于人在安静时，脑消耗的能量是身体其他组织的 10 倍，这时存储信息的神经元网络大都处于休眠状态；而在进行思维时，脑消耗的能量要增加，但主要是发生在和用脑相关的脑区。

图 10.4 是用 PET 所做的脑部扫描，是对语言区有细微差别的功能进行的测试。图中显示出看、听、说和产生动词这些精神活动的脑区，而脑区之间连接增强的反应，由于能量消耗增加不明显，构不成颅脑外进行测试、记录的信号强度，故不能显示出来。

该图是应用正电子发射断层摄影技术(PET)所作的扫描图，显示清醒的受试者完成相似但有细微差别的作业时脑区活动的情况。尽管这些作业都与语言有关，但按照作业的精细特性的差别而会由不同的脑区参与，实际上是神经元网络间的联合行为，听、看、说和产生词动都是和记忆的相关的思维活动。

图 10.4 中听、看、说和产生词动都是和记忆相关的抽象思维活动，思维信

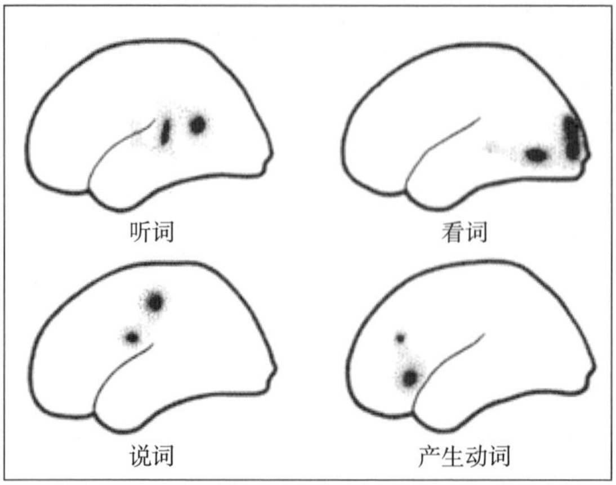

图 10.4　语言区脑功能的细微差别(该图选自《人脑之谜》,图示为作者自撰)

息的输出来自主导半球,这就是经典的语言区布罗卡区(图 8.16)。人类形象思维和抽象思维两种模式的并存和融合是从动物世界单一的形象思维过渡来的,两种思维模式在实际思维过程中是分不开的,而思维本身又是一个动态的概念,图 10.4 通过现代电子成像技术记录了不同思维状态的踪迹。

10.2.6　思维的能量、想象力与创造性

总的来说,思维就是脑对一部分信息进行解构→重构,形成一个意向性信息的过程。这个意象信息可以是一过性的思考,也可以成为长时的记忆;可以是内隐的感觉,也可以是一种感情的流露或者是构成行为的输出。意象信息输出时,可以是包含形象信息和抽象信息的信息体系,其中还可能含有新的信息,这就是颅脑内思维的创造。这种创造是思想自由的表现,那么思维过程本身还会有什么约束条件吗?这个约束条件如果有的话,那就是"最小作用量原理"。

图 10.5 是这一原理的形象而又通俗的解释。最小作用量原理最早是由 17 世纪的数学家费马(1601—1665)提出来的,作为研究光线的反射和折射的结果,费马曾得出这样的结论:"自然界总是通过最短的途径发生作用的。"这就解释了为什么光从水到空气时的传播方向会发生偏折,因为光所选的是使它到达目的地所花时间最短的那条路线。

对最小作用量原理有着更多的引用和论述:《广义相对论》预言,光在弯曲

最小作用量原理
（费马原理）

光所选择的是使它到达目的地所花时间最短的那条路线。

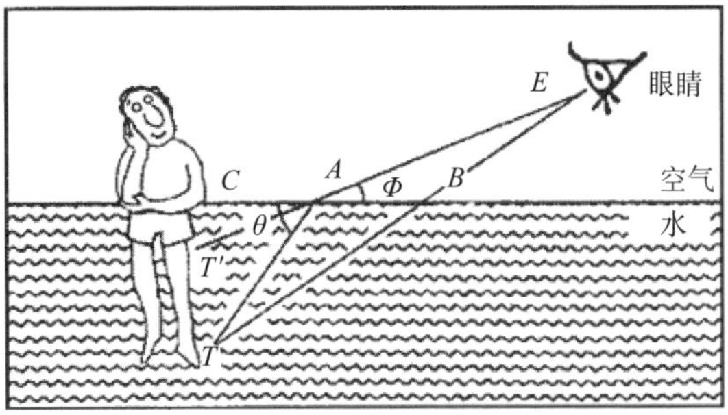

匆忙的光：在从游泳者的脚指尖传到观察者的眼睛时，光选择的路径使它能用最短的时间到达目的地。由于光在水中传得慢，所以它走TAE路径，而没有走距离最短的TBE。于是，观察者好像觉得脚指尖是在T'点。

图 10.5　最小作用量原理(费马原理)[31]

时空中走的也是最短的路线，有如地球上飞机飞行的航线是按照测地线（又称短程线）来飞行一样，都是符合最小作用量原理的。光子是物理学上的基本粒子，所以物理学家们将费马原理作了推广，认为粒子的实际经历也是作用量最小的那一个，比如最短的路径。这样，最小作用量原理就是宇宙间一个普适的原理。图 10.4 和图 10.5 都表明，思维活动既是微观粒子的自组织的自由运动，又有着自己的运动规律，从而构成了有着个性化特色而又极其有序的精神活动，其中的奥妙就是：思维活动也应该遵循着一个普适的自然原理——最小作用量原理（费马原理）。那么，什么才是思维的作用量？

思维的作用量应该是能量，这从两方面可以得到证明。

一方面从当代脑科学对人脑活动的功能测试来看，都是以能量作为测试的目标参数，PET 和 fMRI 两项现代技术所测量的都是在相应的脑功能区活动时的能量状态。fMRI 可以在几秒钟的时间内，对 $1mm^2$ 的内脑的活动进行监视；更进一步的检测方法（NEG）可以测量由脑电活动产生的磁场，从而具有优越的时间分辨率。这样就可以做到，在脑进行思维活动时，不只是能够有一个消耗能量多少的量化的测量，而且会有一个随时间变化的能耗的测量。功耗——单位时间内消耗能量的大小，它是脑功能强度的象征，脑功能强度是形成大脑创造性思维的基础。

另一方面，思维在人脑中就是和信息相关的神经元网络的一个能量传递和转换的一个运动链，这个运动链大体上由这样的一些环节组成：外界信息输入时形成一个刺激信号，同时又将其放大，在神经系统内传递，在大脑存储；形成记忆是一个量子跃迁的过程(第 9 章),长期记忆的信息是由稳定的跃迁形成的蛋白质分子异构体来实现的,一旦形成便处于随时等待调用的休眠状态;思维是对已经存储信息的激发、解构和重构,并将其组构的新的信息(意象信息)或是暂存于大脑,或是输出到外部世界;信息输出时,遵从宇称(k')逆变换原理,需要放大信号的强度,保证能传送和激发肢体和口腔等各部位的肌肉,将颅脑内左旋世界的意向信息变换成外部世界进行交流的信息,包括语言、文字、符号、肢体动作、表情,等等。试想一下,这么多环节的启动、运行,哪一个不都是需要脑的"破费"才能运转吗?破费的是什么,是"能量"。

从上述两方面来看,能量就是脑思维的"作用量",按照最小作用量原理,思维将会遵循能量最小的路径进行。所谓能量最小的路径体现在以下三个方面。

一是基因的设计。神经元的形态和功能生来就是多种多样,这有益于对各种不同的信息以最小能量损耗的路径相连接,神经元之间的连接就是由生长锥和靶细胞的化学信息素之间的相互作用所决定的,这是基因的节能设计。

二是知识的积累。"好奇"是人和高等动物共同的天性,观察、学习和记忆不只是存储和积累了大量的信息,同时也构成了大脑进行形象思维和抽象思维的法则,使思维有据可依,接近于回忆的重复,小小能量的激发就可以按照思维法则的路径驾轻就熟地到达思维的彼岸,这是经过后天学习累积起来的先投入后产出的节能程序。

三是思维是脑实现生命效应最优化的一种功能。大脑本身就是建立在最小作用量原理基础之上进化的产物,目的是提高和外界交流的信息量和效费比。在大脑神经元的微观世界里,思维也必然会遵循这一原理,使集成效应的能量消耗为最小,这就是为什么我们人类总是能找到最佳的行走路径,找到最好的行动方案,动物总能找到最适合自己的生存环境的原因,我们常常将此称为奇迹。而人类创造现代文明的思维能力更是奇迹中的奇迹,这一奇迹被爱因斯坦称为"想象力",他说[32]:

> "想象力比知识更重要,因为知识是有限的,而想象力概括着世界上的一切,推动着进步,并且是知识进步的源泉。严格地说,想象力是科学研究中的实在因素。"

为什么想象力会是思维中的实在因素呢?为什么会是知识进步的源泉呢?

因为人类的知识宝库不是先验而存在在地球上的，所有文化都是人类点滴积累创造出来的，从无到有的创造靠的是什么，是想象的力量——来自神经元及其神经元网络的活力。从语言形成开始，人类就开始了用符号代表外部世界的认知过程，一旦符号进入了人类的认知体系，就如同给想象力添上了翅膀，翱翔在脑内的左旋时空世界中，又映射到脑外的右旋世界中来。想象力推动了知识的进步，创造了人类的文明和一个日新月异的世界，这种由想象力激发的创造性，在人类的认知历史上，大体上有三次飞跃。

10.3 人类思维的三次飞跃

我们已经论述过，思维是人脑对各种信息进行加工形成新信息的过程。这种加工的方法(脑的思维模式)有两种：

(1)和实在事物的形象信息相关的形象思维，形象思维遵循自然法则，“天不变，道亦不变”。

(2)和表达实在事物的符号信息相关的抽象思维，抽象思维遵循人为法则，“人在变，法则在变”。

这两种思维模式由人的基因决定并且和脑的左右半球结构相关，人类的思维是这两种思维的融合。对于具体问题的思考，人们很难厘清两者的界限。脑本身总是会按照由最小作用量原理引导的最佳的路径在工作，正是这一原理催生了我们人类思维的三次飞跃，每次飞跃都将思维推上了一个新的等级。

10.3.1 第一次思维的抽象化——智慧的摇篮

抽象思维是人类智慧的起点，以中国古代哲学中的《易经》、《道德经》和古希腊哲学中的《形而上学》为其象征，时间是在公元前5一前4世纪。

形象思维所遵循的是自然法则，自然法则是自然的规律，人(还有高等动物的思维)必然要遵守它。

抽象思维会遵循什么法则?

抽象思维在2000多年以前是以语言和文字的符号进行的思维，但是语法和文法不是思维的唯一法则，如“我想出去”和“我想回家”，虽然语法结构相同，但“意图”不一样，也就是思维的出发点不一样。这种抽象思维所涵盖的动力催生了人类自由思想的发挥，形成了历史上的第一次“想象力”大比拼的创造性时代，其中杰出的代表人物就是中国的老子、孔子、庄子、墨子和古希腊的苏格拉底、柏拉图、亚里士多德、德莫特洛克等思想家，代表著作有《易经》、《道德经》和《形而上学》等，从而建立起中国和古希腊的形而上学的哲学体系。

人的思维活动会自然地遵从最小作用量原理，这个原理规定了自然界的事物总是由一个最省力、省功或最省时间的“路径”来实现的。思维需要法则，因为如果有现成法则可依，那么思维就成了神经元网络遵从某个法则的运动，消耗能量最少。因此古代先哲们的思想和著作，也就自然地成为人们抽象思维的法则，2000 多年以来一直绵延不断。

中国和古希腊这两种哲学的认知体系，虽说都属于形而上学的思辨范畴，但还是有着和地缘环境相关的两种走向，前者是黄河流域的内陆农耕文化，以高度概括的“玄学”辩证来印证风调雨顺的和谐和预测风险，在“天人合一”的总体大系统的概念下，对“道法自然”中的“道”、“法”和“自然”表述得很深奥，但又欠缺形象化、具体化的猜想，这就决定了后来者也一直停留在以玄学为象征的思辨层次上，想象力被淹没在纯粹思辨的玄学的发挥上，构不成另类思维的突破，这与自给自足的自然经济和封建社会稳定的社会形态相适配，故而一直被奉为认知学的经典，直至 1919 年的“五四”运动。

古希腊哲学则是欧洲大陆和地中海的地缘文化，是建立在像《几何原理》这样严密的定义、公理、形式逻辑基础之上的抽象思维体系。《形而上学》一书几乎涵盖了当今在认知学领域所有的基本概念，奠定了西方哲学的逻辑论辩的基础。马克思曾称亚里士多德是古希腊哲学家中最博学的人物，恩格斯称他是“古代的黑格尔”。古希腊哲学一直影响着西方世界的精神生活，给人们带来了至今仍然主宰着人们思维的法则；另外，像“地心说”、“以太说”和“自由落体重快轻慢”的直观思维的猜想和推理，虽然是错的，但对后人也起到了“错误是正确先导”的作用，引领欧洲走上了一个科学—哲学的时代，构成了人类智慧的又一次飞跃。

10.3.2 第二次思维的理性化——真理之路

《易经》和《形而上学》都只是教导人们如何认知这个世界，但是如何检验他们自身这些论述的正确性和永恒性，都没有提及，在其后的 2000 多年内，后人则将这些著作视为经典。虽说是经典，但仍然保有古代思辨哲学的自由，也就是“信不信由你”的自由。但是，欧洲中世纪基督教的教义已经成为人们思维和行为的最高准则，在教会的管制下，违背禁锢就要遭受惩罚，甚至处以死刑，致使中世纪的文学艺术死气沉沉，乃至发生了对哥白尼、伽利略等人身及科学理论的攻击与囚禁。中国封建社会则以“三纲五常”，“君要臣死，不敢不死，父要子亡，不敢不亡”的人身依附和惩罚，来规范人们的思想活动，历代帝王又都不同程度地以“文字狱”的形式来限制和扼杀人们的思想自由。

于是，在中外的思想史上都出现了一个思想被极端驯化的时期，把宗教的教义和帝王的圣谕变成了人们思维所遵循的唯一至高无上的法则，这种状态在欧洲延续至文艺复兴(14—16世纪)和启蒙运动时期(17—18世纪)。在中国直到“五四”运动才开始觉醒，其后在中国革命和社会变革的进程中，20世纪30年代，毛泽东著述了《实践论》，70年代中期，又重申了《实践是检验真理的唯一标准》，开始了解放思想、开动脑筋、实事求是地进行理性思维的新的历史时期。

中国人普遍地明白这个道理比欧洲人晚了300年。之所以如此，是因为欧洲在此之前经历了3个世纪的文艺复兴时期，这是一场新兴资产阶级大规模地反封建、反教会的思想文化解放运动，声称要把久被淹没的古代文化复兴起来，使之再生。这一觉醒使人摆脱了中世纪封建主义和教会的精神桎梏，形成了人类历史上的思想大解放，在文学、艺术、哲学、科学、宗教、政治等领域发生了深刻变革，象征着中世纪的结束和追求真理的开始。

对于“真理”，亚里士多德就曾经在《形而上学》一书中说过：“要在辩论中胜出，就必须时时提醒自己，不要说呈现的现象中有真实，而是要说呈现的现象中有真理。”[33]也就是说，观察到的现象不一定是不变的，而现象中所蕴含的真理才是永恒的。亚里士多德还说过“谬误有多种多样，而正确却只有一种”，也就是说，真理只有一个。

然而，如何来探索真理，如何来表述真理，如何来验证真理，又如何来追求真理，这就构成了欧洲启蒙运动思想的核心——理性主义。所谓理性主义，所强调的是独立的思考能力，凡事要从人的思维去判断，不把神和国王的旨意作为自己思维所必须遵循的法则，思维本身要形成一个以追求真理为目的的闭合的思维链，使思想从君权、神权的桎梏下解放出来，而以实践作为检验思想和理论的准绳，这就是思维的理性化，也即所谓的理性主义。这种理性的思维不同程度地体现在启蒙运动时期几乎所有的思想家的言论和著作中，例如，孟德斯鸠的《论法的精神》提出了三权分立的宪政体系，核心思想是“以权力制约权力”,从而构成一个权力相互制约的闭合链,避免权力的滥用和扩散;卢梭的《社会契约论》则旨在“探讨在社会秩序之中,从人类的实际情况与法律的可能情况着眼,能不能会有某种合法的而又确切的政权规则”;康德的《宇宙发展史概论》则从科学的角度提出宇宙的概念并探讨宇宙的起源,他第一次提出了地球和整个太阳系表现为某种在时间的进程中逐渐生成的东西,并且归结为“在整个无限空间和时间范围中的造化”。下面再简略地引用几位思想家通向真理之路、永远熠熠生辉的名言。

孟德斯鸠(1689—1755)

• 自由不是无限制的自由,自由是一种能做法律许可的任何事的权利。

• 奢侈总是跟随着淫乱,淫乱总是跟随着奢侈。

• 在一个人民的国家中还要有一种推动的枢纽,这就是美德。

康德(1724—1804)

• 我们所有的知识都开始于感性,然后进入知性,最后以理性告终。理性一手拿着自己的原理,一手拿着根据那个原理研究出来的实验,奔赴自然。

• 事物的特性与观察者有关。[①]

• 教育最复杂的任务之一,就是把服从法律的强制性和教育孩子善于动用自己的自由权利结合起来。孩子只要不做有害于自己和他人的事,就应当让他们有行动的自由,不要硬去改变孩子的意愿。要让孩子懂得,他们只有为别人提供达到目的的可能性,才能达到自己的目的。

• 启蒙运动就是人类走出一种人类自我强加的不成熟状态的一种行动。[②]

卢梭(1712—1778)

• 人的教育在他出生的时候就开始了,在能够说话和听别人说话以前,他已经就受到教育了。青年期是增长才智的时期,老年期则是运用才智的时期。

• 向他的头脑中灌输真理,只是为了保证他不在心中装填谬误。

• 据我的阐述,我们可以断定,在自然状态中,不平等差不多是不存在

---

① 该语出自康德的《纯粹理性批判》,这和爱因斯坦的《相对论》和海森堡的《测不准原理》极为接近。

② 成熟的标志,就是会分析原因,计及后果,后果就是反馈。

的。由于人类能力的发展和人类智慧的进步，不平等才获得了它的力量并成长起来。由于私有制和法律的建立，不平等最终变得根深蒂固而成为合法的了。

以上的引证和论述说明，欧洲的文艺复兴和思想启蒙运动，前后500年时间，是人类历史上的思想大解放的时期，形成了新的一轮自由思想的创造高峰。自由思想的第一轮高峰出现在公元前，人类凭借着想象力创造了构成抽象思维法则的各种经典著作；而在第二轮高峰中，人类又凭借想象力，使思维本身构成了一个计及反馈的精神活动，这也就是现代社会的理性主义，用以上引述的康德的话来说就是："理性一手拿着自己的原理，一手拿着根据那个原理研究出来的实验，奔赴自然。"也就是说，让实验来验证原理。

理性始于自然，经过数学演绎和思考推理，又归于自然，统一于自然，这也是牛顿和麦克斯韦创建经典力学和电磁理论的哲学基础和方法论。1687年出版的牛顿的《自然哲学的数学原理》和1873年出版的麦克斯韦的《论电和磁》是两部最重要的物理学经典，二者支撑了自然科学体系的大厦，推动了生产力的发展，人类在20世纪进入了现代化社会。

10.3.3 第三次思维的原创化——创新之路

当人类开始进入20世纪的时候，英国物理学界元老威廉·汤姆逊在《新年献词》中踌躇满志地宣告："科学大厦已经基本建成……后辈的物理学家只要做一些零碎的修补工作就行了。"但是，他还是对物理学中一时不能理解的自然现象，有所感叹地表示："在物理学晴朗天空的远处，还存在两朵小小的令人不安的乌云。"

这"两朵乌云"是指当时无法解释的两个实验现象：一个是搜寻"以太"存在的"迈克耳孙－莫雷"实验证明"以太"并不存在；另一个是在研究物体热辐射的"黑体辐射"中发现紫外辐射急剧偏离理论值的现象，被称为"紫外光灾难"。这两朵小小的"乌云"之所以令人不安，是因为触动了牛顿在他的《自然哲学之数学原理》中对时间和空间所加的两条附注，即人所共知的时间和空间是绝对的、连续的。

牛顿的理性思维是周密的，他必须借助这两条公理性的假设才能建立经典力学的理论体系，牛顿坚持认为这两条附注是人所共知的事实。但是，正如亚里士多德所警示的，事实并不见得就是真理。第一朵乌云即以太的不存在，否定了时间和空间的绝对性，催生了爱因斯坦的相对论；第二朵乌云即紫外光灾难否定了时间和空间的连续性，催生了普朗克的量子论。

两朵乌云引发人类的思维发生了一次划时代的飞跃，这就是思维的“原创化”。所谓原创化是指既没有经验、也没有现成法则可遵循的思维活动的创造性，最终创造出来的理论和自然界相一致，也就是能为实验所证实。原创化又是思维难度和创造性的象征，在原创化的思维过程中，不仅会对脑中存储的信息，也就是形成信息记忆的神经元网络进行解构与重构，而且会产生新的信息，组构成一个新概念的认知体系，这个新的认知可以是一个可被证实的理论，抑或一项有价值的发明。这两者的共同特点是创新。

人类的思维过程都是或多或少带有创造性的，那么，为什么要将爱因斯坦的相对论和普朗克的量子论作为思维原创化飞跃的代表呢？这个问题的答案可以从人类自身的视野中去寻找。

现在我们常常用到这两个词，就是“宏观”和“微观”，而宏观和微观又是相对于我们人类的中观视野而言的。可以这样说，在20世纪以前人类都是在与自己的感官相匹配的中观视野上来感知和测量外部世界的，即使用上了望远镜和显微镜，我们对于所观测的世界还是可以想象和理解的。这时，我们思维的创造性体现在对事物观察和认知的深度、广度、细节和相互之间的联系、事物变化和运动的规律上，一旦自己的发现或者产生新的见解，只要用语言或文字表达出来，别人学习和理解起来并不困难。人类就是这样创造性地构建了20世纪以前的知识宝库，包括宗教、哲学、文学、科学、技术、艺术等。打开这个知识宝库只需要一把钥匙：懂得每门知识所用的语言。由于不同的语言之间总是可以翻译的，因此知识宝库的钥匙是通用的。有了这把钥匙，我们就可以学习、就可以想象、就可以理解它的内涵。

相对论和量子论是建立在宏观和微观视野上去理解宇宙的理论创造，两者虽然都是中观视野的自然延伸，是理性思维中的最大和最小，或是趋近于∞和0的两种自然状态，但是人类从来没有这两方面的经验和感知。

- 有谁体验过自己以光速300 000km/s运动的世界是什么情景？
- 有谁见过在宇宙大尺度的时空中，光也会拐弯前进？
- 有谁知道1g的物质如果变成能量就会释放出2.15×10^8大卡的热量？（而太阳、核电站、原子弹都是这个原理的“产物”）
- 有谁能想到热辐射和光辐射的能量是不连续的，是一份一份的，就连时间和空间也是不连续的？

- 有谁能想到最小的一份能量是普朗克常数 $h=6.626\times10^{-34}\,\mathrm{J\cdot s}$，最小的时间间隔是 $10^{-43}\,\mathrm{s}$，最小的空间间隔是 $10^{-35}\,\mathrm{m}$？
- 有谁能想到光子、电子又是粒子又是波？就连我们每个人自己也是如此，既是一个个体，又是一个个体的波，等等。

这一切，在我们人类的信息库中，从来也没有出现过，都是不可思议的，以至于《广义相对论》问世时，爱因斯坦说全世界只有12个人能读懂他的著作。创立了量子力学波动方程的薛定谔又提出了一个著名的"薛定谔猫"的思想实验，猫在人们观察以前总是处于不死不活的状态；而放射性衰变又是一个类似"害羞"的过程，有人观察时，它就不会发生。这两者都反映了微观世界的不确定性，这对于理性主义者实在是匪夷所思。

因此，相对论、量子论和量子力学的创立是人类原创化思维的结晶。这种思维超过了感知的信息范畴，创造了新的信息、新的理论，构成了新的思维法则。这些神奇的思维成果虽然一时不能为人们所理解，但大自然却欣然接纳，实验会获得预想的成功。

思维原创化的动力仍然是想象力，但是需要更高的强度，想象力来自神经元对能量的高效转换。基因决定了每个人的神经元的蛋白质结构和从食物中汲取能量的能力，人类的知识宝库构成了一个创造性思维的基础平台，两者相加让每一个人都有可能去接近大自然的奥秘，但是成功依然是属于最富有天赋和最勤奋的人。然而，还是千万不要高估了我们人类自己，爱因斯坦1932年发表的演讲《我的信条》对此讲得睿智而又中肯(4.3.3节)。

思维的智慧、智慧的思维，陪伴着我们每一个人。但愿每一个匆匆的过客都能享受到：

老子哲学"天人合一"的和谐和爱因斯坦信条中"宇宙的美妙与卓越"。

古代的哲学家和当代的科学家，两者一起给人类求知的渴望带来了一种抒发感，即使很微弱！

第 11 章　行为——信息输出和精神的象征

从图 10.1 可以看出:思想是行为的源头,有思想的动物就会构成脑的信息的输出,从而形成了对外部世界的一种随意的活动和表情。对人类而言,行为是精神活动的最后一个环节,它体现了个人的意志及其可能对外部世界产生的效应,正面效应的积累构成了社会的进步,相反,则带来了社会的倒退。因此,行为是一个人生活和生存的象征,也是法律意义上的一个重要的概念和判据。

11.1　生物进化中行为的概念

"行为"这一词虽然可以涵盖地球上的所有有生命和无生命的活动,但通常还是指动物受思想支配而表现在外面的活动,尤指高等动物,如运动、通信,生殖和集群的社会性行为等。对于植物,如捕食昆虫的捕蝇草、含羞草的感震运动是由于一些重元素的特殊分布而引发的刺激一反应现象,虽然也会有明显的"行为"表现,但它们没有肌肉,也不受神经系统的支配。对于动物的行为,有着明显的从低级到高级的等级的区分,低级的如昆虫和低等动物,高一级的如鸟类,再高一级的就是哺乳动物,最终我们则是探讨人类的行为。下面我们先简单地研究一下动物的行为及其等级,其目的是更好地理解和有重点地探讨我们人类的行为。

11.1.1　昆虫和低等动物

昆虫和低等动物有三种基本的行为模式。

一是本能。本能体现在两个方面:由基因所决定的可以接收某种刺激的感受器和效应器的身体结构;以脑为核心的中枢神经系统所组成的神经元回路的自动运转——对这个回路有一个刺激的输入,就会有一个相应的行为的输出,是一个可重复的系统模式。

科学家对沙漠蚁利用偏振光进行导航的研究表明[2](图 11.1),沙漠蚁之所以能在觅食以后,不是沿着去搜寻食物时的弯曲的路线返回巢穴,而是可以利用太阳偏振光的效应,按照直线方向回家,就是因为它进化出一种由特殊的分子结构形成的神经元回路,这个回路可以按照偏振光的效应自动进行回程的定向计算,这在蚂蚁、蜜蜂这样的昆虫世界是一个普遍的现象。

二是学习。学习是昆虫和低等动物在外界环境条件下神经元回路的试运行,比如苍蝇在几次试图飞出玻璃窗而被碰撞后,它也会停息在玻璃上,或是爬行。

三是生物钟效应。这是由脑的内分泌所决定的,包括觅食、交配、战斗、社会性行为等,什么时间干什么,什么情况下干什么,内分泌是一个内在的驱动力。例如海龟和鲑鱼回游到出生地产卵等这样的行为就是由生物钟所决定的,至于回游路径的选择和导航方式,不同的物种各显神通,有地磁型的或天文导航型的生物机制,沙漠蚁则是利用偏振光效应提供径直返回巢穴的参考基准。

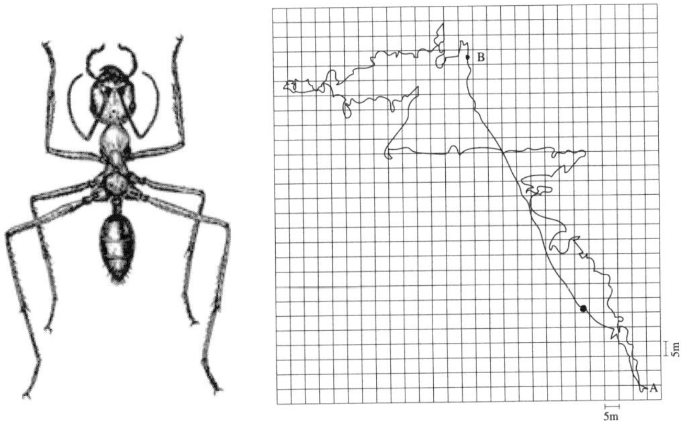

图 11.1　沙漠蚁通过对紫外光的探测而成功地导航

沙漠蚁在寻找食物以后,可以选定方向按照直路回巢。该沙漠蚁的一条蜿蜒的路径是从其巢(A)出发,寻觅到食源(B),行程 592m,但它径直回巢只有 140m,没有偏离,惊人地准确。实验记录时,每一点代表 1min 时间。

11.1.2 鸟类

鸟类的大脑已经明显地增大，主要是纹状体，其行为和低等动物相比有三个特点：

一是它们具有遗传性的生存技能，如捕食、筑巢。

二是鸟类虽然是卵生，但雏鸟需要父母的哺育，需要学习飞行和捕食，它们的生存技能有一部分是从后天习得的。

三是鸟类的行为和鸟类大脑的增大是相关的。鸟类的飞翔带来了广阔的视野和自由运动的空间，带来了全方位的刺激，也带来了需要应对的多方面的挑战，所以人们在鸟类的行为中，常常会感到有一种像鹦鹉、八哥学说话那样智慧的存在。科学家对渡鸦所具有的智慧和生活习性有如下的一段描述：

> "渡鸦通常独栖，但可聚成小群活动觅食。偶成大群。渡鸦可以模仿环境的声音，包括人类的说话。它们的发音很广阔，而这一直也是鸟类学家的研究兴趣。20 世纪 60 年代初，有一项研究给渡鸦录音，共有 15～30 类的渡鸦发音被录下来，大部分都是用作社交的。这些叫声包括警报、追踪及打斗的叫声。非语音的声音包括翼的啸音及喙的咬声。雌性比雄性会有更多的拍打声及咔嗒声。如果失去了伴侣，另一方会模仿伴侣的声音来呼唤对方。
>
> 近年生物学家开始识别哪些鸟类会进行游戏。幼年的渡鸦是最爱玩耍的鸟类之一。生物学家观察到它们会从雪堤滑下，似乎完全只是为了好玩。它们甚至会跟其他物种玩，例如与狼或狗玩捉迷藏。渡鸦亦会做出特技表演，如翻圈飞行（翻跟斗飞）。"

图 11.2 说明，在鸟类的行为中，除去觅食、生殖和哺育子女外，还包括了玩耍。玩耍是一种纯精神的行为，会刺激脑中一种神经递质的分泌而带来愉悦感（enjoy）。

图 11.2　调皮渡鸦发现“玩具”，躺地玩木棍乐在其中
(2013－01－12 09:39 中国新闻网)

11.2　高等动物行为与进化的相关性

“哺乳类动物是在 2 亿年以前的三叠纪由兽形爬行动物进化而来的，有很好的化石证据表明了这样一个事实：“从似哺乳类的爬行动物到真正的哺乳动物的转变。”[3] 也就是说，哺乳动物不是由现存的爬行动物进化来的，而是和现在的爬行动物很可能是同一个祖先，二者在两亿年前就已经开始分道扬镳，在两股道儿上进化。像龟类这样的爬行动物，由于有着稳定的基因结构，导致它两亿年以来的体格和行为、习性一直没有明显的变化，而成为活化石。哺乳动物则不然，它是由似哺乳类的爬行动物经过 2 亿年进化来的。

和低等动物相比较，促使哺乳类动物智力和行为发生质的进化的生理因素有四个明显的表现：双眼视线的立体感效应；双耳的听觉和定位功能；重心的变化和运动灵活性的提高；大脑新皮层的增大和胼胝体的形成。

11.2.1　双眼视线趋同的立体感效应

从图 11.3 可以看出，双眼视线的角度，可以从脊椎动物的鱼开始，伴随着进化而越来越小(图 11.3)。

图 11.3 中，同属哺乳动物的食草动物和食肉动物也不一样。鹿的两眼位于左前方和右前方，视线大致呈 90°，视野辽阔可达 210°，有益于于发现周围的草地、水源、自己的群体和捕猎者；猎豹的两眼在正前方，视线差很小，两眼视野部分重叠，因此视野只有 120°，但能形成立体感，有利于发现和跟踪目标，选择时机发起攻击。鸟类和哺乳动物的行为之所以敏捷、准确，是与它们双眼的

位置密切相关，两眼视线的角度随着脊椎动物进化等级的上升而减小，形成了立体视觉，提高了行为能力的准确性。

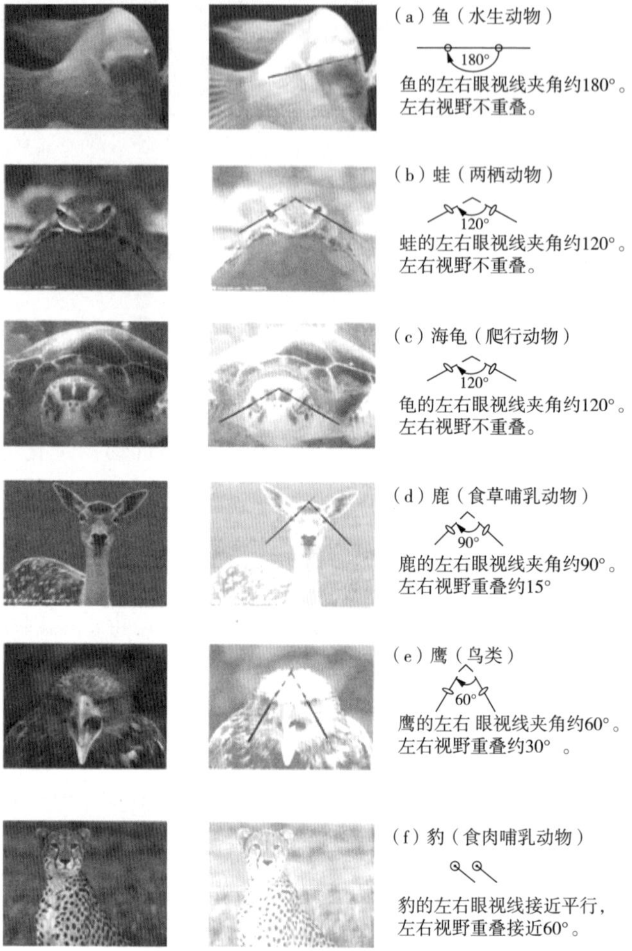

图 11.3　脊椎动物眼睛位置进化图示

11.2.2　听觉与双耳定位效应

脊椎动物从哺乳动物开始才具有像人类这样的听觉感知能力。图 2.4 告诉我们，鱼和爬行类动物内耳中都只有三个半规管的位觉感受器，没有听觉感受器，这表明位觉比听觉更早。从哺乳动物开始，中耳中才有了感知声波的器官——三个听小骨组成的感受器(图 11.4)。

图 11.4 所展示的哺乳动物是由似哺乳类的盘龙类爬行动物进化而来的，这种爬行动物是现存的爬行动物进化过程中的另一个分支。这一分支的脊椎动物的祖先由水栖到陆生以后，鳃退化，同时发生了由咽弓一部分改造为听器的过程，这一过程进化到到哺乳类时才告完成：颌弓的方骨变为砧骨，颌弓的关节骨变为锤骨，舌弓的舌颌骨变为镫骨——这就构成了所有哺乳动物听觉的核心，由三个听小骨构成的接收器。

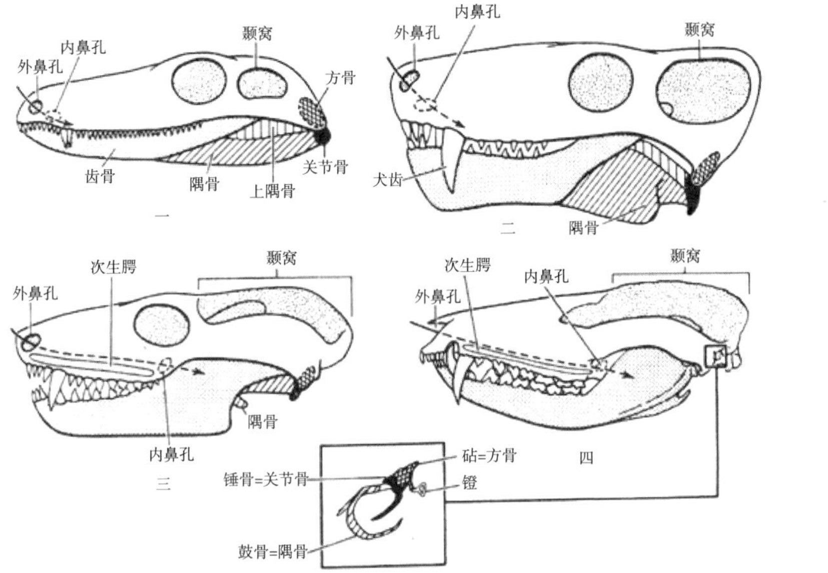

、盘龙类(似哺乳类的爬行动物)；二、早期兽孔类(从盘龙类进化来)；三、晚期兽孔类；四、哺乳类

图 11.4　哺乳类听小骨的进化过程[5]

听觉是哺乳动物进化中形成智力的一个重要象征，它构成了哺乳动物接收信息和快速反应行为的一个重要的通道，这就是双耳的声音定位效应(图 11.5)

图 11.5.(a)表明由左、右耳接收的听觉信息，又各自分为两路，占优势的一路投射到对侧大脑的赫氏回，次要的一路则投射到本侧的赫氏回。听觉信息在交叉以后还要与同侧直传的信息进行比较，这就构成了立体声的定位效应，而占优势的那一路信息的交叉投射，构成了空间的宇称变换。在大脑的两半球由左、右耳传来的同一声源的两路信息频率相同，但存在双耳的时间差和和强度差：由于声速是 340m/s，人头部直径约为 18cm，最大时间差为 0.5ms，

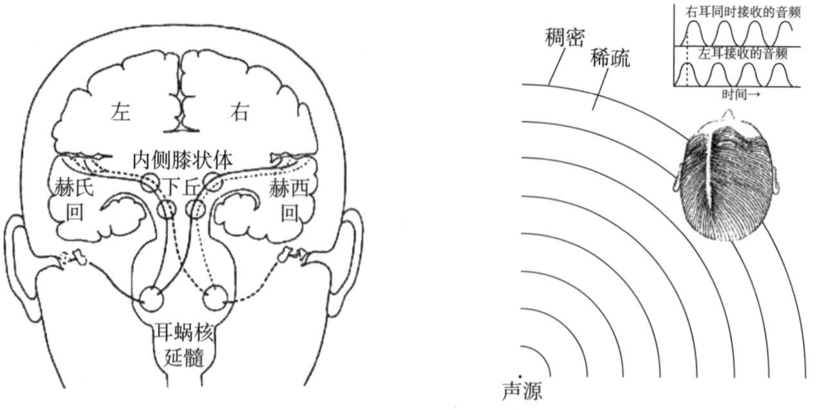

(a)听觉神经通路示意图[24]
两侧的听觉神经向大脑投射时有两路。以交叉到对侧的赫氏回的那一路投射占优势。

(b)左、右耳延时效应[34]
由于左右耳的距离，接收声波时产生相位差，它和频率及延时有关。

图 11.5　双耳的听觉神经通路和声音定位效应

而人脑能检测出两耳间小至 5μs 的时间差；由于每一侧赫氏回的神经元都会被同侧声兴奋，但被对侧声抑制，这种相互作用可以检测双侧的声强差，在高频处，可测出高达 10 倍的强度差，这是由于头部和外耳的遮蔽作用引起的。

早在人类语言演化之前很久，听觉系统惊人的灵敏度和频率的选择性就已经在哺乳动物中存在，并且通过复杂的神经元网络的比对和精细的计算，形成了机体对声音的定位能力。声音定位是哺乳动物觅食、规避危险、通信等行为的一种有效的生存本领，听觉系统的进化大大地促进了哺乳动物大脑新皮层的进化。

11.2.3　重心升高与灵活性效应

和爬行动物相比，哺乳动物都具有非常好的运动能力，这是通过四肢伸长、关键活动的自由度变大和身体重心的提高来实现的。在运动力学中，运动的灵活性和稳定性是一个相反的关系，越是稳定的动物灵活性越差，如爬行动物；而哺乳动物则不然，它们大都进化出了既稳定而又灵活的身体结构和对运动的操控能力。

从动物的外形和运动能力来看，动物的进化是符合力学原理的优化选择，包括左右对称、稳定性和机动性，引领这一进化选择的一个永恒的因素就是地球的重力场。直立人的两足行走是这一进化的顶峰:人在站立和行走状态时,和其他动物相比是最不稳定的,其相对稳定性是马和鹿的 1/4,狮、虎、豹的 1/5,大象的 1/6;但也可以反过来说,人在站立和行走状态时其机动性是马和鹿的 4 倍,狮、虎、豹的 5 倍,大象的 6 倍;而人在休息平躺时,稳定性又是最好的。所以,人体从力学进化的角度来讲,实现了静态时的稳定性和运动时的灵活性的对立的统一。人体的直立、坐姿和平躺是三种最佳体位的进化选择,这也造就了人既适合狩猎、劳作,又能放松休息和睡眠,同时还具有完成各种优美和高难度动作潜能的身体结构基础,以及与之相应的神经系统的进化和发育。

11.2.4　脑的进化与智能行为

哺乳动物大脑新皮层明显增大(图 8.4),同时还形成了连接左、右脑的胼胝体(图 8.7)。就脑的进化而言,哺乳动物进入了按照自然法则进行形象思维的信息化阶段,其特点是信息量增大、信息复杂化和信息按自然法则组构级别的提升,因此哺乳动物实现了由天生的本能行为向智能行为的飞跃。在这里,智能行为是指大脑凭借后天记忆的碎片就可以拼接延伸的那些行为,因此几乎所有的哺乳动物都能被人类驯养甚至为人类服务,这就是我们常说的动物通人性的道理。这种动物和人互动的基础是因为人类和哺乳动物的祖先一起走过了一段漫长的进化之路,实现了本能行为向智能行为的形象思维的过渡。

在哺乳动物的进化过程中,上述四个方面的进化,为哺乳动物的行为能力的飞跃奠定了基础:

一是双眼视线角度逐步减小、趋同,形成了视觉的立体感;

二是三个听小骨形成听觉系统,可以用声音进行通信和定位;

三是站立和运动时重心位置的提高和可变化范围的加大,形成了既稳定而又灵活的身体动力学结构系统;

四是大脑新皮层的快速增大和新生的连接左、右脑的胼胝体的出现奠定了中枢神经网络左、右一体化的基础,从而具有了和外部世界整体映射相对应的形象思维能力。

在人们最感兴趣的动物世界中,哺乳动物(含灵长类)总是饰演着主角,因为它们的行为和我们人类相仿。它们的行为同样也是思想的输出、精神的象征,但它们的脑只具有不同程度的形象思维的能力,它们生活在单一的形象世界中。

11.3 人类的行为

11.3.1 人类行为的层次和研究的重点

词典上说行为是“受思想支配而表现在外面的活动”[15]。参照动物的各种行为，广义来看，可将人类的行为分为以下四个层次。

第一层次。由基因决定的刺激—反应行为。

这种自发的行为是不会引人注意的，如受到各种刺激时的应急反应：强光刺激时的闭眼；恶嗅刺鼻时的避让；高温烫手时的缩回，等等。这是动物最基本的刺激一反应的生存行为，所有动物都一样，人类也不例外。

第二层次。由基因和外界环境决定的自适应运动行为。

例如，昆虫、鱼类和爬行类等低等动物的生存活动；对于鸟类、哺乳动物和人类而言，就是他们处在雏鸟期和婴幼儿时段的发育行为。这种本能性运动行为有着共同特征，就是在发育的过程中，运动的源头是由多个神经元回路不断地调试所决定的。它是不需要意识控制的模式行为，如人的行走、进食的习惯性动作都是无须思考的，而且也不知道是怎样学会的——这也就是通常所说的无意识的行为。这种行为会在某一个内、外的刺激下被激发出来，如饥饿会激发进食的行为，呼唤会激发行走和奔跑的动作，等等。我们将此称为“神经元回路”模式行为，它构成了中枢神经系统以神经元回路响应为特征的高一级的刺激一反应机制。

神经元回路是神经系统中能捋出头绪的神经元存在和信息传递的通道。它有着明显的、确定的输出和输入的关系，可以通过科学探测进行神经元回路的定位、定性甚至定量的研究(图 11.6)。科学家已经对低等动物(如水蛭、海兔、沙漠蚁、蜜蜂等)、高等动物(如老鼠、猴子等)、人类(大都为大脑受损、缺失者)做过大量实验，从而奠定了神经系统解剖学和病理学的基础。

海兔系软体动物，具有一个简单的神经系统，包含大约 20 000 个神经细胞，其腹神经节中大约只有 2000 个神经细胞。

图 7.9 表明，对人类而言，激发神经元回路模式行为的是由脑干和脊髓组成的中枢模式发生器，刺激信息可能来自大脑皮层、基底神经节和小脑，也可能来自感觉感受器。所以人在诞生以后的发育过程中，以类似海兔缩鳃反应

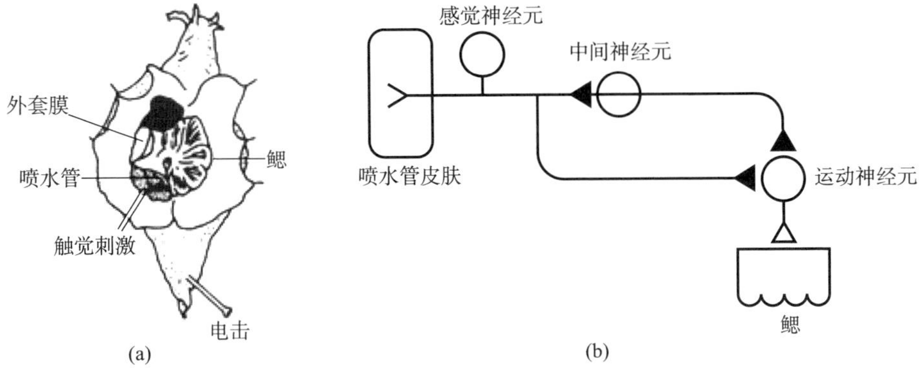

图 11.6　海兔缩鳃反应的神经元回路[29]

(a)海兔的背面图，表示鳃和喷水管以及电击和触觉刺激的部位；

(b)缩鳃反射神经元示意图。为简单起见，只用单个细胞内纤维联系来表示该神经元回路。

的神经元回路模式记忆的各种运动模式，构成了一个人一生行为的基础。

第三层次。由种群社会后天模仿的习得性行为。

这是哺乳动物所特有的行为能力，人类也是如此。对人而言，这种行为是建立在视、听等感觉和脑功能基础之上的，行为的源头是由思想来操控的，而思想本身是神经元网络的一个动态的组构过程，因人而异，因而也就没有固定的行为模式，它取决于每个人的基因、社会环境、受教育的程度和实时的反应。

这种由先天的基因和后天的模仿、学习所获得的行为能力，以及培养这样的能力和所需要的时间，不同的物种是不一样的，但大都和性成熟的年龄相关；同一物种的不同个体也是不一样的，但这主要取决于基因和后天的环境条件。哺乳动物表露于外的这种能力，表明哺乳动物发育到某个年龄时，大脑能在已经建立的记忆信息库、思维模式库和行为模式库的基础上，组构成新的意象信息和行为的输出，实现对外部世界的应对和互动。表 11.1 是几种哺乳动物具有成年行为能力的年龄以及与寿命的相关性(数据可能不十分准确)，其比值 R 是哺乳动物进化程度的象征。这表明，进化程度越高的动物，达到成年行为能力所需的生命时间越长：小鼠是 30～40 天，$R\sim1/24$；猩猩是 7～10 岁，$R\sim1/6$；人类最大 16 岁，$R\sim1/5$.

表 11.1　成年行为能力的年龄以及与寿命的相关性

物　种	成年年龄(性成熟时期)	寿　命(年)	R=成年年龄/寿命
小鼠	30～40 天	1～3	～1/24
狗	6～10 月	15	～1/20
熊	3～4 岁	25	～1/8
大象	7～10 岁	60～80	～1/8
猩猩	7～10 岁	40～50	～1/6
人	16～18 岁	70～80	～1/5

第四层次，独立自主的创造性行为。

人类的行为能力有两个阶段：

第一阶段，就是和所有的哺乳动物一样，通过向父辈和种群的模仿，传承了代代相传的习得性行为，同时在大脑中也建立起形象信息的记忆库、形象思维的模式库和行为模式库。这一阶段，在六七岁及其以后的小学教育时期就能基本完成，这也是人类社会处于落后状态时童工的年龄。

第二阶段，是从 3～4 岁有了事件记忆能力开始的，它和模仿式的学习是同时的、并行的、互补的，这就是接受由父母、学校和社会所进行的教育，实现知识和品德的传承，并且体现在行为中。在这一阶段，孩子对语言的模仿、学习和亲身经验的对照，会在大脑中建立起抽象信息的记忆库、抽象思维的模式库和行为模式库，形成了大脑的语言区，即大脑的主导半球。这一阶段一直延续至 16～18 岁，相当于中学毕业，成为具有独立行为能力的成年人。

如此看来，我们对人类行为研究的侧重点应该放在第二阶段，并通过下述讨论来察看人类行为的三个主要的侧面：语言和行为；精细行为；精准行为。

11.3.2　语言和行为

人们常常会提出这样的问题，成千上万乃至数百万一窝的小蚂蚁是怎样组成一个有序的社会的？不同的蚂蚁群之间又是怎样发生战争的？按照昆虫专家的研究和实验可以证明：在蚂蚁社会里，蚂蚁的行为和它们的身份、地位是由信息素来决定的。信息素就是蚂蚁社会的语言，正如《蚂蚁之美》[35]一书中所说：

> 蚂蚁使用各种化学物质表示不同的信息。据估计，蚂蚁有 10～20 个这样的化学“单词”或“短语”。但在一个特定的时刻每只工蚁所

传播的每种信息素量一般不超过百万分之一克。越来越多的信息素不断被发现，其中一些相当神奇……在红胸收获蚁群体中，外出为群体收集植物种子的掠夺蚁总是在巡回蚁返回之后出动，巡回蚁会通过气味告诉掠夺蚁当天出去是否安全，并且信息非常准确。

蚂蚁的感觉器官可以对极小量的化学物质作出反应，甚至是几个分子……只要 1 毫克信息素，就可以引导一个蚂蚁队列绕地球 3 圈。

然而，如果有朝一日有一位外星人造访地球，他所能观察到的地球上最多的、也是最显眼的动物，不是蚂蚁和其他动物，而是人类。人类有如地球这一大家园里的蚂蚁一样，构成了外星人无法想象的人类社会：它有 226 个国家和地区，65 亿人口，2000 个民族，5000 多种语言，10 000 多座城市，甚或有几亿个定居点、几十亿个家庭。在这个全世界的超级大社会里，有着各种各样的生活方式、民族习俗、科学文化，有着各自的生存方式和情感世界。这是一个多样化的世界，在这个世界里，有着彼此的温情和思念，有着欢笑，也有着悲伤，有着两个人之间的亲密交谈，也有着种族之间的纷争乃至大国之间的博弈，甚至发展到狂卷了几千万人参与的战争。战争的伤痛带来了休整中的和平，带来了和平中的发展和冷战，又带来了新的机遇和新的博弈。对于一个超然于地球的外星人而言，尽管这些行为会有国家的、民族的、政党的、团体的和个人之分，但所有这一切行为都是人类社会的行为，就如同我们察看蚂蚁社会一样，什么是引起和区分这一切行为的信息素呢？经过如下的分析后，我们会找到一个答案，这就是“语言”。

蚂蚁社会的语言是信息素，人类社会的信息素是语言。它象征着动物世界漫长的、多样化的进化道路，一个生命信息化感知的进化之路。

语言是人类所特有的一种信息和行为系统，它的功能就是所有的人都能从各自的角度理解这个系统，接收这个系统的信息，同时也向这个系统发送自己的信息，从而构成了个人行为和社会行为。人类社会的信息是多种多样的，但是社会的信息必须是通用的，这就是语言。虽然世界上有 6000 多种语言，但彼此是可以相互翻译的。为什么可以相互翻译呢？正如我们在 10.2.3 节中所提到的，由语言所表达的抽象信息是经过三次变换形成的，这三次变换的基础是人类感知外部世界的共同原理——宇称守恒原理。一个真实的共享的外部世界，一个感知这外部世界的宇称变换和守恒原理，一个经过三次变换形成抽象信息即语言信息的共同程序，三者使语言造就成了人类社会通用的信息载体。语言和最原始的蚂蚁社会的信息素一样，会引发人类的个体行为和规范社会的种种行为，但是语言带来的信息量和行为的多样化、复杂化与蚂蚁社会的信息素相比则有天壤之别。这些和语言相关的行为简述如下：

• 语言与思想的交流。

当用语言来表达自己的思想、感情和回忆一些亲身经历的时候，这是一种个人的行为，前提是他很自然地会认为别人能够理解他所表达的意思，因为语言是一种互动的信息。

• 语言与新闻和历史。

当记者或历史学家报道一些事件和编撰历史书籍的时候，对他们的要求，就是要用准确的语言来描述和记载，无论是在当下还是逝去的时空——语言既能传达实时的信息，也能记载历史。

• 语言与人文和科学的创造。

文学家、科学家、艺术家进行文学创作、科学创造和艺术创新的时候，他们都会在不同的领域中拓展各自的语言体系（如莎士比亚创造的1700多个词汇），传递新的信息，又都会以人类通用的语言为基础。

• 语言教育和信息的压缩。

从幼儿园开始到小学、中学和大学所接受的教育，实际上是不同层次的语言教育，从偏重于形象化的语言到越来越抽象化的语言。教育和学习构成了传授知识的一对行为，越是抽象化的语言和语言体系，比如某一个理论体系，语言所传达的信息量也就越大和越复杂，因此新的概念常常是带有信息压缩的新的语言或者语言的组合，举例如下：

图11.7是最新发现的宇宙最遥远的始祖星系，距地133亿光年（2012年11月17日09:08，腾讯科学）

［导读］科学家通过哈勃与斯皮策两大空间望远镜联合观测，发现距离地球133亿光年的超远古星系，是迄今发现的宇宙最遥远天体。

图11.7 宇宙最遥远的星系

右图是通过引力透镜放大

的照片，其中科学家发现了迄今观测到的最遥远的星系——图中小框中的昏暗天体。科学家将新发现的天体命名为 MACS0647－JD，存在于宇宙大爆炸发生后的 4.2 亿年，该天体发出的光在宇宙空间中旅行了近 133 亿年才抵达地球，红移值高达 11。而宇宙的年龄仅为 137 亿年左右。

尽管这一条有关“宇宙最遥远始祖星系”的科学短讯的文字结构很规范也很简单，但是要完全读懂和理解，则需要具有许多有关宇宙的科学知识，如引力透镜、宇宙大爆炸、光年、红移等概念，这每一个概念都包含大量的、复杂的信息。以最容易解释的“133 亿光年”为例：“亿”在这里是一个数字的单位，它代表 10^8，即在“133”以后要加上 8 个 0；“光”是我们平常所见到的光，“光年”表示光行走一年的距离，这就需要知道光的速度和年（时间）的概念，光速是 300 000km/s，年是地球绕太阳公转一圈的时间，1 年＝365 天（平均），1 天等于 24 小时，1 小时＝60 分，1 分＝60 秒，如此算来，MACS0647－JD 星系距地球的距离是 125 628 640 000 000 000 000 000km，这是一个难以诵读和记忆的数据。133 亿光年就是这一信息的既压缩而又形象化的表示，“光年”尽管是“光”和“年”（时间）的一个组合词，但它赋予了天文学距离的概念，133 亿光年代表了一个压缩的距离信息。

· 语言与号令和其对精神的控制。

在运动和各种竞赛中语言变成了一种号令。这些号令规定了运动员个人和集体的行为，军事训练、戏剧排演也都是如此。细究起来，这就是语言信息对精神的控制作用，经过多次重复的训练，这样的信息可以控制一个人的行为，实际上是控制了一个人大脑的中枢神经的行为网络。控制了你的中枢神经行为网络，也就控制了你的意志，行为、思想和意志是一致的。这种号令式的训练或现场的指导，对于运动员、演员和战士建立起中枢神经网络的行为模式，完成好规定的动作是必要的，也是有益的；但是也会走向反面，一旦被社会上的邪恶势力所利用，就会使一些步入歧途的无辜者在这些语言信息的控制下而难以自拔，成为受害者，这样的案例也是屡见不鲜的。

· 语言与诚信和期许。

语言的表达和语言信息的解读在社会和国家的层面上更是利害攸关的大事，因为关系着行为和后果，特别是在风云变幻、时局危殆的关键时刻。中国人在语言和行为所传达的信息之间有两句话：一句话是“听其言，观其行”；另一句话是“言必信，行必果”。这两句话常用于政治，前一句警示对方，后一句彰显自己。

• 语言与法纪和规范。

我们在第 4 章中引用过一句老子的名言：“人法地，地法天，天法道，道法自然。”由于这句名言是人与自然关系的高度概括，2000 多年以来，一直为人们所称道。但是，如果我们忠于老子的这种哲学思想的话，那么很自然地会提出一个问题：老子所言的“言”又“法”自何方？按照老子的思路，我们说“言法人”应该是成立的。理由是，人代表了两个含义：一是生命，二是智慧。人类智慧的象征是语言，而语言又离不开“人”这一实体。所以，更为完整的老子的哲学思想，似乎可以表述为：

“言法人，人法地，地法天，天法道，道法自然。”

也就是说，人类的语言，逐级追溯，还是来自自然，这也就是本书第一篇的主题——认知的起点就是“言法自然”。

人类通过语言对大自然的描述、研究和记载，也赋予了大自然自身一个特征：大自然是深藏着无穷奥秘的、永无止境的创生的源头。人类的行为是宇宙中特化出来的一种运动模式，它不只是构成了人类社会，而且会以语言和文字的形式将对宇宙和人类社会的规律性认知进行描述和记载下来，除去在第 2、第 3 章中已经有所探讨的自然科学以外，在社会科学方面也不例外。

社会科学的信息体系可以追溯到 4000 年前的古巴比伦社会的《汉谟拉比法典》。1901 年，由法国人和伊朗人组成的一支考古队，在伊朗西南部一个名叫苏撒的古城旧址上发现了一座精心雕制的椭圆柱形石碑，上面刻有古巴比伦王国国王汉谟拉比制定的一部法典，是用楔形文字书写的，这也是世界上最早的一部比较系统的法典。

《汉谟拉比法典》反映了 4000 年以前的社会状况，是依法治理社会、规范人类行为的开端。它也象征着语言功能的一次飞跃：语言不只是人们交流思想的工具，而且会构建起一套规范人类个体和社会行为的法则。成文的法则就是法典、法律、法规，有如当今世界上的各种法律，如国际法、宪法、民法、商法、刑法等。

法典是人类认知和规范自身行为的一大创造，汉谟拉比国王以这样的形式来维系社会自身的正常运行，这是人类社会的上层建筑用语言来表达的一个历史典范。在人类的早期社会中相继而来的还有古希腊在公元前 621 年编写的《德拉古法典》、中国公元前 5 世纪魏国的《法经》等。法律、纪律和规矩是在不同层次规范人们社会行为的文字条款，是属于上层建筑的社会科学范畴，它和人类社会的经济基础的发展是一个动态的同步关系。由于人类社会变化的节奏远快于自然的变化，所以“言法人”就有两种情况：其一，“天不变，道亦不变”，因此人类对大自然规律的发现和语言的表述大都是不变的、永恒的；其二，“天不变，社会在变”，因此人类对自身社会的法典、规则和规范所作的语言表达会随着社会的前进而变化，人类的行为规范也会随之发生变化。

11.3.3 精细行为

精细行为是人类所特有的行为。这种行为没有由神经元回路所记忆的固定的行为模式（如行走、进食），而是由后天培养、训练的一种随意行为。也就是说，图 7.9 中的“中枢模式发生器”不是被大脑皮层的一次性指令激发，而是以 10Hz 的频率不断地接受来自大脑皮层的运动指令，从而构成了一个有反馈的系统行为，比如我们平时说话、书写时对口误、笔误的即时纠正，艺术家在舞台上表演时的灵感和精益求精的即兴发挥，运动员比赛时的技术发挥和战术博弈等，都是人类来自大脑控制的精细行为。正如前面所说，这种行为是在三四岁以后经过培养、训练甚至专业训练才能获得的。它们以各种不同信息的时空模式存储在大脑皮层中，精细行为就是这种时空模式通过肌肉运动向外部世界的投射。下面以人们操控手指和脚趾的运动，来说明精细行为实际上是人类思维的一种精细的时空模式的映射（图 11.8）。

从图 7.7、图 7.8 可以看到，在大脑皮层的第一感觉区和第一运动区，手和脚占了很大的区域，特别是手，这表明手、足可以比起身体其余的部位感知更多的信息和执行更多的运动功能。

图 11.8(a)表示人们在玩手机时手指的运动情况。这是人类常见的一种行为的反应机制，其程序是：①刺激，手机荧屏上显示的内容形成了视觉和听觉的信息输入；②思维的反应过程，通过中枢神经思维网络组构成了一个新信息的行为模式的输出，形成了指挥左、右手手指的运动神经元的指令；③行为，信息输出映射在左、右大拇指对荧屏的点击动作上，动作速率不会大于 10Hz。④结果处理，视、听系统完成对操作结果的鉴定和信息反馈，并且作为下一个动作的输入量，同时还带来成功或者失败的情感效应。行为的情感效应是人

类区别于低等动物和电脑的重要标志。

图 11.8(b)是钢琴家殷承宗在弹奏钢琴协奏曲《黄河》。殷承宗是《黄河》的主创者和首演者。殷承宗被誉为“用钢琴说中文”的演奏家，他的演出就好比他讲了一个中华母亲河的故事。

> “28 岁时，殷承宗与创作小组的成员一起去黄河体验生活，第一次感受到了黄河的壮观和伟大。走在母亲河畔，他的心潮不由得起伏激荡。在黄河边上，他和船夫一起拉过纤，至今那沉重的足迹仍令他记忆犹新；他登上黄土高原，俯瞰蜿蜒曲折的黄河，滔滔河水似乎让他感受到了中华民族勇往直前的精神；他与创作组成员们一起横渡黄河，穿越一个又一个激流险滩；他们一起来到壶口，看到奔腾不息的瀑布时感叹着黄河的壮丽。在他的心底涌动着“黄河之水天上来，奔流到海不复回”的神州大地的气势、勇往直前的民族精神和创作的激情。
>
> 抗战期间，由冼星海和光未然谱写的《黄河大合唱》，为殷承宗和同事们的再创作提供了旋律的基础。殷承宗还清晰地记得，1970 年这部作品首演，当演奏到第四乐章《保卫黄河》时，观众的情绪受奔腾的旋律感染而沸腾，打击乐手甚至把定音鼓的鼓膜都打破了。当时，在现场观看演出的周恩来总理也被深深感染，演出结束后他站起来激动地说：“星海复活了！”

一部钢琴协奏曲《黄河》就能让“星海复活了”，这是一个奇迹。那么，到底发生了什么事呢？这是一种蕴藏着民族精神的时空模式的再现，这就是音乐的力量。作曲家用音符和乐谱描述了中华民族母亲河的故事，演奏家要将乐谱还原成一个用音符叙述的母亲河的故事，两者都是手、脑并用的成果。作曲家用脑进行激情的创作，落笔成乐谱。黄河在哪里？黄河在作曲家定稿的乐谱里。演奏家则从中枢神经网络的记忆库中调出乐谱，并且不断地发出手指的运动指令。黄河在哪里？黄河在指尖的动态弹奏中图 11.8(b)。

所谓“指尖的动态弹奏”是相对于乐谱而言的，乐谱是统一的、不变的，但是演奏者不同，即使同一位演奏者叙述同一个故事，但在不同的场次表演和效果都不会完全相同，特别是感情的投入更是现场的发挥，它会体现在引发手指动作的指令信号上。钢琴家用手指讲述的音乐故事实际上是乐谱时空模式的变换和演绎。

首先要熟读、理解乐谱。这一过程是将颅脑外右旋时空中的乐谱——这种用音符所表示的音乐故事的时空模式，转换为颅脑内左旋时空中的“乐

(a)双手玩手机
信息模式：视频
行为模式：视觉与听觉输入
拇指触摸输出

(b)殷承宗演奏钢琴协奏曲
《黄河》
信息模式：音频
行为模式：钢琴协奏曲表演

（殷承宗　著名钢琴家）

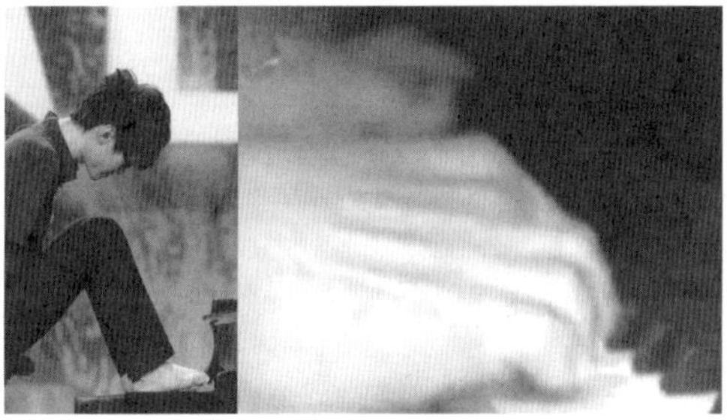

(c)刘伟　钢琴演奏
《梦中的婚礼》
信息模式：音频
行为模式：脚趾弹奏输出
（刘伟：“没有人规定钢琴
一定要用手。”
“2011年感动中国人物”）

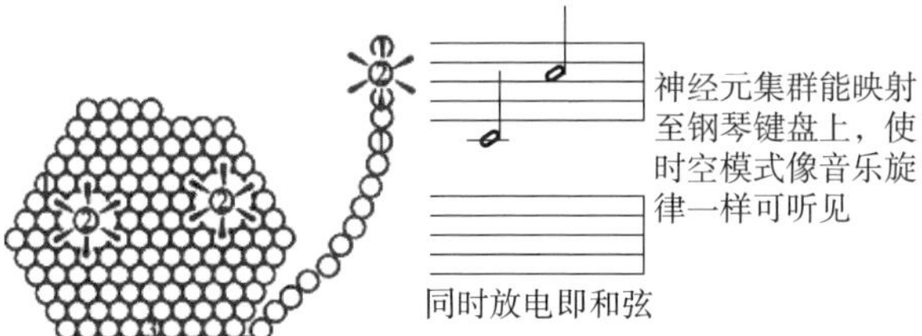

(d)神经元集群映射至
钢琴键盘上。[36]
（神经元集群在本书中
理解为神经元网络）

图 11.8　精细行为模式图示

谱”——由神经元网络编码记忆的音乐信息的时空模式。这一过程是由脑的中枢神经记忆和思维网络来实现的，大脑的语言区会起到主导作用，同时在乐谱记忆的模式中，还会融入演奏者自身对原作的理解和情景想象的信息，这也就构成了演奏者在颅脑内时空平台上的再创作。

演奏是钢琴家将自己的再创作呈现于外部世界的过程。这是一个高度兴奋的精神世界和外部世界的交流，交流的象征就是飘逸变幻的手指的时空模式。在这样精细的时空模式中，每一个音符都在细腻地诉说着乐曲的意境，渲染着原创的主旋律。钢琴家创造这样一个音乐境界在神经系统上大体会有这样的一些活动：

第一步，由中枢神经网络调取信息记忆库中的“乐谱”；

第二步，按照“乐谱”，在大脑皮层中形成“音符”的信息流；

第三步，“音符的信息流”会在“中枢行为模式发生器”中形成下行至手指的运动神经元的指令；

第四步，手指的肌纤维接受多重信号，综合平衡形成手指肌肉的精细的随意运动，听众随着美妙悦耳的琴声进入一个美妙的音乐世界。

手指肌肉的精细运动是所有运动信号叠加、平衡的结果。这一点，神经生物学中讲得很明确[2]：

> “一个α运动神经元支配一群肌纤维，运动神经元和它共同组成一个功能单元，叫作运动单位(motor unit)。一个运动单位中的肌纤维数量从几个(如用于屈伸手指的肌肉中)到几千个(如在肢体大的近端的肌肉中)。(前者有利于进行精细的运动，后者有利于产生巨大的肌张力——作者注)……我们运动的平稳性和精确性是通过改变起作用的运动单位的数量和时序来实现的……猫比目鱼肌中的25 000条肌纤维由100个α运动神经元支配。因此，整块肌肉的单次收缩，能按照运动单位的募集情况而分为100级。持续性收缩有运动单位的重复激活的参与，能更加精细地加以调节。”

音乐是一种信息时空模式的转换，钢琴家演奏的每一个音符既是作曲家也是演奏家大脑的创造(图11.9)。演奏家手指肌肉的精细行为需要不断地练习和重复，使得信息的最佳通道畅通而又精准，以达到最佳的演奏效果。

正如图11.9所示，从最初的情景世界变成乐谱的描述，这是由作曲家完成的；再由乐谱上符号的时空，变换成由琴键发出的音乐时空，这是由演奏家

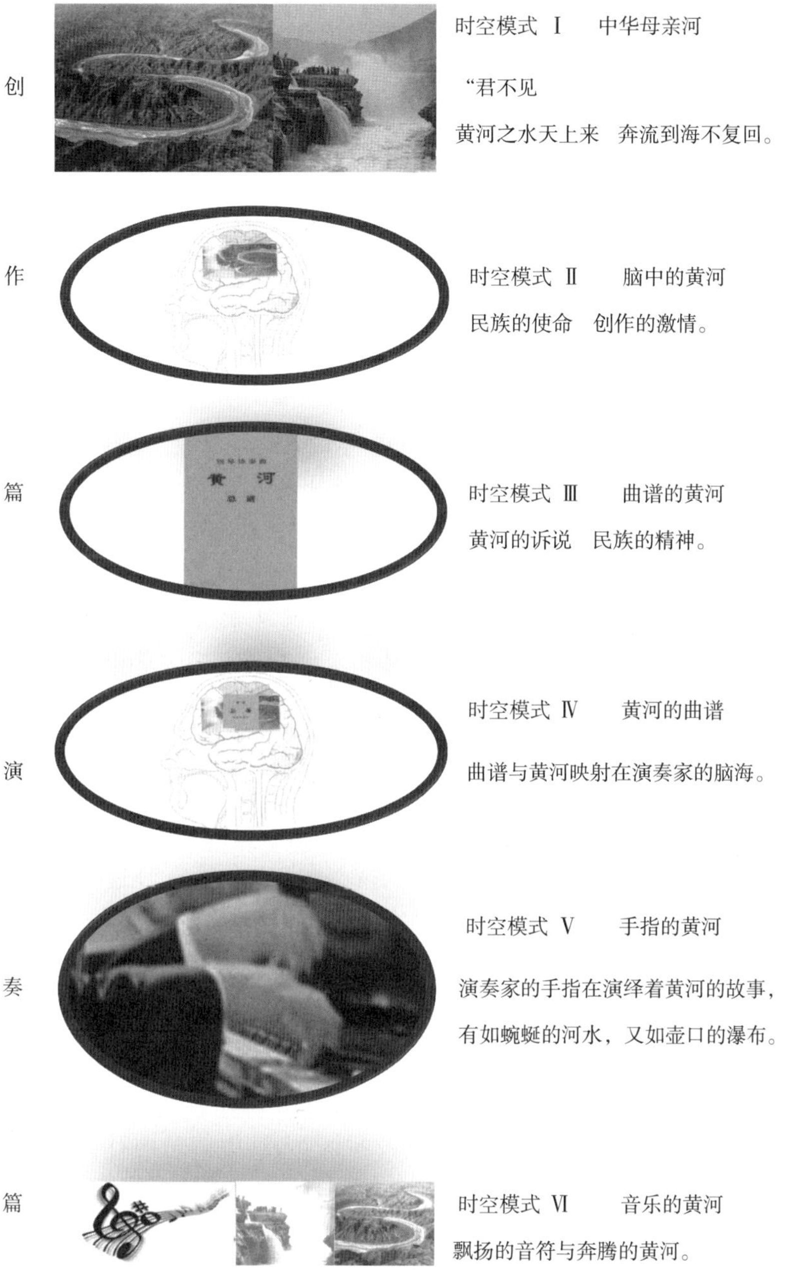

图 11.9　钢琴协奏曲《黄河》时空模式变换图

来完成的；最终音乐变成欣赏者的情景时空和精神享受。这和人脑中的三次时空变换相对应：

第一次情景时空→作曲家神经元网络的信息时空→乐谱时空。

第二次乐谱时空→演奏家神经元网络的信息时空→音乐时空。

第三次音乐时空→欣赏者神经元网络的信息响应，引发大脑中想象的情景时空，带来欣赏、激情和难忘的记忆。

三次变换的核心是大脑神经元网络所实现的信息变换和中枢神经网络的信息创造，信息的变换遵循宇称守恒定律，信息的创造遵循能量守恒定律。颅脑内时空平台上的演绎、创造和在外部世界的行为表现及其派生的物质的运动是等价的——这就是人类认知和意识进化的基本原理。

图 11.8(c)中，刘伟是用脚趾弹奏钢琴的，这并不奇怪。因为人类运动行为的计划或编程是由前运动皮层、辅助运动皮层与后顶叶皮层等感觉区(图 8.8)一起实现的，但运动皮层又是可塑的，能在外周损伤后发生改变，这可以从神经生物学得到解释[2]：

> 运动皮层是可塑的，能在外周损伤后发生改变……前运动皮层编程的一个有说服力的例子来自对签名方式的研究。这一过程通常是用优势手以高度的技巧完成的。但是，那个运动程序能够传递给完全不同的肌群。因此，Adrian 指出，一旦你学会了书写你的名字，你可以立刻用脚趾夹着笔把它写出来！在运动系统中必定存在着书写名字的模式，而与要使用的肌肉无关。用 fMRI(功能磁共振成像)对手指和脚趾的签名书写进行过考察，并将之与普通的运动模式(Z字型的线条)的皮层激活模式相比较。躯体定位图中手代表区内的背侧和外侧前运动皮层，在无论是用手指还是用脚趾时都被激活(图 11.10)。因此，习得的运动模式储存于被训练肢体的联合运动皮层区，但能够转成其他肢体的直接运动。

对于像刘伟这样失去双臂的情况，很显然图 11.10 中代表手的感觉与运动皮层区已经转变成脚的感觉与运动皮层区，大脑中信息的时空模式是一样的，经过训练以后可以用脚趾代替手指来完成手的相当多的乃至精细的动作，但也还是会有差别的。比如，钢琴的琴键是按照手和手指来设计的，因而脚趾弹琴的适应性训练也会受到一定的限制。实际上演奏钢琴乐曲时，除去手指的精细行为以外，还有另一类操控全身大肌群的信息通路来引发躯体和头部的运动，并和手指运动一起，构成了演奏者对乐谱全面的、富有激情的诠释。

图 11.8(d)表示人脑记忆的信息向外界的一种精细的投射关系，从神经元网络的信息输出到钢琴琴键之间一一对应，这就是人类精细行为的基本原理，归根结底这是一种信息模式的内外变换。图 11.8 表示的是侧重于由小肌肉群来完成的精细行为。下面将讨论侧重于由大肌肉群来完成的人体的精准行为。

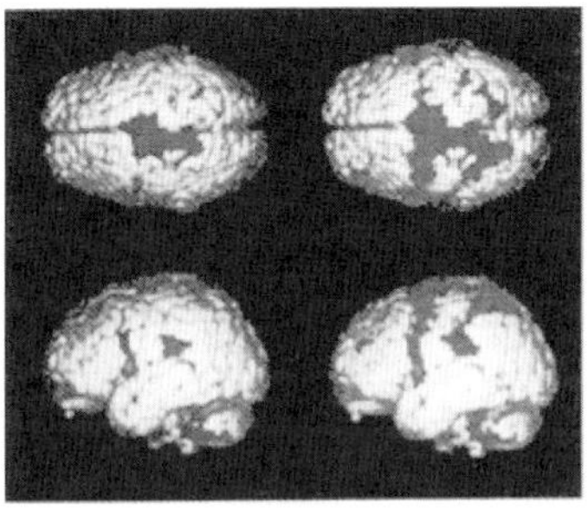

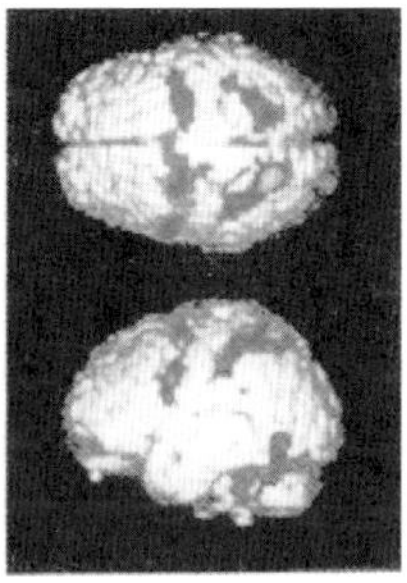

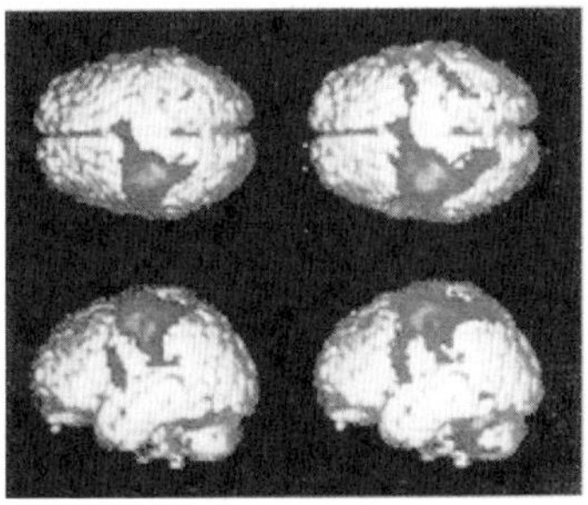

签名过程中激活的人类运动皮层的功能磁共振成像。每个皮层图像用颜色编码，表明比静息时活动更强的区域。上面的4幅图像显示用脚趾书写Z字形线条（左边的一对）或实验对象的名字（右边的一对）时的皮层活动情况。下面的4幅图像显示的则是用手指书写时的情况，其排列顺序与上4幅图像相似。用消减分析建立的右侧的两幅图像显示了签名过程中活动的区域。不管是用手指还是脚趾，手代表区内的前运动皮层，以及躯体感觉联合皮层和小脑外侧的一个区域均被激活。

图 11.10　习得的运动模式储存于被训练肢体的联合运动皮层区，但能够转成其他肢体的直接运动[2]

11.3.4　精准行为——跳水与足球运动的动力模式

图 2.12 表示足球运动员通过用脚踢球和身体的扭摆射出和操控一个香蕉球的运动，图 2.13(c)表示跳水运动员通过一系列空中动作，变换和控制全身的姿势，在短短的 2s 时间内(10m 高跳台)完成规定动作，以准确的姿势入水。从表面来看，足球运动员和跳水运动员二者操控的对象有所不同，前者是球，后者是运动员自己的身体，但运动指令的源头都是大脑联合运动皮层区的

习得性行为记忆，两者实际操控的都是自己的身体。平时的训练和重复，使每一个动作都会以神经元网络编码的形式存储在联合运动皮层区，当表演或比赛时，一个引发肢体和全身运动的信息流就会激发 α 运动神经元。与弹奏钢琴时大脑对手指运动的下行通路（皮层脊髓束）不同，这里是“从脑干下行的运动通路，通向大的肌群。尤其是近端肌肉系统，这些肌肉与下部、上部躯体以及头部的位置和姿势的调节有关。这些通路主要从前庭装置接受输入”。[2]

因此，上述的足球和跳水运动，是要用自己的整个身体创造出一个球或者自己身体的时空运动模式。对于香蕉球的运动原理和运动员的脚下功夫在第 2 章中已经做过简单的说明，但是如何建构大脑中踢球时神经活动的时空模式，这是足球运动员的秘密。同样，对于跳水运动员在跳水时，α 运动神经元中的信息流更是一个无法测定的谜，但是我们可以把它等效于爱因斯坦的广义相对论原理。

图 2.13(c)中是什么力量使跳水运动员在空中转体两周，使他（她）所看到的时空弯曲了 720°的呢？按照广义相对论原理[37]：

> 引力的实质是时空弯曲的一种效应……
>
> 时空结构决定或者影响物质和场的存在和运动，根据影响和作用的相互性或对称原则，物质和场的存在和运动，反过来也影响时空结构……不是物质的静止质量分布决定时空结构，而是物质的能量动量张量场决定其时空结构……

我们可以运用广义相对论的这一原理来解释跳水运动员的这一精准的行为是如何实现的。运动员从离开跳台开始，就处于失重状态，实际上是以 1g 加速度的自由落体运动，前庭器官会感受到这种失重状态，并会启动大约不到 2s 的跳水程序，由大脑的联合运动皮层区将早已训练存储的跳水动作时空模式的指令，从脑干下行的 α 运动神经元通路通向大肌群，控制和调节四肢、躯体和头部的运动。在下落的过程中，跳水运动员随着肢、体和头部动作的急速变化带来了运动员身体质量分布的变化，因此围绕着运动员质心的地球引力分布也发生变化。对这种变化，地面观众看到的是运动员在转体，运动员所看到的是周围时空的旋转。但是，运动员的前庭器官能够感受到身体多方向运动的变化，并且形成一个反馈信息，最终完成跳水动作。

跳水和球类运动都是力求精准控制的全身运动，经过多次的训练以后才能将这种运动的时空模式存储在大脑的联合运动皮层区，每一次的训练、表演、比赛都是力求精准的重复性行为，但每次都会有细微的差别——所以，运动不只是健身，也是一种精神的追求和享受。

行为既是一个人思维信息的输出，也是一个人精神活动的象征。还有些精神活动和行为相关又似乎不相关，这就是“自我、梦幻和灵魂”，在下一章将进行一些粗浅的探讨，我们将其称为“精神的解析”。

第12章 精神的解析——自我、梦幻和灵魂

前面我们对人类的记忆、思维和行为这些主要的精神活动进行了一些分析，但并不是精神活动的全部。正如同一个人的形体发育一样，精神的要素也是从一个受精卵开始的，也就是说，人类的精神活动是由个体的基因和社会的基因所引发的。词典上讲：精神是“指人的意识、思维活动和一般心理状态”[15]，又指是“表现出来的活力”，这种表现可以看作一个人沿着自己时间轴的自我的塑造和展示，起点就是受精的那一瞬间。我们将在第12、第14、第15章进行分析和讨论。

12.1 生命的起点——活力与规则

人在生命的起点上就种下了精神的种子，他来自生命的活力和基因的引导和限制，这一过程从受精卵开始。做爱和受精的过程本身就是生命活力的延续，在如仙欲醉的性欢中，男子会射出2亿～4亿个精子。这么多的精子大军，靠着本身的运动及射精后子宫的收缩，也只有大约200个能进入输卵管，接近卵子，最终只有一个“精神抖擞”的冲在最前面的精子能够穿透外面的四层屏障进入卵子(图12.1)，与此同时，卵子立即封锁了其他精子进入的通道，一个卵子的雌性原核与一个精子的雄性原核互相融合，一个生命个体的细胞就这样诞生了。

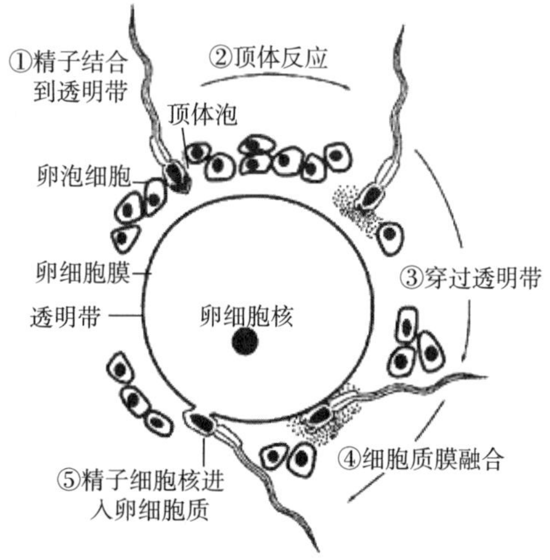

图12.1 哺乳动物受精作用的顶体反应[38]

人类精神活动中的第一要素——对重力和体位的感知机制，也就是从此开始的。人类和所有脊

椎动物一样，精子进入卵子的位置都是在卵子的动物极，即在靠近卵细胞核的那一侧（图 12.1）。卵子的结构是不对称的，细胞核并不在中央，而是偏于一侧，这一侧半球称为动物极，相对独立的另一侧半球称为植物级。动物极较轻，植物极较重，对于鱼和青蛙的卵子浮在水中时，总是动物极朝上，精子也是从上半球进入卵子的。人类的卵子（直径 0.1mm）在从卵巢排出以后是漂浮在卵泡腔（直径可达 2.5cm[34]）的卵泡液中，动物极也自然朝上，并由输卵管的伞端汲取卵子，以保证卵子动物极朝上进入输卵管，从而大大地增加与对面游动来的精子在动物极相遇的概率。人类的卵子不是从卵巢直接排入输卵管，而是由输卵管伞的纤毛的摆动以汲取的方式来完成的，这一进化的设计和生命始于海洋是一致的，它保持了卵子两极轻重不均的重力场的方向性（图 15.2）。动物极半球是典型的动物器官，如眼睛、前庭器官、中枢神经系统形成的部位，因此从受精的一瞬间开始，一个以重力场的方向为基准的空间坐标系，就已经在一个生命系统中扎根了。

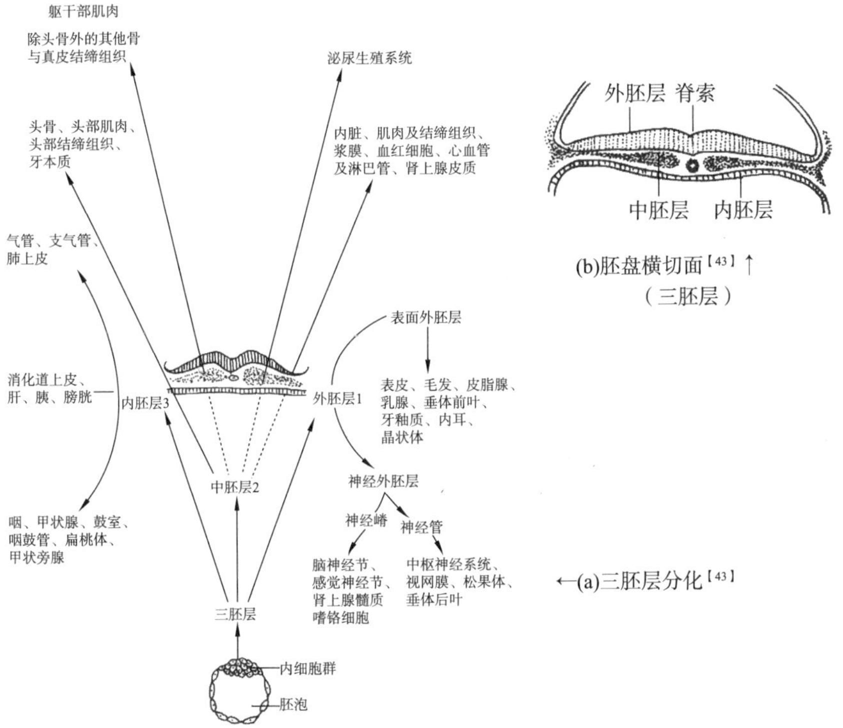

图 12.2 三胚层分化[54]与人体的三大体系

受精卵在第30小时分裂为2个细胞，第2天为4个，第3天形成一个有16个细胞组成的实心细胞团，称桑葚胚。第7天，胚胎着床开始进入一个原肠胚的发育过程。这是一个人一生中最重要而又最不易弄清楚的过程，我们将在第15章中对卵裂的几何特性进行解析探讨，从而能对形成身体的左右对称结构和身一心的宇称映射关系有一个初步的了解。原肠胚的形成和细胞的运动机理以原肠胚的开口处的胚孔为标志而分为两类：后口动物，如棘皮动物和脊椎动物，胚孔最后形成肛门；原口动物，如软体动物和节肢动物，胚孔最后形成口。

从第3周开始，原肠胚形成了三个胚层：外胚层、中胚层和内胚层(图12.2)。这三个胚层，构成了我们身体的三个系统：

外胚层——外部世界(空间和时间)信息一能量交换系统；

中胚层——身体的空间结构和内循环代谢系统；

内胚层——外部世界物质一能量交换系统。

早在胚胎发育的初期，基因就已经作了最完善的分工，外胚层正是我们一切精神活动的源头，对此，将在第15章进一步阐述。

12.2 精神的发育与塑造

12.2.1 胎动与胎教

胚胎在第4周时就会由外胚层形成神经管，随后是两个大脑半球原基的隆起、基底神经节和小脑等器官的形成，一个初始的脑就这样出现了。在人类的胚胎发育中，神经管的形成和闭合是一个象征：基因在每个人的胚胎发育中都会布撒下意识的种子，它是由神经管来表达的。在每一个胚胎中的这一粒神圣的种子，都会生根、发芽、长大而成为一株智慧的大树，但是它的发育紧紧地依靠着胚胎的环境——来自母体的营养和刺激。

脑的发育是一个十分复杂、神奇的过程，神经元和数量上比神经元多得多的胶质细胞同样都是起源于干细胞的不断地分裂增殖。脊椎动物神经系统发育都遵循一个共同的规则，神经元都要从它生成的位置迁移到它由基因决定的最终位置。在迁移过程中，中枢神经元沿着特殊的放射状的神经胶质细胞迁移到它们的目的地，这种胶质细胞在完成了神经元迁移的引导和限制作用以后就在原来的位置上消失了。在迁移过程中，神经元开始分化出轴突和树突，并且最终形成了神经的传导途径和网络，这一过程可视为神经细胞的宇称特化过程，参见第15、第16章。所以，脑的发育过程就是一个神经元增殖、迁移、分化、占位的过程，是构建相互连接、接收和传递信息的过程，是脑组织和脑功能同时构建的过程。脑是不会闲着的，神经系统的活动从胎儿时期就已经开始，最常见的就是“胎动”。

胎动是正要做妈妈的和做过妈妈的都乐意谈的一个话题，因为这是她们所期盼的小生命和妈妈的最早的互动。她们会记住那些突如其来的动作，每每提起，妈妈们的嘴角还会挂着一丝微笑。

胎动是妈妈所能感受到的胎儿行为发育的一种表现，胎儿最早大约从妊娠8周左右开始能够对刺激做出肌肉收缩的反应，随后到17周时开始出现抓握动作，到26周时开始睁开眼睛，开始啼哭，打哈欠，舔大拇指，还会哼哼儿声等，并且会形成一种自己的行为节律，大约每40分钟会有一次运动。胎儿也能感觉到亮和暗的区别和昼夜交替的周期，胎心率会随着手电筒对孕妇腹部的照射而加快。听觉是在胎儿时期最值得关注的：孕4个月时，胎儿的听觉系统基本发育成熟，可以听到宫外的声音；6个月时，对于声音的刺激会有喜欢或讨厌的反应及面部表情，胎儿最喜欢和最熟悉的是母亲心脏正常的搏动声音，听到摇滚乐时会使劲地踢脚，而听到优美舒缓的乐曲时则会安静下来；孕8个月时，胎儿能听出声音的强弱与高低，对父亲的低频声音更为敏感。胎儿的皮肤已具有压觉和触觉的功能，隔着母亲腹壁轻轻地触摸胎儿的头部，胎儿会立即摇动脑袋，有如新生儿一样。6个月时，胎儿能嗅到母亲的气味并记忆在脑中，到7～8个月时，胎儿能够鉴别羊水的味道而有所区分，并且会有和成人相似的表情。

以上所说的感觉和活动都是和神经系统的发育相关的。胎动会有两种情况：一是神经系统自激发生的动作，这是神经元集群自身的激发和信息传递；二是受到刺激以后的神经反射行为，这是神经元集群对感觉信息的接收、传递和行为的输出。两者都意味着随着胎儿神经元的增殖、迁移和占位的同时，神经元的集群内部一直在繁忙地建立这种相互的连接和信息通道，而形成最最原始的记忆和思维网络。这些网络是一个新的生命一生的基础，而建立这样的网络除去基因的指令、胶质细胞的引导以外，还和母体的环境密切相关，因为从神经元集群到形成神经元网络的过程，是对外界刺激的一个反应过程。胎儿时期的神经元是一张白纸，它几乎没有信息的印记，但它有着人一生中最强的活力，这个时候所建立的神经元网络将是对来自母体外刺激的适应和顺从——这也就是在娘肚子里的记忆和思维。对此，《发育行为儿科学》[39]一书有一段相关的论述如下：

“思维和记忆：胎儿的大脑在第20周左右形成，孕5个月时起脑的记忆功能开始工作。孕7～8个月时大脑皮层已相当发达，通过脑电波已能清楚地分辨出胎儿的睡眠状态和觉醒状态，是胎儿意识的萌芽时期。胎儿在宫内接收了大量的信息，能判断其是否重要，决定对哪一类信息作出反应，还要将某些信息记忆和存储起来，这些都是思维和记忆功能的体现。例如，胎儿对母亲的声音熟悉而产生安全感，就是因为胎儿反复听到母亲的声音已经产生了记忆的缘故。

当胎儿听到一个突然的有特殊音质的声音时，胎动会增加；而重复几次后，胎动减少；而另一个不同的音质会引起原先的反应。这种对重复刺激的抑制能力，实际上是一种学习方式，在神经受伤害或身体受压的胎儿会减弱，对胎儿进行视觉和触觉刺激时，也可以观察到相类似的反应。”

这样，我们终于明细了一条，我们从娘肚子里那时开始，对刺激的反应就开始萌发我们的意识，在众多的神经元集群中，和刺激相对应的神经元网络连接的雏形开始存在于我们的脑中。这种存在的效应有两种：短期的表现就是胎动；长期的表现将会贯穿在诞生以后的发育和成长过程中，乃至于终身，它无疑会影响一个人的个性和智慧。我的老同学苏州大学徐斯年教授一直认为胎教是需要的，他的父亲是陶行知先生的学生，也是同时代的教育家，就曾经对他说过：“胎教是科学的、唯物的。”

胎教是需要的，但是我们需要什么样的胎教呢？这是大有说道的。母亲的一举一动固然重要，而胎儿对父亲的低频声音则更为敏感，因此准父亲的粗暴、贪婪、酗酒的坏毛病和不节制的行为，都将会对下一代带来不良的长远的影响。

那么我们怎样进行胎教呢？我们所期望灌输给下一代的首先是“真、善、美”的人格和智慧，人们所崇尚的这种境界能从胎教开始吗？对于胎儿，他（她）不懂得什么是真、什么是假，也不懂得什么是善、什么是恶。除去安全感以外，他（她）所能接受和欣赏的就是美——音乐的美、语言的美、感情的美、抚摸的美，还有智慧的美。

美感是大自然赋予所有生物的一个共同的向好的属性。年轻的准爸爸妈妈们,让自己从纷繁的人间纠葛中解脱出来,用自己心灵的美,时时刻刻带给在娘肚子里的宝宝一个美的感受,培育一颗美的心灵。

美感是优秀的人格和智慧的桥梁,它启蒙于从娘肚子里就已经开始建构的神经元网络丛中。

12.2.2 学习从碎片开始

人从诞生时起就负有艰难的学习任务,在不知不觉中自适应地调试自己身体这样一个巨系统,因为他有着远比其他动物都要复杂的机体组件:

2000亿神经元——这2000亿神经元极具活力,等待着竞争上岗,最后大概只有1000亿神经元能各得其所,它们构成了人类的意识和智慧。

206块骨骼——这206块骨骼具有骨骼多、关节多、关节的形态多、关节的自由度多、活动范围大的特点,它们构成了直立行走和从事多种运动的动力学的体态以及在重力场中人体美的架构。

656块肌肉和60亿根肌纤维——它们构成了中枢神经系统运动神经元信息指令的执行系统,提供了几近无数组合的运动状态,构成了人类各种各样表达自我的行为。

如果我们回头去想一想,在刚刚出生的每一个"我"的面前,要通过学习来自适应地调试自身这个巨系统,简直是不可思议和望而生畏的事情。但是我们绝大多数人还是完成了这一任务,尽管程度不同,各有差异,大体上都投入了16~18年的时光,走过了成年前的学习、成长之路。

如果我们仔细地想一想,这一条"学习—成长"之路有什么特点的话,那就是我们常说的一句话:"千里之行,始于足下;涓涓之水,汇成江河"。我们每个人都是从一事一物的记忆碎片开始,通过日积月累的有序和无序的迭代效应,最终实现了一个又一个分系统自适应的功能对接,如进食、行走、讲话、唱歌、绘画等,各种运动皆是如此,意识也不例外。对于这些早期的学习、记忆和行为,还是有一个时间段的划分,比如进食、行走在一岁左右就能完成一种功能性的行为模式;讲话、唱歌、游戏就会晚一些,大体要到3~4岁时才具有较好的学习和行为能力,这时也正是婴幼儿意识的一个飞跃时期。在这个时期,婴幼儿会将自己记忆的碎片、思维的碎片、行为的碎片自适应地有序地对接在一起,比如在捉迷藏时,他(她)知道自己要藏在一个隐蔽的地方,而找人时也会到隐蔽的地方去寻找。

4 岁更是一些天才儿童智力萌发的一个象征性的年龄，小莫扎特在 4 岁时的表现给了我们一把通向儿童智慧的钥匙：

> “莫扎特的父亲列奥波尔得是一位颇受人们尊敬的小提琴家、作曲家，小莫扎特非凡的音乐天赋很早就已引起他的欣喜与关注。有一次，他与一位朋友一起回到自己家中，看到 4 岁的儿子正聚精会神地趴在五线谱纸上写东西。父亲问他在干什么。儿子一本正经地回答：“我在作曲。”孩子的举止使两位大人相视而笑，面对纸上歪七扭八的音符，他们以为这不过是小孩的胡闹。然而，当细心的父亲将儿子的作品认真地看了几眼之后，忽然兴奋地眼噙泪花对客人喊道：‘亲爱的，你快来看！这上面写的是多么正确而有意义的乐曲啊！’”

图 12.3　W. A. 莫扎特

正如同第 9.1.2 节中所说的，人大约在 4 岁时才开始具有事件记忆的能力，也就是说，具有能将时间、空间和所发生的事件相关联在一起的能力，这也是通常所说的记忆，有时又称为“显性记忆”。这种记忆能力，一般人在 4 岁以前确实是不具备的，但并不等于说没有记忆，我们可以将 4 岁以前的记忆统称为“碎片记忆”，以及与之相适配的“碎片思维”。力主进行胎教的徐斯年教授，虽已年近八旬，但仍然具有良好的记忆能力，他对于自己最早的记忆则定格在一岁左右，下面从他写给作者的邮件中选出三个真实的故事，回过头来看一看：记忆和思维在一岁左右时是怎样萌发的。

故事一 “白马非马”

徐斯年：来文中举到幼儿接受色彩概念，总是与具体事物相联系的。这首先应是经验之谈吧？我有位堂房大姐，当年就读于金华的八婺女中，鄙人出生之后，礼拜天经常被她抱出去耍子儿。后来她对我说：“那时你还不大会讲话，有一次抱出去遇见一匹白马，回到家里你就拍着墙壁叫道：‘马！马！’”这正为来文的论述添加了一个例子，而且还涉及公孙龙子提出的著名论题。

图12.4 徐斯年周岁生日照

关于“白马”的例子，有意思的是那时鄙人（大概通过大姐的教导）已经把“马”的形象和这个词儿（准确地说是[ma]这个音节）联系起来了，却不知道“白色”与[bai]这个音的联系（可能还不会发这个音）。然而，俺却已“认知”到那匹马的颜色与墙壁上刷的石灰的颜色是一样的（是不是“形象思维”?），所以才会产生拍墙壁的行为。这行为所表达的意思是“我看到一匹这种颜色的马”即“石灰马”！有趣的是，幼儿的这种表现，居然“潜藏”着一个深奥的逻辑命题，即公孙龙子之所谓白马非马——“白马非马，可乎?”曰：“可。”曰：“何哉?”曰：“马者，所以命形也。白者，所以命色也。命色者，非命形也，故曰白马非马。”（摘自邮件：徐斯年 2.7，2014. 2：10 AM，）

这里我们看到了四个碎片：墙和马同是“白色”的记忆碎片；“马”的声音记忆碎片；“白墙壁”与“白马”由于白色相关而联想到“马”的发音的“形象思维”

的碎片；拍着墙壁叫道：'马！马！'的行为模式的碎片——这四个"碎片"是一岁左右孩子的精神活动的体现，只要注意观察，这几乎是在所有的同龄的孩子身上都会发生的一种意识的表现。

故事二　烫了发的母亲

徐斯年：整理了一下"最早记忆"……"库"里所存第一条记忆，确是母亲的形象——那天她刚进城剪了发烫了发，又换了一副无框眼镜，回来抱我，我认不出了。这应该是一周岁或稍后一点的事。此后，记忆鳞爪就越存越多啦。记得你在一篇文章里说，儿童记忆要在三岁之后才能建立，因而觉得本人似乎有点例外，因而感到可以给你当"小白鼠"。（摘自徐斯年邮件：发送时间：2015 年 6 月 25 日中午 12:32。）

这正是 9.1.2 节中所说的事件记忆，对于大多数人在三四岁以前是记不住的。70 多年以后徐斯年的回忆虽然很简单，但是有时间——"那天刚进城"，有地点——"回(家)来"，有主体——"母亲剪了发烫了发，又换了一副无框眼镜"，有动作——"抱我"，有自己的感受——"我认不出了"，实际上是有些惊恐，故记忆很深。以上都是记忆的碎片，但是在回忆中已经自动地连接在一起，成为我们通常所说的一个故事。

故事三　儿歌"一二三四五小鸟学数数"

徐斯年：来信所说"一二三四五"不知所指，不过我的记忆库里有一段"音像镜头"：母亲对我唱《小鸟数数歌》，那是 1937 年左右广播电台幼儿节目常播的一首幼儿歌曲。那时还只会听不会唱，但有着很深的印象。现在根据网上查到的歌词做了一次记忆的复盘：(1)原始记忆里有的谱和词，都无下横线（文字如有差异均服从网上资料，例如"同一窝"，我妈绝对是唱成"同一窠"的，这是吴语决定的）；(2)因为网上音屏打不开，所以曲谱留有空白，也正是我的记忆碎片之间的空白；(3)曲谱虽然是 2/4 但是速度有所放慢。下面就是复盘的词、谱。——（摘自徐斯年邮件，发送时间：2015 年 7 月 13 日下午 3:50）

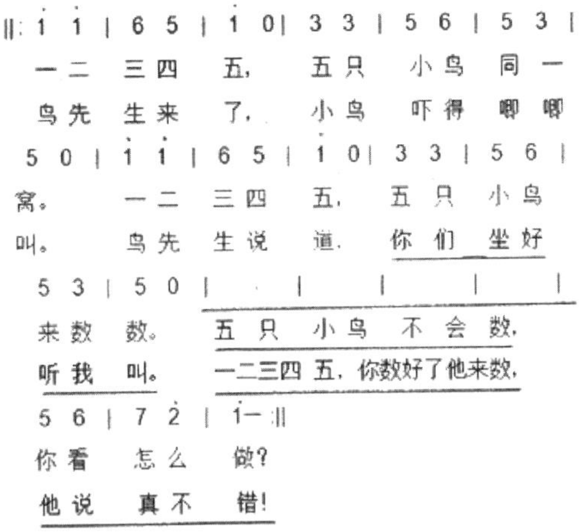

时隔77年，徐斯年对一岁时母亲唱的儿歌《小鸟数数歌》能复盘到如此接近的程度，是少有的，不过也并不奇怪，因为人们能记住的事情可以长达90年[27]。但是，徐斯年记忆的起点是明显地往前挪了，这与他的身为教育家的父母有很大关系。他的母亲斯紫辉多才多艺，一生从事教育事业，深受学生的尊敬和爱戴，正如著名的儿童文学家蒋风所说："我一辈子走儿童文学这条路与斯老师的教育是分不开的。"她的子女更是受益终身。

以上三个记忆碎片，特别是有关儿歌记忆的复盘，表明小斯年有着很强的记忆力和音乐天赋。徐斯年在学生时代是一名音乐爱好者，此后在大学教授的生涯中，客串于音乐、戏曲，并有所研究和论著，正所谓：

人之灵性，始于碎片，音乐之美，源于细胞。

思维脉络，系于记忆，意识之树，发于幼苗。

"意识之树，发于幼苗"的认知过程大体上要经过三部曲：碎片化、模式化、理性化。

碎片化是对物体进行抽象化的表达。这有一个记忆和理解的过程，而且难免张冠李戴，如上述"白马非马"的误指——然而这种碎片化的记忆构成了我们认知的基本元素，又常常会在我们的梦中复现，睡梦中张冠李戴、风马牛不相及的事是常有的事。

模式化是经过更多的学习和重复以后对事物关联性的认知。它包含两方面：习惯性的行为，如行走、进食、抓握物体等；习惯性的思维，如语法、昼夜的节律、1+1=2等，它构成了我们正常的精神活动——记忆、思维、行为的程序性、逻辑性和结构性的基础。人们的事件记忆就是一种典型的模式化的表述，如斯年对他儿时记忆的回忆和复述。

理性化是自我意识的强化和升华。它构成了一个独立的、个性化的自我，一个理性的自我。对于模式化的精神活动，在第 9、第 10、第 11 章中已经进行了比较详细的讨论，以下只是对碎片化和理性化的自我作进一步的探讨。

12.3 梦与梦中的创造

12.3.1 睡眠与梦境

前面(8.2.3 节)已经讲到松果体分泌褪黑激素，掌控睡眠和觉醒的节律。睡眠既是一种生理状态，也是一种精神状态。

所谓生理状态是指与觉醒相比，睡眠时许多生理功能发生了变化：视、听等感觉功能暂时减退；肌肉反射减弱；植物性神经功能发生适应性的增强和减缓的变化，如血压下降、心率减慢、瞳孔缩小、胃液分泌增多、发汗功能增强等，特别是在睡眠期间能促进脑内蛋白质合成以加快和增强免疫功能，因此睡眠对于人体恢复精力、体力，保持健康状态是不可或缺的。芝加哥大学睡眠研究室对两只大鼠做的睡眠实验表明，被连续剥夺睡眠的一只大鼠在第 3 周末死亡[26]。

睡眠之所以也可以视为一种精神状态，是因为几乎所有人都有做梦的经验。“梦”，正如亚里士多德所说：“梦是一种持续到睡眠状态中的思想。”[40]如果更深一步讲，梦所展示的正是我们思想的来处——胚胎时期的神经元的活动和婴幼儿时期碎片式意识活动的一种不同程度的复现，在 3～4 岁以前我们不都是处在碎片式的学习、记忆和思维的状态吗？对于睡眠不做梦和做梦这两种状态，每个人都有切身的经验，前者称为慢波睡眠(Slow Wave Sleep，SWS)，其脑电图为 0.5～3 次/秒的 δ 波；后者称为异相睡眠(Paradoxical Sleep，PS)或快波睡眠、快速眼动(Rapid Eye Movements，REM)睡眠，其脑电图为 14～30 次/秒的 β 波。

异相睡眠期间，各种感觉功能进一步减退，以致唤醒阈值提高；骨骼肌反射运动和肌紧张进一步减弱，肌肉几乎完全松弛，脑电波呈现为去同步化的快波。“做梦”也是生物进化的一个标志，“爬行动物根本没有 REM 睡眠，鸟类偶尔有之,而所有哺乳动物,至少按其脑电图来看,似乎都能做梦”。[27]特别值得我们注意的是,“26 周的胎儿的所有时间都处于 REM 睡眠中……这种观察提示,做梦更多的是表示了尚未成熟的大脑的一种功能状态,此时脑的神经元回路还很不健全。也许做梦本身就是一种意识,这种意识是大脑不同区域间不那么活跃的对话的结果,而这种情况,又是因为神经元相互间的连接还处于正在建立的阶段”。[27]

以上的引证说明,正在做梦时的脑电图不只是和觉醒时的脑电图相同,而且也和 26 周的胎儿脑电图相同,与活泼好动的婴幼儿也会相同。尽管这些脑电图的测试结果并不表明能够知道这些大脑在想些什么,但揭示了一个共同的事实:大脑在活动,与觉醒的成人相比,只是行为受到了限制,至于想的是什么,虽然是一个谜,但大概离不开神经元之间的“对话”、“关联”、“记忆碎片”和“思维碎片”的复现等,总之,REM 睡眠体现的是神经元的活力和脑的功能,这就给我们揭示了一个秘密:

原来梦是胎儿思维模式的回放,是婴幼儿时期碎片式意识活动的一种不同程度的复现,所以梦也是人们的一种精神活动,因此那些传为佳话的梦中的创造也就不足为奇了。

12.3.2 梦中的创造

人在梦中可以获得灵感,这是一个很有吸引力而又将信将疑的生理学和心理学的命题。但是,我们不能否认的是,梦是人精神活动的一个侧面,弗洛伊德的《梦的解析》一书中所提出的问题依然值得我们去思考,尽管我们不会完全认可该书的观点。这些问题是[40]:

人为什么会做梦?

为什么会做种种奇奇怪怪的梦?

梦的意义何在?

梦的原动力何在?

还有,梦中能产生灵感吗?梦会具有创造性吗?

人们常以凯库勒对苯环结构的发现为例来证明梦能给科学家带来灵感。1890 年,在柏林市政大厅举行的庆祝凯库勒发现苯环结构 25 周年的大会上,凯库勒(图 12.5)首次提到了他发现苯环结构的这个梦。

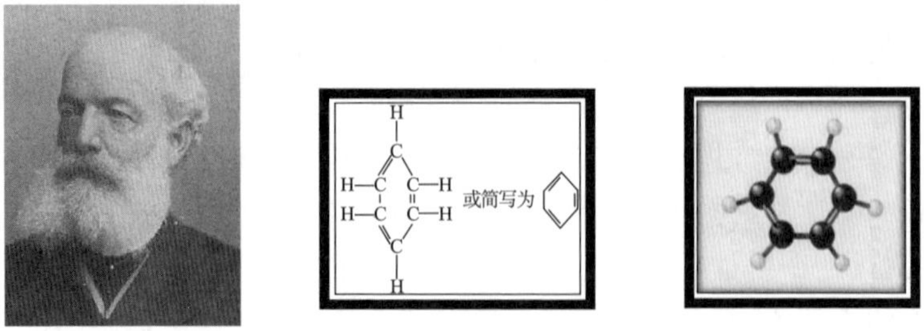

(a)凯库勒（1829—1896）德国化学家　(b)苯环上的12个原子共平面　(c)苯环模型

图 12.5　德国化学家凯库勒在梦中获得了发现苯环结构的灵感

> 1864 年冬天，凯库勒的科学灵感导致他获得了重大的突破。他曾记载道：“我坐下来写我的教科书，但工作没有进展；我的思想开小差了。我把椅子转向炉火，打起瞌睡来了。原子又在我眼前跳跃起来，这时较小的基团谦逊地退到后面。我的思想因这类幻觉的不断出现变得更敏锐了，现在能分辨出多种形状的大结构，也能分辨出有时紧密地靠近在一起的长行分子，它围绕、旋转，像蛇一样地动着。看！那是什么？有一条蛇咬住了自己的尾巴，这个形状虚幻地在我的眼前旋转着。像电光一闪，我醒了。我花了这一夜的剩余时间，作出了这个假想。”于是，凯库勒首次满意地写出了苯的结构式，指出芳香族化合物的结构含有封闭的碳原子环。它不同于具有开链结构的脂肪族化合物。

除去凯库勒在梦中获得了发现苯环结构的灵感以外，奥地利生物学家奥托·勒维(Otto Loewi)也是从梦中得到灵感，进而通过实验发现传递神经信号的是一种化学物质，现在称为神经递质的乙酰胆碱。乙酰胆碱是脑中不同类型神经和神经元释放出来的许多化学物质的原型，在脑信号的传导中充当重要的角色。还有 1869 年门捷列夫发现周期表、1845 年美国人埃利亚斯·豪发明的第一台缝纫机模型也都得自梦中的灵感……对于诗人、作家，艺术家或科学家，也都会有突如其来的灵感和启示，因此流传着许多梦笔生花的美谈，如庄周梦蝶和其他传说。这就又提出了一个问题：梦中的灵感和清醒时的灵感又有什么差别呢？

如果我们能详尽地分析一下上述凯库勒、奥托·勒维、门捷列夫和埃利亚斯·豪在梦中得到的灵感，我们就会发现：每一个梦都是神经元网络用两种方法进行编织的一次创造，但是否具有创新的意义和价值，同样也会是小概率事件，它和清醒时的状态相关，包括三个方面：

第一，知识的积累——记忆和思维的碎片是织梦的素材；

第二，勤奋的投入——它决定脑内神经元网络的兴奋水平；

第三，心态的平稳——它关系脑的内分泌和全脑的功能状态。

如此，我们可以将做做梦和梦中的灵感归结为：

织梦二分法——“变形—拼接法”和“变形—替代法”；

灵感三要素——“知识、勤奋、心态”。

这也算是对上述做梦和梦中灵感问题的一个回答。梦其实并不神秘，如果你知道自己在娘肚子里 26 周时就开始做梦的话，那现在的你，无论是清醒还是梦中，不都是那时快波睡眠的延续、翻版和进步吗?!

梦，不就是典型的精神发育中的一幕幕画面的变形、拼接和替代吗?!

12.4　信使与自我

12.4.1　幻觉中失去自我

梦、幻常常是连在一起成为一个词“梦幻”。因为梦、幻两者都是没有外在刺激条件下出现的一种“碎片化”意识变形的拼接或替代，但又有所差别。梦是一种正常的精神活动，脑电波呈 β 快波，醒来以后知道自己是在做梦，有一个清醒—睡眠的“开—关”意识，尽管这种开—关意识本身还是脑科学中需要进一步研究的课题。幻觉则是非正常的精神活动，因为本人不能判断这些变形的碎片化意识来自何方，而把它认为一种真实的存在，醉酒的人是如此，吸毒的人是如此，精神病患者也是如此。医学上测试，他们的脑电图常常是不正常的，但也不是所有的人都不正常：患有癫痫性精神障碍的病人脑电图(EEG)检查有 88.9%为中度或重度不正常；122 例酒精中毒性精神障碍的脑电图有 50%不正常；50 例精神分裂症进行测试结果有 14 例(占 28%)患者脑电图不正常。脑电图是神经元生物电在颅脑外的宏观效应，以幻觉为特征的非正常的精神活动最终还是起源于神经元网络信号的一些不正常状态，例如，信号的自激发散状态；信号被阻断或错误链接状态；神经递质过饱和或者被抑制状态等。这里举一个吸毒的例子，看看这种幻觉是怎样产生的，神经系统受到了什么样的伤害。

20世纪80年代曾经有一位外籍朋友给作者讲了这样一个故事：他们为了观察吸毒的反应，就请来了一位瘾君子先生，供给他毒品，条件是吸过以后讲讲他的感觉。这位先生仿佛比得到一顿免费午餐还要兴奋，很快就受用完。此后他和他们坐在一起，过了一会儿就和他们交谈起来，显得很兴奋、健谈。他告诉他们：他很舒服，出去走了一会儿，还去了一趟洗手间，洗手间很干净……其实他哪里也没有去。

这就是吸食毒品的幻觉。为什么会有这样无中生有的幻觉呢？答案其实很简单，因为毒品本身就是假冒的神经递质，从而产生了错误的神经信号的传递效应——这就是吸毒引起的幻觉。吸毒的幻觉是由假冒的神经递质引发的虚构的意识碎片，能够进入人脑神经系统参与脑功能的化学物质都是假冒的神经递质，它们都是影响和改变神经信号通过突触的传递而起作用的。一方面，医学上这些化学物质通过定量的控制可以用来治病，如鸦片、吗啡可以止痛、止咳，另一方面，这些伪神经递质的化学物质都可以成为毒品，带来几乎不可逆转的对神经系统的伤害。

吸毒者往往是在尝试中上瘾的，因为第一次的吸食并不付出或者只付出很少的金钱代价，就可以享受到需要自体消耗大量的神经递质才能带来的愉悦的快感，而且可以延续较长的时间。于是，从第一次开始，“鹊巢鸠占”的现象就这样在愉悦的快感中形成了，随后对于外来伪神经递质的依赖性越来越大，此时神经元传递的多属虚假、错误的信息，一个健康的、真实的自我变成了一个虚幻的自我而不能自拔。

典型的迷幻药是苯丙胺类的MDMA(3,4亚甲基二氧异苯丙氨)，又称摇头丸，最早由美国化学家亚历山大·舒尔金所研制。MDMA作用于神经递质5-羟色胺，它不但能带来超越一切的狂喜，而且能给人一种灵魂脱壳的感觉。这种药使5-羟色胺过度释放，在脑中短期成灾，导致活动亢进，新陈代谢和体温调节失调，这就构成了服用摇头丸以后疯狂劲舞的一幕。已有的实验证据表明，长时间重复使用迷幻药会导致神经末梢死亡，从而使5-羟色胺永久耗尽。神经递质被称为神经的信使，一旦5-羟色胺耗尽，人就从5-羟色胺过饱和的状态蜕变成缺失的窘境，作为信使所传递的信息也就发生了不可逆转的相反的变化，于是人就从虚构的碎片式的极乐世界坠入同样是虚构的碎片式的抑郁世界中，所走的是一条失去真实自我的道路——毒品是假冒的神经信使，它会使人失去自我。没有了属于自我的信使，也就没有了自我！

12.4.2 两类信使——神经递质和激素

从以上的分析可以看到，人之所以产生幻觉，是因为神经信使出了问题。人类还有另一类信使，这就是激素。激素是内分泌系统的信息传递者，它是由内分泌细胞产生的高效能的有机化学物质，经体液传送至靶细胞后，可以起到刺激或抑制的作用来调节功能。神经系统和内分泌系统构成了人体的两大信息系统，神经递质和激素都担当了信使的角色。如果这两类信使都正常地发挥功能，尽管人和人之间会有着个体的差异，但身心都是健康的，也就是说，会有良好的精神状态、正常的情感反应和从事学习、工作和运动的体能条件。但是，不正常的现象也是常见的，神经递质的问题会反映在精神层面上的失常，而激素出问题则通常称为内分泌失调。不正常的原因可能来自两方面：一是外源性的，这就是毒品、运动员使用的兴奋剂或者身体的创伤；二是内源性的，这可能是发育不完全或者病态，特别是老年性的病变。总之，这两类信使功能的失常都会反映在人的精神和体能层面上，视为身心不健康。

神经递质所传递的信息是和神经元网络相关的，也就是说，在脑的不同区域的突触可能释放相同的神经递质，《神经生物学》一书中对此有专门的研究，神经信息是通过化学突触来实现传递的，神经递质通过突触前胞体的释放，在突触间隙中的扩散和在突触后受体中的吸收来完成的（图12.6）。[2]

神经递质的作用是在神经元之间传递电信号，由众多神经元集成的电信号就形成了对信息的编码，这些与编码的信息相对应的神经元就形成了一个个信息的载体，我们将之称为“神经元网络”。正常的神经递质是激活神经元网络的前提，神经递质的分子可分为三类[2]：

> 第一类为经典的神经递质，是储存在神经终末囊泡中的低分子质量物质。它包括乙酰胆碱、去甲肾上腺素、多巴胺、5-羟色胺（5-HT）、组胺、三磷酸腺苷（ATP），以及γ-氨基丁酸（GABA）、谷氨酸和甘氨酸等。储存在囊泡中的第二类物质是神经肽（原著作中为表13.1——引用略，作者【注】）。哺乳动物中枢神经系统中已有超过40种神经肽被鉴定。第三类递质由一氧化氮（NO）和一氧化碳（CO）组成，它们是高度水溶性和脂溶性气体。因此，它们不能储存在细胞

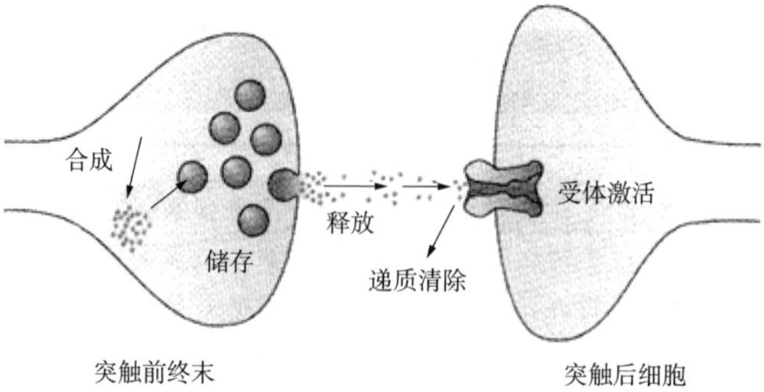

化学突触传递。在化学突触处，神经递质合成，储存在突触囊泡中及通过胞吐释放。递质扩散通过突触间隙，激活突触后细胞上的受体，然后通过扩散、摄取或降解而清除。

图 12.6　化学突触传递图示

中。极可能还有更多递质物质有待发现(另有资料说,已发现的神经递质已达 100 种——作者【注】)。

人体的另一类信使激素与神经递质储存在神经元囊泡中不一样,它们有三个来源:

一是来自内分泌比较集中的腺体,如腺垂体、甲状腺与肾上腺等;

二是来自比较分散的内分泌细胞,如消化道黏膜中的内分泌细胞;

三是兼有内分泌作用的神经细胞,如下丘脑的某些神经细胞可分泌肽类激素。

《生理学》[22]一书中按照化学性质可以将激素分为三大类:

Ⅰ含氮激素肽、蛋白质类,如脑啡肽、甲状腺素;

Ⅱ类固醇激素类,如睾丸酮、孕酮;

Ⅲ固醇类激素,如胆钙化(甾)醇(维生素 D3)。

书中总共列举了 54 种主要激素及其来源,从精神分析的角度来看,有两点是值得特别注意的:

第一,那些具有双重信使身份的化学物质,它们既可以储存在神经元突触的囊泡中,作为通过突触传递神经信息的神经递质,同时又可以成为通过体液传送至靶细胞保持身体机能正常的激素。将《神经生物学》[2]中列出的神经递质和《生理学》[22]中列出的激素相对照,我们就可以发现下列的化学物质具有神经递质和激素的双重信使的身份:

促甲状腺素释放激素 TRH
促肾上腺皮质激素 ACTH
促黑素细胞激素 MSH
降钙素 CT
胰岛素 insulin
胃泌素 gastrin
内啡肽 endorphin
脑啡肽 enkephalin
P 物质 substance P
去甲肾上腺素 NE(NA)
肾上腺素 E(A)

第二,《生理学》列出的 54 种激素中,其中 27 种是由中枢神经系统(下丘脑、脑垂体、松果体等)分泌的,这说明中枢神经系统和内分泌系统是紧密相连、相互作用的人体信使系统的两个方面。

中枢神经系统和内分泌系统构成了监控和调节人体各种机能,维持内环境稳定和适应外部环境变化的两大信息系统,而中枢神经系统更占有主导的地位。丘脑是进出大脑皮层的主要通道(见 7.2 节),图 12.7 表示下丘脑将从大脑等处传来的神经信息转变成了激素信息,调控着人的体能和精神状态,这就是心理健康为什么更重要的原因。

在下丘脑与垂体之间存在把两者紧密联系起来的门脉系统。下丘脑促垂体神经分泌细胞的轴突末梢与门脉系统第一级毛细血管网接触,可将促垂体或抑制垂体的神经激素释放入门脉系统,从而调节腺垂体的活动。这里的神经元,既能分泌激素,具有内分泌细胞的作用,又保持典型神经细胞的作用。它们能将从大脑等处传来的神经信息,转变为激素信息,这种转换象征着来自意识的精神信息会转变成身体的物质信息,人体中精神和物质的统一就是通过如图 12.7 所示的下丘脑和垂体以及血流系统的功能组合来实现的。我们无法怀疑大脑传来的神经信息是属于意识范畴的精神信息,我们也无法怀疑由腺垂体产生的激素是调控身体机能的物质信息,所以我们可以得出一个结论:在这里,精神和物质的界限消失了,精神等效于物质。那灵魂呢?

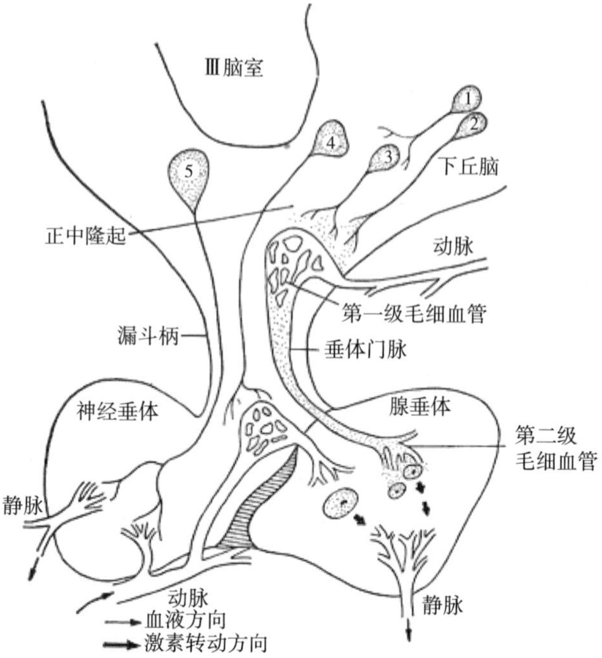

图 12.7　下丘脑与垂体的内分泌功能图示[26]

1,2,3,4,5 为下丘脑各类肽能神经元

12.5　"我"与灵魂

12.5.1　"我"的解析

字典上对"我"字的注释是一个表达自己的代词，当 300 年以前笛卡儿提出"我思故我在"的时候，人们开始了对"我"的深层次的解读，但有着不同的理解和争辩，甚至一直延续至今。随着现代生物科学的实验、发现和创新，可以将"我"理解成是由三个层次组成的，这就是：一个基因的我；一个意识的我；一个语言的我。

(1)基因的我——第一层次的"本我(id)"。

2013 年下半年，作者和几位老同学一起对"我思故我在"的哲理进行了一次讨论，在邮件中自由地畅所欲言，实际上是一些年逾古稀的文化人从个人的经验、知识的角度对认知学的反思、归纳和对一些概念的执着的探讨和解释。笛卡儿这句名言中，核心概念是“我”，是“我”的定义及与之相关的“思”和“在”的理解。为此，徐斯年对弗洛伊德关于“我”的论述作了一个归纳和介绍：

> “弗洛伊德对他所建立的“人格模型”，前后期著作里的解释有所不同。不考虑这些不同的话，可以简略地认为它是由三个层次构成的：最底层的是“本我(id)”，中层的是“自我(ego)”，最上层的则是“超我(super－ego)”。
>
> ——引自徐斯年邮件文稿，2013.11.3。

我是谁？我是人。人是怎么来的？人在生物进化的系统树上是在灵长类的尖顶上(图 12.8)。这棵大树的根部是限外过滤性病毒和细菌，在形成有体腔动物之后有两个大的分枝：一枝是神经系在消化道之下；另一枝是神经系在消化道之上。人类就是沿着后一枝的脊椎动物的谱系，到达哺乳类、灵长类而攀登到树顶的(图 12.9)。

正是这棵生命的大树，我们人类攀缘了三十七八亿年之久，从根部最早的真核生物变成了现代的人类。近代分子生物学的研究告诉我们，这三十七八亿年的进化之路是和我们的基因等价的，我们每个人都携带着这一历程的全部信息，这就是在人体的每个细胞中都包含有 23 对染色体，由 32 亿个碱基对组成，它们的有序排列构成了我们人类的遗传信息，即基因(DNA)。人类的基因有 39 000 个，基因的长度为 150～170cm，细胞的直径为 3～30μm，一般为 10～20μm，这么长的基因怎样才能装到细胞核里去呢？人的染色体在光学显微镜下观察到的长度为 2～10μm，DNA 的双链螺旋结构又称核小体纤丝，经过螺旋再螺旋，长度压缩到 1/8400，这就是显微镜下见到的染色体，我们将这一过程称为 DNA 的信息压缩(图 12.10)。

不同物种之间基因有着共同和差异的地方，量的表述虽然不是很准确，但还是能说明物种之间的亲缘关系。人类共同的基因大概占我们基因序列总数的 99.9%，不同人种、不同民族、不同个体之间的差别只占 0.1%，而我们人和黑猩猩在基因序列上的差异只有 1.23%，与大猩猩的差异为 2.3%，与长臂猿的差异为 5%。这恰好证明了达尔文对人类起源的一个推论：人类起源于非洲，因为那里有大猩猩和黑猩猩，它们是人类的近亲。我们对人类是否起源于非洲可以存疑，但是一个实体的个性化的我是由我的基因所决定的，这是生物学证明的遗传法则。我是谁？我是基因的表达。我在哪里？我在 32 亿个碱

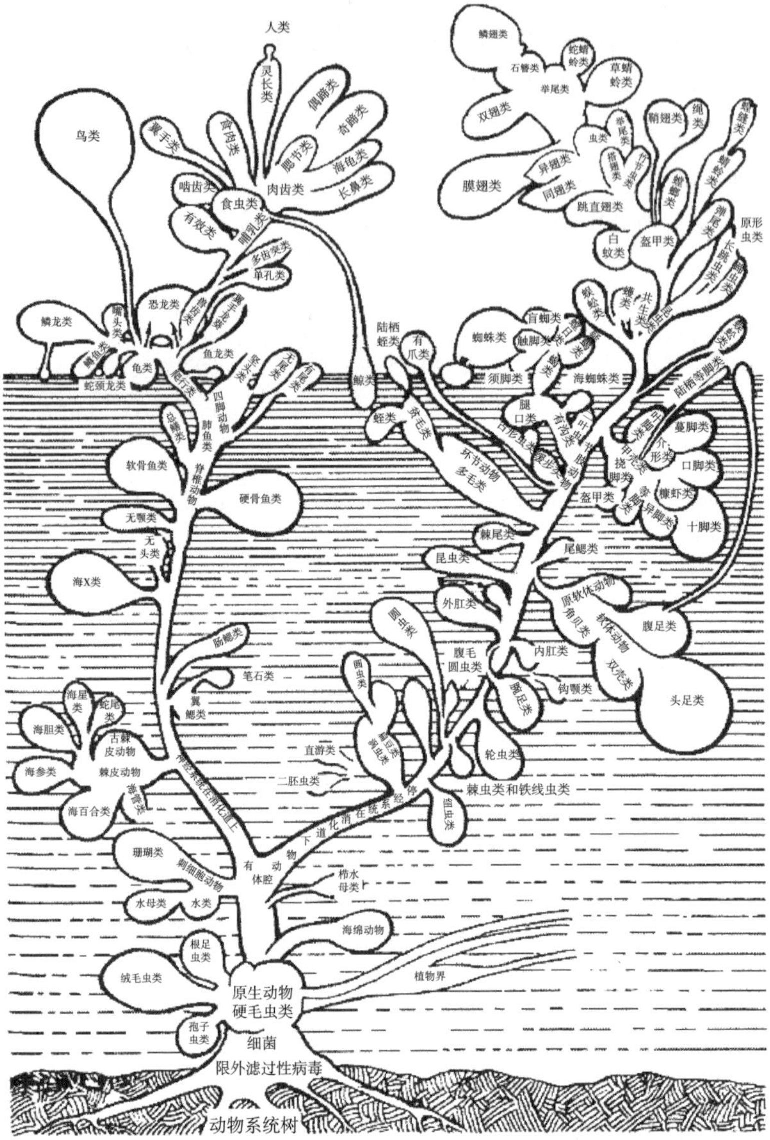

图 12.8 生物进化的谱系(之一)生物进化系统树[41]

基对所构成的 39 000 个基因里——人类究竟有多少个基因至今还是一个谜，所以“基因的我”也还是一个谜。

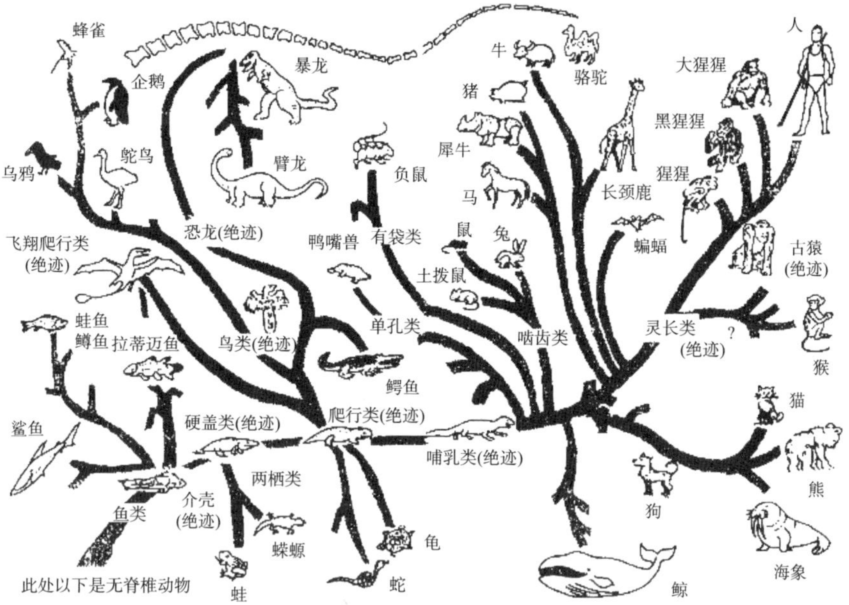

图 12.9　生物进化谱系(之二)脊椎动物的家谱[41]

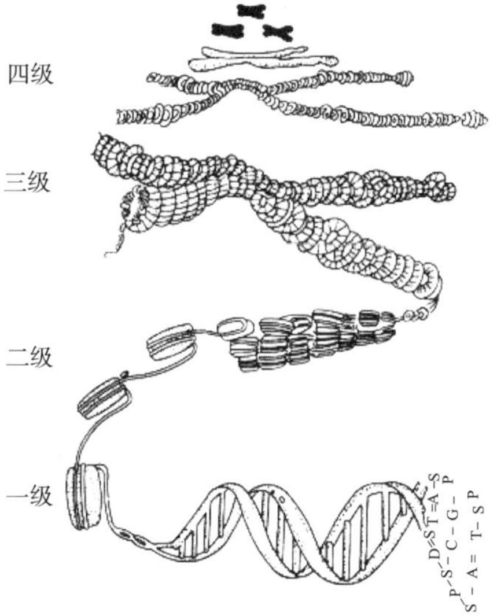

图 12.10　DNA 信息压缩的结构模式

从 DNA 核小体纤丝到染色单体的四级螺旋结构[42]

基因的我，也可以说是动物的我，——一个隐身于细胞核中的本原的我，简称为“本我(id)”。他每时每刻都在主宰着全身细胞(10^{13}个)的正常活动，包括像高等动物那样的脑的活动、习性和行为。

由基因所决定的“本我”意识，也有一个进化的过程，这就是从低等动物的永远重复的本能性的无意识的行为，逐渐地进化到高等动物的后天的习得性的有意识的行为。低等动物的无意识的行为，是由基因的生物钟决定的神经元回路来实现的，生存和繁衍无须“本我”的意识。高等动物的意识则表现在实现“本我”的行为上，它们普遍地具有领地、捕猎、觅食、养育后代等社会性的意识，正如前面分析的，这些意识表明它们具有形象思维的能力。形象思维是建立在神经元网络基础之上的脑的活动，网络是跨越脑的固定结构和分区的一种信息的传递、存储和整合的动态体系。因此，在意识进化的道路上，从高等动物开始，脑就有两种功能状态：一种是中枢神经系统，它履行着生命的功能，这是解剖学上的一个可见的结构；另一种是中枢神经网络，是由无数的神经元网络连接组合而成的，它履行着意识的功能，是解剖学上不可见的一种存在。神经元网络在微观上是可以看得见而无法弄清连接走向的神经元之间的结构(图12.11)。

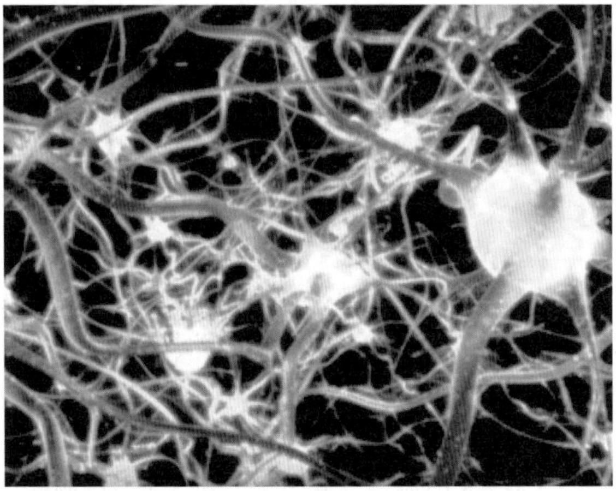

图12.11 中国科学家发现的大脑神经元网络形成机制

对于高等动物而言，神经元网络中传递和记忆的是形象信息，它构成了高等动物“本我”的载体，这一模式一直延续到我们人类的意识活动中。

(2)意识的我——第二层次的“自我(ego)”。

笛卡儿的名言“我思故我在”道出了一个意识的我的存在，我在思，所以我是存在的。思维是意识的核心，思维的我象征着一个意识的我的存在，也就象征着我的存在。如果我们把“基因的我”理解成第一个我、一个本原的我，那么“意识的我”显然不等于“基因的我”，这是一个后天的我，我们称为第二个我，简称为“自我(ego)”。

这个“自我”是指属于人类的思想活动，也就是通常所说的思维。那么他和“本我”有什么差别吗？“本我”出自于基因的本性，即人的动物性或“兽性”，也就是告子所说的“食色性也”的那个“性”，所有的高等动物就其行为、习性和思想而言都是有一个“本我”的，“本我”的实现只受制于环境条件和自己的体能，不顾及其他因素。“自我”是在人类社会中塑造出来的，弗洛伊德将其视为第二个层次的“我”是有道理的，因为“自我”的习性和行为，除去受制于环境条件和自己的体能以外，还会遵从人类社会的共同规则，是一个“懂得理性的我”——“自我(ego)”。

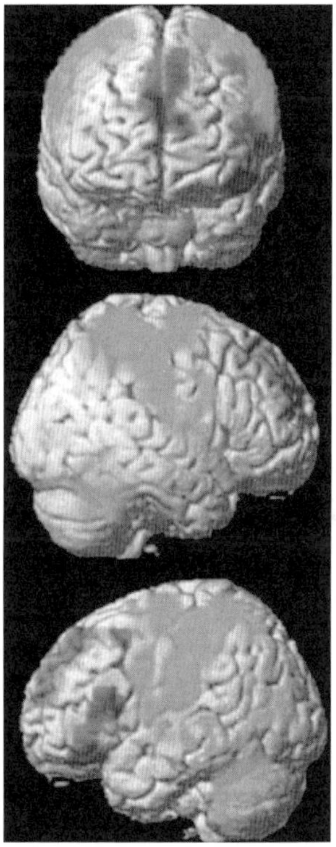

图12.12 讲真话和说假话时大脑皮层活动区域的fMRI图像以深浅表示：浅为真话，深为假话

这里所谓“懂得理性的我”是一个中性词，无所谓好，也无所谓坏。知法守法者为好，是理性的表现；知法犯法者为坏，是非理性的表现，然而都是同一层次的“自我”。所谓同一层次，是指具有同样的社会的意识形态和思维法则。图12.12是《认知、脑与意识》一书中用fMRI对脑不同的功能所作的大脑皮层的测试图像，图中浅色表示受试者讲述真实事件时大脑皮层活动的区域，图中深色是指令受试者讲假话时大脑皮层活动的范围。在原书中提出：“难道这两个区分别是讲真话和讲假话的脑区吗？是，还是不是？那又是为什么？”[1]

图12.12就是通过实验对“自我”意识的一个验证，讲真话和说假话是由同一个人

的自我来实现的,差别是在大脑皮层兴奋的部位不一样。图中的“说假话”与“蒙混撒谎”又有所不同,受指令“说假话”相当于编故事写小说,没有心理压力,但和讲述真实的事情不一样。“讲真话”的浅色脑区,在大脑皮层左、右半球的顶叶呈现大范围的对称的态势,这表明意识活动主要是真实事件的回忆和形象思维的过程;“说假话”的深色区,它只在大脑皮层左、右半球的前额叶呈现对称活动的态势,“额叶就是一个储存大量信息并且编目入网的记忆库,它通过边缘系统所提供的信息构成回忆、思维和意识(见 9.3.1 节)”。这种“说假话”如同写小说一样,不是在回忆,而是抽象思维的创造性活动。如前所述,抽象思维也是建立在形象思维基础之上的,“讲真话”或者“说假话”都是“自我”的思维。“自我”是高一层的“我”,因为一个人“说假话”,从学术上来说,是“自我”的智慧,他首先要懂得什么是真实,“讲真话”是“本我”的意识。不知道真,怎能知道假;不会讲真话,怎能编造假话,所以“说假话”的“自我”涵盖了讲真话的“本我”。深、浅色重合处,正是大脑左半球的语言区。

(3)语言的我——第三层次的“主体的我(subject ego)”。

当人类语言中出现第一个“我”字的时候,它就为生命诞生以来 36 亿年的历程,画上了一个成功的句号——它改变了宇宙中相互作用没有主、客体之分的规则,一个意识到“我”是主体(subject ego)的生命从此出现在地球上。在 20 世纪中叶,我们受限于知识的贫乏,不知道基因,不知道神经元,也不知道弗洛伊德的“本我(id)、自我(ego)和超我(super－ego)”,只知道一个简单、朴素的“我”,在心目中这个“我”是自己思想和言行的主体,他等效于自己的身体和头脑。这个“我”的解读近乎直观,易于为人们所接受。“主体的我(subject ego)”在无生命的宇宙中是不存在的,从这个意义上讲,把它理解成弗洛伊德的“超级的我(super－ego)”看来也是成立的。

语言的“我”从语言学来讲,也只是一个符号。它在哪里?从图 12.12 可以看出,“我”字一定是从深、浅色相重的语言区(布罗卡区)发出来的。但是如果认为“我”就在那里,那就错了,因为如图所示的“讲真话”和“说假话”都是和左、右大片脑区相关的。“我”虽然也是一个抽象的符号,但是它在颅脑中有着特殊的配置。

第一,“我”在大脑中是可塑的。图 7.7、图 7.8 表明,每一个人身体的外露部分(四肢、头颅、五官)在大脑皮层上都有投射,而这种投射的位置优势是可塑的,失去上肢的人,相应的皮层会和下肢相对应,履行同样的脑的功能,作为主体的“我“也会发生变化,如用脚弹钢琴的刘伟(图 11.8)。

第二，“我”的主体地位是毋庸置疑的。“我”在颅脑以外体现在自己的行为上——行为的主体，承担法律的刑事和民事的责任；我在颅脑内则是意识的主体——思想的主体，情感的主体，精神的主体。当一个人脑功能正常的时候，能够感觉到一个“自我”主体的存在：我在想……，我在做……，我在学……，我在回忆……，我在想明天……，我很高兴……，我现在想不起来了……，陷入困境的我无可奈何，等等。这个主体的“我”是和发生在自己身上的所有的事情相关联的，就其意识而言又都是一个现在进行时的“我”的存在，它表现在两个方面：一个频率为 40Hz 的颅内的“信息流”；一个频率为 10Hz 的躯体动作的“指令流”，二者构成了“意识流”。两位诺贝尔奖得主弗朗西斯·克里克和埃尔温·薛定谔对此都有相近的论述。

> 弗朗西斯·克里克：“我希望不久以后每一个研究人类及其他脊椎动物视觉系统的实验室都在墙上张贴有一个醒目的标志，写着：意识就在现在。”【23】

> 埃尔温·薛定谔：“我应该说意识的总数总为一。意识本身是具有单一性的。我大胆地认为它不可摧毁是因为它有一个特殊的时间表，即意识总是处于‘现在’。对意识来说没有曾经和将来，只有包括记忆和期望在内的现在。我承认我们的语言远无法表达清楚这一点，我也承认我现在谈的是宗教而非科学，但这是并不违反科学的宗旨，相反，它为客观公正的科学研究成果所支持。”【28】

颅脑内意识主体的现在时和外部世界是同步的，它是由居于左右半脑中线上的松果体分泌褪黑激素的周期来实现的(图 8.9)，其分泌的周期和地球昼夜交替同步。

第三，两类信使构成情感主体的我。一个人情感的激励和抑制是由下丘脑和脑腺垂体之间的信息变换来实现的(图 12.8，12.4.2 节)，这是颅脑中精神和物质关联的象征——在这里神经递质的精神信息影响着内分泌系统维持身体正常运行的激素的物质信息。

从以上的分析可以看到，脑是以多种不同的机制履行着作为一个生命的“我”的功能。“我”只有一个，“我”是一个身心的整体。那么，能不能用一种方式将这样一个统一的整体的“我”表达出来呢？

这就是每一个人颅脑中都存在的“中枢神经网络”。

12.5.2 “我”与中枢神经网络

由脑细胞构成的脑的结构就有两种存在形态：

①机体组织形态。宏观或微观上可见和能够分辨的脑的软组织结构，所有脑组织的综合构成“中枢神经系统”。

②功能组织形态。宏观或微观上可见而又难以完全厘清的信息流的网络结构，所有网络结构的综合构成“中枢神经网络”。

中枢神经系统在人体解剖学和神经生物学中已经研究得相当清晰；而中枢神经网络则是和脑科学、认知学、心理学更为相关的网络体系。对于这一体系，虽然可以通过功能性磁共振成像(fMRI)和正电子发射型计算机断层显像(PET)得到功能性活动脑区的图像，但是通过神经突触连接的微观的网络结构仍然是看不出来的。按照生物学，特别是神经生物学研究所揭示的《从神经元到脑》[2]的机理，可以推论构成中枢神经网络的基础是：神经元和神经元网络；神经纤维和神经网络；神经胶质细胞；神经递质和激素信息体系。

(1)神经元和神经元网络

由神经元组成的从小到大的、串行和并行的、多层次的神经元网络，可以成为对信息进行编码的载体，同时也是记忆和思维的多层次的基元(图 12.11)。

(2)神经纤维和神经网络

由神经元轴突形成的粗细不等的神经纤维是感知输入、行为输出和神经元网络之间的高速信息通路，全部神经纤维构成了传递信息的神经网络(如图 7.2.b 所示为丘脑的神经通路)。

(3)神经胶质细胞

在神经元的发育阶段由神经胶质细胞引导各类神经元进行迁移、定位(形成神经通信的“宇称特化细胞”)，并且要确保神经元占位以后的稳定性、相互连接的不变性和神经网络传递信息的绝缘性。胶质细胞是脑的多功能间质，在数量上比神经元大 10 倍以上，形成了充填于神经元之间的一个稳定有序的软组织空间结构(图 12.13)。

(4)神经递质和激素信息体系

神经递质和内分泌激素是和“心—脑”相对应的两类信使，神经元产生的神经递质的功能是通过神经纤维的突触来传递神经信息(在左旋世界中)；内分泌细胞产生的激素是经过体液传送至其他细胞(靶细胞，它们在包含脑组织

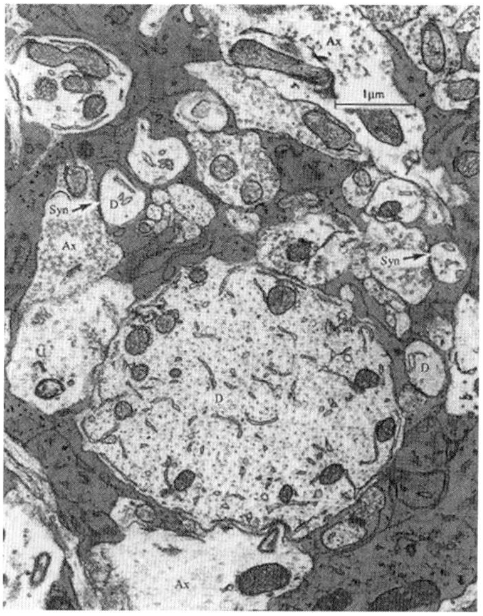

图 12.13　大鼠小脑中的神经元和胶质细胞突起。胶质细胞成分以灰黑色表示。神经元与胶质细胞总是以约 20nm 宽的间隙隔开。神经性单元是树突(D)和轴突(Ax)。两个突触用箭头表示出[2]。

在内的右旋世界中),发挥刺激或抑制作用,调节机体各种功能,维持中枢神经网络功能的相对稳定。

如果将一个人诞生后象征精神发育的脑的发育过程进行机械分解的话,它大体涵盖上述 4 个主要内容:

①建立由神经元形成的对应于各种信息的神经元网络。

②建立由神经纤维形成的连接各个脑组织结构的神经网络。

③建立由神经胶质细胞形成的脑的空间结构和电传导特性。

④建立由神经递质与激素来调控的神经信息和生命信息体系。

这样,象征精神发育的脑的功能状态——中枢神经网络(图 12.14)也就在脑中建立起来了,从而具有了记忆、思维、行为和表达自己情感和意志的能力。这个中枢神经网络就是一个完整的“我”,醉酒、吸毒和脑部受损,都会破坏这一网络的连接,变成一个不完整的“我”,甚至会失去“自我”。

中枢神经网络是一个人自己和社会共同栽培的一棵精神大树,从生物进化的历史来看,它是精神进化的结晶、宇宙的奇迹。从人生的轨迹来看,中枢

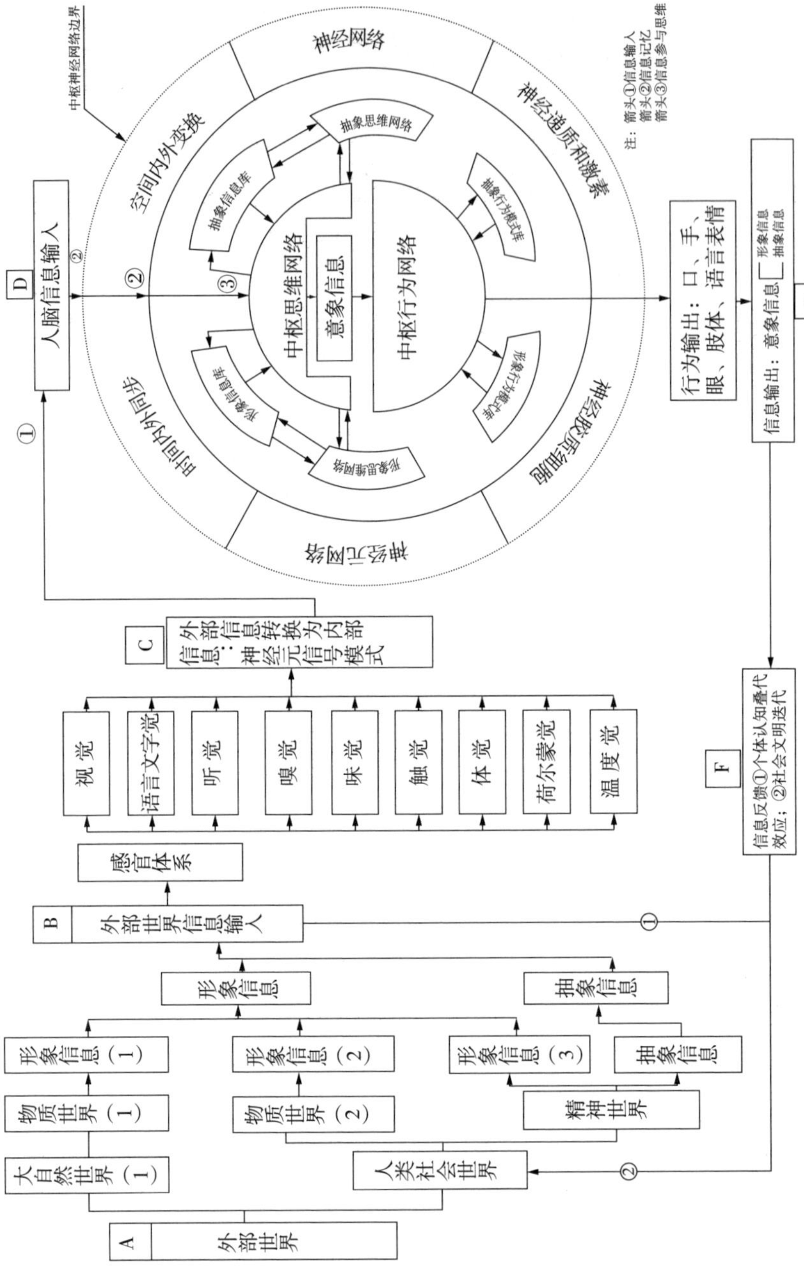

图 12.14　中枢神经网络与认知信息路线图

神经网络等价于三个我：一个基因的我，一个意识的我，一个语言的我。或者说，这是笛卡儿“我思故我在”的另一种表述。那么，笛卡儿曾经认为松果体是灵魂的栖息地的灵魂又在哪里呢？

12.5.3　自我与灵魂

“自我”是人意识的核心，那“灵魂”又是什么呢？人为什么会有一个灵魂感呢？灵魂和自我是什么关系呢？灵魂到底存在不存在？它来自哪里？又存在于何处呢？

灵魂是“自我”的塑造，是一个深层次的自我——二者不可分开地存在于颅脑内的中枢神经网络的时空模式中。这种围绕着“我的灵魂”的精神活动大概有三类：

第一类，围绕着“基因的我”也就是“动物的我”展开的，这就是“自我”的边界在哪里？——人的欲望必须有底线的制约。人有七情六欲，但底线在哪里，是能否离开动物世界的一个标志，人的底线应该是“己所不欲，勿施于人”，或者“己所欲，施于人”——这是灵魂是否告别了动物的象征。

第二类，围绕着“意识的我”也就是“理性的我”展开的。这就是“自我”的信仰——信仰是精神大树的主干。人的意识就在现在，但完整的人生有着过去、现在和将来，没有信仰就没有精神的未来——这是灵魂所作的严肃的选择和归宿。

第三类，围绕着“主体的我”也就是“超级的我”展开的，只有人类才能意识到一个毋庸置疑的主体的“我”的存在，“自我”也就成了精神建设的主体——这就是灵魂的自我塑造。

那么，人死了灵魂究竟有没有呢？对此，我们可以作两个解读。

①在突发事故或濒临死亡的那一瞬间，不排除脑也会和其他器官一样会有一个死亡的延迟(肝脏、肾脏移植即如此)。这时，自我意识的短暂存在会在中枢神经网络中发出一些极其微弱的特化的信息，而为亲近的人所感应，这就是人们偶尔有所感觉而又无法捕捉和证明的灵魂——这是对灵魂的解读之一，也就是灵魂是在脑延时死亡时带有某种“自我”信息的一种波的存在，这种波的存在是脱体的，这或许接近宗教的解释。

②当一个人的脑死亡发生，自我意识完全消失的时候，围绕着“我”的形象依然存在于世人的脑海中，这是接近社会学的具有现实意义的解释。

第四篇　脑的自然进化

——意识的创生

脊椎动物(Vertebrata)。它们的主要特征:整个身体都围绕神经系统组成。因此便有了发展到自我意识等的可能性。在其他一切动物那里,神经系统是次要的东西,而在这里则是整个机体的基础。

只要自然科学在思维着,它的发展形式就是假说。

我们的主观思维与客观世界服从同样的规律,并且因而两者在自己的结果中最终不能相互矛盾,而必须彼此一致,这个事实绝对地统治着我们的理论思维。它是我们的整个理论思维的不自觉的和无条件的前提。

——恩格斯:《自然辩证法》

导 言

《神经生物学》的作者在初版前言中讲道：

> 《从神经元到脑》(书名)，既表达了我们的思路，也表达了我们的目的。我们主要从事关于神经元功能机制的研究。对神经系统有兴趣的学生几乎总是跟我们说，他们的好奇心源于他们渴望了解感知、意识、行为或脑的其他高级功能。当他们知道我们主要是研究分离的神经细胞或简单的神经系统的活动时，他们常常为我们也是怀着相似的动机起步而感到惊奇；他们对我们一直保持着那种兴趣甚至更加惊奇。

这段话非常深刻，它告诉人们：在神经生物学的领域中，科学家研究的目的是从分离的神经细胞到作为一个脑的简单的神经系统的活动。这里脑被视为一个系统，“系统”一词来自英文 system，它是由彼此间有一定相互关系的基元组成的具有一定动态功能的整体，系统整体的特征就是功能和结构的确定性，因此系统的任何功能故障都能相应地在结构上准确定位。脑就是由神经元及各种附件所组成的神经系统，对这样一个系统进行研究的有解剖学、生理学、病理学和神经生物学，进而对脑的组织结构和以神经元回路为标志的脑的生理功能已经相当清楚，构成了除精神病以外的所有神经系统疾病治疗的医药基础。

精神疾病之所以除外，因为尽管是脑出了毛病，但往往不能判定准确的部位，有些精神病人的脑电图仍属正常，50 例精神分裂症进行测试的结果，只有 14 例(占 28%)患者脑电图不正常。这就启示我们脑有两种功能，即生理功能和精神功能，它们既有着一定的相关性，但又有着不同的运行机制。生理功能的正常与否由生理学和病理学进行分析研究；精神功能的正常与否则由心理学、脑科学、病理学及精神病学进行分析研究。两者的研究对象都是中枢神经系统。由于通常定义的系统的整体的特征就是功能和结构的确定性，而意识是既具有确定性又具有不确定性的脑的一种功能，因此著名的心理学家、哲学家丹尼尔·丹尼特在 1991 年《意识的解释》一书中写道：

> 人类的意识大概是最后的未解之奥秘了。之所以称之为奥秘，是因为对意识，我们至今如坠五里云雾中。时至今日，意识是唯一常常使最睿智的思想家张口结舌、思绪混乱的论题。与过去所遇到过的所有奥秘一样，不少人坚持认为——并且希望——意识将永远是一个不解之谜。

按照本书作者的观点，意识的运行机制的模式不是中枢神经的系统性功能，而是中枢神经的网络性功能。意识则是在每个人脑的左旋世界中，神经网络信息流的集中的表达，是对神经信息进行感知、传输、存储、加工以及形成和输出新的信息的一个运动的过程。这一运动过程的奥秘被称为"意识的起源"。现在对于意识起源的探索有两种方法：一种是"还原论"，如克里克在《灵魂的科学探索》中所说的"人的精神活动完全由神经细胞、胶质细胞的行为和构成及影响它们的原子、离子和分子的性质所决定"[23]；另一种是认知科学家的"标准的心理学方法"，"他们把大脑视为一个不透明的'黑箱'，我们只知道它的各种输入（如感觉输入）所产生的输出（它产生的行为），根据对精神的常识性了解和某些一般性概念建立模型。该模型使用工程和计算术语表达精神。"[43]

对于意识的创生，我们既没有采用克里克的"还原论"，也没有追随"标准的心理学方法"，而是坚持了这样的观点和研究途径：

①意识本身也有一个伴随着脑的自然进化的创生过程，它是脑与外部世界进行信息和能量交换的产物。

②"脑的自然进化"是达尔文"生物进化论"的拓展。"生物进化论"的核心是自然选择学说，但"自然究竟是如何选择的呢?"自然选择的基础是创生，是由物理作用和化学反应形成的自然的创生趋势，它构成了生物进化中的权重效应和导向。

③意识是什么？意识是物质在颅脑内左旋四维时空中的一种存在形式，是脑中所有电信号实时叠加形成的一股股信息的连续的流动，它没有静止的、僵化的形态，人们不能撇开当时感官的感知和对以往的回忆去空谈意识，因此中枢神经网络中当下存在的信息流就构成了意识——信息流之于意识，有如水流之于江河。

④人类智慧创立的科学原理不只是可以用来解释客观世界，而且也应该可以用来解释自己的主观世界——用来探索和解释"人类意识的起源"。

第四篇就是从生命形成的机制上对"意识创生"进行的另辟蹊径的探索，而且取得了可喜的结果。

第 13 章　生命起源之谜的求解

中国科学家王文清教授在其著作中说:“蛋白质是由氨基酸组成的长链，组成人体蛋白质的氨基酸共有 20 种，除了不含不对称碳原子的甘氨酸外，其余 19 种全有手性(又称光学活性)，但人体蛋白质的氨基酸都是 L 型的或称左手型的。D 型氨基酸(右手型)只存在于细菌细胞壁和细菌产物中。为什么人体蛋白质都是左手型的？这是当今生命起源科学家研究的热点，成为生命起源的谜中之谜。”[44]

作者在第 10 章中研究思维活动所应遵循的原则时引用了费马的“最小作用量原理”(10.2.6 节)，这一原理同样可以对“生命起源的谜中之谜”这一现象作出诠释，进而可以看出生命和意识起源的一致性:“最小作用量原理”对生命的诞生和演化起着引导的作用，思维则是生命现象中遵从这一原理的最高层次的运动形式。

13.1　三界半的生物世界

13.1.1　蛋白体的左旋之谜

《生命是什么》(*What is life*)[28]，物理学家薛定谔用这样一本书，从物理学的角度来诠释生命。除去物理学以外，还应该有人所共知的、哲学的、生物学的诠释，但最终总要和科学原理想吻合。

生命的特征就是“活的”，是一个“活体”。活体是指可以自主地进行新陈代谢的开放系统，同时伴有一个“自复制”和“自组织”的共同属性。在这一共同的属性中，自组织的程度会相差很大，差异来自演化中的分叉，分叉从生命的起点上就已经开始了(图 13.1)。

《结构生物学》[45]一书对生命的定义是:“就本书的目的来说，或许可以将生命定义为一个具有化学活性且能够进行繁殖和演化的单元。”

恩格斯则从哲学的高度在《反杜林论》一书中对生命的本质作了如下的论

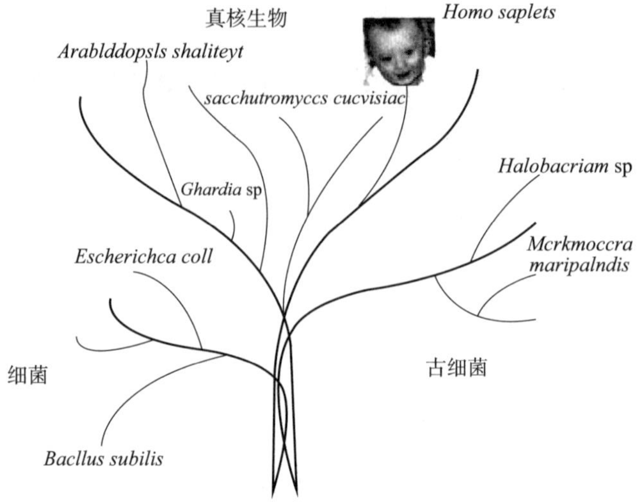

图 13.1 简化的生命树[51]

Halobacterium sp.(极端嗜盐菌);Methanococcus maripaludis(产甲烷球菌);Bacillus Subtilis(枯草芽孢细菌);Escherichia coli(大肠杆菌);Giardia sp.(贾第虫,梨形鞭毛虫属);Saccharomyces cerevisia(酿酒酵母),Arabidopsis thaliana(拟南芥,开花植物。有一个相对小的基因组约 135 碱基对);Homo sapiens(智人)。

述:“生命是蛋白体的存在方式。这种存在方式本质上就在于这些蛋白体的化学组成部分的不断自我更新。”

然而,在蛋白体的组构方式上,却存在一个手征性的左旋之谜。蛋白质是由氨基酸组成的长链,组成人体蛋白质的氨基酸共有 20 种,除了不含不对称碳原子的甘氨酸以外,其他 19 种全都有手性(又称光学活性),但人体以及我们所食用的鸡鸭鱼肉的蛋白质都是 L 型的,或称左手型的(图 2.a)。在自然界中,氨基酸有 L 和 D 两种对应异构体(图 2.b),为什么人体以及我们所赖以生存的生物世界中,组成蛋白质的 α⁻ 氨基酸却几乎都是 L 型的?“这仍然是当今生命起源科学家研究的热点,称为生命起源的谜中之谜。”下面先从氨基酸及其旋光特性谈起。

氨基酸

蛋白质是由 L-氨基酸残基(L 代表 levo=左)所组成。氨基酸的另一种相反的手性被称为 D-构型(D 代表 dextro=右)。除去甘氨酸,其他氨基酸的

α 碳都是手性的。α 碳与一个氢原子、一个氨基、一个侧链及一个羧基成键。从一个 L −构象的氨基酸氢原子看过去，顺时针可以看到碳基(CO)、侧链(R)和氨基(N)基团("CORN"法则，如图 13.2 所示)。

图为从 H−Cα 键向下看 α 碳，L−构型氨基酸"CORN"法则的示意图。

还有，与这个谜相关的就是核糖。天然糖有 D 糖，也有 L 糖，但核糖核酸 RNA 和脱氧核糖核酸 DNA 中的核糖却全都是 D 糖，和组成蛋白质的氨基酸的选择刚好相反。这一左一右的玄机到底是什么呢?

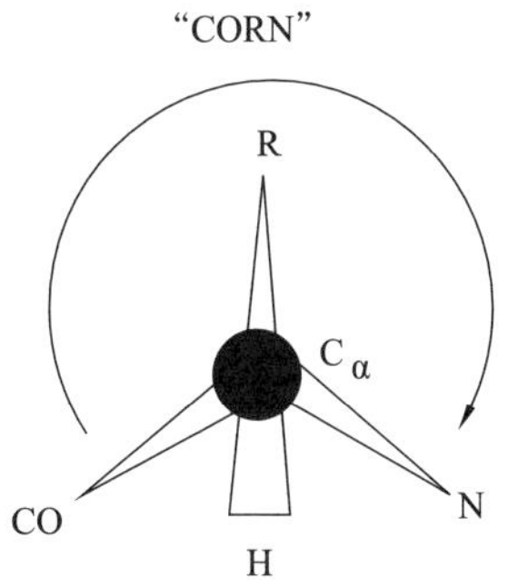

图 13.2　L 型氨基酸分子的旋光特性示意图[45]

13.1.2　演化中的自然逻辑

生物的演化是带有随机性的概率事件，因此追溯起源就是一件十分困难的事情，即使找到一种说法，往往也很难用化石来佐证。

但是，蛋白质和核糖的左、右两种构型在生物演化道路上的组合方式只有 4 种(表 13.1)。这 4 种组合中哪一种是最优组合呢？这就得从生命体中氨基酸和核糖分子的功能和对大自然资源的利用谈起。

表 13.1　氨基酸和核糖 L 和 D 型的组合模式

序　号	核　糖	氨基酸
1	D	L
2	D	D
3	L	L
4	L	D

从图 13.1 可以看到，在生命树的起点上发生的第一次分叉有三类细胞，这就是真核细胞的动植物世界、原核细胞的细菌世界和古核细胞的古细菌世界，这也是最新的生命世界的三界说。如果我们再加上非细胞的生命体病毒，就形成了生命世界的"三界半"说，因此生命起源的秘密也就可以从病毒说起。

13.1.3 病毒体的两大主角

在细胞学领域病毒也被认为是生命体,但它不具有细胞结构,而且比细胞要小得多。病毒的大小为10～100nm,而原核细胞的直径为1～10μm,真核细胞为10～20μm,病毒较之原核和真核细胞要小2～3个数量级。病毒的结构简单,主要由两部分组成:蛋白质外壳和遗传物质的核。病毒的形态如图13.3所示。病毒的遗传物质可以是DNA,也可以是RNA,前者称为DNA病毒,后者称为RNA病毒。病毒因为没有细胞结构,也就不能独立生存,必须有宿主才能寄生和增殖,因为它们获取能量的本领,不是自养型的,而是一种独特的异养型的,可以称为侵入增殖型。

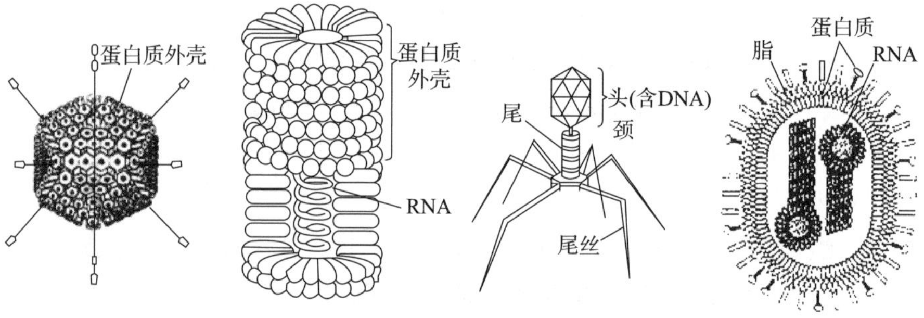

图 13.3 常见病毒的形态和结构[6]

病毒的“侵入增殖型”周期包括5个基本过程[38]。

吸附:病毒对细胞的感染起始于病毒蛋白质外壳同宿主细胞表面特殊的受体结合,受体分子是宿主细胞膜或细胞壁的正常成分。因此,病毒的感染具有特异性。

侵入:病毒吸附到宿主细胞表面之后,将它的核酸注入宿主细胞内。病毒感染细菌时,用酶将细菌的细胞壁穿孔后注入病毒核酸;对动物细胞的感染,则是通过胞吞作用,病毒完全被吞入。

复制:病毒核酸进入细胞后有两个去向:第一种情况是病毒的遗传物质整合到宿主的基因组中,形成溶源性病毒;第二种情况是病毒DNA(或RNA)利用宿主的酶系进行复制和表达。

成熟:一旦病毒的基因进行表达就可合成病毒装配所需的蛋白

质外壳，并将病毒的遗传物质包裹起来，形成成熟的病毒颗粒。

释放：病毒颗粒装配之后，它们就可从被感染的细胞中释放出来进入细胞外，并感染新的细胞。有些病毒释放时要将被感染的细胞裂解，有些则是通过分泌的方式进入细胞外。

从病毒的侵入增殖过程可以看出，病毒在图13.1生命树的根部也是有地位的，因为它也具有组成生命的两大主角：蛋白质和核酸。如果再深入分析，组成病毒蛋白质的氨基酸和组成核酸的核糖是不是也呈现均一手征性的现象呢？回答接近是肯定的：多数病毒的氨基酸是L型，宿主是真核生物，只有“少数低级病毒有D型”[47]氨基酸，与此相对应的宿主是细菌，因为“D型氨基酸只存在于细菌细胞壁和细菌产物中”[47]；而病毒中DNA和RNA的核糖也都是D糖。

由此我们可以得出一个重要的结论：D型糖是生命诞生的唯一选择。

因此，表13.1中的第3、第4项是不存在的，或者说，这种组合在生命的起点上就被筛选掉了。那又是什么道理呢？

13.1.4 古核生物的两个特征

生物的一个共同特征就是具有基因，简单来说，基因的功能就是实现各自对能量转换的延续。能量转换有两种模式：自养型和异养型。

自养型生物是指生存和繁衍所需要的能量是自己从自然界直接转换获得的，又分为两种，即光合自养和化能自养。光合自养通常是指在真核细胞中利用光能将碳进行还原的过程，是通过特殊的细胞器——叶绿体捕获光子来实现的；化能自养发生在原核生物和古核生物中，相应地对碳进行还原的过程发生在细胞的质膜上，古细菌都是化能自养型的。

王文清教授在其著作中对古细菌有如下一段描述[47]：

产甲烷球菌发现于1982年，生活在2600m深、200atm、94℃的海底火山口附近。全基因组包括一个1.66Mbp的环状染色体和一大(58.4kbp)、一小(16.6kbp)两个染色体外成分。1996年，美国基因研究所的白塔(L. bult)测定了产甲烷球菌的全基因组序列，发现编码遗传信息传递过程(复制、转录、翻译)的基因与真核同源；编码参与代谢过程(能量产生和固氮)与原核同源。

也就是说，古细菌有两个特征：基因与真核细胞同源；能量转换与原核细胞同源。古细菌具有原核生物的某些特征，如无核膜及内膜系统；也有真核生物的特征，如以甲硫氨酸起始蛋白质的合成、核糖体对氯霉素不敏感、RNA聚合酶和真核细胞的相似、DNA具有内含子并结合组成蛋白；此外，还具有既不同于原核细胞也不同于真核细胞的特征，例如，细胞膜中的脂类是不可皂化的；细胞壁不含肽聚糖，有的以蛋白质为主，有的含杂多糖，有的类似于肽聚糖，但都不含胞壁酸、D型氨基酸和二氨基庚二酸。

结论：古细菌也不含有D型氨基酸，D型氨基酸只存在于细菌细胞壁、细菌产物和少数低级病毒中。

13.2 生命起点上的多重组合

13.2.1 生命起点上的自然选择

这样，在生命的起点上四类生物之所以能够存留至今，是因为它们不同程度地具有生存和进化的优势，我们不妨称为具有生存优势的“三界半”生物世界，即古细菌、细菌、真核生物＋病毒。所有这四类生物的遗传物质都是核糖核酸(RNA)或脱氧核糖核酸(DNA)，在对核糖手性的选择上也都是D糖，但是获取方式不尽相同，有自养型和异养型之分，即使同是自养型和异养型，实现的途径也不一样(表13.2)；在氨基酸手性的选择上，多数为L型，少数为D型，L型占有明显的优势(见表13.2)。

表13.2 生命起点上的自然选择

生物类别	氨基酸手性		核糖手性(D型)				
	L型	D型	自养		异养		
			光合	化能	进食	营养寄生	基因侵入
真核生物	√		√		√		
原核生物		√	√	√		√	
古核生物	√			√			
病毒	√	√(少数)					√

表13.2告诉我们，在生命的起始点上，或许会有着包括L型核糖在内的其他的组合，但是只有这四类组合被大自然所选择，构成了一直生存和繁衍至

今的生物世界，其基础则是两种构型的氨基酸（L 型、D 型）和一种构型的核糖（D 型）。除去古核生物是孤独的一支以外，其余三支都有着相互依存的关系，这种依存关系体现在异养型的能量获取上。这样，生命起源中的谜中之谜就归结为如下两个问题：

第一，为什么四类生物都选择了 D 型核糖？

第二，为什么真核生物最富有进化的生命力？

13.2.2　手性分子与生命的相关性

如图 13.1、图 2.9 所示，氨基酸分子的旋光特性有左（L）、右（D）旋之分，核糖也是如此。

> 1995 年 3 月，美国科学杂志报道在洛杉矶召开的“生物分子手性均一性起源”的国际会议上，与会的物理、化学、天文学家大多数认为“没有手性就没有生命”、“手性起源先于生命”……主张寻找物理缘由。其中最有吸引力的看法是，宇称不守恒的弱相互作用①通过中性流联合电磁相互作用，使手性分子两对映体的电子键能有差别，并计算出左、右分子的能量差约为 10^{-19}eV。然后通过非平衡相变和自催化机制逐步放大，最后形成手性分子。[44]

按照物理学家萨拉姆的相变假说，“Mason 和 Tranter 得到了计算结果：丙氨酸、缬氨酸、丝氨酸和天冬氨酸的（L－D）型能差分别为－3.0、－6.2、－2.3、－4.8×10－19eV。$Z^0$① 使氨基酸手性分子 D 型处在比其对映体 L 型高的能态上。对于核糖的计算正相反，L 糖能态高于 D 糖。”[44] 我国科学家王文清对此进行了实验研究，与上述计算结果一致，L 型氨基酸分子较 D 型处于较低能级，L 糖能态高于 D 糖。

现在我们要回答的问题就是在生命树的起点上，这四类微生物的氨基酸是从哪里来的？我们知道，自养型的微生物和植物能在体内合成所有的氨基酸，但是动物有一部分氨基酸是不能在体内合成的，这一部分氨基酸称为必需

① 弱相互作用力有三个媒介粒子，即 W^+，W^- 和 Z^0 粒子，它们的自旋为 1。但是与其他媒介粒子不同，它们的质量不为 0，且质量很大，W 和 Z^0 的质量分别是质子质量的 80 和 90 倍，这说明弱相互作用是短程的力，通常认为其作用范围是 10^{-17} m。Z^0 粒子表征了原子中的电子和原子核内的质子和中子间的电弱作用力，除了质量以外，与光子非常相似。

氨基酸。必需氨基酸一般是碳水化合物代谢的中间物，是经过 6 步或更多的化学反应由生物自己合成的。非必需氨基酸的合成需要约 14 种酶，而必需氨基酸的合成则需要更多酶(约有 60 种)的参与。既然氨基酸分子有着(L－D)型能差，而合成氨基酸分子的能量又是由碳水化合物转换的，那么(L－D)型能差就具有选择氨基酸分子进行合成时的效益上的意义。

上述四类微生物都有一个共同的特征，核糖和氨基酸同时共存于一个微生物体中，一起表达了在微生物周期循环中的三重含义：

①是能量的集聚和转换——核糖；

②是遗传信息——核糖核酸和脱氧核糖核酸；

③是结构和边界——内部结构、细胞膜、细胞壁和病毒的外壳。

四种微生物的自然选择，列于表 13.2。之所以说是自然选择，因为这样的选择恰恰是和地球的自然环境密切相关的。

13.2.3 生命对核糖的选择——右旋

生物的核糖来自生物自养的两种模式：光合自养和化能自养。

(1)光合自养。

光合作用可以分为无氧光合作用和放氧光合作用两类[48]。

无氧光合作用：用硫化物作为电子供体。

$$CO_2 + 2H_2S \xrightarrow[\text{光}]{\text{硫细菌}} CH_2O + H_2O + 2S$$

这类光合作用比较原始，主要由光合细菌进行，如绿色硫细菌、紫色非硫细菌等。这类生物种类较少，分布有限，在现代地球上起的作用较少。

放氧光合作用：用水作电子供体。

$$CO_2 + 2H_2O \xrightarrow[\text{光}]{\text{绿色植物}} CH_2O + H_2O + O_2$$

这类光合作用约 30 多亿年以前开始在地球上产生，可能先由原核的蓝藻、原绿藻这样的光合生物进行，以后才进化出真核的藻类、苔藓、蕨类和种子植物。

(2)化能自养。

化能自养是指细菌获得自身营养的一种方式，细菌可以从外界化合物的氧化作用中获得能量进行生物合成，例如，将亚铁化合物氧化成铁化合物的铁细菌，最为典型的是硝化细菌。

> 硝化细菌能够氧化无机氮化合物，从中获取能量，从而把CO_2合成为有机物，合成有机物的过程如下：
>
> $2NH_3+3O_2$——$2HNO_2+2H_2O$+能量
>
> $2HNO_2+O_2$——$2HNO_3$+能量
>
> $6CO_2+6H_2O$——$C_6H_{12}O_6+6O_2$
>
> 这些反应包括氨氧化为亚硝酸盐，或亚硝酸盐氧化成硝酸盐，最终可以借助释放的能量生成糖。化能自养生物作为初生产者的一部分非常重要，其活动最终供给异养生物所需的能量和碳素。

化能自养生物又分为化能无机营养生物和化能有机营养生物，前者所利用的电子供体为无机物，后者为有机物，共同的特点是这一化学暗反应而获得能量的过程都需要有O_2的参与。从上述化学反应方程式可以看出，化能自养的能量转换过程是一个始于好氧和终于放氧的有氧参与的过程。

上述分析表明，在生命起点上将能量转化为糖的过程中，O_2扮演了三种角色：无氧型的光合作用，放氧型的光合作用；先投入O_2后产出O_2的化学反应过程。经历了近40亿年生命历程的检验，这三种转换能量的模式具有和地球的环境、资源相匹配的演化优势，它们都聚焦在一个共同点上，这就是能最有效地将能量转换成糖。如前所述，物理学家萨拉姆和我国科学家王文清证明了"L糖能态高于D糖"。就核糖核酸(RNA)和脱氧核糖核酸(DNA)分子对基因所扮演的编码角色来看，L型和D型应该是一样的，但是构成两种分子所需要的能量却不一样。

糖类是生命活动的主要能源，大约占所需能源的70%以上。于是，在生命树的起点上，四种生物所作出的第一个重大选择是共同的——D糖。人们不知道地球上是否曾经有过L糖的生命组织，但即使有也会被淘汰，因为生产L糖的成本高于D糖，在生命的起点上L糖就出局了。

13.3 动、植物的进化优势

13.3.1 光合作用

生物界制造D糖的模式有三种：无氧光合自养、放氧光合自养和有氧参与的化能自养。三者最大的差别是：真核生物的放氧光合作用只发生在特殊的细胞器叶绿体中(高等植物中的分生组织细胞缺少叶绿体，但具有功能类似的前质体)，而原核生物的光合作用和化能自养两种模式大都是发生在细胞的质膜上(少数例外，如蓝藻)。栩栩如生的植物世界告诉我们，尽管三种模式都是制造同一能级的D糖，但是在获取能量的源头——光子的能量上，叶绿体独占鳌头。

地球表面的能量有三个来源：太阳、火山和地球形成时的化学能。这三种能量中，火山的能量是不稳定的，而地表面化合物的化学能的生物转化也需要光照形成的温度条件，所以原始生物的能量来源最主要的还是阳光。阳光是稳定的、定向的能量来源，而叶绿体就是捕获光子、转换光能最有效的细胞器。

由光能转换成生物能(糖)的第一步是光电效应。光电效应是赫兹于1887年发现的。爱因斯坦第一个成功地解释了光电效应，即金属表面在光辐照作用下发射电子的效应，发射出来的电子叫作光电子，并因此而获得1921年诺贝尔物理学奖。光电效应又称为光生伏特效应。生物界自身就是“光伏产业的鼻祖”，所有的叶绿体都在履行着这一职责：时刻不停地将光能转换成电能——这是在量子层面上的生物体的“供电作业”。

叶绿素按照吸收光波波长的范围而有所区分，典型的有：叶绿素a，最大吸收波长为420～663nm；叶绿素b，最大吸收波长为460～645nm；叶绿素c(含类胡萝卜素)，吸收紫色和蓝色光。

当一个光子被大约300个叶绿素分子所拦击，最终由一个叶绿素分子所捕获时，就有一个电子被激活，叶绿素分子释放了一个高能电子，完成了光能向电能的转换，这个过程是很快的，大概只有10^{-9}s——这就是生物的“光电效应”，也是从太阳能转换成生物化学能的第一步。为了实现碳还原，固定1个分子的CO_2，需要消耗8个光子，也就是说，大约需要2500个叶绿素构成光子的捕获域，才能完成1个分子的CO_2的碳还原。

实际上光合作用是一个建立在光子、电子基础之上的极其复杂的化学过程。真核生物的绿叶体是自养型生物独特的细胞器，它能够有效地捕获光子，转换能量，进而完成碳固定的化学反应。光合作用利用光能和CO_2合成糖，作为生物的结构分子和各种反应的能源。光合作用释放的O_2是好氧生物生存的基本条件，于是形成了地球上生物共生的生态循环。40亿年以来的生物进化史表明，太阳能是这一进化的原动力。每一摩尔红光(635nm)有 6.02×10^{23} 个光量子，含有大约 188.41kJ 的能量，相当于 60g 标准粉、50g 麦乳精、2 个鸡蛋、150g 大米饭所含有的能量……地球上的植物时时刻刻就是在做这一能量的转换工作，每年将大约 6×10^{14} kg 的 CO_2 转变成糖，同时释放出 4×10^{14} kg 的 O_2。

人类的生存和繁衍的最原始的动力，来自生命之初对糖所进行的一次选择：D 糖和光合作用。

13.3.2 蛋白质是生命活动的主角

蛋白质占细胞干重的 50%以上，是生物体结构、体型和各种生命活动包括意识和思维的主要载体，所以恩格斯说“生命是蛋白体的存在方式”。须知，这种存在是以消耗能量为前提的，不只是生命活动需要消耗能量，构成蛋白质的氨基酸也是靠消耗有机糖的化学能量形成的。前面我们已经讨论过，有机糖是靠光能和化学能转化形成的，而且选择了低能态的 D 糖分子机构。那么当 D 糖转化生成氨基酸的时候，是不是还会再作一次选择呢？因为氨基酸也有 L 型和 D 型分子，而且 L 型氨基酸分子较 D 型处于较低能级。

表 13.2 告诉我们，病毒和古核生物虽然和真核生物一样，也选择了 L 型氨基酸，但是病毒没有细胞结构，不能自养和独立生存；古核生物又是只能在细胞质膜上进行化能自养的生物，这种生存方式具有环境条件的局限性。因此，这两种生物和真核生物相比都不具有继续进化的优势，停留在原始的状态。此外，作为原核生物的细菌，选中了处于高能态的 D 型氨基酸，根据我们的粗略估算，氨基酸(D－L)型的能差在微观世界中与分子在重力场中的运动所需要消耗的能量是同一个数量级，所以氨基酸(D－L)型能差的作用对于生物进化就会有着重大的影响，细菌几十亿年以来仍然处在细菌的层次，失去了继续进化的优势，与 D 型氨基酸的选择不无关系。

真核生物在光合作用中，选中了 D 糖，因为在构成 D 糖分子时，所需转换的光能门槛低，这是其一；在氨基酸的合成中，又选中了处于低能态的 L 型，于是在由有机糖化学合成氨基酸时，又节省了糖的消耗，这是其二。这样，计及能量转换效益因素，表 13.1 解读为表 13.3。

表 13.3 告诉我们，第一种即 D 型核糖和 L 型氨基酸是最佳的组合，因为它在由能量主导的生命的循环中，实现了“易收入，少支出”的“最大效益法则”，构成了真核生物这一分支进化的基础和动力，进而创造了一个多姿多彩、

互动共生、良性循环的动植物世界。

当我们引用最大效益法则作为生物进化和物种创生的自然选择机制的时候，人们或许会质疑这种套用是否过于牵强附会。其实，最大效益法则是道道地地起源于宇宙的一个普适原理——最小作用量原理。

表 13.3　氨基酸和核糖 L—D 型组合的能量转换特性

序　号	核　糖	氨基酸	能量转换特性	
			形成核糖分子吸收的外部能量	形成氨基酸分子消耗的内部能量
1	D	L	门槛低	低
2	D	D	门槛低	高
3	L	L	门槛高	低
4	L	D	门槛高	高

13.4　生命的演化与最小作用量原理

在第 10 章我们已经提及过最小作用量原理，那么，生命活动是否也体现最小作用量原理呢？生命是在宇宙的演化中实现能量转换和存储的一种物质的运动形式。正是能量的转换，推动了无机小分子到生物大分子的化学结合，促成了在随机变异基础之上的淘汰与进化机制——这就是在生命诞生和生物进化过程中所体现的最小作用量原理，其作用量就是能量。按照这一原理，我们可以对表 13.2、表 13.3 作出合理的解释。

(1)优势和差异。

按照这一原理，表 13.3 的第一组搭配，即 D 型核糖和 L 型氨基酸(动、植物)，是作用量最小的选择。而第二组搭配，即 D 型核糖和 D 型氨基酸(细菌)，和第一组相比较是由生物分子随机变异的多向性所带来的，形成了生命起点上初始条件的差异。

(2)变异和起点。

每种变异都会带来新的起点和进化路径的选择。最小作用量原理是宇宙中的一个普适的原理，运用这一个原理有三个要素，这就是作用量、初始条件和边界条件，这也是求解一个数学物理方程所必需的。在生命起源和生物进化中同样也是如此，最小作用量原理引导所有的生物选择自己的生存和进化的策略，比如：

- 原核生物。细菌虽然是以高能态的 D 型氨基酸为其细胞壁的结构组织，但是由于和真核生物 L 型氨基酸有着配型的差异，这就会大大地提高细菌对真核生物的寄生能力。和真核生物相比，原核生物不具有最佳的进化优势，但是它们的生存策略是占有大跨度的生存机会。

- 病毒。病毒的寄生和细菌寄生有一个本质的差别，寄生于真核生物的病毒的氨基酸是 L 型，寄生于细菌的病毒的氨基酸是 D 型，其原因是病毒寄生的模式是侵入、融合宿主基因的自我复制机制。病毒核酸进入细胞后或者将病毒的遗传物质整合到宿主的基因组中，形成溶源性病毒，或是利用宿主的酶系进行复制和表达，最终利用宿主的氨基酸装配成病毒的蛋白质外壳，并将病毒的遗传物质包裹起来，形成成熟的病毒颗粒。D 型病毒针对原核生物，L 型病毒针对真核生物，这就是病毒针对宿主的异养型生存策略。

- 古细菌。古细菌是在相对封闭和极端环境下形成的，因而它们所依存的初始条件和边界条件几乎没有变化，所以对古细菌而言若干亿年以来也就是坚持自力更生，保持原样，这意味着最小作用量原理在古细菌身上自诞生以来就被冻结了。

- 细菌和病毒的变异。细菌的自养依靠自然环境，细菌和病毒的异养则依赖于宿主，二者构成了细菌和病毒生存的边界条件。边界条件的变化又会诱发细菌和病毒的变异，如抗生素会引发细菌的变异，形成超级细菌。2010 年，南亚发现的 NDM－1 就是典型的一例；病毒的基因会发生突变和重组，形成新的病毒，但仍然保持其侵入宿主的异养模式不变。超级细菌和新型病毒的不断出现表明，人类的药物干预和自然条件的加速变化，引发了微生物世界为了生存而发生的变化，但是这些变化不可能突破它们获取核糖的固有途径和对氨基酸手性所做出的选择，变异是可能的，但不是进化。

(3)生命演绎中的最小作用量原理。

生命是以能量为作用量的一个动态的演绎过程，几十亿年以来最小作用量原理每时每刻都在无形地导引着所有生物的生存和进化之路，它促使所有生物都会从当时自身的初始条件和外界条件（包括自然的和相互共生的条件）出发，走一条日臻完美的最佳路径。这就是为什么地球上现有的生物，都能进化成尽善尽美物种的缘故。

(4)人类。

人类的出现为地球上生命的诞生画上了一个完美的句号,自我意识的创生恰似唤醒了沉睡中的宇宙一起来发问:人和宇宙是否遵循着共同的自然原理和法则?宇宙的演化和人类的文明是不是有着一个共同的源头?

这样的问题,将在第14、第15章来探讨和回答。

第 14 章　神经细胞应运而生

人和宇宙是否遵循着共同的自然原理和法则？宇宙的演化和人类的文明是不是有着一个共同的源头？

我们可以提出这样的问题，但似乎很难回答。但恩格斯说："我们的主观的思维与客观的世界服从于同样的规律。"上述对"生命起源的谜中之谜"的演绎和阐述虽然是无法证明的，但还是讲述了一个道理，即生物进化的作用量是能量，自然选择的根据就是在一定初始条件和边界条件下的最小作用量原理，进而呈现了这样一个不争的事实：在生命的起点上，只有一种最原始的生命、一条路径进化成了人类。人类区别于所有生物的特征就是自我意识和建立在自我意识基础上的精神活动，而被恩格斯称为"物质自己在地球上的最高精华——思维着的精神"又恰恰是人类自己自古以来的一个谜，这个谜之所以难以破解，是因为思维着的精神存在于另外的一个世界里——颅脑的左旋世界中。

在通常的意义上，意识总是和神经细胞相关联的一种生命现象，而自我意识只是人类所独有的。正因为"独有"，就可以进行比较，采用和进化道路上的同路人对比的方法，看看究竟在哪些分叉的地方，一步步地促成了人类自我意识的创生。在探讨了"生命起源的谜中之谜"之后，我们会得到这样的一个解：在生命起源的历程中，蕴含着大自然的法则所决定的创生和选择机制，从而带来了一个由动物、植物、细菌、古细菌和病毒组成的一个多元化共生的生物世界。

前面三篇讲述了人类的认知原理，对人类自我意识的形成，已经多少有所涉及，但是欠缺一条明确的意识进化路线图。这个路线图应该聚焦在生物进化中的两个阶段：

①什么样的机制，促成了神经细胞的诞生？

②什么样的机制，促成了脑的自然进化和自我意识的创生？

这两个问题，将在第 14、第 15、第 16 章中进行讨论。

14.1　自然选择与自然创生

人们对达尔文的自然选择学说，除去崇敬以外，但也存在着某种程度的曲解，表现为两种倾向："唯自然选择说"和"超自然选择的创生说"。

唯自然选择说的特点是不去探求生物进化的自然机制，也就是说，不是将自然是如何进行选择的放在第一位，而是把适应环境的竞争机制完全等同于生物自然进化的机理，把催生生命和意识出现的宇宙法则归结为一句话："自然选择"法则和选择是两个概念，唯自然选择说是对宇宙法则导引自然创生的一个弱化的表达。

超自然选择的创生说实际上是反对进化论，相信生物世界来自超自然的突变和创生，对进化论的诘问就是要求对生物进化的每一步，乃至每一碎步都要能找出化石的证据，实际上软组织的进化是很难找到化石证据的。

这两种认知都偏离了达尔文的原意。达尔文在《物种起源》一书的第15章"综述和结论"中写了一段令后人深思的话：[49]

> 这里我已经将有关事实和论据作了一番综述，因而我坚信物种在悠久的演化中曾经发生了变化。它主要通过对无数微小连续且有益变异的自然选择作用而实现，并且借助于生物体部分器官的使用和废弃这一重要手段，再者还有一种不大重要的手段，即外在环境条件对过去或现在的适应性构造的直接影响，以及目前尚不明了的自发性变异作用的影响。以前我似乎低估了自然选择作用之外的也能导致生物永久变形的这种自发变异的频度和价值。对于我的结论，目前多有误解，有人说我将物种的变异完全归因于自然选择，对此情况让我作一项声明。在本书的第一版，以及随后各版中，曾经在最显著、最醒目的位置，即"绪论"的结尾处，印着如下的一段话："我坚信自然选择是物种变异的最主要，但并非唯一的手段。"可是这句话并未引起注意。误解的力量真大，但值得庆幸的是科学史上这种力量绝不会延续很长。

达尔文这"并非唯一"的保留和对后人的提醒，恰恰给人们留下了如何去揭示生物进化中的创生原理，也就是说，生物进化应该包含两个因素：自然选择和自然创生。从某种意义上说，创生是第一性的，选择是第二性的，没有创生，就没有选择。自然选择的法则通常都解释为优胜劣汰的竞争机制，这种机制更多的是和生物密切接触的小环境相关，比如动物的保护色、皮毛的厚薄等。自然创生的动力则来源于日、月、地三体运动中的重力场和电磁场的综合效应，以及在地球这样一个大环境下的微观世界里发生的各种自然的趋势，宇宙的普适法则导引着地球上的这一自然的演化和创生的过程，其结果形成了地球上生物世界的两大分野：没有神经细胞的植物世界和有神经细胞的动物世界，而神经细胞出现的地质年代是显生宙时代（图 14.1）。

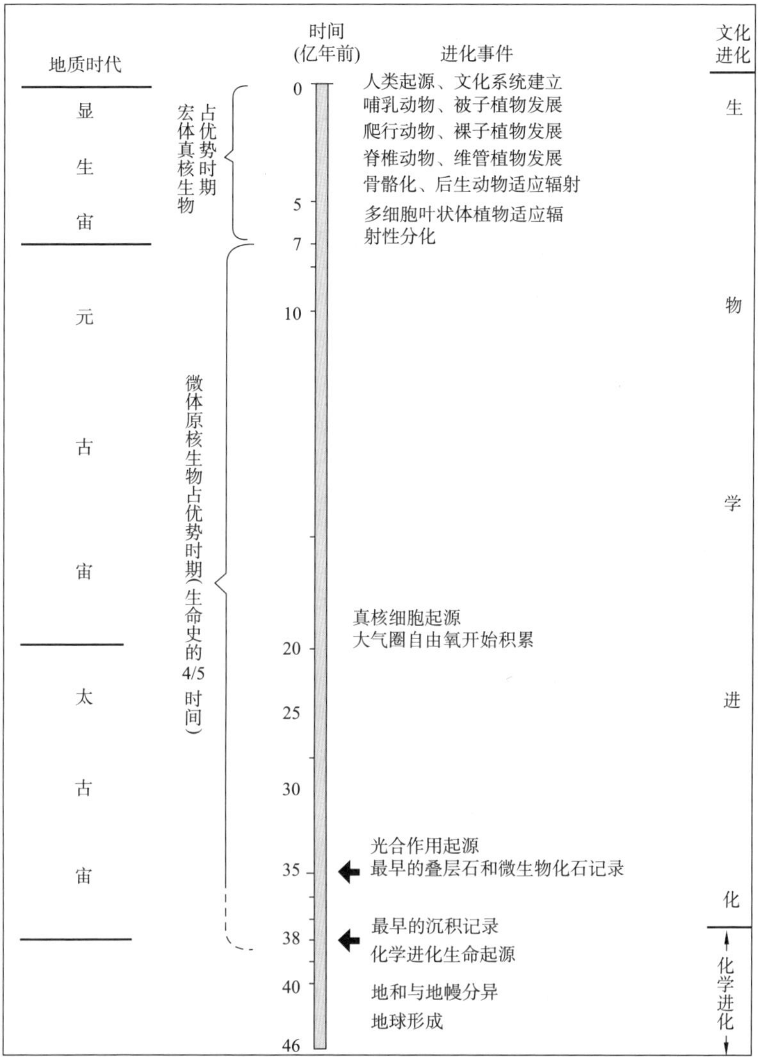

图 14.1　地质年代及生命史的划分[50]

地球上的生命史大概有 35 亿年，在大约前 4/5 的时间里，单细胞的原核生物占据优势，虽然它们和神经细胞无缘，但是凭借生存的优势，一直延续至今。

真核生物出现较晚，大约要比原核生物晚10亿年。正如前面所说，由于真核生物选择了L型氨基酸和D型核糖的组合，并且赶上了地球大气圈自由氧的积累，因此建立在真核细胞基础上的各个生物的分支的进化速度大为加快。地球上新生的生物圈在度过了漫长的30亿年原核生物的统治时期以后，在5.5亿～6.5亿年以前迎来了多细胞真核生物兴起的寒武纪生命大爆发——一个宏观的后生动植物多样化的时代。

生物进化中的重要一环就是单细胞如何向多细胞过渡，也就是说宏观的后生动植物是怎样实现细胞的集群化和建立集群化细胞的功能优势。细胞从单细胞到多细胞的集群化的进化策略在原核细胞和真核细胞中都发生过，但是真核细胞以植物和动物的两种不同的方式取得了成功，从已有的古生物学的资料来看，有三条细胞集群化的创生道路：

①单细胞生物的“极性集群”。

②植物的“泛对称”结构和基因遗传的“四向特性”——向光性、向重力性、向水性和向营养性。

③动物的左右对称结构和神经细胞的调控功能。

这三条进化道路虽然也是概率事件，但在地球这样的环境条件下，就变成了必然事件，这就形成了当今地球上存在的宏观的生物世界。

14.2 单细胞生物的极性集群

14.2.1 浮游生物的对称与力学特性

生命诞生于海洋。藻类是地球上最早的生物，现已发现32亿年前的化石中就有藻类存在。藻类都含有叶绿素，能利用阳光进行光合作用，因此藻类是食物链中最基层的自养生物，也是完全自助型的海洋生物。海洋中的藻类有底栖的和浮游的两大类，这里先讨论浮游藻类，因为就其体形和在水中的运动而言，它们也是属于最基本的一类，如球形藻类(图14.2)和太阳漂流藻(图14.3)。[51]

衣藻是单细胞的绿藻，多呈卵形或球形，顶端有两条等长的鞭毛，能运动。小球藻则是球形的绿藻，无鞭毛。团藻是绿藻中常见的可运动的多细胞集群体，一个团藻可以由几百个到几万个细胞组成，具有鞭毛，可以游动。考古学发现，早在 6 亿多年以前的水域中，就有球形的团藻存在，直径为 1～2mm。衣藻、图藻又可以视为原生动物，因为它们生有鞭毛，能运动。但是又有叶绿体，能进行光合作用，是自养型生物，所以又称为植鞭毛虫，它和动鞭毛虫形成了进化中天然的对应关系。球形的藻类，重心就在中心，力学上可以作为球对称体（中心对称）来对待（图 14.2.d），在海洋中浮力的中心与重心重合，因此球形藻类就自然地处于无特殊方向性的随遇平衡的漂浮状态。团藻虽然是多细胞集群体，但是没有形成方向性的差异——这种差异被称为集群细胞的极性（图 14.4 蓝菌集群的极性）。

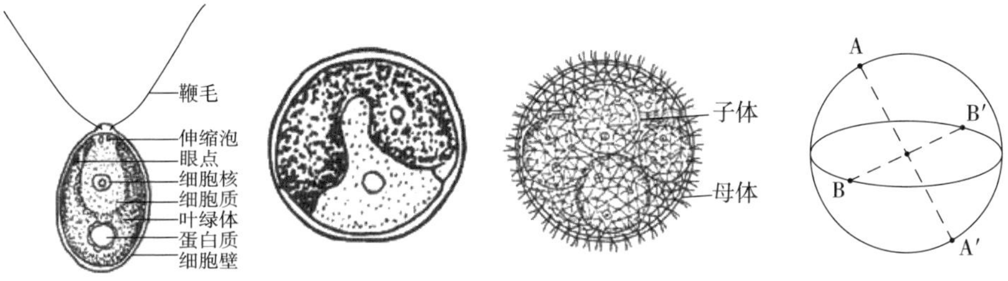

(a)衣藻　(b)小球藻　(c)团藻　(d)球对称图示

图 14.2　球形藻类

同是浮游生物的太阳漂流藻则有所不同，如图 14.3 所示的两种：轮形和环形。共同的特点是如图 14.3(c)所示，形状都是一个轴对称的圆盘。圆盘在海水中颇像太阳，日出起伏，日落漂流，漂流区极广。太阳漂流藻相对于球形藻类是一种进化，这种进化使其在相同体积的情况下，具有了轴对称的定向能力，从而提高了光合作用的最大面积效应。

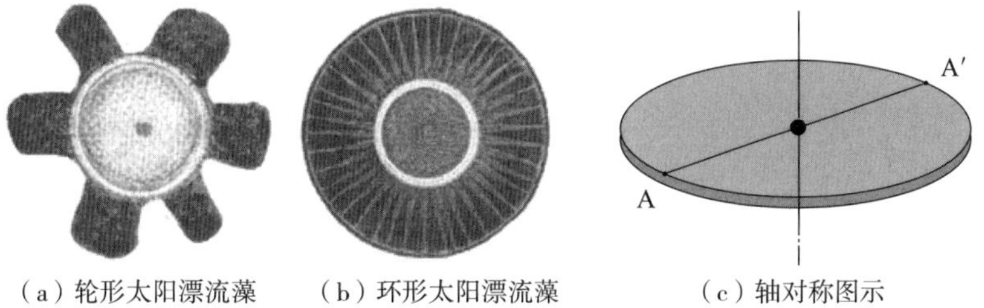

（a）轮形太阳漂流藻　（b）环形太阳漂流藻　（c）轴对称图示

图 14.3　太阳漂流藻

细胞质膜组成完整的环形翼面，在水中营漂流生活。

14.2.2 多细胞的集群效应

单细胞生物,为什么有一些会变成多细胞生物,这表明多细胞生物具有另一种生存的优势,即使处于最原始的原核生物也不例外。而这一步是从细胞的集群化开始的,试以蓝菌为例。

蓝菌是最古老的一种藻类,是能进行光合作用放氧的原核生物。当同一类的蓝细菌由于亲缘关系而彼此靠近集聚的时候,就面临着细胞之间的作用力和重力的合成与平衡的问题,这有如在杂技表演中的叠罗汉一样,所要面对的是最终形成了重力场中细胞集群的极性效应。张昀教授在《生物进化》中有所研究,写道[50]:

> 元古宙的蓝菌化石在形态上有两种类型:一种是单个细胞的形式,分散或者无规则的随机聚集;另一种形式是多个细胞大致有规律地排列或聚集成细胞集群。某些底栖蓝菌能形成复杂的内部有一定程度的形态、功能分化的细胞集群。例如,中国长城群的蓝菌化石始蓝枝藻在叠层石的层面上形成有明显形态分化的细胞集群,集群的上部匍匐生长于叠层石层面上(称为匍匐部);集群的下部是向下穿过叠层石层垂直生长的丝体(称为填主部);匍匐部又有营养细胞和生殖细胞的分化。(图 14.4)

图 14.4 展示了原核生物多细胞集群时的三个效应:

①对称性:从非极性集群开始呈现球对称和轴对称。

②极性:重力场和阳光引起的上、下之分,即向重力性和向光性。

③细胞的功能分化:营养细胞和功能细胞。

这种原核生物从单细胞到多细胞的集群效应,一直延续表现在今日海洋的藻类身上。海洋藻类多数为单细胞个体,如呈球形对称的衣藻、小球藻和呈轴对称的太阳漂流藻(图 14.2、图 14.3);但也有一些是多细胞群体(如图 14.2 的团藻)或叶状体。叶状体虽然是植物,但没有真正意义上的根、茎、叶器官分化。海藻的根只起到固着的作用,没有吸收水分和养料的功能,因此常被称作假根。海藻的茎不输送养分,叶片也没有叶脉,海藻也从来不开花、不授粉、不结果,通过体细胞直接转变成生殖细胞孢子的方式进行繁殖。生长在浅海的藻类更需要的是重力方向的拉力,如我们最熟悉的营养丰富的海带,柄端有着极为发达的假根,可牢牢地固着在岩礁或养殖的棕绳上(图 14.5)。

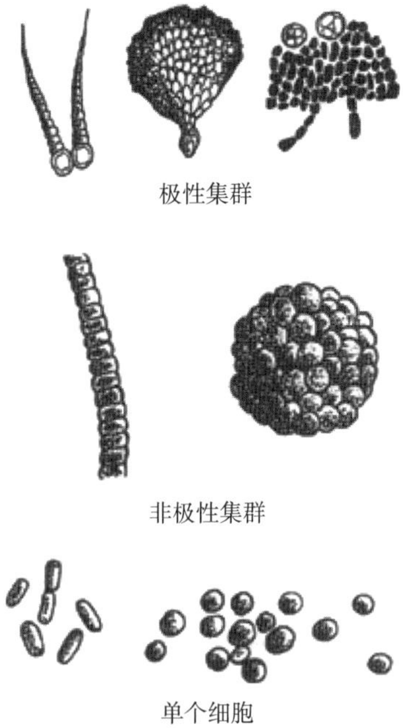

由单个细胞（下排）到非极性集群（中排），发展到有两极（上部与下部）分化的极性集群(上排左、中)，以及有生殖细胞(左)和营养细胞(右)分化的极性集群(上排右)。

图 14.4　元古宙蓝菌的多细胞化趋势[50]

海带是一种大型海藻，海带属有 50 余种。普通型的海带，叶片棕褐色，成体一般长 2~3m，叶宽达 20~30cm，中带部厚可达 3~5mm，直接与柄(茎)部相连。柄端为发达的假根，可牢牢地固着在岩礁或棕绳上。

图 14.5　海带[51]

于是，我们看到了生物进化中的一个最基本的力学现象，这就是由单细胞向多细胞集群化过程中的三个效应，以及和这三个效应相关的三个因素，即地球的重力、太阳的电磁力和海洋的生态环境的动力。这三个因素从根本上来说变化不大，因此藻类的形态和生存方式在近 20 亿年的时间里也没有大的变化而一直延续至今，成为地球上一大类稳定的生命形态——它们不需要神经细胞。

14.3　植物的优势和细胞的分化

14.3.1　植物进化的巅峰——被子植物

生命起源于大海。36 亿年以前远古海洋中的单细胞的植鞭毛虫和动鞭毛虫是地球上最早的生命,两者的差别在于植鞭毛虫有叶绿体,可以进行光合作用,是漂流于海洋的自养型生物;动鞭毛虫通过食物泡来摄取食物,是可以利用鞭毛进行运动的异养型生物。二者同样都能运动,但代表了地球上动、植物的分野倾向,植物是光合作用自养型的生物,动物是异养型生物。因为植鞭毛虫和动鞭毛虫都是单细胞的真核生物,在演化中也就永远停留在了原来的单细胞水平上。

后生动物和后生植物的第一次适应辐射发生在元古宙末到显生宙初这一段时间(5.5 亿—6.5 亿年前),这是生命史上由单细胞生命向多细胞复杂生命的转变,也是生命从微观形态向宏观形态的进化。多细胞生物的特点是细胞的功能分化、组织器官的形成和物种的分异和进化的多样性。

大约在 4 亿年以前,蕨类和裸子植物在陆地上出现,建立了陆地的生态系统。从蕨类植物开始,孢子体内有了微观组织的分化,在形态上有了真正的根、茎、叶和裸子植物、被子植物一起被称为维管植物。在最近的这 4 亿年里,三类植物先后处于地球上的繁盛时期:蕨类植物最早,在 1.6 亿年;裸子植物中期,在 1.4 亿年;被子植物属于近期,在 1 亿年。4 亿年以来,维管植物——一个宏观的植物世界构成地球生态系统,构成了物质循环和能量流中的一个极其重要的组成部分。

人们似乎还是不能说清楚由单细胞的真核生物是怎样在第一次的适应辐射时转变成多细胞的植物的,但是我们还是可以从植物的进化系列中,解读进化的自然原理。被子植物是植物进化的巅峰,我们将以被子植物为例,分析一下:从宏观上来看,一棵高大的树木相比于一个自养型的植鞭毛虫,它会面临什么样的问题需要解决?这些解决了的问题又是怎样变成基因保留下来的?

14.3.2 植物的进化标志

自从 4 亿年以前植物登陆以后,得到了一个固着于土壤进行生存、繁衍的机遇,从而开启了一条新的进化的道路。这条道路的象征就是:向重力性、向光性、向水性、向营养性和多细胞结构的种子的繁殖。这里仅就向重力性和多细胞结构的种子的繁殖作较为详细的论述,也作为植物登陆以后对重力场进行适应性进化的代表。

高等植物远看都是以树干为中心的轴对称分布,但近看时和几何图形中的轴对称分布又不完全相同,我们将这种对称形的根系和枝叶结构称为“泛对称”，其来源是地球引力分布的引导作用。越是高大的参天大树，越是笔直向上，如水杉(图 14.6)。水杉原生于 1 亿多年前的白垩纪，有“活化石”之称，成材可高达 40m。如此高大的树，倘若有所倾斜，会对根部产生很大的倾倒力矩，因此树干一定要保持笔直向上的生长方向和坚硬的木质。树木保持和重力场一致的笔直向上的生长方向是由植物的基因所决定的，这体现在从种子生根发芽到生长发育直至结出新的种子的循环中(图 14.7～图 14.9)。

图 14.6　水杉树干笔直向上

图 14.7 表明，胚轴记忆着重力场的方向，这在种子萌发形成幼苗的过程中会表现出来。这又分为两种情况，即子叶出土的幼苗和子叶留土的幼苗。前者在种子萌发时下胚轴迅速伸长，将上胚轴和胚芽一起推出土面，结果子叶出土，如棉花、菜豆；后者在种子萌发时，上胚轴伸长，而下胚轴则不伸长，结果是子叶仍留在土壤中，如玉米、蚕豆。种子萌发时，胚轴的伸长决定了植株的主轴。种子植物的第一个根，由种子中的胚根发

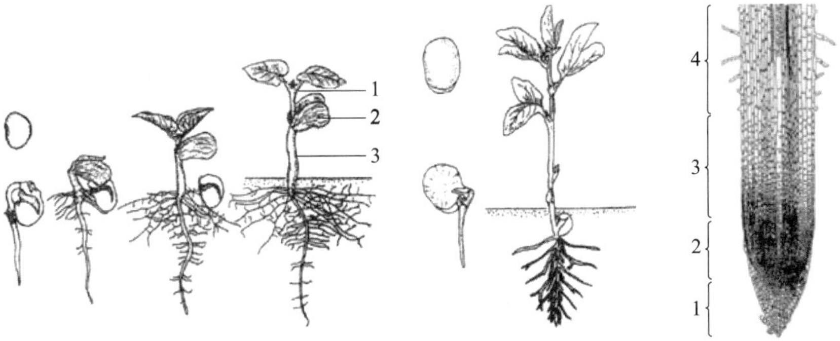

(a)菜豆　　(b)蚕豆　　(c)根尖纵切

图 14.7　幼苗与根尖[48]

(a)子叶出土的幼苗(b)子叶留土的幼苗：1——上胚轴；2——子叶；3——下胚轴。

(c)根尖纵切：1——根冠；2——分生区；3——伸长区；4——成熟区。

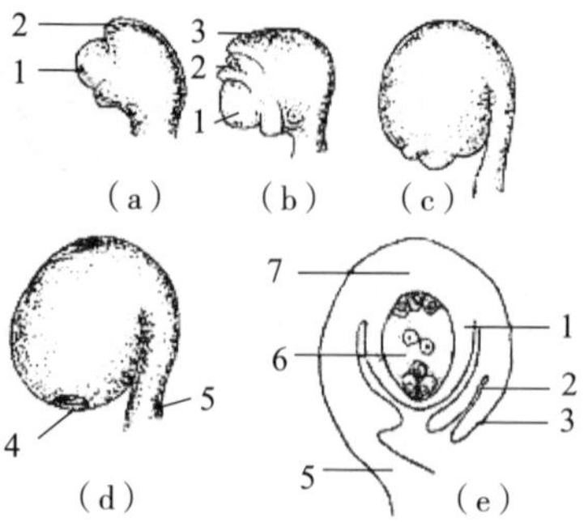

图 14.8 胚珠的结构与发育[48]

(a)～(d)胚珠的发育过程;(e)胚珠的内部结构。

珠心;2——内珠被;3——外珠被;4——珠孔;5——珠柄;6——成熟胚囊;7——合点。

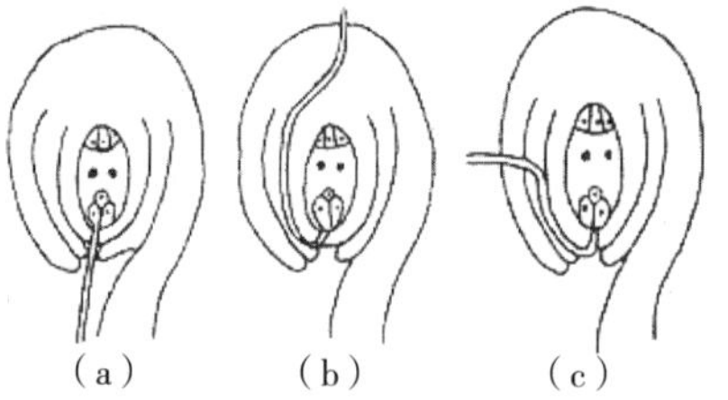

图 14.9 花粉管进入胚珠的方式[48]

(a)珠孔进入;(b)合点进入;(c)中部进入。

育形成,它的源头是第一次卵裂时下面的基细胞(图 14.10),称为主根或初生根,主根垂直于地面向下生长。从根的尖端到生根毛的部分叫作根尖,它是根伸长生长、分枝和吸收活动的最重要部分。根尖可分为四个部分:根冠、分生区、伸长区和成熟区(图 14.7.c)

根冠位于根尖的最前端,套在分生区外面起保护作用。根冠可以感知重力,参与控制根的向地性反应。研究表明根冠中央细胞中的淀粉粒,会起到“平衡石”的作用,在自然情况下,根垂直向下生长,平衡石向下沉积在细胞的下部,水平放置后的根冠中的平衡石受重力影响会改变在细胞中的位置,向下沉积,这种刺激引起了生长的变化,根尖细胞一侧生长较快,使根尖发生弯曲,从而引导根正常向地生长。

这种植物对地心引力的定向生长反应,称为向重力性。与地球的重力场相对应的是,根具有正向重力性,茎具有负向重力性,叶和某些植物的地下茎还具有横向重力性。此外，对植物根、茎的生长测试还表明，生长素的不均匀分布会引起组织的不对称的生长，由于钙的原子量比碳、氢、氧、氮、硫、磷都大，也就成了体现重力作用的最好代表，钙离子使植物细胞具有极性，调控着植物的生长、发育，使整个植株与重力场相协调，构成了植物以主轴为中心的泛对称的株型。向重力性是植物登陆以后进化出来的一个重要的特性，它也体现在胚的受精（图 14.8、图 14.9）和发育过程中（图 14.10）。

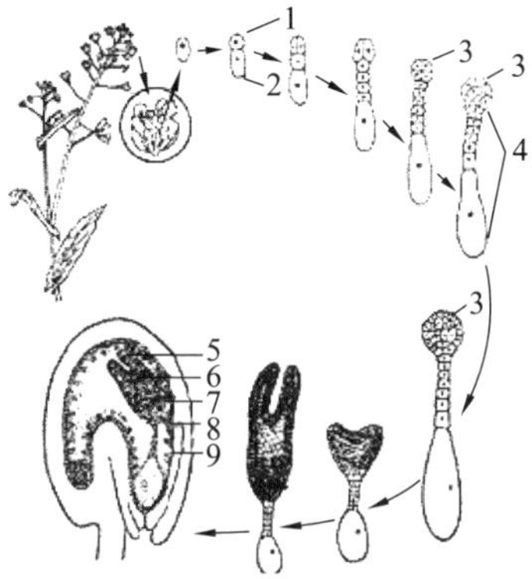

图 14.10　荠菜胚的发育[52]

1——顶细胞；2——基细胞；3——球状胚体；4——胚柄；

5——子叶；6——胚芽；7——胚轴；8——胚根；9——胚乳。

雄蕊是被子植物的雄性生殖器官，胚珠是被子植物的雌性生殖器官（图 14.8）。图 14.9 表明花粉管进入胚珠的途径有三种，但最终还是在正对珠孔处进入胚囊，进行受精，这是由和钙有关的一种向化性的物质引导的结果。这也说明卵的胚囊结构是有极性的，以珠孔为标记。在绝大多数情况下，珠孔在成熟胚囊的正下方，与雌配子的卵轴在一条垂直线上，珠孔代表成熟胚囊的极性方向，即卵的植物极方向，它记忆着地球的重力场。

这种记忆在胚的发育过程中，继续表现出来（图 14.10）。以荠菜为例，荠菜的受精卵的第一次分裂是横裂（动物是纵裂）。形成两个细胞，其中接近珠孔端的大细胞叫作基细胞，有明显的大液泡。合点端的细胞称顶细胞，细胞小，原生质浓厚，液泡小而少，富含核糖体。顶细胞经过三次分裂，形成 8 个细胞，又分成两层形成了球状胚体。基细胞经过几次分裂，形成一行细胞，构成胚柄。胚柄下端是一个大型泡状细胞，它从周围吸取营养物质，供胚体发育。球状胚体继续发育，形成两片子叶和中间的胚芽。胚体基部细胞来自胚柄基细胞，这些细胞在胚的发育过程中形成胚根。胚芽和胚根之间的细胞形成胚轴，这就是植物的主体轴。子叶、胚芽、胚轴和胚根这四部分构成了胚，最终胚珠发育成种子，子房发育成果实，在被子植物中，果实包裹种子。胚轴记忆着重力场的方向，实现了植物"向重力性"的循环。

这样，多细胞植物的个体发育就是从受精卵开始的，植物的生长则从种子开始。在个体的发育、生长过程中，具有相同来源的细胞的分裂、生长与分化形成的细胞群称为植物的组织；由不同的组织按一定的规律就构成了种子植物的六大器官：根、茎、叶、花、果实和种子。组织和器官的形态、机理都记录在种子的基因里。

被子植物的基因是在4亿年的进化历程中形成的，我们之所以比较详细地讨论"向重力性和多细胞结构的种子繁殖"这样一个命题，是因为这个命题包含了两方面：一是植物形成了适应重力的各种组织和器官，并且用基因的形式记录下来；二是地球上的重力在4亿年的时间内是一个垂直于地面的恒定量，它对于植物起到了一个自然选择的权重导向作用，因为生物"具有进化功能的基因"【50】。

> 具有进化功能的基因流动的、动态的基因组和它内部的自我机制、自我组织的复制机制，本身就具有促进进化功能。基因的内部"加工"，基因表达的内部控制，基因的内部转移（流动），这些都是生物内部的非随机过程。
>
> 有人将某些具有复杂的自我控制机制的基因称为"具有进化功能的基因"(campbell。1985)，例如转座子(transposons)。细菌的某些重要的基因被组织在叫作转座子的复杂的特殊结构之中。这种转座子不仅能自我控制其表达，而且能通过自身的控制结构而准确地转移自己的位置。例如，大肠杆菌Tn3抗青霉素基因转座子是由一个β^-内酰胺酶基因的DNA序列（β^-内酰胺酶可水解青霉素）、一个转座酶基因序列、一个转座酶基因抑制蛋白基因序列（该蛋白可抑制转座酶基因表达）和两个逆重复序列（靶点）组成。转座酶可以把两个靶点所标记的结构单位（抗青霉素基因转座子）转移到另一个位置（图14.11）。
>
> 转座子是细菌进化的重要因子，它们可搭载在较大的细胞结构（如质粒）上，从一个细胞转移到另一个细胞，甚至从一个物种转移到

另一个物种。细菌可以通过捕获转座子而快速地获得一种新的适应功能。转座子在真核生物中也普遍存在，据说它们与遗传重组和物种的形成有关。

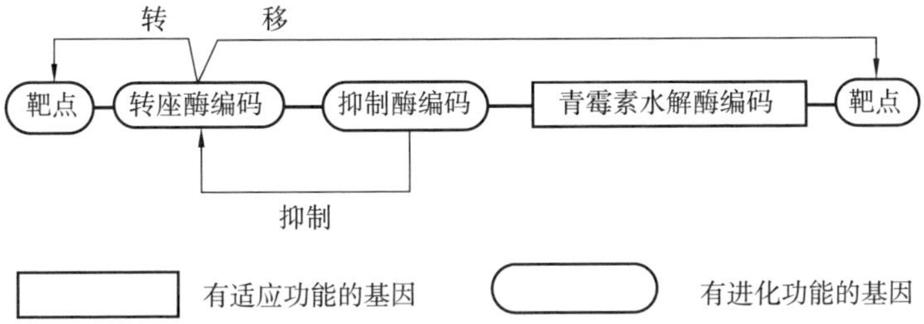

图 14.11　大肠杆菌 Tn3 抗青霉素基因转座子结构图

它由两个靶点、一个转座酶基因序列、一个转座酶基因抑制蛋白基因序列以及青霉素水解酶(β-内酰胺酶)基因序列构成。青霉素不解酶基因是具有当前适应功能的基因，而其他的结构单元并没有当前的适应功能，但由于转座酶可以把两个靶点所标记的部分转移到另一位置，因此，转座基因序列及控制转座酶基因表达的抑制蛋白酶基因序列和靶点是具有进化功能的。(根据 Campbell，1985，改绘)

如此看来，植物在登陆以后的 4 亿年时间里，经历了苔藓植物、蕨类植物、裸子植物直至被子植物的不同阶段，一层繁荣茂盛的绿色植被保护着地球这蓝色的星球。地球不需要植被去迁徙，植被按照地球上四季轮换的阳光照耀来分布。植物和动物之间的互补共生让地球成为一颗栩栩如生的宇宙明星。

从微生物世界的藻类到高耸入云的参天大树这一全覆盖的植物世界表明，进化是尽善尽美的一种自然选择，基因记载了所有植物的生存和繁衍的信息。尽管植物和动物都同属于真核细胞，但是有两个最明显的差别：

第一，植物受精卵的第一次分裂是上下二分法的横裂，有一个从胚轴到树干的主体轴，株型为泛对称结构；动物受精卵的第一次分裂则是左右二分法的纵裂，最终形成左右对称的体型。

第二，植物营固着生存，在一个地方生根发芽以后，就不会产生整体的位置运动，但在生长过程中对外界环境的刺激，有着自适应的“利好”的生长趋向，如向重力性、向光性、向水性和向营养性，这种生长趋向是由植物的生长素来进行调节控制的。由于机械刺激而引起的植物运动称为感震运动，这种运动和动物肢体受神经支配的运动不同，虽然它也是由基因所决定的，但是植物没有神经元。植物的株型不适合运动，植物也不需要神经元。

14.4 动物神经细胞的诞生

14.4.1 原生动物的运动

现在一般把原生动物从动物界中分出来，与某些藻类一起归入原生生物界。图14.2的衣藻就是典型的植鞭毛虫，而图14.12(b)的扁眼虫则是一种异养的眼虫样的植鞭毛虫。(a)图则显示了种类繁多的原生动物，(c)、(d)、(e)是原生动物运动的示意图。原生动物是单细胞的真核生物，个体尺寸2～3μm不等。许多原生动物的结构也很复杂，适应以一个细胞完成全部生命机能的需要，并且具有类似动物的基本特征：

一是大多数原生动物营异养生活，通过食物泡吸取食物；

二是利用伪足、纤毛或鞭毛运动，原生动物通常兼有无性生殖和有性生殖两种方式。

在显微镜下观察，原生动物有纺锤形、球形、喇叭形、椭圆形、草履形等(图14.12.a)。原生动物中的植鞭毛虫，如眼虫，身体前端生有一根长长的主鞭毛和一根短的次鞭毛，通常从长鞭毛的基部至顶端，有起伏的波在搏动，鞭毛的运动会形成向前的推动力(图14.12.c)。我们通常所说的阿米巴痢疾的痢疾变形虫，其细胞质能在细胞表面突起形成伪足，伪足的功能，可以运动、卷进食物或附着在底物上，但始终拉住细胞和机体，伪足内面有流动的内质和较稠的外质的流动和补充而向前运动(图14.12.e)

原生动物运动的共同特点是非肌肉的运动，由鞭毛和纤毛的运动产生的单细胞的动力，对于动物世界有着重要的意义。在原生动物与几乎所有的动物中都可以见到鞭毛和纤毛，虽然在线虫与节肢动物中找不到能运动的纤毛，但节肢动物感觉细胞上的突起是变化了的纤毛。

真核生物的纤毛和鞭毛的结构和功能现在已经了解得比较清楚。纤毛和鞭毛都是某些细胞表面的特化结构，具有运动功能的鞭毛和纤毛在大小、数量和运动方式等方面都是不同的。鞭毛的长度可达150μm，数量较少，呈波浪式摆动；纤毛较短，长度5～10μm，运动方式复杂而不具规则。

真核生物的纤毛和鞭毛有着几近共同的统一结构和运动机制，细胞生物学对此有着详尽的描述[38]：

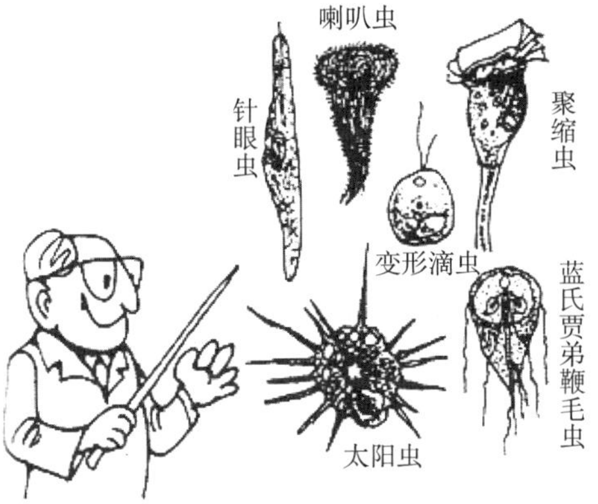

(a)种类繁多的原生动物[53]

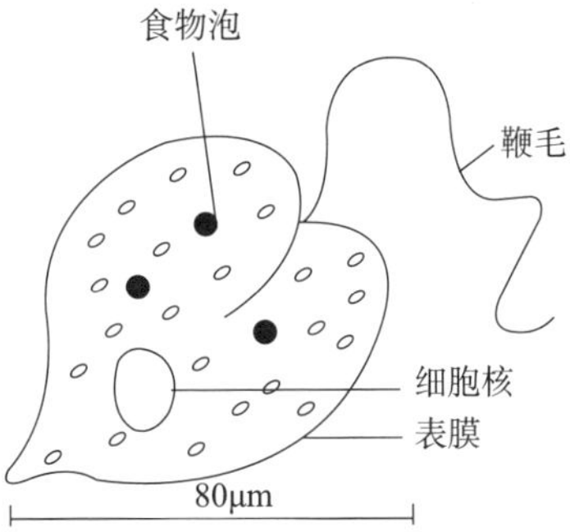

(b)扁眼虫(Phacus)，一种异养的眼虫样植鞭毛虫

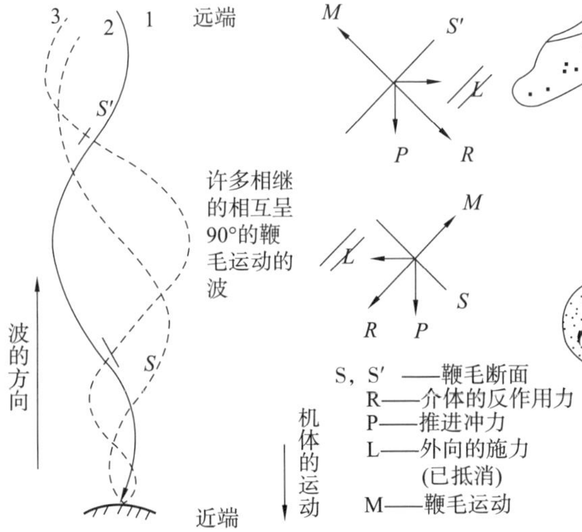

(c)鞭毛的运动

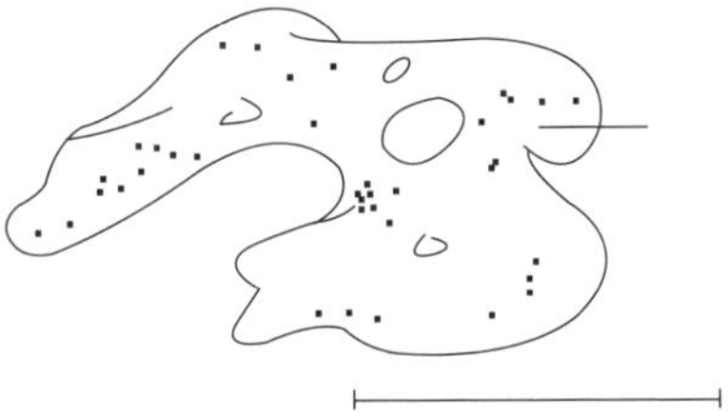

(d)内变形虫(Entamoeba)

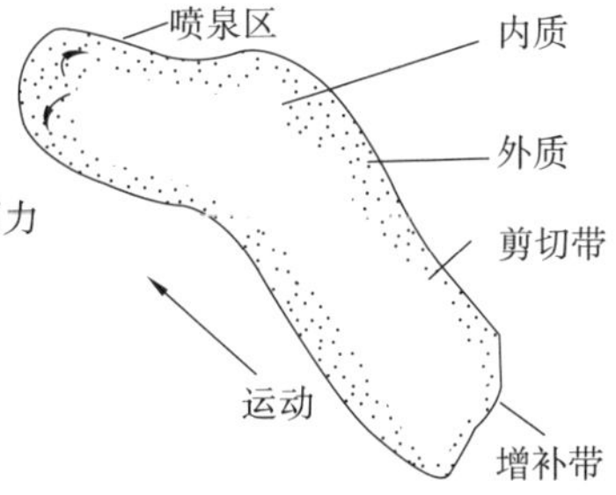

(e)伪足的运动

图 14.12　原生动物与运动模式[3]

纤毛和鞭毛的结构

纤毛和鞭毛都含有一个规则排列的由微管相互连接形成的骨架，称为轴丝……轴丝的外面由膜包裹。组成轴丝的微管呈规律性

排列，即9组二联管在周围成等距离排列成一圈，中央有两根单个的微管，称为“9+2”的微管形式。中央的两个微管之间有细丝相连，外包有中央鞘。周围的9组二联管，近中央的一根称为A管，另一条为B管(图14.13)

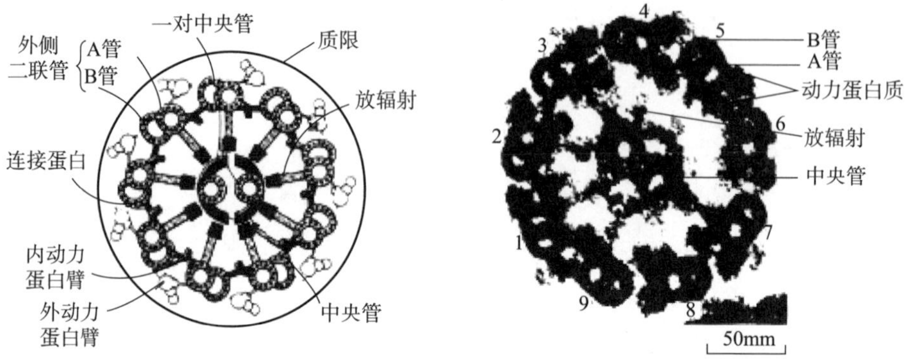

(a)鞭毛微管排列模式图　　(a)鞭毛的电镜照片

图14.13　典型的真核细胞的纤毛或鞭毛结构的组成图

纤毛和鞭毛的运动机制:微管滑动模型

纤毛和鞭毛的运动是一种简单的弯曲，这种弯曲是由轴丝中微管动力臂引起微管的滑动所致，微管滑动模型是关于纤毛和鞭毛运动机制的最好解释。这一模型的主要内容是:纤毛和鞭毛的动力蛋白头部与相邻二联管的B微管接触，促进同动力蛋白结合的ATP水解，并释放ADP和Pi;由于ATP水解，改变了A微管动力蛋白头部的构象，促使头部朝向相邻二联管的正极滑动，使相邻二联管之间产生弯曲力;新的ATP结合，促使动力蛋白头部与相邻B微管脱离;ATP水解，使动力蛋白头部的角度复原;带有水解产物的动力蛋白头部与相邻二联管的B微管上的另一位点结合，开始下一个循环(图14.14)。

图14.13还给了我们两点重要的启示:

①纤毛和鞭毛“9+2”的微管形式既代表了运动中的左右的对称性，又代表了上下的不对称性;

②鞭毛微管的排列参照图13.2.a应该是顺时针的方向，这和组成蛋白质

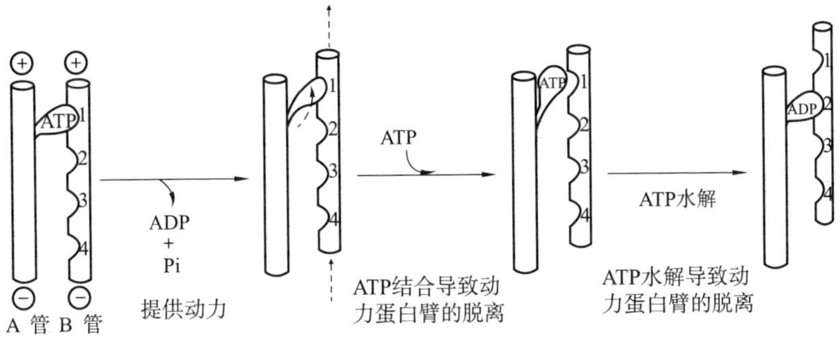

图 14.14　纤毛/鞭毛动力微管的滑动模型

的氨基酸 L 型是相同的，这表明微观世界按照生物分子手性有序排列的一致性。

对运动而言，这两点在单细胞的原生动物世界已经进化到极致的程度，等待着突破这一极限的将是多细胞动物的体型、运动及其调控机制，动物的神经细胞也就应运而生，而原生动物纤毛/鞭毛所拥有的这两个特性也一直体现在生物进化的历程中，直至高等动物的运动和高级的神经活动上。

14.4.2　在原生动物基础上的三个进化分支

从现有的生物和已有的化石来看，在原生动物之后有三个明显的进化分支，这就是第一分支的海绵、第二分支的伊迪卡拉动物群化石和第三分支的后生动物。从图 14.13 的两点启示可以看出，从单细胞的原生动物进化到多细胞的后生动物，必须具备一些基本的条件，这些条件是在进化中相比较而存在的，一是和植物相比较，二是和单细胞动物、多细胞动物相比较。

①能量来源：动物为异养型；植物为自养型。

②卵裂模式：动物受精卵为左右均等的纵裂；植物受精卵为上下不均等的横裂。

③对称性：动物体型左右对称，有一个整体运动优先的前进方向；植物有一个由胚轴形成的相对中心轴的泛对称结构，无整体运动。

④神经细胞：动物有神经细胞和神经系统，以适应对刺激的反应和调控运动；植物无神经细胞，对外界的刺激是被动的生化反应机制；单细胞原生动物没有神经细胞，它们处在进化的起点上；多细胞的海绵不运动，没有神经细胞，

故生物学上称为侧生动物；伊迪卡拉动物群化石有无神经细胞和神经系统具体情况不详。

从上述的比较，可以看出从单细胞原生动物的起点上进化为后生动物的关键是：多细胞动物的形态和对运动的调节和控制，前者取决于细胞的发育机制，后者取决于神经系统的调控机制。以下对动物进化中的三个分支作些分析，从而可以看出后生动物这一分支的比较优势。

第一分支 海绵

海绵是现存的最古老的多细胞动物，其化石在已距今 5 亿 5 千万年的寒武纪底层中就有发现，现存海绵有 10 000 多种，大小从几毫米到 1 米多不等。海绵的结构为沟系，有单沟、双沟和复沟型（图 14.15），前两种外形近乎对称，但身体结构不规则、不对称。它有两个细胞层，层间为胶质中胶层，中胶层内有吞噬食物的变形细胞和构成骨骼的骨针和纤维。海绵从形态的复杂性来看，位于原生动物和腔肠动物之间，它有两种细胞带有进化的信息，即领细胞和变形细胞，表明海绵与原生动物中的鞭毛虫类和变形虫类有关系。

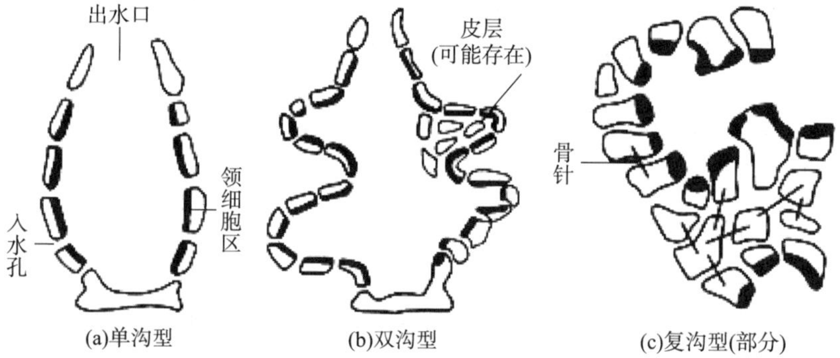

图 14.15 海绵体的结构[3]

海绵营固着生活，以其简易的雌雄同体和无性生殖的方式进行大量繁殖。海绵虽为多细胞动物，但是腔内排列着有鞭毛的领细胞，其作用只是使水通过入水孔进入水管，让粘附在领细胞上的食物被变形细胞吞噬。海绵的异养生活是一种守株待兔的方式，没有运动，也就不会发生与运动力学相适应的变化，更没有进化出具有良好力学特性的外形，与腔肠动物相去甚远。但是由于海洋中有着丰富的微生物食源，“守株待兔”也不失为一种省力的保守的生存策略，以致 5 亿 5 千万年以来，虽然没有进化，但仍然有 10 000 多种海绵生存于海洋之中。海绵是进化树上的一个分支，被称为侧生动物。

海绵不能运动，也没有神经细胞，因此不算是真正的后生动物。

第二分支　伊迪卡拉动物群化石

在 5 亿～5.3 亿年以前，地球上发生了一次“寒武纪生命大爆发”（简称“寒武爆发”），多门类的无脊椎动物的化石（节肢动物、软体动物、腕足动物和环节动物等）几乎“突然”地、“同时”地出现，而在寒武纪早期以前的更古老的底层中长期以来却找不到动物的化石。因此，“寒武爆发”就成了古生物学和地质学的一大悬案。然而，惊人的事件还是发生了。1947 年，在澳大利亚中南部地区伊迪卡拉的庞德砂岩，发现了一群古老的化石群，称为伊迪卡拉动物群（图 14.16），年代为“5.7 亿年前”[50]的寒武纪（另一说为 6.7 亿年前），它们代表最早的后生动物的适应辐射。

图 14.16　伊迪卡拉动物群化石

（一部分形态多样而奇特的无脊椎动物印痕化石的复原图）

1947 年以后，在世界的许多地区陆续发现类似的动物化石，统称为伊迪卡拉型动物。这是一类无硬骨骼的、形态多样而奇特的动物，它们和现代生存着的所有动物都显著不同，不能纳入现在生存的动物分类系统中，它们生存时间相对较短，是在原生动物和后生动物之间快速出现又快速绝灭了的一个进化的分支。伊迪卡拉化石的某些类型和现代的某些无脊椎动物外表相似，有些则完全不能和现在生存的动物作比较。它们采取了不同于现代大多数动物采取的形体结构变化方式，不增加内部结构的复杂性，只改变躯体的基本形态，身体巨大而扁平，变得非常薄，呈条带状或薄饼状，使体内各部分充分接近外表面，进行呼吸和摄取营养。

第三分支　后生动物

这里我们可以将伊迪卡拉型动物和中国发现的古生物学“澄江生物群”作一比较。

> 1984 年 7 月 1 日，“澄江生物群”在云南省澄江县首次被发现，这一多门类动物化石群动物类型众多，且十分珍稀地保存了动物软体构造，首次栩栩如生地再现了远古海洋生命的壮丽景观和现生动物的原始特征，以丰富的生物学信息为“寒武纪大爆发”研究提供了直接证据。
>
> 远古的化石群奇迹般地完好保存了生物的矿化骨骼，还保存了大量软体组织印痕，如表皮、感觉器、纤毛、眼睛、肠、胃、消化腺、口腔和神经等，甚至有的动物好像在临死前还饱餐一顿，消化道里充满着的食物仍可辨认。

从澄江生物群的化石中，可以看出在寒武纪生命大爆发中的生命已经形成了身体的多重组织和器官，最具代表性的是眼睛和神经系统，这是后生动物赖以处理自身和外在大量信息的核心。由此可以看出，伊迪卡拉型动物这一进化分支必然会出现又必然会绝灭的道理。

这些生物进化中的考古发现表明，在单细胞原生动物向多细胞进化的过程中会有三个选项：

一是保守的策略。这就是海绵，不规则的体型，不运动的“守株待兔”的觅食方式，它们一直生存、繁衍至今。

二是冒进的策略。这就是伊迪卡拉动物，它们形成了适于运动的对称的体型，但是由于身体巨大而扁平，没有形成机体内的组织、器官以及能对内外信息进行处理的眼睛和神经系统，这就注定了多细胞的优势为巨大的身体所抵消，而不能有效地觅食，最终导致灭绝。

三是趋向于适应自然法则的进化策略，体现在后生动物细胞的极性、眼睛和神经细胞的出现上。

后生动物是在“寒武爆发”的近 2000 万年的时间内登上生命舞台的，比伊迪卡拉动物晚了 4000 万～5000 万年。虽然在古生物学上没有发现在这段时间内生物进化的遗迹，但是“寒武爆发”时的“澄江生物群”却展示了众多动物的类型，奇迹般完好地保存了生物的矿化骨骼，还有大量软体组织印痕，如表皮、感觉器、纤毛、眼睛、肠、胃、消化腺、口腔和神经等，首次栩栩如生地再现了远古海洋生命的壮丽景观和现生动物的原始特征，这不只是为寒武纪大爆发研究提供了丰富的生物学信息的证据，而且还可以看到 5 亿年以来生物进化的一些端倪，比如眼睛、胚胎的发育和神经细胞的发生。

(1)眼睛的出现。

谁能想到中华微网虫的眼睛会是这样的(图 14.17)？

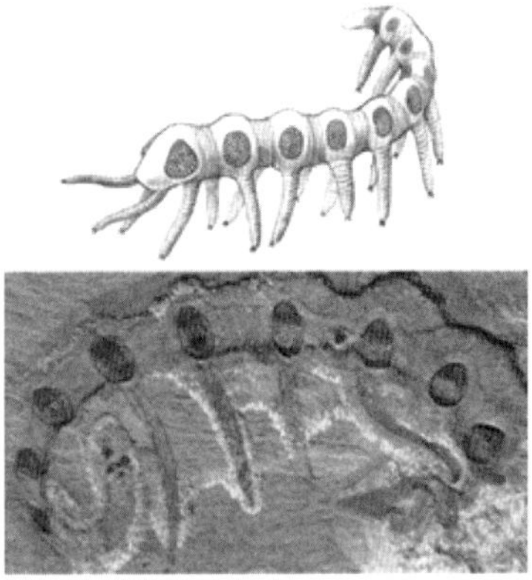

图 14.17　中华微网虫化石(选自《眼睛是如何进化出来的?》[百度])

这种已灭绝的，在云南澄江化石群发现的寒武纪中华微网虫(Microdictyon sinicum)，身体的每一节都有一对复眼。而之后随着同源异形基因 Hox 的分化，动物的眼睛逐渐向头部集中(Gehring, 2011)。

眼睛在生物进化中享有极其重要的象征性地位，除去中华微网虫身体的每一节都有一对复眼以外，而有着“活化石”之称的鹦鹉螺早在距今 5 亿多年前的奥陶纪就出现了，鹦鹉螺的精密构造是造物的奇迹，人们就是模仿它排水、吸水的上浮、下沉方式制造出了第一艘潜水艇。鹦鹉螺具有针孔成像的眼睛，比中华微网虫又大进一步，它是实现小孔成像宇称变换的最古老的动物(图 14.18)。

图 14.18　鹦鹉螺

(2)胚胎的发育和动物的体形。

当长久以来人们对“寒武纪生命大爆发”的起因而有所茫然的时候，我国学者肖书海、张昀和诺尔对贵州瓮安陡山沱组磷块岩化石进行了开创性的研究，找到了可能是早期动物胚胎的化石(时间是新元古代晚期，约 6 亿～7 亿年前)。它们的标本是球状体，直径约 500μm，单个球体内包含1、2、4、8、16或多达64个紧密包装在一起的小球体(图14.19)。

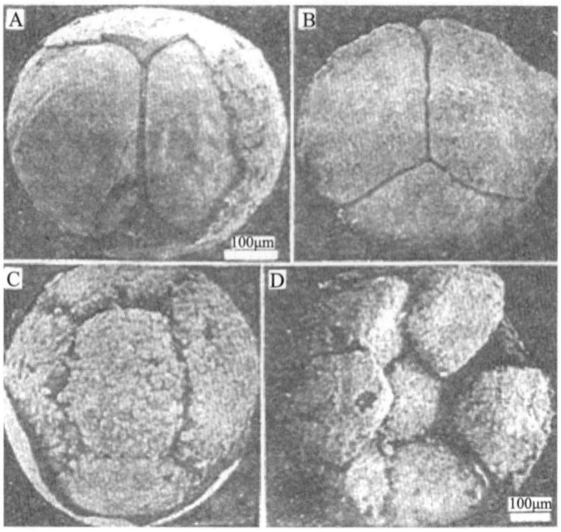

图14.19 新元古代晚期贵州瓮安陡山沱组磷块岩化石中处于早期卵裂阶段的后生动物的胚胎

A. 二细胞阶段;B. 4细胞阶段;C. 8细胞阶段;D. 16细胞阶段(断面,示细胞排列方式)。A中的标尺适用于B;D中的标尺适用于C。

陡山沱组的胚胎化石表明与植物受精卵的第一次分裂是横裂(图14.10)不同,动物是左右均等的二细胞纵裂,在4细胞阶段,囊胚分裂球呈4分体排列,在4、8、16细胞阶段可以看到早期螺旋形胚胎的特征。因此,我们将这些胚胎化石解释为螺旋形、全卵裂、均等卵裂的实心囊胚。而螺旋形卵裂只发现于两侧对称的动物,陡山沱组的胚胎化石证明两侧对称的动物早在大型两侧对称动物的遗体和遗迹出现在地质记录之前就已经存在了。同时,螺旋形卵裂又只是存在于原口类动物的某些门类之中,这就导致我们上面所做的三个分支的假设,即正是后生动物的这一分支多类群的长期进化,导致"寒武纪生命大爆发",几乎是"同时"地、"突然"地在2000多万年时间内出现在寒武纪地层中,形成门类众多的无脊椎动物化石,包括节肢动物、软体动物、腕足动物和环节动物等。《发育生物学》[21]中讲述了几种卵裂的模式,其中,螺旋式卵裂见于许多环节动物、涡虫纲动物、纽形动物门动物和除头足纲以外的所有软体动物;而节肢动物的昆虫则是采取不完全卵裂的表面卵裂的模式,由于卵子中央有大量的卵黄,卵裂发生在卵子细胞的周边。

第一次卵裂的位置不是随机的,而是由精子的进入点和因此而发生的卵质的旋转方向所决定的。在第一次分裂结束后，一个形似辐射对称的受精卵，就变成了最初的两侧对称的胚胎，直至发育成一个左右对称的个体。卵裂的模式和时序体现了不同的物种，是如何将一个全能的受精卵分化成多功能的各种细胞，又是如何将这些细胞进行组合、协调，最终形成一个动物的个体。

不同的动物具有不同的运动和生存能力，但有一个共同点，这种能力和后生动物中出现的神经细胞及其形成的神经组织和神经系统密切相关。神经细胞是和物种进化同步的高度分化的细胞，这种细胞的组合能够感觉与生存和运动相关的体内、外的信息，并且做出不同程度的反应，以调节和控制身体的机能和活动。

（3）神经细胞的发生

在现生动物中腔肠动物具有最早的神经细胞，寒武纪生命大爆发的“澄江生物群”化石中也发现了“神经”。之所以发现的是“神经”，是因为作为神经细胞的轴突中填满了各种细胞骨架结构，包括微观束、中间纤维以及各种方式互联的微管等，这就比细胞体本身更容易保存形成化石。再者，陡山沱组的胚胎化石表明在前寒武纪时期就有两侧对称的生物存在，而一左一右的前进方式和节奏自然需要神经组织的协调，这是现生的所有动物所证明了的。

因此，从单细胞原生动物变成多细胞动物，这是一种自然的演化趋势，如上所述有三个分支：海绵是由运动的单细胞动物变成不运动的多细胞动物的一个分支，这种“保守”的演化也是成功的，海绵一直生存至今，繁盛不衰；伊迪卡拉动物由于缺少细胞的适应性分化和神经组织，而失去了进化的动力，以致未能继续生存而早在“寒武爆发”以前 5000 万年便自生自灭；第三支则是一直处在演变中的后生动物的祖先，它们在各种各样的卵裂的模式、细胞分化和神经细胞的形态及功能定位中，既是随机的变异，又是按照大自然法则在演化，最终形成了陡山沱组化石中的这种螺旋形卵裂的多细胞胚胎模式。

螺旋形卵裂的第一次卵裂是沿经线略微倾斜的均等分裂，卵裂方向与卵轴呈斜角，细胞之间采用热力学上最稳定的方式堆叠，细胞间接触面积更大。螺旋式卵裂形成的囊胚没有腔，称为实囊胚。由于卵裂方向与卵轴的夹角，可左可右，也就形成了左旋和右旋的螺旋式卵裂模式，二者应该是机会均等的。

与这种螺旋形卵裂（或许还有其他模式的卵裂）同步演化的是眼睛和高度分化的神经细胞的出现，这为后生动物的生存和运动创造了必不可少的条件——三者象征性地一起参与了寒武纪的生命大爆发和动物世界的进化。

14.4.3 结论

神经细胞和神经组织的出现是生物演化中多重偶然性的一种必然性，一旦出现，生物本身就不只是作为一个有机体，不只是由基因记载着生命的信息，而是构成了在整个生命过程中和外界进行信息和能量交换的新的载体，带来了更多的外界信息的刺激，促进了生物机体自适应的演化导向，这就是脑的出现和自然进化。

在生命的制高点上，神经细胞及其神经组织的进化，起着象征性的决定性作用，最终形成了一个类精神的现象——动物意识的创生。“澄江生物群”化石中发现的“神经”纤维，是动物界意识创生的序曲。

恩格斯对于神经和意识的关系是这样说的：

> 脊椎动物(Vertebrata)。它们的主要特征：整个身体都围绕神经系统组成。因此便有了发展到自我意识等等的可能性。

第 15 章　脑的自然进化——意识的创生

作者在《时空与灵性》[53]一书中论述了生物实体进化的力学原理，这一章旨在论述意识创生的力学原理（经典力学和量子力学），即意识是脑在宇宙法则导引下自然演化出来的一种物质的存在形式。

15.1　动物神经系统的协同进化

据估计，世界上大约有 99.999%的物种灭绝了，也就是说，现存的物种只有地球上出现过的物种的十万分之一，其中，只有一个系列进化出神经细胞和神经系统，这就是后生动物。后生动物在进化中逐渐形成了以神经系统为中心的机体对内、对外的信息体系。信息本身并不是目的，目的是生存和繁衍。因此，动物神经系统的发生和进化不是孤立的，而是和机体一起协同性地进化。

从图 12.9 可以看到，后生动物进化中有两大分支：神经系统在消化道之上和神经系统在消化道之下，从对称的角度来看，也只有这两个可能性。从智力的进化角度来看，前一支最终发展成脊椎动物的高等动物和人类，后一支则以节肢动物的昆虫和软体动物的章鱼为代表。表 15.1 列出了低等脊椎动物鱼和爬行动物及其以前的一些典型动物的神经系统、卵裂模式、胚胎发育、感觉和运动能力协同进化的相关性能。从原生动物演化到多细胞的后生动物是一个很复杂的细胞分化过程，一方面细胞发生了适应性的分化，变成单一功能的细胞；另一方面要实现机体内部和外部信息的协调。因此，细胞的分化和合作共存是进化的前提，成功的进化是随机的变异和有序的自然法则二者同时作用的结果（表 15.1）。

对表 15.1 可作如下的分析。

（1）动物的体型和身体结构的形成是由卵裂的模式和胚胎发育来实现的。卵裂的模式有完全卵裂和不完全卵裂两大类，完全卵裂又有 4 种方式：辐射式卵裂、螺旋式卵裂、两侧对称式卵裂和旋转式卵裂；不完全卵裂又分盘状卵裂和表面卵裂。

(2)生物体对外部信息感知方式的多样性。这是由生物体的感觉器官来实现的,主要是眼、嗅觉、味觉和位觉等器官。

(3)生物体的对称与运动能力的提高。表15.1中所列动物多是两侧对称的,运动能力和它们的体型结构相关。

(4)神经系统的进化。头足动物是海洋中的高等动物,章鱼虽然有大脑和成像眼,但只适应于海洋生活。从表15.1可以看出,在脊椎动物以前的世界里,神经系统的进化以节肢动物(昆虫)为代表,它们有对称的体型和复眼,脑由前、中、后脑组成,有咽神经索和腹神经索,形成了平行传递的链状神经系统。

(5)表15.1列出的低等脊椎动物的鱼类和爬行类,其感觉器官和神经系统虽然和哺乳动物很接近,但和哺乳动物的差别很大。

表15.1 低等动物神经系统的发生和协同进化

序号	动物名称	卵裂与胚胎发育	感觉器官	运动能力	神经细胞 神经系统
①	海绵动物(如海绵)	简单多细胞生物无器官和组织	无	营固着生活	无神经组织
②	腔肠动物(如水母)	身体辐射对称有两个胚层	无	水螅营固着水母可游动	神经细胞无髓鞘,有分枝神经纤维,神经网起综合控制作用
③	扁形动物(如涡虫)	螺旋式卵裂两侧对称	头部有含色素杯的眼点	利用纤毛、肌肉进行运动	头部有一组脑神经细胞节和侧神经索和触角及化学感受器,神经递质乙酰胆碱和5羟色胺出现
④	环节动物(如水蛭)分节的蠕虫	螺旋式卵裂两侧对称三胚层	头部有晶状体和角膜眼,表皮有光敏细胞	利用肌肉、吸盘进行运动	有脑神经节,围咽神经环与两条腹神经索相连,对进食、运动、支配身体起协调作用

续表

序　号	动物名称	卵裂与胚胎发育	感觉器官	运动能力	神经细胞　神经系统
⑤	软体动物（如海螺）真体腔动物	螺旋式卵裂两侧对称、三胚层	头部、平衡囊、触手、成对的眼和嗅检器	用足爬行	神经系统有成对的足神经节和内脏神经节，二者向前联合，形成脑神经节或脑
⑥	高等海生软体动物（如章鱼）	卵裂方式不详两侧对称三胚层	有类似哺乳动物的成像眼，头上有复眼	用 8 只腕足游泳爬行	大脑有 5 亿个神经元，身上有一些非常敏感的化学的和触觉的感受器
⑦	节肢动物（昆虫为例）	表面卵裂两侧对称三胚层	头部有复眼和单眼、触角和口器	6 足 1～2 对翅膀，可飞行	脑由前、中、后脑组成，有咽神经索、和腹神经索，形成平行传递的链状神经系统
⑧	鱼类（如鲤鱼）后口动物	盘状卵裂两侧对称三胚层	头部有眼及嗅觉、味觉和位觉器官	心脏肌、平滑肌与高等动物相同，游动灵活	脑在颅内，脑及脑神经和脊髓与脊神经组成中枢神经、周围神经和植物神经系统
⑨	爬行类（如龟类）	盘状卵裂两侧对称三胚层	嗅觉发达，有眼球，可调节	具有三腔室或四腔室心脏	12 对脑神经

15.2　哺乳动物从卵裂到脑的时空架构

15.2.1　哺乳动物卵裂的时空架构

（一）纬裂和经裂

植物和动物的卵细胞都具有如图 15.1 所示的不对称性，上半部称为动物半球，下半部称为植物半球，从植物极的极点到动物极的极点构成卵轴，以卵轴为中心可以认为卵是辐射对称的，但上下是不对称的。因此卵是生物体时空架构的最原始的表达，是形成不同生物体形态的起点。

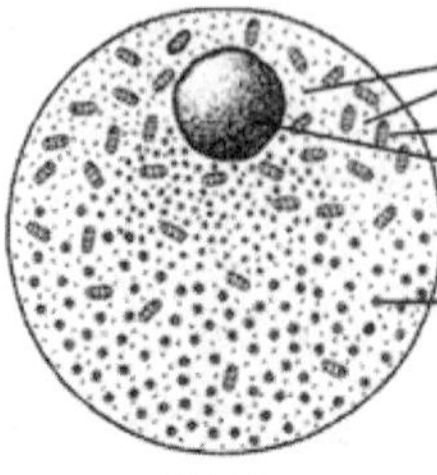

图 15.1 两栖类卵细胞的不对称性[38]

和所有生物一样，哺乳动物的特征(体型、运动和智能水平等)也是由其基因决定的，而基因对于生物特征的操控又是从第一次卵裂开始的。最初的几次卵裂，有如一幢建筑的基石一样，也就必然地建构了生物体各自时空架构的基准。值得我们注意的是，在第一次卵裂的模式上有两种不同的类型：纬裂和经裂。

纬裂发生在植物第一次卵裂的过程中，这与植物受精模式是一致的。在植物受精时，花粉管中的精子是从珠孔正对的卵的"植物极"进入成熟胚囊的[48]。由于受精点在植物极的"极点"，因而可以说，受精作用没有改变成熟胚囊的辐射对称性，但进一步影响了受精卵的上下不对称性(参见第 14 章，图 14.7、图 14.8、图 14.9)。植物受精卵细胞的第一次纬裂，给了我们一个启示：植物基因的记忆除去具有向重力性、向光性、向水性和向营养性的的生长能力以外，不可能形成整株的两侧左右对称的结构，也就不会具有神经和运动能力，不会具有智能，不会具有意识。

经裂发生在动物第一次卵裂的过程中，即使是不完全卵裂，如鸟类、鱼类和爬行类的盘状卵裂和昆虫的表面卵裂也都是和经线相关的，这与动物卵的极性和受精模式是一致的。资料表明，动物的受精都是在卵的动物半球，如两栖类动物青蛙的受精位置和鱼类的受精孔。人类的受精大概是哺乳类动物中研究得最透的，为了保证能在动物半球受精，人类女性的生殖系统在进化中作了如下特殊的安排(图 15.2)。

生命起源于大海，因此两栖类和鱼类的卵子漂浮在水中时，由于卵子的植物半球比动物半球重，因此很自然地形成一个动物极朝上的卵轴，这也是卵子对重力场的记忆。人类为了保持这一特性，女性的生殖系统是这样“设计”的，分述如下。

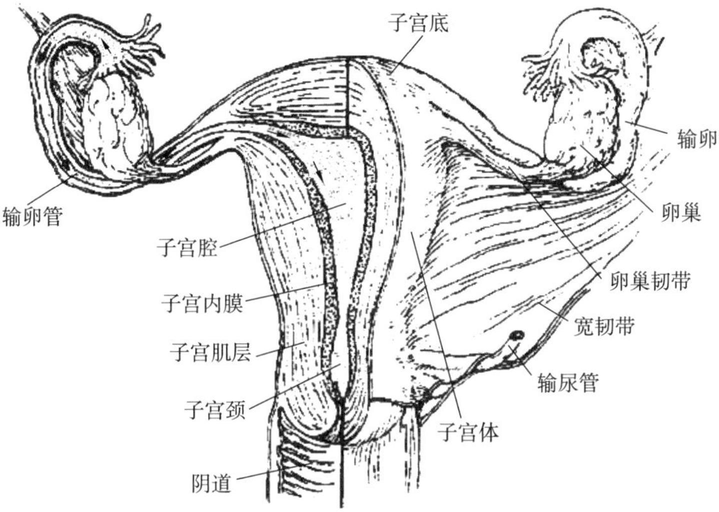

图 15.2　卵巢、输卵管及子宫[34]

第一，次级卵母细胞在从卵巢排出时是浸泡在卵泡液中的。

人类的卵细胞本身并不大，直径只有 0.1mm，卵泡是从新生儿的原始卵泡开始，依次发育成初级卵泡、次级卵泡到成熟卵泡，成熟卵泡的体积明显增大，直径可达 2.5cm，里面有大量的卵泡液，以及由于卵泡中的空隙增大，而形成的卵泡腔。卵母细胞就漂浮在这样的卵泡液中，卵泡液可以说是对海水环境的模拟，因此次级卵母细胞的卵轴会始终保持着动物极朝上、植物极朝下的方向，这就是卵轴对重力场的记忆，这种记忆与女性身体的体位无关。

第二，当卵泡壁破裂时，次级卵母细胞连同部分卵泡液被输卵管伞汲取进了输卵管，由于输卵管伞是在卵巢的上方，覆盖于卵巢的表面(图 15.2)，因此汲取卵细胞的过程，有如一个自上而下的喇叭形抽风口汲取一个有轻重极性的球体一样，使得卵子进入输卵管时，动物极朝前的概率最大，有利于精子在动物半球受精。

与植物受精成明显对照的是，动物的受精点既不是在植物极，也不是在动物极的极点，而是在偏离卵轴的动物半球。受精孔的这种偏离，是卵细胞辐射对称“破缺”的先兆。一旦受精，受精卵就不再是辐射对称的，而是相对于受精平面——由受精点和卵轴组成的平面，呈左右二分裂的状态。

（二）卵裂与左右对称

受精卵这种隐含的对称状态是动物相对于植物所特有的，是在动物进化中形成的，并且表现在所有动物个体的生长、发育之中。正因为动物受精卵第一次卵裂时的这种左右对称特征，因此，除去许多环节动物、涡虫纲动物、纽形动物门动物和除头足纲外的所有软体动物的卵裂方向与卵轴呈斜角外——这种卵裂称为螺旋式卵裂，其他所有动物的第一次卵裂都是通过卵轴的经裂（纵裂），或是与经线相关的不完全卵裂。螺旋式卵裂的模式，却存在左旋与右旋两种不同的个体的发育模式，两种卵裂的方式形成的胚胎和个体互为镜像对称（图 15.3）。

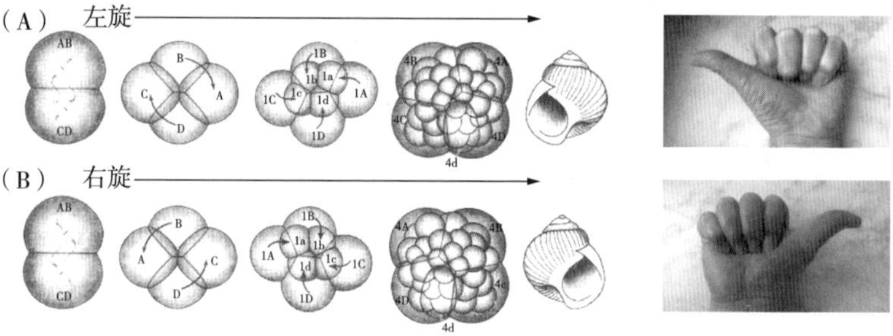

图 15.3 蜗牛的左旋和右旋螺旋式卵裂[21]

两种卵裂方式胚胎和个体互成左右的镜像对称。（相对应的左右手法则为作者添加。）

辐射式卵裂有两个基本特征：一是每个卵裂球的有丝分裂器与卵轴垂直或平行；二是经向的卵裂沟将卵裂球分成对称的两半，纬向的卵裂沟则不一定将卵裂球分成对称的两半。辐射式卵裂普遍存在于棘皮动物（如海胆）、尾索动物（如海鞘）、和脊椎动物（如两栖类）的卵裂过程中，通常第一、第二次为经裂，第三次开始出现纬裂，以两栖类为例（图 15.4）。

发育生物学对蛙卵受精的研究表明，精子进入的一侧将发育为胚胎的腹侧（这一点与植物相似，即向着地心），而其对侧则发育为胚胎的背侧。也就是说，背腹轴和卵轴构成的平面应该是第一次卵裂的平面，这也就是受精点和卵轴构成的经裂的平面，人类和哺乳动物也不会例外。

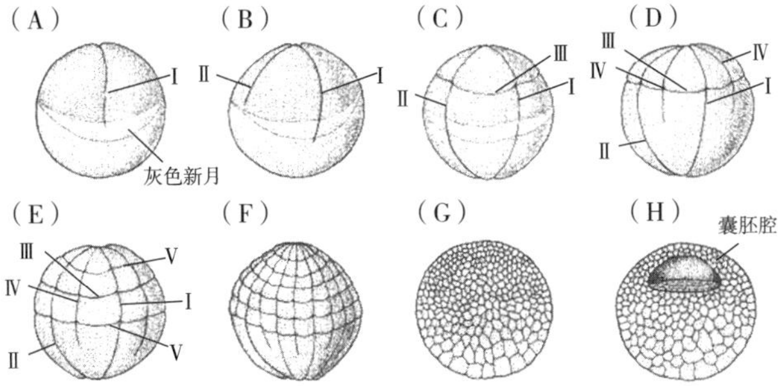

图 15.4 两栖类(蛙)的卵裂[21]

罗马数字表示卵裂沟出现的顺序

(三)哺乳动物卵裂的时空架构

对于哺乳动物的卵裂模式在发育生物学中称为“旋转式卵裂”,对于第一、第二次卵裂,《发育生物学》中有如下的论述[21]:

> 哺乳动物的卵裂有以下特点:一是分裂相对较慢;二是卵裂球之间的相对位置很特别。第一次卵裂是正常的经裂,而在第二次卵裂,其中一个卵裂球为经裂,而另一个为纬裂(图 15.5)。

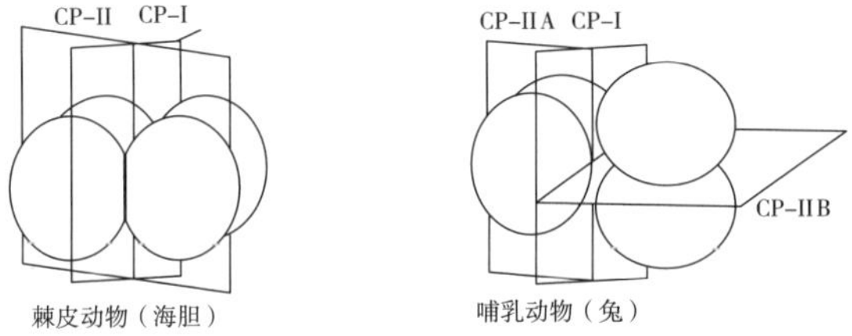

图 15.5 棘皮动物(海胆)和哺乳动物(兔)

第一次和第二次卵裂方式的比较,CP-Ⅰ 第一次卵裂面 CP-Ⅱ 第二次卵裂面

对于上述原著中哺乳动物“在第二次卵裂,其中一个卵裂球为经裂,而另一个为纬裂”的说法作者是存疑的,因为按照干细胞生物学的知识,第二次也应该是经裂,《发育生物学》一书中虽然发现两个卵裂球的卵轴是相互正交的,但是只有两个卵裂球都是经裂才能形成同卵双胞胎,所以原著中认为“在第二次卵裂时,其中一个卵裂球为经裂,而另一个为纬裂”是不符合胚胎发育的真实情况的。

怎样才能实现两个卵裂球的卵轴相互正交呢？怎样才能使第一、第二、第三次的卵裂就能建立起哺乳动物身体的空间结构体系的基石呢？为此，我们可以将第一次卵裂以前的受精卵的空间结构和人体解剖学的空间结构先作一比较，见图 15.6(a)、(b)。（然后根据组织胚胎学中揭示的的单卵双胎的形成过程，解读单卵双胎在第二次卵裂前卵轴的相互正交是怎样形成的。）

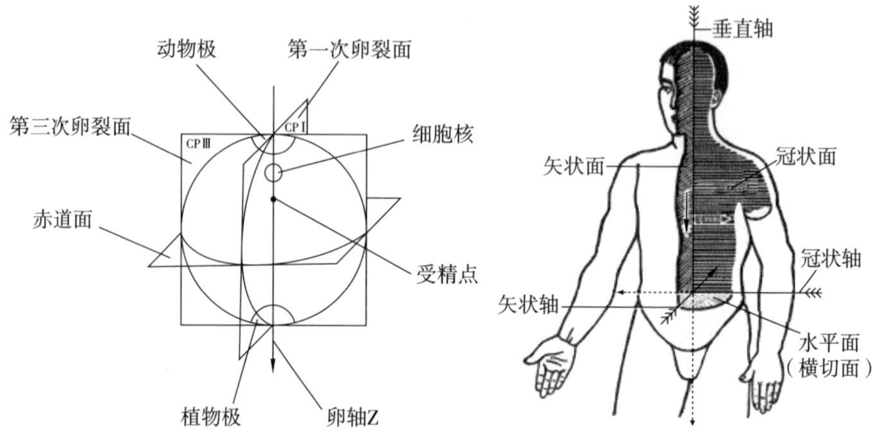

（a）受精卵L的时空架构　　（b）解剖学定义的人体的体轴和面[20]

图 15.6　人类受精卵与人体体轴之间时空架构的相关性

(1)受精卵的时空架构与坐标系

如图 15.6 所示，人类受精卵与人体体轴之间在时空架构上是有相关性的，表现在：

①卵轴与垂直轴同向，指向地面，代表对重力场的记忆。

②矢状轴由前向后，代表受精点为腹侧。

③矢状面代表第一次卵裂面 CP－Ⅰ，冠状面代表第三次卵裂面 CP－Ⅲ。

④赤道面象征但不代表水平面。

⑤顺着重力场的方向自上往下看：从矢状轴逆时针转向冠状轴，则构成左旋坐标系；顺时针转向冠状轴则构成右旋坐标系。

(2)单卵双胎之间卵裂球卵轴夹角的变化（图 15.7 引自文献【54】，图题和说明作者加以补充）

“与其他动物相比，哺乳动物的卵裂速度很慢，间隔 12～24 小时才分裂一次。”[21]慢的原因之一就是要按照时序同步实现卵轴的旋转。第一次分裂以后的小概率事件，会带来时序性的和同步性的错误，这就形成了三种形态的双胞胎结构形态，如图 15.7：①形成两个胚泡；②形成两个内细胞群；③形成两个原条。

①形成两个胚泡：在两细胞期，两个卵裂球完全分离，各自形成一个胚胎，它们有各自的胎盘和胎膜。

②形成两个内细胞群：在胚泡期，一个胚泡内形成两个内细胞群，各自发育成一个胚胎，它们有各自的羊膜腔，但共有一个绒毛膜和胎盘。

③形成两个原条：在二胚层期，一个胚盘上形成两个原条，从而发育成两个胎儿，它们共有一个羊膜腔、绒毛膜和胎盘，一旦发育过程中胚胎分离不完全，就会形成联胎。

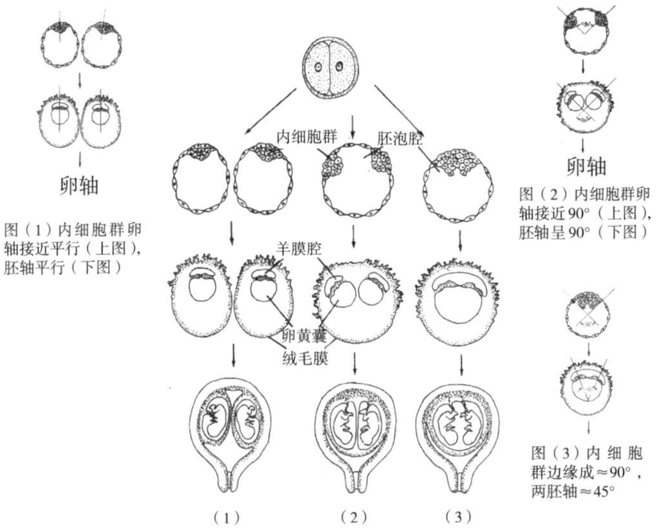

图 15.7　单卵双胎形成示意图[54]

图 15.7 可以推论出第一次卵裂后的正常时序应该是：受精卵经裂后一分为二，然后相对于受精卵的卵轴一个顺时针另一个逆时针各转 45°，形成二分裂卵裂球卵轴的相互正交。然后再各自发生经裂，变成 4 分裂的卵裂球。图 15.7 中(1)表示，在没有转 45°以前又重复了一次经裂，形成两个卵泡；(2)表示转 45°以后又重复了一次第一次的经裂，形成两个内细胞群；(3)则表示，第一次卵裂以后的二分裂的卵裂球之间，彼此不同步，形成了两个原条。

发育生物学和组织胚胎学两者都告诉我们，在哺乳动物正常的单卵单胎的卵裂过程中，有几个自然的规则在主宰着这一生命的过程：对称、时序、同步，在16～32个卵裂球之前，都应该是经裂，不会发生纬裂。根据这些规则，下面我们对8个卵裂球以前的单卵单胎的时空架构做一次猜想性的描述，其结果可以导致我们人体左右对称和身心宇称对称的原始模型。

以下为受精卵L在第一、第二、第三次卵裂以后形成的8个卵裂球空间结构。

第一次卵裂（图15.8）

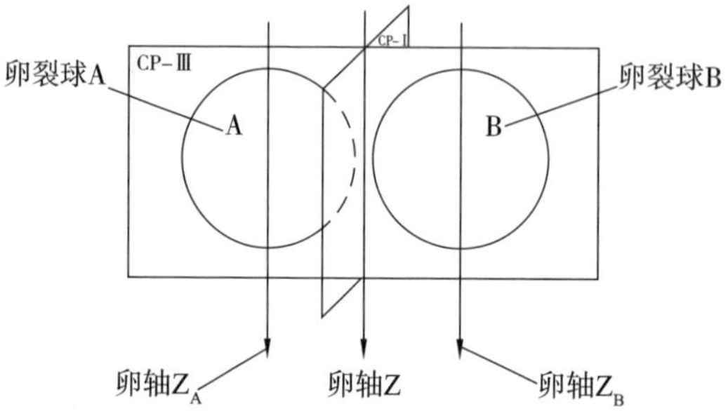

（a）在受精后一天开始，第一次为过受精点的经裂（图15.8.a），卵裂面CP-Ⅰ（图15.6.a）将受精卵L分为A、B两个卵裂球，其卵轴Z_A、Z_B保持与卵L的卵轴Z平行。图为卵裂球A、B在CP-Ⅲ平面上的投影，CP-Ⅲ过卵轴Z与CP-Ⅰ垂直。

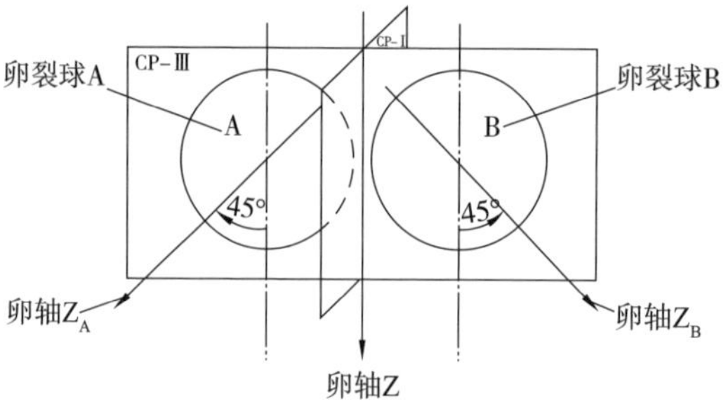

（b）第一次卵裂开始后（12~24）小时，两个卵裂球的卵轴呈正交态。

卵裂球A、B相互反向旋转，卵轴Z_A顺时针（左旋）转45°，卵轴Z_B逆时针（右旋）转45°，在CP-Ⅲ平面内卵轴Z_A与卵轴Z_B正交。

图15.8　第一次卵裂及其后的卵轴旋转

第二次卵裂（图15.9）

第二次卵裂的平面就是由文献【21、54】所提供的两个相互正交的平面CP－Ⅱ A、CP－Ⅱ B。CP－Ⅱ A是过卵轴Z_A垂直于CP－Ⅲ的平面，CP－Ⅱ B是过卵轴Z_B垂直于CP－III的平面，CP－Ⅱ A、CP－Ⅱ B分别将卵裂球A、B经裂一分为二，见图15.9。图(a)为第二次卵裂时卵裂面的立体图示，图(b)、(c)为4卵裂球在CP－Ⅲ平面上的投影示图。

从图15.9二次卵裂由2个卵裂球分裂为4个卵裂球的过程，是第一次卵裂的一个迭代过程，四个卵裂球占有由第一次的卵裂面CP－Ⅰ和第二次的卵裂面CP－Ⅱ(CP－ⅡA＋CP－ⅡB)所分割成的四个空间区域，即如图15.9(c)所示，为方便计算，列于表 15.2。

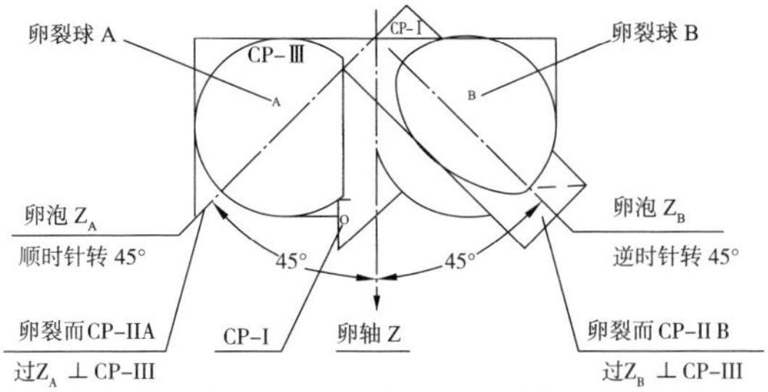

(a) 第二次卵裂时卵裂面的立体图示

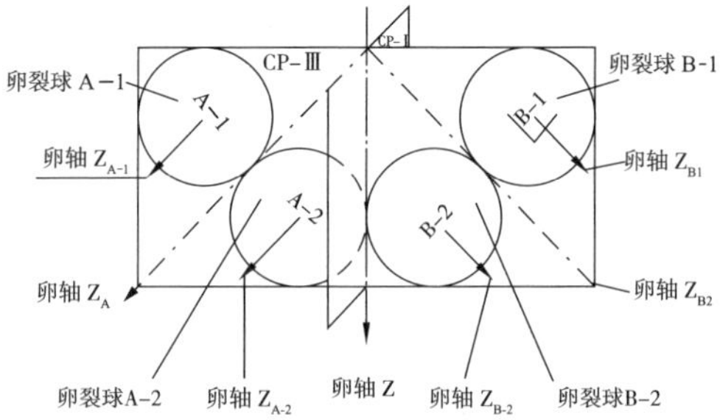

(b) 4 卵裂球状态（一）

卵轴 Z_{A-1} 与 Z_{A-2} 平行于卵轴 Z_A；卵轴 Z_{B-1} 与 Z_{B-2} 平行于卵轴 Z_B。

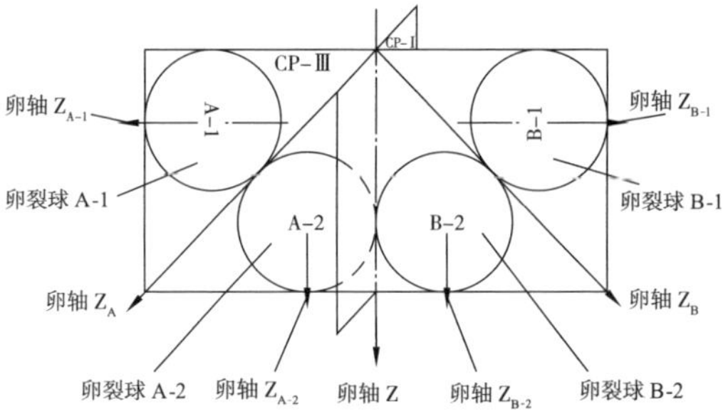

(c) 4 卵裂球状态（二）

卵裂球 A–1、A–2 和卵裂球 B–1、B–2 分别以卵轴 Z_A、Z_B 为准，各自左旋、右旋 45°，其结果是：卵轴 Z_{A-1} 和卵轴 Z_{B-1} 方向相反，但与卵轴 Z 垂直；卵轴 Z_{A-2} 和卵轴 Z_{B-2} 平行，并与卵轴 Z 同向。

图 15.9　第二次卵裂示意图

表 15.2　4 个卵裂球的相互配置

卵裂球序号	所占区间	卵轴方向
A—1	左上	与卵轴 Z⊥，向左
A—2	左下	与卵轴 Z//，同向
B—1	右上	与卵轴 Z⊥，向右
B—2	右下	与卵轴 Z//，同向

第三次卵裂（图 15.10）

按照干细胞生物学的知识，图 15.9(c)中的 4 个卵裂球都可以独自发育成一个完整的生命个体，但它们又是哺乳动物的个体发育所必须经历的时空结构的一个过渡状态，这表明 4 卵裂球（乃至 16～32 个卵裂球）时期，最重要的是相互的位置关系和卵裂轴的取向。在保证图 15.9(c)和表 15.2 所示的前提条件下，我们可以在图示中，用平面 CP－Ⅱ来取代平面（CP－ⅡA＋CP－ⅡB），因为在第 2 次卵裂中 CP－ⅡA 与 CP－ⅡB 互呈 90°的相对位置已经由 4 个卵裂球的卵轴各自记忆下来，因此我们可以将图 9(c)绘制成如下等效的形状，见图 15.10(a)。图 15.10(a)中的 CP－Ⅲ为将要进行第三次卵裂的平面，卵裂以后 4 个卵裂球将要分裂为 8 个卵裂球（图 15.10.b）。

从图 15.10 可以看到哺乳动物三次卵裂以后形成的 8 卵裂球有着严格的空间结构关系，它包含着身体的左右对称（镜像对称）和最终发育成颅骨为界的身一心体系的空间对称（宇称对称），下面我们用坐标系来进行分析和表述，并应用于人类身心发育的研究和分析。

（四）人类身心发育的对称体系

① 8 个卵裂球的左右镜像对称体系（图 15.11）

现将图 15.10(b)用图 15.6 的人体体轴坐标系表示如图 15.11，图 15.10(b)中右侧卵轴 Z_{B-1-1} // Z_{B-1-2}，用 Y 轴表示，卵轴 Z_{B-2-1} // Z_{B-2-2} // Z 轴，用 Z 轴表示，X 轴与图 15.6 中的矢状轴同向；左侧卵轴 Z_{A-1-1} // Z_{A-1-2}，用 Y_1 轴表示，卵轴 Z_{A-2-1} // Z_{A-2-2} // Z 轴，用 Z_1 轴表示（Z_1 轴与 Z 轴等同），X_1 轴与 X 轴重合。

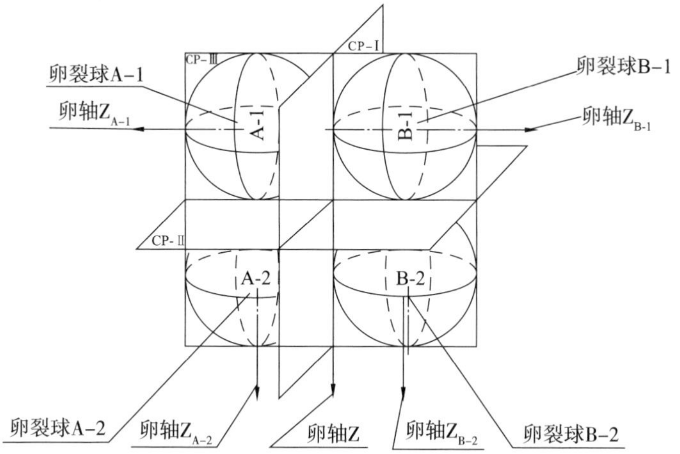

(a)4卵裂球的时空架构图示

CP-Ⅰ、CP-Ⅱ是已经进行过分裂的第一、第二次卵裂面。CP-Ⅱ等效于CP-ⅡA+CP-ⅡB（图15.9.a）。

CP-Ⅲ为将要进行第三次卵裂的平面，卵裂以后4个卵裂球将要分裂为8个卵裂球（图15.10.b）。

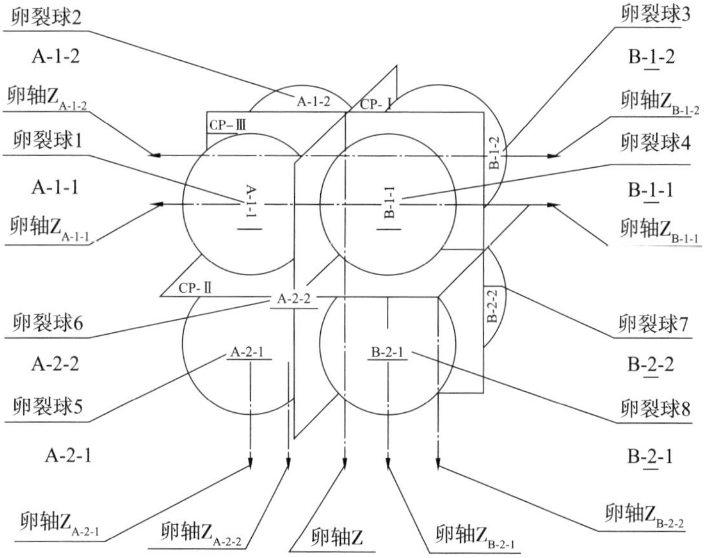

(b)8卵裂球的时空架构图示

图 15.10　第三次卵裂示意图

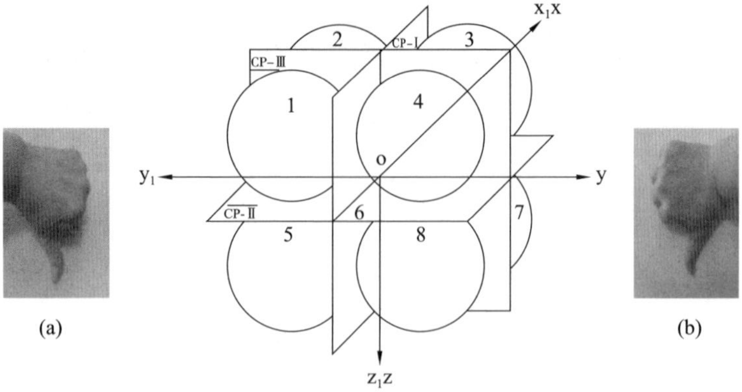

图 15.11　8 个卵裂球的左右镜像对称示意图

图 15.11 左侧 4 个象限中的 4 个卵裂球 1、2、6、5 构成 $O-X_1Y_1Z_1$ 左旋坐标系，右侧的 4 个象限中的 4 个卵裂球 4、3、7、8 构成 O—XYZ 右旋坐标系，两个坐标系及其各占左右 4 个象限的卵裂球构成左右镜像对称的关系(图 15.11)，这正是人体体型与身体结构体系左右对称的起点。图 15.11 表明，第一次卵裂(CP—1)就已经决定人类身体的左右对称结构和腹背轴(OX_1 亦即 OX 轴)的方向。

左、右手法则在科学上、工程上用得很普遍(图 15.11.a、b)。将图 15.11 和图 15.3 作一比较，蜗牛由于第一次卵裂时对卵轴左右的偏离，结果形成了左旋和右旋的两类个体之间的镜像对称，而哺乳动物左、右旋集于一体，形成一个个体的左右对称，这无疑是结构复杂化的进化。这种进化虽然更为复杂，它既取决于细胞分化时序的同步，同时也一定会有一种空间的结构关系引导和制约着所有细胞的运动和最终的定位。其中有一种可能性，就是使三胚层的外胚层中的两组细胞之间构成三维的宇称对称。

② 8 个卵裂球的宇称空间对称体系

这里我们可以设想图 15.11 中左右两组细胞(每组 4 个)围绕着 OY 轴和 OY_1 以相反方向各自旋转 90°，这就使两组细胞由左右的镜像对称变成三维空间的宇称对称(图 15.12)。这一步骤，可以从神经管和脑的发育机制中得到间接的证明。

对应于图 15.11 和图 15.12 的两种对称状态可以用 j 变换(3.2 式)和 i 变换(3.1 式)来表示：

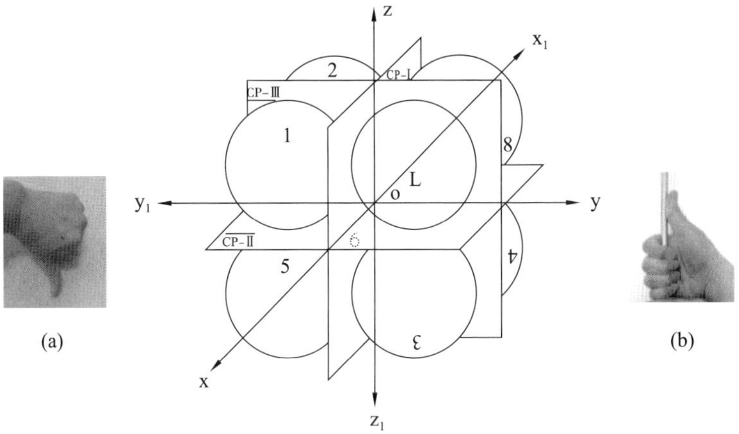

图 15.12　8 个卵裂球的宇称对称结构图

j 变换描述的是人体的左右对称；

i 变换描述的是人体的身心对称。

前者是我们身体亲自表达的一个事实，毋庸置疑，对于后者似乎是一个谜。揭示这个谜还得从发育出中枢神经系统的神经管开始。

15.2.2　从神经管到脑

(1)神经管的世界

在物理学上，对称是物质存在和运动的一个重要的规律，生物也不例外，并且在发育过程中起到主宰的作用，使得生物具有由基因所决定的各种对称的形态和结构。

对于哺乳动物和人类的身心结构而言，有三种对称状态体现在身体发育中，这就是辐射对称、左右镜像对称和三维空间的宇称对称，与此相对应的典型体现就是由原肠胚形成的三胚层的分化及其形成的一些器官(图 15.13)，其中发育成脑的神经管(前部)和发育成人体体表的表皮外胚层则处在一种隐形的对称状态——宇称。

三胚层的来源，参照蛙类原肠胚的发育机制，可知内胚层由植物半球的细胞构成，中胚层和外胚层则由动物半球的细胞构成。三胚层中的器官有三种主要的、明显的对称状态。

第一，内胚层以消化道和呼吸系统为代表，食道、肠道、器官、咽部都是以

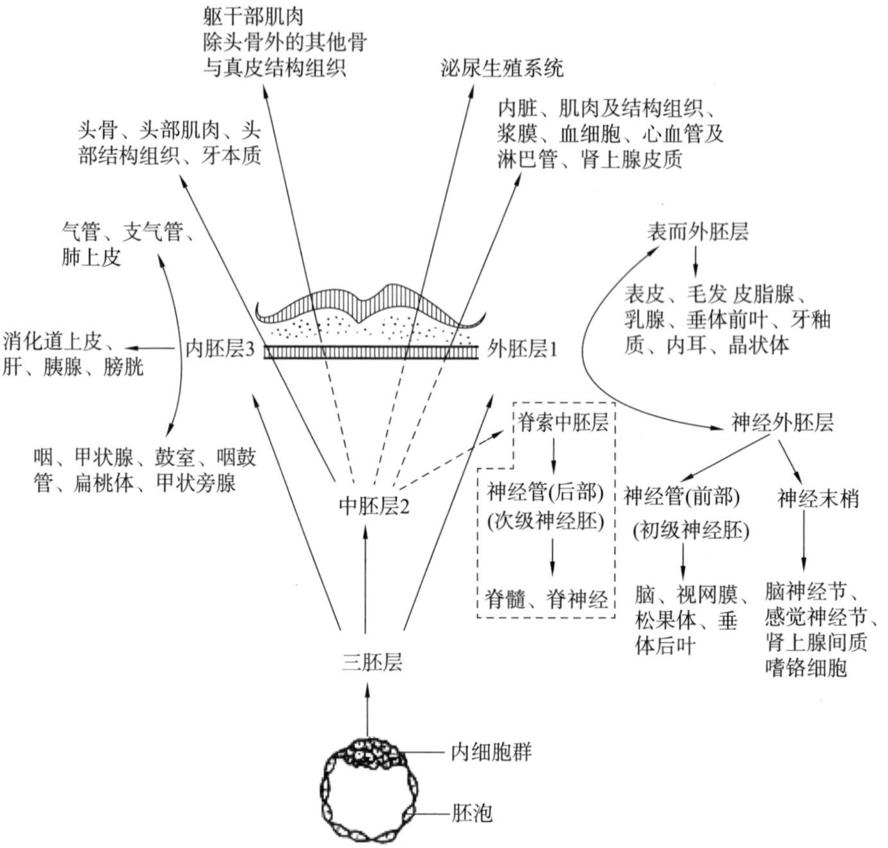

图 15.13　脊椎动物三胚层分化及其形成的部分器官和系统[54]

原图与图 12.2 同取自文献【54】,但图 15.13 虚线框中"脊索中胚层→神经管(后部)→脊髓、脊神经"为作者添加,表明脊髓和脊神经与中胚层相关。

中线为基准的辐射式对称结构,乃至胃、胰腺、胆、肝脏都类似辐射对称的形状,所有这些器官都是履行的植物性的生命功能,受植物神经系统的支配,其结构、形态也和高等植物相似,可视为具有辐射对称特征的"泛对称"结构。

第二,中胚层则以人体全身 206 块骨骼系统、循环系统和泌尿生殖系统为代表,它们在全身的配置是左右对称的,这对于身体的运动和体内的动力循环是最佳状态。正如在上述"哺乳动物卵裂的时空架构中"所讨论的,这种左右镜像对称的结构,至少会在第一、第二、第三次的卵裂中都保持着,很可能保持到第五次分裂的时候,即 32 个卵裂球的状态。这种显形的对称状态,人们对此不会有所疑问。

第三，外胚层形成了一个以脑为中心的宇称对称的世界，它起源于胚胎发育中的神经管。人类神经管的形成是这样的，如图 15.14 所示。[54]

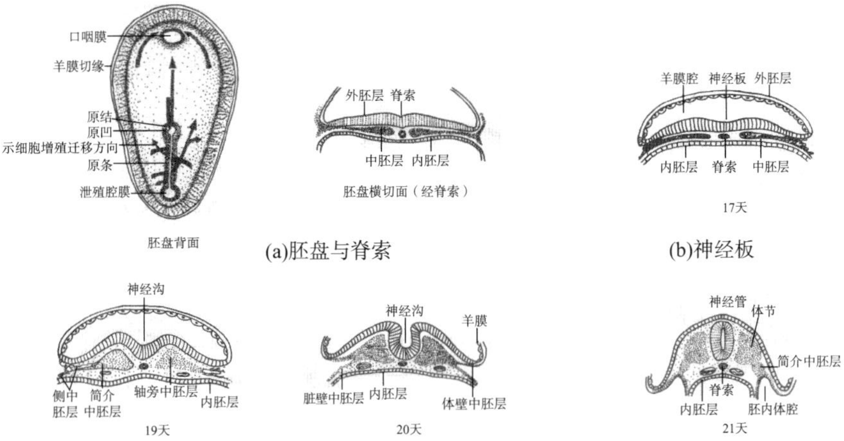

(a)胚盘与脊索　(b)神经板

(c)神经沟　(d)神经管

神经管的形成

在受精后的第 16 天……形成一细胞索，称脊索（图 a）。脊索形成后，在其诱导下脊索背侧的外胚层增生，形成一增厚的细胞板，称神经板（图 b），是神经系统发生的原基。不久，神经板两侧隆起称神经褶，中央凹陷称神经沟（图 c）。第 3 周末神经褶从配体中部开始愈合成神经管，并向头、尾两段延长（图 d），但神经管头、尾两端分别留有前神经孔和后神经孔（图 e）。若前神经孔不闭合，则形成无脑儿；后神经孔不闭，则形成脊髓裂。

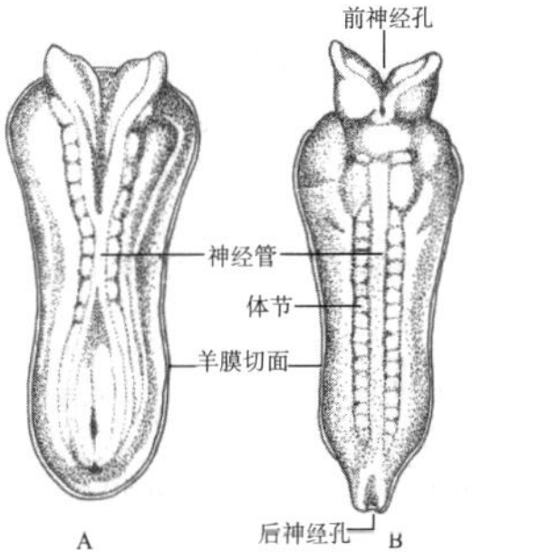

(e)神经管及体节的形成

图 15.14　神经管的形成

仔细地分析一下图 15.13、图 15.14，就会派生出来三个问题：

①为什么同由神经管形成的脑和脊髓有着不同的解剖结构？

②为什么前神经孔不闭合，则形成无脑儿？

③为什么同是神经管发育的脑和脊髓，大脑半球和肢体的关系是左右交叉的，而脊髓的神经走向则是同侧的？

回答这三个问题的现成答案就是：脑和脊髓虽然同起源于神经管，但脑起源于神经管的前部，脊髓起源于神经管的后部，如图 15.15 所示[21]。

脑区的形成大多数脊椎动物脑的早期发育是相似的。哺乳动物早期神经管为一笔直的管状结构，在其后端还未形成时，前端已经开始发生变化。在神经管的前端，形成 3 个初级囊泡，分别为前脑、中脑和菱脑(图 15.15.a)。当神经管后端完成闭合后，视泡从前脑两侧生长出来，而前脑本身在纵向上形成前部的端脑和与之相连的间脑，端脑最终形成大脑半球，而间脑形成丘脑和下丘脑区及视觉感受区。中脑最终发育为中脑水管。菱脑也在纵向上分化为 2 个区域，即前面的后脑和后面的末脑，后脑最终形成小脑，负责协调身体的运动和平衡；而末脑形成延脑，调节呼吸、消化道和心血管运动(图 15.15.b)。

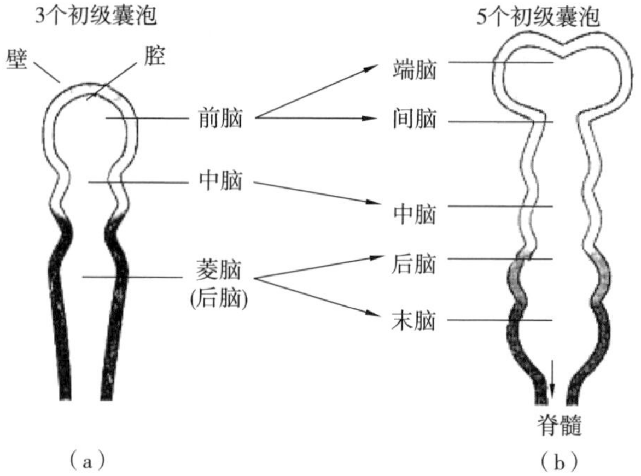

图 15.15　人类脑的早期发育[21]

图 15.15 只表示出人类脑的早期发育来自神经管的前部，而脊髓来自神经管的后部，前部和后部以两种截然不同的机理起源于脊索。在动物生物学的分类中，除去像章鱼、乌贼等这样的高等软体动物以外，包括哺乳动物在内的所有高等动物都起源于脊索动物，并且和鱼类、两栖类一起同属于“有头亚门”这一分类中，其特征是背神经管向前扩展成脑。脑被包围在颅内，脊索通常被软骨或硬骨的分节脊椎所代替。脊索消失了，消失的原因是它以两种不同的方式形成了神经管，它所记忆的基因信息转换成了神经管前部和后部所

记忆的信息：前部形成了一个脑的内部世界，它来自由脊索诱导形成的初级神经胚；后部形成了脊髓和脊神经系，脊神经和身体的各部分一样——相对于脑而言就是身体的外部世界——来自由实心的髓索直接发生的次级神经胚。初级神经胚和次级神经胚两者有着不同的形成机理。

(2)脑的形成原理

脑起源于初级神经胚，即初级神经管，或前神经管。

初级神经管的形成是由脊索中胚层与其上面的外胚层细胞相互作用的结果，由脊索中胚层诱导外胚层细胞形成中空的神经管(图 15.16)，脊椎动物初级神经管形成过程相似，[21]神经管的壁最初由单层快速分裂的细胞组成。[2]

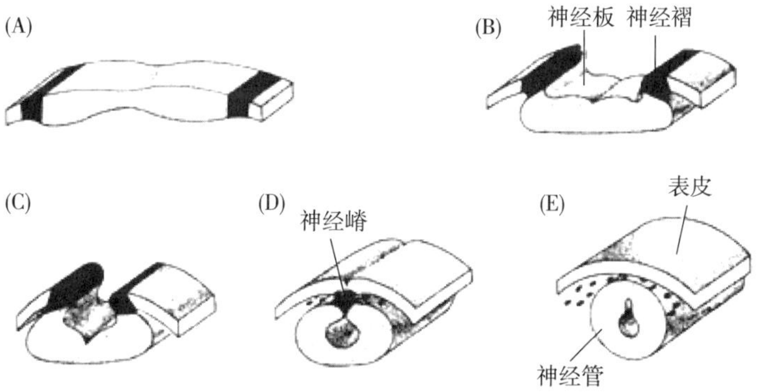

图 15.16 两栖动物和羊膜动物神经管形成模式图[21]

外胚层从最靠近背部的位置向内形成褶，最终形成外侧的表皮和内侧的神经管，其间由神经嵴细胞连接

图 15.16 和图 15.14 相互补充，图 15.14 更加侧重于神经管形成过程中和胚胎发育的总体性的关系，特别是指出“若前神经孔不闭合，则形成无脑儿”。这说明脑的发育机制是和前神经孔是否闭合相关的一个事件。为了用数学和物理的概念来说明初级神经管的空间形成和变换的原理，将图 15.16 衍生为图 15.17～图 15.19。

图 15.17(a)是图 15.16 的几何图示，为了便于几何图形的演绎，标注了各部分的符号、序号和神经板的法向和坐标系；(b)和(c)分别表示真实神经管(下凹)和假想神经管(上凸)表面法向的差异，这对于形成脑的左旋世界的信

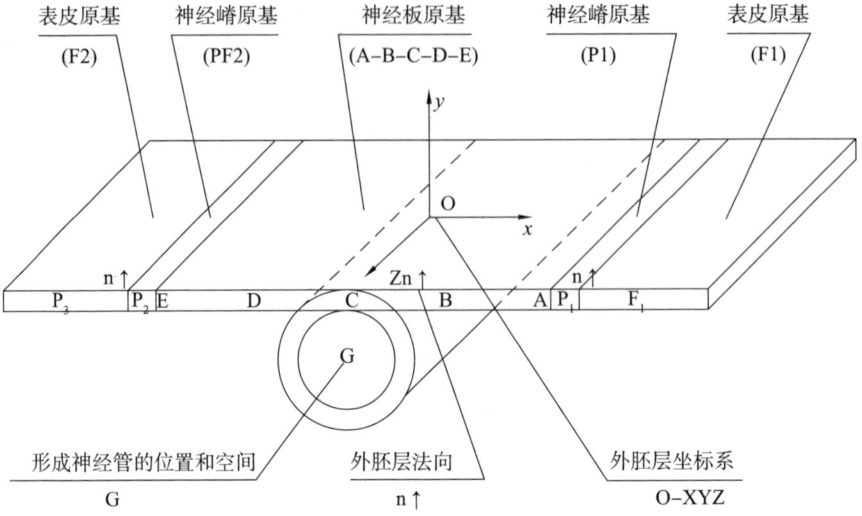

(a)形成神经管的外胚层等效的几何图示

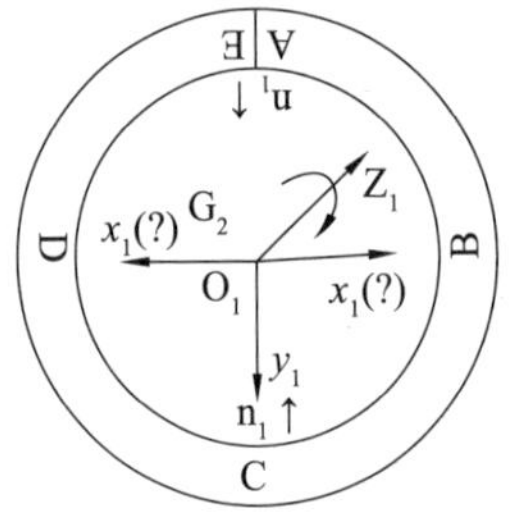

(b) 真实神经管 G_2 形成图示（下凹）

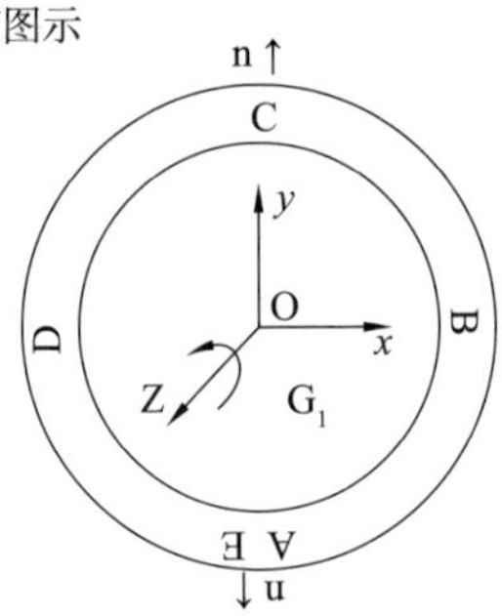

(c) 假想神经管 G_1 形成图示（上凸）

实际上“神经管的壁最初由单层快速分裂的细胞组成”，A→B→C→D→E 代表细胞的极性和运动方向；假想神经管实际上就是包裹人全身的及肤，它由神经板以外的表皮和神经嵴原基形成。

图 15.17　外胚层形成神经管的几何与坐标图示

息原理极为重要。图 15.17(b)和(c)表明假想的管 G_1 会带有和外胚层表面一样的右旋坐标系(O－XYZ)，真实神经管 G_2 带有一个新的坐标系(O－$X_1Y_1Z_1$)。这个坐标系是绕 OX 轴旋转 180°形成的，但不能确定的是旋转方向是右旋还是左旋？我们所设想的神经管 G_1 的形成模式，下面将会证明既和神经嵴的坐标系是一致的，也有助于推演并证明封闭的神经管 G_2 将会带有左旋坐标系(O－$X_1Y_1Z_1$)。管 G_1 和神经管 G_2 的差别就在于保持了外胚层法向

n↑对外的方向不变；而神经管 G_2 的 A、B、C、D、E 各点都转了 180°，指向了神经管内侧，我们用 n_1↑来表示。

如果神经管 G_2 和管 G_1 是有限长的两头开放的的管子，那么管子内部的空间和外部是连通的，也就是说，外胚层的法向指向对内、对外是等价的，图(b)并不能构成左旋坐标。这也就是为什么组织胚胎学中指出"若前神经孔不闭合，则形成无脑儿"的原因。但是，一旦前神经管闭合(后部有脊髓堵塞)，形成脑区的初级神经管就成为与外部空间隔绝的封闭状态，这时外胚层的法向指向对内、对外就不再是等价的。下面我们分析神经管 G_2 封闭与否的两种情况。

(1)神经管 G_2 和 G_1 未封闭的情况

对于管子 G_2 和 G_1 两端未封闭的情况，意味着内外空间是连通的，此时，G_2 和 G_1 构成了相对于外胚层上表面上、下镜像对称的图形，如图 15.18 所示。这种镜像对称的构图中，由于内、外空间是连通的，因而细胞表面的法向指向也就没有意义，因而可以认为由 A、B、C、D、E 所代表的组成 G_2 和 G_1 两个管子的所有点的物质都是各向同性的，即细胞是没有极性的，此时法向 n↑和 n_1↑等同，没有内、外指向之分，各点之间只是几何意义上的位置差异。图 15.18 中，我们规定原来外胚层坐标系的 y 轴指向(C)为北极，(AE)为南极。这样形成的两个管子 G_2 和 G_1 中间所包围的空间都是和外面的空间连通的，相互之间符合镜像对称的坐标变换关系，即上述的 j 变换，这也就构成了平面镜的镜像对称和真实世界的左右对称。

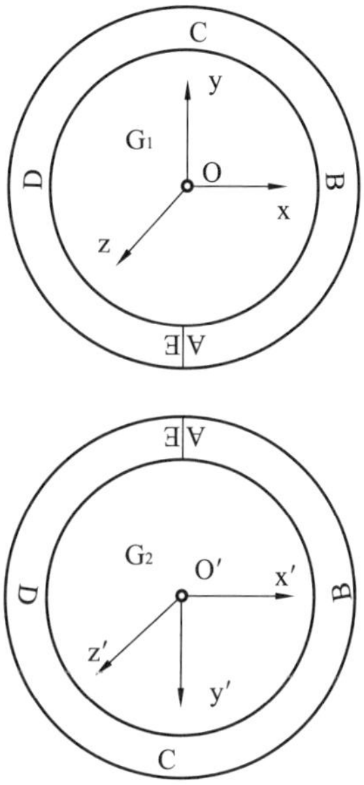

图 15.18　G_1、G_2 未封闭时镜像对称

(2)神经管 G_2 和 G_1 封闭的情况

如果以特殊延展的方式，如细胞的生长，将神经管 G_2 和管 G_1 封闭，并且保持如图 15.17(b)、(c)的法向指向不变，于是神经管 G_2 和管 G_1 都形成了各自内部的封闭空间，这样神经管 G_2 和管 G_1 就把空间分为两部分，即外部空间和内部空间。为了研究神经管 G_2 和管 G_1 的关系，我们从两个角度来进行分析：几何与信息。

• 几何原理

应用庞加莱猜想“任何一个单连通的，闭的三维流形一定同胚于一个三维的球面”，可以将神经管 G_2 和管 G_1 等同于两个中空的球 Q_2 和 Q_1，Q_2 和 Q_1 是恒等的两个球，见图 15.19(a)、(b)。

• 信息原理

从接收信息的角度来看，可以把神经板想象成一块太阳能电池板，那么 Q_1 的外表面可以照常接收外部空间的信息，而 Q_2 则不再能接收外部空间的信息。但是 Q_2 和 Q_1 之间有着信息的对应点，这个信息的对应点是怎样形成的呢？就是要将 Q_1 做一个由里向外的变换，这个变换就是里、外面相互对换，同时要保持所有各点之间的相互位置关系不变，这是从接收信息角度出发的三维空间的反演，是一个“里外反演的拓扑变换”。实际上从几何形体来讲，这种反演是不能实现的，这如同一个已经缝制好的球，只有把缝制球的线拆开重新缝制才能实现里面和外面的对调，并且保持里、外各点的点点对应的关系，即彼此之间的拓扑位置关系不变。这种变换是在发育中形成的(图 15.19)，图中球表面任一点 M 的法向为矢径 $r_M(x_M, y_M, z_M)$，球面内侧的法向则为矢径 $-\boldsymbol{r}_M(-x_M, -y_M, -\boldsymbol{z}_M)$。如果我们引用 i 变换，即：

$$r_1 = -\boldsymbol{r} \tag{3.1.a}$$

$$x_1 = -x \quad y_1 = -y \quad z_1 = -z \tag{3.1.b}$$

这样，可以将神经管球 Q_2 和假想的球 Q_1 的变换关系用图 15.19(a)来表示，图 15.19(b)中，我们规定原来外胚层坐标系的 y 轴指向(C)为北极(N)，(AE)为南极(S)。

图 15.19 告诉我们，人体中存在 Q_1 和 Q_2 两个相互映射的世界：

Q_2 是由人类(也含哺乳动物)外胚层的神经板细胞的外表面下凹构成的神经管，最终由外表面构成了一个闭合的内部世界 Q_2，这就是包裹在颅骨内的脑，包括视网膜、松果体、垂体后叶，脑是不直接和外部世界接触的器官；

Q_1 代表的是由外胚层的表皮(参见图 15.16、图 15.17.a)，即除去神经板和神经嵴以外的外胚层部分，构成人体自身的一个闭合但对外开放的世界，这个世界的边界是由表面外胚层发育形成的，它包括表皮、毛发、皮脂腺、乳腺、垂体前叶、牙釉质、内耳、晶状体。

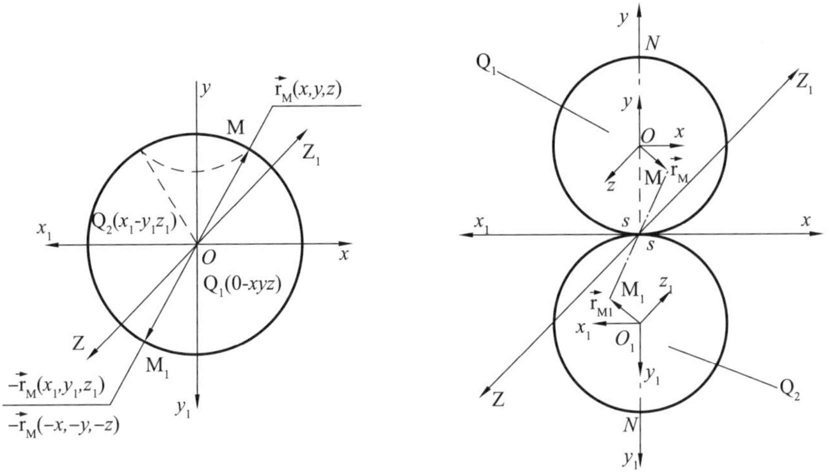

(a) 球 Q_1 和 Q_2 的宇称坐标转换
假想的球 Q_1：右旋坐标系 O-XYZ
神经管球 Q_2：左旋坐标系 O_1-$X_1Y_1Z_1$

(b) 球 Q_1 和 Q_2 的宇称转换

图 15.19　人体发育中两个世界的分野和宇称变换

Q_1：外部世界（身体）信息的直接接收和表达

Q_2：内部世界（脑）信息的间接接收和表达

图 15.19(a)还表明 Q_2 和 Q_1 虽然是具有互相变换的关系，但是不能同时存在于一个空间；图 15.19(b)又表明 Q_2、Q_1 两者都是一个闭合的世界，两者之间虽然不可能实现里、外翻转的结构变化，但是理论上可以通过在南极点(S)的接触，实现 Q_2 和 Q_1 点对点的宇称变换，它象征着每一个对应的点所携带的信息的转换。这样的信息的转换会带来什么样的结果呢？这就要用到物理学上的诺特尔定理。

15.2.3　脑与身体的宇称映射

(1)信息的变换与守恒

20 世纪初，德国女数学家阿·艾米·诺特尔(1882－1935)证明了物理规律每有一种对称性，即在某种变换下的不变性，就会相应地存在一条守恒定律。人体的脑和脑的外部世界，即 Q_2 和 Q_1 也会具有宇称变换的不变性，这就是人体接收和转换信息的宇称守恒原理。

在真实的世界里，信息也是一种进行传递和变换的能量，这样，人体在 Q_2

和 Q_1 以外还存在一个第三世界 Q_3，Q_3 是实现 Q_2 和 Q_1 宇称变换的信息通道和纽带，它是由神经嵴 $Q_{3.a}$ 和次级神经胚 $Q_{3.b}$ 同步发育形成的(图 15.13、图 15.20)：神经嵴形成了脑神经节、感觉神经节、肾上腺髓质嗜铬细胞(图 15.16.d、e)；次级神经胚形成脊髓和脊神经系统，它来自胚胎中的一条实心的起源于脊索的髓索(成人椎间盘内的髓核即脊索的遗迹)，髓索中心变空以后，就成了次级神经胚，即后神经管。神经嵴 $Q_{3.a}$ 所发育的功能是分布到全身各处与脑相对应的神经细胞，它们将人体世界 Q_1 接收到的外部世界的信息转换并传向脑区 Q_2，此为信息的对脑的输入，同时脑也会有所反馈；后神经管 $Q_{3.b}$ 所发育的功能是双向的，既能将脑区 Q_2 的信息，传递给身体的另一世界 Q_1，此为信息的输出，同时也接收来自身体感觉信息的输入。这两种传递信息的结构模式是在发育中同步形成的，脑区的闭合特性是实现信息传递守恒的前提，否则就发育成无脑儿。

(2)宇称变换与人的精神世界

有人说过，没有身体，就没有脑的存在；同样没有脑，身体也就失去存在的意义。这反映了人们对脑和身体之间映射关系的认知。这种映射关系起源于由基因决定的脊索的发育和变换，最终构成了人体精神系统的三个世界：人体世界 Q_1(颅骨以外的身体)、内部世界 Q_2(颅骨以内的脑区)和信息的变换通道 Q_3。Q_3 由属于 Q_2 的延髓(Q_{2ys})和属于 Q_1 的周围神经系统($Q_{3a}+Q_{3b}$)所组成。图 15.20 表达了这三个世界之间的相关性，凸显了物理学的宇称变换的原理在真实的人类身心发育中的至高无上的地位。

需要说明的是，图 15.20 中表面外胚层形成了身体的外表，即和外部世界接触的边界；神经嵴以及由实心的髓索形成的次级神经胚(后神经管)二者最终发育成分布全身的周围神经系统。身体外表和周围神经系统，两者同属于身体的右旋坐标体系，一起和脑的左旋坐标系相对应。对脑而言，信息输入和输出时除去坐标变换以外，还有一个输入时缩小和输出时放大的变换系数，这是由脑和身体的几何尺度不同引起的，应该是一个自小长大不断变化的生理性的经验系数。从生物学可知，通过枕骨大孔进出脑的信息在延脑进行了脑内、外坐标系的变换，这就是我们脑和身体之间左右交叉支配的缘由。

15.2.4 结论

哺乳动物从受精卵的第一次卵裂开始就在按照基因规定的时序建立一个

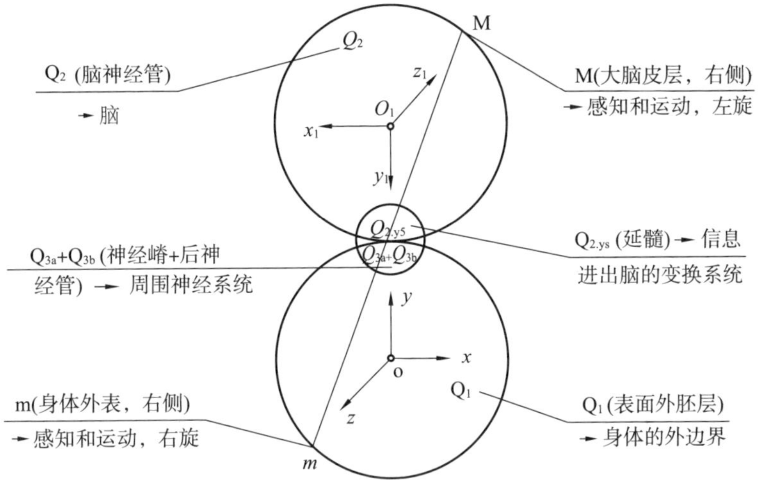

图 15.20　人类身心发育的左右旋对称体系

$Q_{3a}+Q_{3b}$是在颅脑外的右旋世界，Q2ys 是在颅脑内的左旋世界，

二者一起构成颅脑内外左右旋世界的过度和对接。

三维的空间信息结构体系，这个体系由类似俄罗斯套娃的两部分组成：

(1)身体是由表皮构成一个闭合的但对外和对内开放的系统。对外是指身体以外的世界；对内是指套在其中的由颅骨包裹的脑。

(2)脑是一个闭合的但对身体开放的中枢信息系统。

宇称对称是这个体系的核心，它使脑成为对外部世界的一个间接开放的信息系统，有如中国人所言“秀才不出门，全知天下事”一样，宇称变换给闭合的脑带来了一个和域外的四维时空世界进行关联和通信的海量的信息流，脑就是这样形成了由信息流组构的意识。宇称守恒的迭代效应既发生在个体身上，又贯穿在代代相传的基因中，这使哺乳动物的身心不断进化，成为最富有智慧的高等动物，人类就处在这一进化的巅峰上。

“脑和身体左右交叉支配”的发育机制和过程应该是发育生物学的一个命题，而且几乎从中学时代开始就是人人皆知的生理现象，但又是一个谜。本文根据生物学的观测、记载，从数学、物理学原理出发，做了一次推演的尝试，得出了一个如图 15.20 中所表达的一目了然的结果。这一结果正如前面三篇所述，对于解读人类的认知和思维过程是有用的，也是完全一致的。

15.3 中枢信息系统

15.3.1 哺乳动物信息体系的进化

由表15.1可知,从一些低等动物开始就有“脑”的出现,例如,节肢动物的脑由前、中、后脑组成,有一对平行传递的链状神经系统;鱼的脑在颅内,作为脊椎动物的典型,脑和脊髓组成了中枢神经系统,同时也具有周围神经和植物神经系统。虽然脊椎动物脑对身体的神经支配是交叉型,和节肢动物的平行传递型不同,但是二者有着一个共同之处,这就是无论是平行传递或者是交叉传递,两路信息之间是不相关的。对于大脑皮层不发达的低等脊椎动物,丘脑是最高级的感觉中枢,纹状体成为最高级的运动中枢,大脑半球的运动指令主要是受嗅觉刺激的支配,嗅觉信息总是平行传递不发生交叉的,因此鱼类尽管是脊椎动物,但就其运动的指令形成机制而言和节肢动物没有本质上的差别,正如在1.3.3节中所分析的,鱼类总是在所要追逐的食物同侧进行摆尾。爬行动物和鸟类逐渐地减少了对嗅觉的依赖,大脑中的纹状体有更多的来自丘脑的感觉神经纤维,融入了视觉等嗅觉以外的信息,使神经信息的交叉通道的功能得以发挥,这就是爬行动物和鸟类的进化之处。但是这种进化并没有改变两个左右交叉的神经通道是互不相关的这一特点,在昆虫和鱼的世界里,以及在哺乳动物以外的各类脊椎动物的世界里,左右两个世界是分裂的、彼此不相关的,这可以从裂脑人那里得到证明。

从20世纪30年代开始,就有人不断地提出这样一个问题:如果将哺乳动物连接大脑两半球的胼胝体切除,动物会是什么样?或者说,动物的脑会怎样工作?切除胼胝体的实验在20世纪五六十年代由诺贝尔奖得主罗杰·斯佩里(Roger Sperry)用猫和猴子来完成,称为大脑联合部切开术实验。实验清楚地表明,当一只猫或猴子的脑被分开两半时,可以教它的一侧半球学会一种反应,而另一半球则学会另一种、甚至对相同情况的完全矛盾的反应。斯佩里的结论是:

> 切断连接以后的脑半球好像不再意识到对侧半球内发生的认知事件。也就是说,每个半球有它自己的、基本上相互分离的认知范畴,有其各自的感知、学习和记忆的经验,而且对对侧半球的相应事

件看上去并不在意。[23]

与此同时，著名的心理学家费西勒则提出，“如果将大脑两半球沿前后纵向从中间一切两半，所得到的将是两个(分裂的)完全一样的人格”。[24]由于众多的癫痫病人需要施行大脑联合部切开术，因此“裂脑人”的病例很多，其表现和动物实验是一样的，最为典型的表现是语言，对于外界刺激的反应只有单侧(通常为左侧)会用语言来表达。大脑左右两半球的信息不能相互传递和交融，左右手会互不相认而成为异己手，大脑的思维是分裂的，形不成左右两半球大脑互补的神经元思维网络。

值得注意的是，施行大脑联合部切开术时，看上去只是给病人或者实验的动物带来很小的残疾，如站立、行走、跳水和游泳以及在睡觉和清醒时，身体的一般功能都依然如常，因为跨越左、右低级脑区的神经连接并没有受到大脑联合部切开术的影响，运动功能有如鱼和爬行运行一样。

大脑联合部切开术从生物学的进化角度来看，等于使哺乳动物回归到像鸟类、爬行动物等低等脊椎动物的时代，同时也会对节肢动物神经信息的并行机制得到解释，它们的左、右侧是各自独立的(图 1.11)。由此我们得到了哺乳动物的脑功能有别于其他脊椎动物的第一特征——胼胝体的出现构成了完整脑的中枢信息功能。

哺乳动物的另一个特征，就是听觉对意识和智力进化的至关重要的作用。图 11.4 告诉我们，哺乳动物在进化中是极特殊的一个分支，它们的听觉的三块听小骨是由兽形爬行动物的方骨、关节骨和舌颌骨演化形成的，其感受到的听觉信息对于脑形成全方位、完整的中枢信息系统起着至关重要的作用。

猫科动物、灵长类动物双眼视线是平行的，因此在脑中形成的是一个物体的立体图像，左右脑的信息在脑中拼接在一起是一幅完整的图像，胼胝体对左右脑的连接，实际上确认了这一幅图像左右之间的同时性、一致性，和实物之间在外形及色彩方面的等同性，这就构成了视觉的真实完整的信息。但是物体的视觉信息会被障碍物遮挡，而声波是可以绕过障碍物传播和接收的。如果哺乳动物不具有现在这样的听觉功能，那对于现存的非洲大草原上的食草动物和食肉动物都是难以想象的另一种生存模式。

15.3.2 从抽象信息到大脑主导半球

在接收外部世界的信息上，动物和植物的差别就在于植物是直接接收自然信息，发生化学作用，而动物则首先要将自然信息转换成由电信号表达的生物信息。在第 8 章我们已经引用过《神经生物学》对神经信号的研究结果，即神经元电信号的同一性，它不只表现在体内的所有神经细胞中是相同的，而且在不同的物种之间也是极其相似的，看不出有什么差别。神经元电信号的同一性表明，高等动物的意识、思想以及我们人类的精神活动、聪明才智只是和神经元体系的结构性的演化，或者说与脑的进化有关，意识和智慧可以从构成低等动物的神经网、神经节、神经回路乃至神经元网络中看到一些端倪，但是人们必须注意进化中的这一事实：

哺乳动物进化出了胼胝体和听觉器官，带来了意识和智慧进化的飞跃。

所有的生物都是一个开放的系统，其生存除去和外界进行物质－能量的交换以外，还必须和外界进行信息－能量的交换，哺乳动物在生物进化链中，有着明显的进化趋势：

- 植物接收的是自然信息；
- 低等动物感知的是左右独立的自然信息，并转化成左右独立的生物电信息；
- 哺乳动物感知的是左右一体的自然信息，并转化成由生物电表达的完整的形象信息；
- 人类感知的是宇宙的自然信息和用符号编码的语言信息，并转化成由生物电表达的形象信息和抽象信息。

植物不具有神经元，所以只能被动地、有选择地接收自然信息；动物具有神经元和神经系统，从而可以有选择地接收外界的信息，进而形成低等动物的生物电信息和哺乳动物的形象信息；人类则在形象信息的基础上创生了抽象信息和抽象思维，并进化出人类大脑特有的总体性分工：以语言为象征的语言区，由大脑的单侧半球来承担，并且形成人脑的主导半球。

形成人脑的主导半球是脑自然进化的结果，这表明抽象信息是形象信息集成化的表达。在人脑中，左右半球是形象信息的记忆库和形象思维的载体；而抽象信息的记忆库和抽象思维的载体则是由左右脑半球＋语言区的组合来实现的，因此语言区所在的半球也就成了主导半球的象征。

15.3.3 信息的编码与神经元网络

神经元对外界信息的感知只能是和周围事物特性可比较时，才能为脑所认知，单个神经元做不到这一点，所以人体感受器中的每一个部位都具有一个感受野。脑所接收的信息是由一个感受野内多路神经细胞的电信号来表达的,众多神经细胞信号的并行和编码,就构成了脑所感知的信息。每一个神经元发出的电信号脉冲为0或1(信号的形式是全无或者全有,即关和开),以及表达信号强度的脉冲频率,多神经元信息的同时表达和传递,就构成了大脑中若干个神经元参与的网络式的信息编码,这种信息编码的采样频率为40Hz。信息起源于各种感受器的神经细胞,中枢神经系统接收到的信息来自神经节细胞,每一个神经节细胞又拥有一个覆盖众多神经元的感受野。

因此,人脑中的信息的名称和内涵则是由神经元网络来表达的,但对于哺乳动物而言神经元网络只具有形象的内涵,没有语言的名称;对于人来讲,语言构成了神经元网络的抽象内涵,即名称。神经元网络正是从新生儿开始伴随着信息的输入而自动形成的,所有外界和生存相关的信息都以神经元网络的形态记录和保存了下来——人类是如此,哺乳动物也是如此。而这种基本神经元网络和外界信息之间的一一对应的关系,对每个人都是特有的和独一无二的,这种差异往往会决定我们是否聪明和是否有创造力。

一个神经元网络会由多少个神经元组成,我们现在没有找到答案。对于信息而言,在神经生物学的书籍中,往往是一个神经节,或是一个投射区,这就是相应感受野的神经细胞。作为参考,我们在第8章中提到的小鼠的全部触须是40根左右,这就是大脑皮层中一个典型的触觉感受野的神经元的数量。嗅觉的感受野大概是几十至几百个嗅觉细胞。视神经节细胞感受野的大小,取决于它在视网膜中的位置:一般位置,可见光的感受野为为15～46个视杆细胞,有色光为5～20个视锥细胞;视网膜中心区的神经节细胞,比周边区细胞有更小的感受野中心,视敏度最高的中央凹的神经节细胞的感受野最小,可以是由单个视锥细胞提供输入,其直径约为2.5μm,对应于0.5的弧度,而在视网膜周边的感受野最多可以覆盖250个视杆细胞。正如信息本身不是孤立的一样,神经元网络的功能也不是孤立的,不是像一个神经回路那样直观和可线性化处理,为此,我们引用《神经生物学》一书对水蛭体节神经节的研究成果,作为对神经元网络功能的近似描述[2]:

> 水蛭中枢神经系统由21个定型的神经节组成。
>
> 水蛭的身体和神经系统精确地分成节段,由许多在整个动物全长都相似的重复单位(体节)组成。每个体节有一个定型的神经节支配,此神经节与其他所有神经节均十分相似。每个神经节只含有约

400个不同形状、大小、位置和分支模式的神经细胞。每个神经节通过成对的轴突触[根]的方式来支配一个确定的身体区域，而通过另外一套轴突触[达索]来与远近的神经系统部位交流。

当我们敲击、压迫或捏一个水蛭的皮肤时，会导致一连串的运动。一个或多个体节突然缩短，并且皮肤升高或一连串明显的隆起。然后，该动物弯曲、翻腾或游开。

图15.21显示一个水蛭神经节中鉴别出的感觉细胞、运动神经元和中间神经元的分布。图中标示为T、P和N的14个神经元是感性的，并且代表3种感觉模态。每个细胞选择性地对皮肤的触(T)、压(P)或伤害性(N)机械刺激做出反应。

图15.21对水蛭体节神经节的研究，给予我们一个启示：在单个的神经元和中枢神经系统之间，有一个神经节或者是投射区(类似哺乳动物视觉和触觉系统中的感受野)。单个神经元并不是直接和中枢神经系统发生信息关系，这些神经元之间相互连接，形成了一个局域的信息网络，最后是由所谓的[根]、[达索]和处于中心地位、不成对的神经元(S)来和中枢神经系统以及其他或远或近的神经节相关联。这正是我们所要界定的一种神经元网络的功能和存在形态。

水蛭神经节体节的研究，多少可以反映出在大脑中，神经元网络将会是如何成为记忆、思维中的一个基元的。在图15.21中：

- 在一个小范围内，由具有某些功能的神经元相互连接，构成了一个感知和表达外界信息的神经元网络；.
- 通过[根]对行为起一定的支配作用；
- 通过[达索]与远、近的神经元网络交流，参加到更为广泛和高一级的神经元网络之中；
- 通过S细胞与邻近的相似的神经元网络交流，由于S细胞是不成对的小神经元，它在该动物的逃逸反射中起作用，因此代表了相邻神经元网络间整体信息的整合。

以这种形式存在的神经元网络会具有普遍的意义，即从感觉神经元到运动神经元之间有一个中间神经元来协调和处理，这是从低级动物直至哺乳动物进行感知和应对的一种基本模式，是一种信息存在形式的变换，它等价于信息，并且逐渐进化成记忆的基元，思维的基元即意识的基元，但是它并不等价于意识。

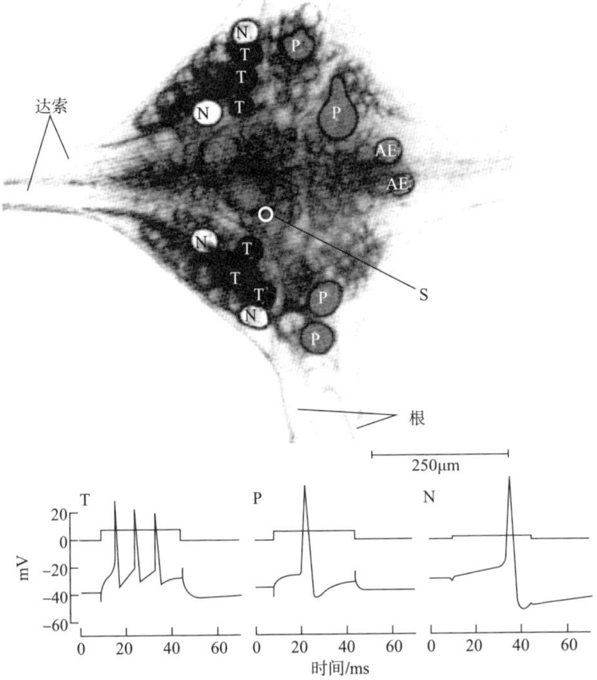

水蛭体节神经节的腹面观。单个细胞可被清晰地辨认。对触觉(T)反应的3个感觉细胞和成对的、对皮肤的压力(P)机械刺激或伤害性(N)机械刺激反应的细胞类型被标出。如下面的记录所示，每种细胞产生不同的动作电位。T细胞中的冲动比P或N细胞中的更短、更小。通过微电机极注入细胞的电流显示于上方的扫迹。神经节后部勾画出的细胞是环形立肌(AE)运动神经元。S细胞是一个与邻近神经节中的相似神经元相连的、不成对的小神经元，它在该动物的逃逸反射中起作用。

图 15.21　水蛭体节神经节的腹面视图[2]

（水蛭的皮肤感觉神经元网络）

高等动物和人类的意识需要有更高层次的整合，这就涉及神经细胞的特化、脑的信息分区和脑对信息如何整合这三个命题，这是脑的整体性功能——其结果形成了我们的意识，意识是脑自然进化出来的一种最高级的功能。

15.4　脑的自然进化与意识的创生

15.4.1　神经细胞的宇称特化

从图 15.13、图 15.16、图 15.20 可以看出外胚层的神经管、神经嵴和脊索中胚层特化生成两大类神经细胞：

第一类是由前神经管生成的包裹在颅骨中的脑(视网膜是脑在颅骨外的延伸,但不等于脑),它形成了一个闭合的世界。

第二类是由神经嵴和后神经管生成的在颅骨以外的周围神经系,包括脑神经、脊神经和内脏神经以及与这些神经相连接的感觉神经节和植物神经节。

颅脑中的信息来自哪里?

所有颅脑中感知的信息都是来自所有感觉器官的神经节,每一个神经节有一个感受野,不同的感受野包含不同数量的神经元,在几十到几百个不等,例如视网膜有1亿～10亿个感光细胞,但只有100万个神经节,传递100万路信息到大脑。神经节的信息来自感觉神经元,所有的感觉神经元又都不是暴露在外、直接接触外部世界的,它们所感知到的信息都是由身体的边界所传达的,例如,皮肤首先承受到机械和冷热刺激,形成神经细胞的触觉、痛觉和温度觉;晶状体首先将物体的光线聚焦在视网膜上,形成视杆细胞和视锥细胞的视觉信息;内耳首先将声波转变成耳蜗中基底膜的振动,才形成耳蜗毛细胞的声音信息;嗅器分布在鼻腔上部、味器即味蕾则分布在舌、腭和会厌等处。

正如我们在图15.20中所表达的,身体的边界是闭合的,但是它又是一个开放系统,皮肤和晶状体、内耳等各种体表的器官和神经系统的感觉神经元一起,构成了一个接纳身体外部信息和能量的世界,物理信息和化学信息都转变成电信号的信息。

我们需要研究的是:这是一种什么性质的变换?这种变换对信息的变化带来什么结果?

(1)这是一个宇称变换

在所有感知的信息中,视觉通过眼球、位置觉通过半规管对信息进行了宇称变换,即由颅脑外部的右旋坐标系转换成颅脑内部的左旋坐标系(参见第5章、第6章),其他信息的变换是在进入颅脑时由延髓的交叉来实现。

(2)这一变换起源于外胚层的分化

所有信息的这一变换是由外胚层和脊索中胚层神经细胞的特化来实现的。由前神经管形成的脑闭合于颅骨中,它和神经嵴、后神经管发育成的神经细胞处在两个左右旋对称的空间中(图15.20):前者在神经胚下凹形成封闭的神经管以后,就实现了脑细胞的空间变换,而成为左旋坐标系;后者与表皮所发育形成的的皮肤、晶状体、内耳一起构成了各种感受器,同处于颅骨以外的同一个空间，共有一个坐标系，即通常人们所习惯使用的右旋坐标系。

(3)不同的信息通过特化的神经细胞与神经元网络来表达

所有的脑内外的神经细胞都必须按照在两个不同坐标系的空间位置各就各位，这就是在神经系统发育过程中，脑内外各种神经元不断地发生、分化、迁移(脑内的神经元是由胶质细胞保驾护航、定位迁移来实现的)的原因，其结果就是我们所看到的脑内外的各种各样的神经元。这些神经元各有特色，例如视觉和听觉细胞就是以不同的机理感受不同的信息，相互是不可替代和置换的；又如，脑内的神经元更是多种多样的，仅凭观察就可以按照细胞的差异将大脑皮层划分为 52 个区(布罗德曼分区)。

单个神经元所感受、转换后的信息都是相同的电信号的模式，神经节的电信号则是一个感受野的信息，多个神经节的信息同时并行地传递又会形成大脑由神经元编码的信息编码，我们将之称为神经元网络。神经元网络是交叉、并行的，在大脑中是由具有 6 层的大脑皮层中的不同功能的神经元来实现的。6 层大脑皮层构成了一个立体的信息载体，但是皮层柱还是以大脑皮层表面的位置来定位的，从视网膜的信息传递来看，视网膜地形图一直保持不变至大脑的视皮层(17 区、18 区)。

脑中的信息是由众多的、有限的神经元的参与来表达的，我们将这种对信息的表达形式称为“神经元网络”。神经元网络是记忆、思维和行为模式的一个动态的基元，它可以形成稳定的长久的记忆，或是处于静息的存储状态，也可以不断地优化和扩充，处于思维的链接和程序化的运行中……总之，它构成了外部世界在颅脑内的映射，由神经元网络的相互关联和集成形成的信息的流动，就是我们的意识和思维活动。

(4)意识活动与物质运动是同一的

意识和思维常常被称为精神活动，这种活动和外界物质运动是什么关系？答案是宇称映射的关系，是以颅骨为界的内部世界和外部世界的映射关系。这种关系，不只是可以用神经胚以下凹的方式形成神经管来推演(见 15.2 节)，而且位置觉和视觉的形成都证明两者是完全相同的空间变换，即宇称变换。位置觉起源于牛顿的惯性定律，视觉起源于马克斯韦尔的电磁场定律，两者在宇称变换下都被证明是守恒的，也就是说，颅脑内神经系的运动和外部世界一样都遵循惯性定律和电磁场定律，量子力学的规律也不应该例外，宇称守恒原本就起源于量子力学。

这就是由物理学的力学、电磁学和宇称守恒定律，结合人体的发育和身体结构推演出来的人类的"认知原理"，也是人们在对客观世界的认知上能达成共识的源头。

15.4.2 为什么说脑是自然进化的

在我们的认知中，很自然地会有两个问题困扰着我们：这就是视网膜上倒置的像是在什么地方正过来的？我们的脑对身体的支配为什么是左右交叉的？正是这两个问题引发我们写了这本书。即使我们认为这本书写得是有道理的，但我们还是会思考和提出这样的问题：在我们脑中"看"到的究竟是什么？是电信号，还是一个栩栩如生的世界？在我们回答这个问题之前，先看看在我们脑中"听"到的究竟是什么。

1. 我们脑中听到了什么

对此，我们从"耳蜗毛细胞是怎样编码声频"这一问题开始，耳蜗毛细胞对声波的频率响应如图 15.22 所示。

图中给出了不同频率的感受野，图(A)中不同频率的振幅曲线表明低频的感受野范围很大，接近全耳蜗，随着频率增高而减小，图(B)表示支配耳蜗不同部位的第 8 对脑神经的 4 根纤维单独的调谐曲线，每一根纤维都有一个最佳的谐振频率。那么感知的声音怎样才能用编码的方式来传送呢？那就是对应于每一个最佳频率的一根神经纤维都会发送给大脑一个(0 或 1)的脉冲信号，其强度用脉冲的频率来表达，所有神经纤维的信号总和，构成了听觉信息。

神经生物学对大脑听皮层的研究提出了神经元细胞的特化和这种特化与听觉空间的映射关系，很有价值，详细引用如下[2]：

> 听皮层
>
> 经背侧和腹侧耳蜗核处理的听觉信息上行输入至听皮层。初级听皮层(primary auditery cortex)(A_1)位于颞叶上缘，相应于 Brodmann 41 区和 42 区。猫的 A_1 暴露于脑的侧表面，因此大量综合的解剖和生理学研究在猫上进行。微电极研究表明，A_1 也具有柱状结构，同一垂直轨迹上的细胞具有相同的最佳频率，实际上，A_1 组织成为垂直于音调定位轴的等位皮层带或皮层片。
>
> 猴的听皮层包含 3 个完整的耳蜗定位图，从内测膝状核平行投射至所有这些区。这三个区最后面的部分，按组织学特征对应于初

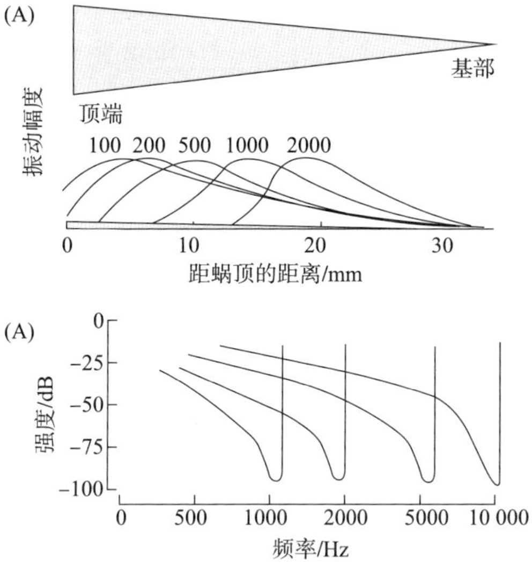

耳蜗调谐。（A）声波引起的耳蜗基底腹最大位移的位置取决于频率。曲线表示在所指频率（100–2000Hz）处的相对位移。在低频处，最大位移在较宽的（更有弹性的）顶端膜附近；高频产生的最大位移靠近较窄的（更刚性的）基部。（B）支配耳蜗不同部位的第八对脑神经4根单独的纤维的典型调谐曲线。以引起纤维放电的声强（以分贝数表示）相对于声刺激频率作图。纤维的最佳频率（需要最小刺激强度的频率）分别为1000、2000、5000和10 000Hz。
（A引自von Bekesy，1960；B引自Katsuki，1961。）

图 15.22　耳蜗的频率响应[2]

级听皮层。围绕这一中心是次级听皮层区，它与初级皮层和内侧膝状核的亚区相互联系。这样，在听皮层，串行的和并行的处理同时存在。脑电图描记和功能性磁共振的研究提供证据表明，人听皮层有相似的组构，甚至在无声的观唇辨意（唇读）时，此皮层区也会被激活。

与其他感觉皮层类比，人们会预料耳蜗定位图可以细分为不同的功能区……初级听皮层也是按听觉空间定位映射的，尽管目前尚未被证明。

……

人类语音的基本成分（称为音素 phoneme）对所有语言都是共同的，是牙牙学语的婴儿在选择特定的音素组合成词之前首先发出的声音。基本声可被分析为频率-时间关系的组合——例如，一个1000Hz的连续成分伴随一个始于5000Hz迅速降至500Hz的调频成分时，这种成分称为频率单元(formant)。

我们可以期望，在人听皮层可以发现对特殊频率单元或者音素起反应的高级细胞，这一原理也适用于其他动物。例如，在髭蝙蝠听皮层中的一些细胞，对等价于蝙蝠自身语音的恒定频率和调谐频率的纯音的特异组合有反应。同时，我们可以预想，在蝙蝠和其他哺乳动物的听觉系统中，寻找对人类声音有反应的细胞是徒劳的。然而，这种高级细胞已在被训练为能讲话的鹩哥上发现。语音编码的皮层机制可能在猿猴这种动物上发现，因为猿猴能利用有限的、定型的系列鸣叫进行交流。

以上的论述表明，神经科学家对听皮层的研究，最后归结为这样的一个问题：初级听皮层是由具有不同特征频率的音素细胞(神经元)组成的，它和图15.22耳蜗的频率响应定位图互为映射的关系，也可以说，这是以"频率响应定位"为特性的一种拓扑变换图。音素细胞是人类语音的基本成分的源头，对人类所有语言都是共同的，是牙牙学语的婴儿在选择特定的音素组合成词之前就能发出的声音。上述引用中有一些不是太确定的表述："我们可以期望，在人听皮层可以发现对特殊频率单元或者音素起反应的高级细胞，这一原理也适用于其他动物。"说白了，就是听皮层中的这些音素细胞的蛋白质可以形成人在听域范围内所有频率的响应，有如鼓膜上所接收到的音频振动一样(不过，音频信号和外界相比自然会是极其微弱的)。这是真的吗？在上述引用中，神经生物学家说，这是"尚未被证明"的"预想"和"期望"。

2. 我们脑中看到了什么

《神经生物学》[2]对视觉的觉知作了全面的、深入的研究和实验，一步步地解析了视觉信息的生成、传递直至大脑对视觉信息的处理和整合，对于大脑如何解读视觉信息中包含的内容，如背景、形状、运动、对比度、物体的细节、立体感和颜色等，都具体到皮层的部位和信息解读的机理(有兴趣的读者可以参看原著)。效仿上述神经生物学家对听皮层中存在"音素细胞"和"频率响应定位图"的"预想"和"期望"，我们不妨也对"脑中究竟看到了什么？"做些分析、预想，期望这些分析和预想能得到进一步的证明。

探讨这个问题，不能离开我们对外部世界的视觉感知。神经生物学的实验和测试告诉我们，从视网膜传递到大脑的是由电信号组成的视觉信息，但是每个人脑中所看到的却是一个多姿多彩、栩栩如生的外部世界的图像，一个区别于镜中虚像的实像。不止如此，脑还对双眼的视觉进行了综合处理，立体感是在视皮层的第 4 层中通过双眼信息的组合才能形成的一种感知，实际上这也是大脑创生的一种意识（对此，可参看《神经生物学》[2] p484～485，图 20.8。因为过于专业，不详述）。

我们特别强调脑中的像是实像的道理，因为它是由电信号编码的信息，通过原子、分子作用在神经元的蛋白质受体上形成的，这种原子、分子的运动相对于视网膜上"感光细胞"的信息变换而言是逆向的还原过程，也就是说，视网膜上的感光细胞吸收一个光子，发射出一个电子，将光信号变成了电信号；大脑皮层中的还原过程应该是（作者的推论）吸收一个电子，发射出一个光子，将电信号变成光信号，形成了我们脑中所看到的图像。这样，大脑就是以 40Hz 的频率直播着视网膜上所感受到的外部世界的景象，同样地五光十色、五彩缤纷——这就是时时刻刻伴随着我们的自我意识的表现。

上述对自我意识的形成，虽属推论，但所依据的是宇称变换及其守恒原理，按照这一原理，神经系统信息的变换和运行也都会遵循经典力学和量子力学的定律，表现出来的就是精神活动的共同规则、有序性，以及精神和物质的同一性。

《神经生物学》[2] 一书的副标题虽然是《从神经元到脑 FROM NEURON TO BRAIN》，但作者还是要强调《神经生物学》中表述的这样的观点："解剖学、生理学和心理物理学实验都非常一致地揭示了对于感知皮层的设计。从这些研究中得到的一个重要的原理是，分离的通路从视网膜开始一直扩展到意识。"这样的观点旨在说明感知皮层形成意识的过程是两步走：第一步是对分离通路信息的接收和变换；第二步解读和整合，而形成脑的意识。而脑能不能真实地感知到外部世界，就在于所有的感知皮层能不能实现信号的还原：将电信号编码的嗅觉信息还原成嗅源的分子信息；将电信号编码的视觉信息还原成视觉细胞感受的光感和色觉；听觉、触觉等也一样。由此，我们就提出一个问题：电信号的信息能否在脑中由感知皮层还原呢？

这个问题虽然没有明确地被提出来，但是在《神经生物学》一书中解读色觉和听觉的感知时却有所涉及，也就是说，在大脑皮层中都有青睐于视觉和听觉感知的细胞，这些细胞可以从单一的电信号还原成眼球的光感和色觉，还原成耳蜗的音频，我们将这样的细胞称为视皮层的“光频细胞”和听皮层的“音素细胞”，它们与视网膜的感光细胞和耳蜗的毛细胞形成一对对“宇称细胞”。

图 15.22 表示耳蜗的频率响应的定位图，而初级听皮层也会是按听觉空间定位映射的，尽管目前还没有完全被证明，而传递信号到大脑的神经纤维都各自有着自己的最佳响应频率，图中的 4 根纤维分别是 1000Hz、2000Hz、5000Hz 和 10 000Hz。这里我们不能肯定的是，当初级听皮层的 4 个神经元分别接到这 4 根纤维传递来的电信号时，会不会立即在神经细胞各自的蛋白质中形成这 4 个频率的响应？答案是应该“会”(有待证明)，因为电信号只是传递信息的工具，真正所要表达的是物理量，在这里就是激发出各个神经细胞的特征频率上的振动和强度。

《神经生物学》中有关大脑对色觉的感知，可以更接近地说明初级视皮层中色觉通路上是会有神经细胞形成物理一心理的色觉的，而不是停留在电信号上。为什么说色觉是物理一心理的感觉呢？因为视杆细胞和视锥细胞所含的对光敏感的视色素分子都是由两部分组成的，即生色基团和视色素蛋白。视杆色素(视紫红质)和三种视锥色素含有同种生色基团——11 -顺视黄醛，但是各种不同的视色素蛋白的氨基酸序列各不相同(图 15.23)，仅有几个氨基酸的差别就能产生不同的光谱敏感性。

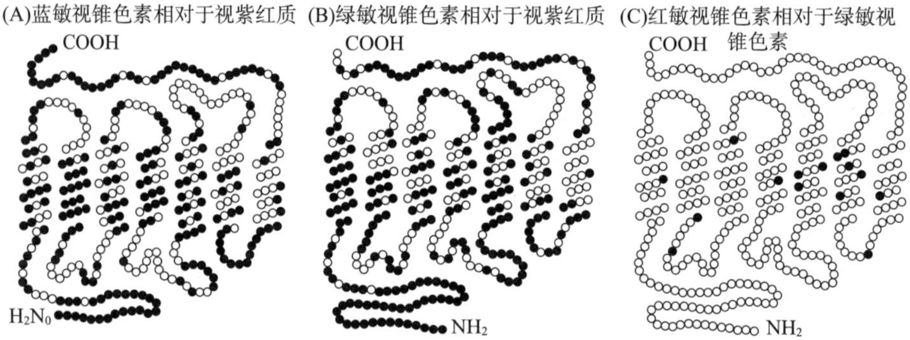

红、绿和蓝敏视锥色素氨基酸顺序相互比较，以及与视紫红质的比较。每个黑点表示一个氨基酸的差别。（A和B）蓝和绿敏视锥色素与视紫红质的比较。（C）绿和红敏视锥色素的比较。红和绿敏视锥色素的序列高度相似。（引自Nathans，1989。）

图 15.23　红绿蓝视锥色素氨基酸顺序相互比较以及与视紫红质的比较[2]

由此可以看出，光在我们视觉中有两个作用：一是描述物体的时空特性，如大小、形状、运动状态，这是由视杆细胞和视锥细胞共同完成的，视锥细胞侧重用于细节的分辨；二是描述物体发射和吸收波长的特性，如颜色，这是由视锥细胞来完成的。视杆色素(视紫红质)的感光原理是光量子效应(图 6.8)，所有的视紫红质都有着共同的生色素基团和视色素蛋白的分子结构，因此所有动物对于太阳光的感觉应该是一样的。但是视锥细胞的视蛋白分子的氨基酸序列不相同，也就是说，视锥色素中的视蛋白分子对于生色基团的生成的颜色，即光的频率是有选择的，或者说不同的视蛋白分子需要不同的光子的能量(波长)才能被视蛋白分子所吸收，形成了视蛋白分子的同分异构体，这就是色觉。视网膜上有三种视锥细胞，形成了红、绿、蓝三种色觉，三种颜色的不同组合形成了不同的色调。这和音乐中的和音相似，音乐人才能够区分和欣赏其不同的音调和组合，但色彩却很难区分，原因是色觉只有三种视蛋白分子，而听觉的毛细胞所能感受和区分的频率比钢琴的琴键还要多得多。

《神经生物学》对视网膜上视杆细胞和视锥细胞感知光学信息的实验和研究最后归结为这样的的结果：每只眼球的信息集中在 100 万个神经节上，每个神经节又通过自己的神经纤维将电信号发送给大脑视皮层的靶细胞，中间经过丘脑外侧膝状体形成对大脑的投射。在这一传递过程中，有几个特点成为我们对大脑如何进行认知的重要的线索。

(1)所有的电信号都是神经系统中的通用模式

电信号为 1 或 0 的脉冲，代表信号的有或无，脉冲频率代表信号强度。这种通用的普通电信号传达什么信息呢？如果将实验测量到的电信号孤立地送给任何一位生物专家看，他都不能确认这是什么信息，甚至不能辨认这是哪一种生物的信息，所以这种通用的电信号只有和某个物种的、某个感觉器官的、某个神经节相关联的时候才具有实际的意义。也就是说，电信号类似通用钱币，只有将钱币兑现购买成实物时，才能具有实物的特性。

(2)信息的通路是单一的、专用的

每个感觉器官的神经节都有一条神经纤维通向大脑皮层的信息通路，在感觉器官的感受野和大脑感觉皮层的感受野之间形成点—点对应的拓扑映射关系，保持感知信息相对位置的空间不变性，如视觉的视网膜地形图、听觉的耳蜗的音调定位图和本体感觉的定位图。

(3)信息的宇称变换与宇称细胞

外界的信息从被感觉器官所接受直至传递到大脑皮层是一个信息输入的宇称(k)变换过程(参见 7.3 节，嗅觉除外)，这一变换一定符合宇称守恒原理，即信息是按照经典力学(牛顿力学和马克斯韦尔电磁学)和量子力学的规律运动的,因此电信号在变换和传递过程中的属性没有改变,始终是人所感受到的外界的信息的表达。

人所感受到的信息是指由各种感觉器官的细胞来完成,所有的感觉器官都是由各种氨基酸和化学物质组成的,如视觉的视杆细胞、视锥细胞,听觉的耳蜗毛细胞、触觉的触觉小体、嗅觉的嗅器等,它们将光学的、力学的和化学的信号转换成电信号传递给大脑,所以由全身各处的感觉神经节传递给大脑的同一模式的电信号只有和不同的感觉细胞——具有不同的氨基酸组构的蛋白质——相关联时,才能具有传递不同的外界感觉信息的意义,这就规定了不同的初级感觉皮层会具有不同的神经元,这些神经元的蛋白质组构和相应的感觉细胞应该有一定的相关性,因此我们说,大脑皮层的神经元和感官的感觉细胞构成"宇称细胞"。

(4)"宇称细胞"之谜

作者在15.2.2节中,按照发育生物学中对于神经管和神经嵴的形成以及神经系统的发育过程进行了分析、论证,最终得到了一个和全书论述一致的结果:由神经管形成的脑和由神经嵴形成的分布全身的神经节、感觉细胞和脊髓分处在颅骨内外的两个空间中。这两个空间构成宇称空间,宇称守恒定律规定在 i 变换的空间反演中物质的运动和属性守恒,在这里我们可以解释成颅脑内外感知信息的守恒。如对于我们的视觉感知而言,就是我们眼睛看到的"红色",即波长为700nm的光子,在我们脑内依然看到的也是"红色",同样是波长为700nm的光子;或者我们耳朵听到的1000Hz的声波,在我们脑内也会有同样频率的纯音在回响……其他亦然。

所有传递到脑的感知都保持物理和化学信息的守恒,这是真的吗?应该是真的,可以从以下三个方面来论述。

第一,由神经管和神经嵴所形成的脑神经元和感觉细胞分处于宇称对称的两个空间中,然而它们都是起源于外胚层的同源细胞,但它们的表现又不是一个细胞:感觉细胞将物理的和化学的信息变换成电信号;神经元将电信号变换成物理的和化学的信息(图15.24)。

第二,在我们前面引用的《神经生物学》一书中有关"听皮层"的论述表明,该书的作者认为在听皮层中也会和耳蜗中一样存在对声音频率起响应的细胞,原书作者为避免被误解而称之为"高级细胞",同时该书作者又用音素来说明牙牙学语的婴儿发出的声音是来自皮层的脑细胞的固有的音素的频率(频谱?),而不是一个突然发出的电信号。

对于视觉,该书中有一段关于色觉信息通道的论述:

> 从视网膜到视皮层,形成大细胞、小细胞和 K 细胞三条平行通路。大细胞对运动和对比度敏感。小细胞处理空间细节和颜色信号,小细胞主要投射到处理色觉的皮层 V_4 区。K 细胞直接把颜色信息传递到细胞色素氧化酶斑块。……细胞色素氧化酶染色斑块代表一个独立的颜色通道。

由此可见,由视杆细胞形成的单细胞通路和由视锥细胞形成的小细胞通路和 K 细胞是三条并行的通路,这表明接收视杆和视锥细胞信息的神经元是有差异的(图 15.23),这种差异起源于视杆细胞和视锥细胞中视蛋白分子的氨基酸顺序的差异,而 K 细胞通道的投入使每一个颜色有了一个独立的通道,从而可以相互区分。因此在初级视皮层有着两类通道:对应于视杆细胞白色光的大细胞通道和对应于三种视锥细胞三色光的小细胞通道,K 通道的参与又将后者分为三个独立的颜色通道(红、绿、蓝)。这些通道引向了一个结果:在初级视皮层中存在着由这四个通道电信号信息激发的神经元,最后在大脑中形成光感和色觉。怎样才能将这四个通道的信号变成视网膜上所接收到的光信号呢?最通常的回答是:“将由神经节传来的视觉信号进行解码。”那么,神经元怎样才能将接收到的电信号解码成光信号呢?大脑中有那么多的用来进行解码的生物计算机吗?在探讨这个答案以前,我们先分析一下生物发育中的两个不可思议的案例,我们将这两个案例统称为信息的“宇称失衡”。

第三,“宇称失衡”的启示。

案例一 6 岁男孩一眼失明[27]

> 有一个 6 岁的男孩一眼失明,其原因在医学上开始是一个谜,因为在眼科大夫看来,他的眼睛是完全正常的。最后这个谜终于解开了,真相大白:在他还是婴儿时,为了治疗轻微感染,男孩的眼睛被绷带缠了两个星期。这样的治疗对于我们已经成熟的具有构筑完好的神经联系的脑并无影响,但对处于出生后这么短的时间,眼睛至脑的神经元回路正处于构建的关键时期的婴儿来说,其影响就非常大。
>
> 由于缠绷带那个眼的神经元不工作了,其原来的靶区就为正常

工作的另一个眼的神经所接管。在此情况下，脑把暂不工作的神经元当作根本不存在似的，因此这些不活动、功能上不存在的神经元的靶区容易为活动的脑细胞所侵入。[27]

案例二　小鼠触须感觉的致残

小鼠的桶状结构总是排列为五行。值得注意的是，这种模式严格相应于与小鼠口鼻上的触须排列模式。如果在出生后早期拔掉一根触须，则相应的桶就从皮层消失，如果较晚去掉传入信息的触须，就会导致多种变化，包括皮层桶内神经递质受体表达的改变。通过对皮层桶内各个细胞电活动的记录发现，每个细胞对相应的触须的运动有反应，有些选择性地对特定方向的运动有所反应。小鼠将它的触须作为敏感的天线，当它爬行时，通过来回摆动的触须探知路径两旁的物体(图 8.17)。[2]

两个案例都表明，在感受器的感觉细胞和初级感觉皮层的神经元之间存在着一种由神经信息通道关联的特殊的对应关系，对于脑中的神经元的功能而言，这种对应关系在各种感觉通路中的有效性，取决于出生以后早期发育中是否能按照基因的程序设计，激活并建立起相应的感觉信息的通道。上述 6 岁男孩的失明和小鼠桶状皮层的消失，都是因为皮层的感觉神经元未被激活，因为没有接收到发育时序所规定的信息，导致信息通道的关闭形成的。

在大脑皮层的空间中定位的神经元如果不能在规定的发育时间接收到规定的信息，关闭是最佳的选择。这样的两种细胞，即大脑中司不同感觉的神经元(如初级视皮层的神经元)和相对应的感觉器的感觉细胞(如视网膜的视杆或视锥细胞)就是颅脑内外相对应的宇称细胞。“宇称细胞”以彼此的对应存在为发挥其功能作用为前提，这有点和当代量子通信中的“量子纠缠”很相似。这也有道理，因为宇称细胞是人在发育阶段，由某种超距作用形成的神经系统中点对点的“细胞的纠缠”，这种纠缠实现了人体(也包括一些生物体)身一心之间的信息的输入和输出的通信，而且是属于每一个人自己的、特异化的、高效的保密的通信体系。

这种宇称细胞的纠缠效应(借用量子通信中的量子纠缠术语)在脑的发育中表现得极为明显，当处于发育中的神经管前端不闭合时(图 15.18)，神经管将不可能构成和外部世界相隔开的左旋世界，也不可能形成宇称细胞的一极

（或者说细胞纠缠的一方），最后发育成无脑儿，脑的功能在发育中就关闭了。这是按照本书“脑与左右旋世界”的认知理论，提出的对胚胎发育中“无脑儿”的一种解释。

这样看来，我们的认知起源于颅脑内外一一对应的宇称细胞，它们起源于外胚层分化中一种特定的神经管和神经嵴的点对点的空间宇称组构状态。这种状态一直保持在由各自形成的颅脑内皮层的感觉神经元和颅脑外的感觉神经节（含感觉细胞）之间，感觉细胞将物理信息变换为电信号，通过点对点的神经纤维传送至皮层对应的感觉神经元，中间通过延髓将颅外的右旋坐标系转换为颅内的左旋坐标系，感觉神经元再将电信号还原为物理信息（图 15.24）。

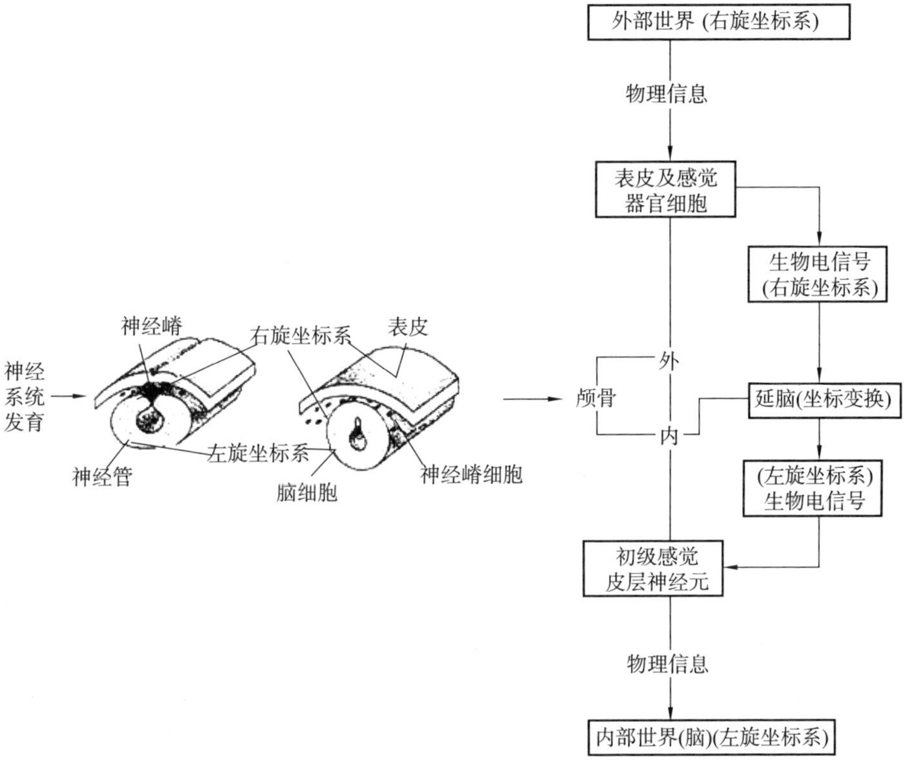

图 15.24　神经系统发育与信息感知路线图

【注】生物电信号转换成物理信息的过程有待科学验证。

图 15.24 就是对上述人类感知原理的一个解读，表明“脑是遵循自然法则

进化的产物”。不过，还是遗留下一个核心问题，即大脑皮层的感觉神经元，真的能实现由电信号向物理信息的还原吗？

15.4.3 意识——脑中信息流的集成效应

对于图 15.24 需要作几个附注。

(1)嗅觉为化学信息，也是生物最早感知的与生存相关的信息。嗅觉信息是直接并行传递至嗅皮层(不经过延脑的信息变换)，但和脊椎动物受刺激的运动反应机制正好是吻合的(参见第 1.3.3 节)，所以嗅觉信息虽然不交叉，但与视、听信息和人脑中的左旋时空是兼容的。

(2)语言和文字信息是物理信息的符号编码，它所构成的是抽象信息，抽象信息是建立在形象信息的基础之上的。因此在解码之前同样要经过图 15.24的物理信息的感知、变换和还原的过程，此后再在大脑中按照抽象思维的法则形成概念的理解(参见第 10.2.3 节)。

(3)大脑中信息的整合是由神经系统和神经网络构成的中枢信息体系来实现的。所有感官的信息都是可以叠加的，因为都是由同样模式的电信号来表达的，而每一路信号都和一个突触相关联，突触之前是一个神经元的输出，突触之后是另一个神经元的输入——这就是每一个信号的来龙去脉，即每一个信号的标签。每一个神经元可以有多达 10 万个树突的输入和 1 个轴突的输出，而在轴突的末梢处又可以形成成千上万突触的输出。这样，大脑的 1000 亿神经元之间就有着近乎无穷的连接和组合，这种连接和组合来自不同的神经元，这标志着不同的信息和信息通道，但是传递和交换的却是相同的脉冲电信号，所不同的只是频率不同(强度不同)——整合以后形成的最强的信号就成了意识中的第一兴奋点。脑以 40Hz 的频率对全脑各种信息的电信号进行采样和整合，兴奋点也就会随之转移，这每时每刻都处在当下的信息流的集成状态就是意识，它体现在记忆、思维、行为和情感中。

(4)意识起源于脑对外部世界自然信息的映射，这种信息映射的基础是宇称守恒定律所规定的物理信息和化学信息的守恒，这就构成了我们人类(还有哺乳动物)的形象意识，以及和形象相关的记忆、思维和行为。

人类的抽象意识是和我们的语言、文字相关联的，而语言、文字是用声波和图形进行编码的新的信息，这是人为的，不是自然的，因此对于同一事物，不同的民族会用不同的语言、文字来表达。构成语言、文字的符号依然是由声波和光波形成的物理信息，但是这种编码的物理信息和自然的物理实在之间的对应关系，是不能由脑和感觉器官之间的宇称细胞直接解读的，因此任何人只能通过后天的学习来认知和掌握，从而使构成意识的信息上升一步——意识的抽象化和文明化。

15.4.4 “意识”的继续探索

在“人类意识创生”这一命题的探知中，我们必须面对的一个问题：

意识是大脑中神经元传递的电信号的一个集中的表达，还是神经元的蛋白质分子在各种电信号的作用下形成量子跃迁，发生了组构的变化，再现了外部世界的物理信息和化学信息的真实的场景？

这是对分子生物学和神经生物学的一个严峻且具有重大意义的挑战！

动物神经系统发育都遵循一个共同的规则，神经元都要从它生成的位置迁移到由它基因决定的最终位置。在迁移的过程中，中枢系统的神经元要沿着特殊的放射状的神经胶质细胞迁移到它们的目的地，这种胶质细胞在完成了神经元迁移的引导和限制作用以后就消失了。在迁移的过程中，神经元开始分化出轴突和树突，并且最终形成了神经的传导途径和网络。所以，脑的发育过程就是一个神经元增殖、迁移、分化、占位的过程，是按照宇称的法则构建相互连接、接收和传递信息的过程。

我们很难找到证据说，脑是自然选择的结果；但是如果我们说，脑是按照自然法则进化的结果，那么意识也就是和脑的信息—能量体系相关的一种集成效应的表现，这还是有比较充分的根据的。

第16章　认知哲学之数学原理——宇称世界

引言

“认知哲学”是科学一哲学的一个新概念，从牛顿出版《自然哲学之数学原理》一书开始，哲学实际上被分为两部分——“自然哲学”和“认知哲学”：前者为牛顿的数学原理所阐释、拓展而延伸为“宇宙体系”，即当代之科学，有着极其崇高的学术地位；后者能否用数学原理来阐释、拓展，而开创出一个新的领域，还是一个没有学者涉猎过的命题，本章题目“认知哲学之数学原理——宇称世界”则是作者别出心裁，为了般配牛顿《自然哲学之数学原理》所做的一次尝试。这一尝试起源于作者带养孙辈时对人类灵性和认知的感悟与思考，进而启迪我们开启了退休后最精彩的一段生命历程——灵性的寻觅与认知原理的探求。经过二十多年的学习、研究和探索，著述了时空与灵性三部曲——《时空与灵性》《认知原理》和《时空外史》，发现大自然中存在一朵隐形的奇葩——一对左右旋对称的宇称世界。

1686年7月，牛顿的巨著《自然哲学之数学原理》出版，简称“《原理》”。牛顿通过运动三定律和万有引力定律，借助他自己（还有莱布尼茨）发明的微积分，建立了力和运动的科学概念，构建了一个统一的宇宙，牛顿也以其巨著建立了现代科学理论体系。及至现在，虽然20世纪爱因斯坦的相对论，将牛顿的绝对平直时空观发展为相对论的弯曲时空观，但仍属于描述宇宙中连续事件的时空理论范畴。爱因斯坦获得诺贝尔奖的光电学说，成为20世纪量子力学理论的先驱，但对于量子力学理论的不确定性和完备性（主要是实在性），爱因斯坦和薛定谔等著名科学家，都保留自己的看法，这就是爱因斯坦一直在质疑的“幽灵超距作用”和“薛定谔猫”（作者称之为“玄猫”），二者最终变成跨世纪悬而未决的质疑。“幽灵”和“玄猫”意味着可能存在一个未被认知的世界，一个相应的描述宇宙中离散事件的时空平台，这就是隐形存在的宇称世界和宇称时空。

这一发现是作者重新解读"吴健雄实验证明宇称守恒"的必然结果，当宇称从物理学界的不守恒解读为回归大自然的宇称守恒之时，就自然会发现正是大自然的宇称守恒法则主宰着生命和意识的创生，并为生物学的重要发现所佐证：所有生物的基因都共享着一对DNA右旋主链的双螺旋宇称结构，神奇而又永远在复制所有生物的个体，从细胞开始；人类大脑与身体在胚胎中发育成一对左右旋对称的宇称世界，从外胚层细胞的三维反演开始，脑和身体形成的宇称时空是人类意识和智慧的摇篮。

从数学的角度来诠释和支撑认知原理的理论核心，就是作者一直念兹在兹义不容辞的使命。兴许并非巧合的是，近300年前发明的欧拉恒等式，居然是量身定制的描述宇称世界的数学模型，感谢数学大师欧拉为认知哲学的数学原理，提前三个世纪留下了这一历史性的宝贵财富。

在前牛顿时代"哲学"一词含义很广，既表示哲学、哲理、哲学体系，也表示除医学、法律、神学外的所有学科，也可以解释为在欧洲中世纪大学的高等学术。不过，从古老的哲学开始，传统哲学就逐渐形成两个隐喻的分支："自然哲学"和"认知哲学"，前者是指人对大自然的认知，进而上升为学科、体系之类的分科著作和知识；后者则是指研究认知本身的规律，亚里士多德说过"求知是人的天性"，那天性又是什么？天性则属于科学（包括生物学）—哲学的范畴。

自牛顿的《原理》问世，自然哲学得到数学原理的支撑蜕变成"科学"，科学以其数学原理和可实证性为特征和哲学脱钩，"蛹破蝶飞高振翅，浩瀚宇宙任遨游"。在牛顿和爱因斯坦建立的宇宙时空平台上，一代代科学家系统地观察和描述宇宙中的连续事件，新的发现新的创造层出不穷，开启了一个科学技术大发展的新时代。相反，传统哲学中牛顿留下的另一半——认知哲学领域，则由于研究的对象是大自然中的离散事件，缺失相应的数学原理和时空平台的支撑，显得有些苍白和欠缺理论发展的锐气，20世纪的哲学、数学家胡塞尔、哥德尔都为此很是焦虑，总在期盼哲学大厦能建立在一个坚实的地基上，这个地基应该雷同于由牛顿和爱因斯坦创立的宇宙时空平台。但是，这又何尝容易，因为哲学思维本身也涉及大自然更为深藏的秘密——思维和智慧是什么。揭示思维和智慧的秘密是认知哲学的首选命题，需要科学（不可将生物学边缘化），需要数学，需要文学、艺术，乃至神学和宗教学等多方面的研究和综合，而切入点就是认知哲学大厦的地基，亦即认知哲学的时空平台是什么，在哪里？

迄今为止，认知哲学的研究、论述还只能是依附在经典力学单一的宇宙时空平台上，别别扭扭、不声不响地在思考和探索，一直在为“幽灵超距作用”“薛定谔猫”“人的第六感官”“生命的形成机制”“意识的起源”“阴阳两个世界是否存在”“灵魂的有无”等等悬案而坠五里雾中，莫衷一是，几乎是从科学界人士到普罗大众。

《认知原理》一书就是在这些莫衷一是中追求“一是”的尝试，第二次加印发行是在原论著的基础上，引用著名的欧拉恒等式和拓扑学的成果，对认知哲学进行数学原理的加持和推演，从而补足原书的短板。作者着力撰写第 16 章，旨在凭借数学中的自然逻辑，为人类认知原理的发现和创作画上一个满意的句号，以飨读者，也是对作者自己的些许慰藉。就是这样，一个能与牛顿《原理》一书相般配的命题“认知哲学之数学原理 宇称世界”成为本书第 16 章的压轴之作。如何论述好这一命题，对作者而言实属力不能及，勉力而为是在履行“生于旧社会，长在红旗下，养老在中国梦中”的我们这一代人的历史担当。

16.1 爱因斯坦的光量子悬念与光子的宇称对称

1951 年 12 月 21 日，老年的爱因斯坦给好友贝索写了一封信，信中说道：

> 这五十年来，冥思苦想并没有让我接近这个问题的答案：什么是光量子？当今任何一个普通人，都认为他知道这个答案，但是他是错的。

实际上，从 1926 年物理化学家列维斯(Gilbert Lewis)提出将光量子命名为“光子”时起，人们就接受了量子力学的一个基本原理，即光子同样也具有波粒二象性，因此爱因斯坦对他提出的“什么是光量子”这一问题的答案，显然不只是简单地回答“光量子是具有波粒二象性的光子”，而是另有所思。虽然爱因斯坦所追求的答案是什么，不得而知，但这个问题却引导作者对恒星太阳发出的光进行了纯理论的研究，并推广至宇宙中的恒星和地球上炽热的发光体，其结论是：量子纠缠的概念是人类在观察者坐标系中形成的表象，并非光量子的自然属性，也不是人为测量的结果。所有炽热体发出的自然光都是向前运动的右旋光量子，在观察者坐标系中：右旋光子朝向观察者飞来；左旋光子远离观察者而去，在发光体直径两端发出的光子，保持宇称对称的状态，当今流行的“量子纠缠”一语的本质是宇称守恒(参见扉页 8，图 16.3)。

16.1.1　什么是光量子？（解一）
——光子是时空认知的信使

2006 年 6 月 3 日，作者在北京植物园遇到一位盲人王老，时年 83 岁，眼睛看不出有明显的疾患，但是没有视力。我们当时正在研究“时空与灵性”这一命题，也就有意和他攀谈一下视觉和灵性的关系。王老告诉我们，他五六岁时得急性胃病，服药后失明。起初几年，虽然看不见外部世界，但是还具有想象能力，如白天的太阳，晚上的月亮，猫狗等动物的形状，树木的样子，鲜花的颜色……到了十几岁的时候，这些视觉的印象就全都消失了，不做梦，没有梦，没有想象……。

王老始于童年时期的失明经历表明，当一个人失去视觉的时候，光子所携带的大千世界的时空信息都不能被接收到，原有的印象也会越来越模糊，没有梦境，没有想象，失去了对时间和空间的形象认知。形象认知起源于人和高等动物进化出来的成像眼，眼睛接收了光子所携带的信息，通过光电信号的转换，变成以电子为载体的信息传递到大脑，形成形象认知，进行记忆、思维，这一过程已经被神经生物学证明是一个量子过程。因此，失明、失忆、失智（如阿尔茨海默病患者）都不能完整地实现这一量子过程，也就不会具有时间的意识和时空的概念，这在失智的群体中是普遍的现象。

光子的重要性不只是在爱因斯坦的相对论和量子力学中，它也是生命的三大要素——阳光、空气和水——之一。光在孕育生命的同时，还传递了时间和空间的信息，在生物进化中，创生了从微生物到各种动植物自己独具的时空信息体系（这里不做专门的分类研究），直至高等动物的脑的意识和人类的智慧。

什么是光（量）子？光子与生命和意识息息相关，是所有生命感知时空信息的媒介，也可以说是源头。

16.1.2　什么是光量子？（解二）
——光子带来人对时空联姻的理性认知

人对运动的感知，形成了人对时间和空间的理性认知，最典型的代表作就是爱因斯坦的广义相对论。按照光速不变原理，引力场方程中的常数光速 C，将原本是不同量纲的空间和时间关联在一起，时间的一秒相等于空间移动了 300 000 千米，于是引力场变成了爱因斯坦的弯曲时空，广义相对论成为一个具有确定性、实在性和局域性的完备的物理理论，而局域性之大适用于全宇宙。

16.1.3 什么是光量子？（解三）——光子是自旋为 1 的标准右旋粒子

当我们得悉当代物理学中，从宇宙射线或高能粒子加速器中已经发现有几百种粒子，其中绝大多数是不稳定的，在极短时间会衰变成其他粒子，于是我们对这个世界的认知，就又回到了我们熟悉的四种最基本的粒子上，这就是光子、质子、电子和中子。在量子力学中，这四种粒子分为两类，质子、中子、电子是费米子，费米子遵从泡利不相容原理，两个全同的费米子，不能处于同一个量子态，打个比方就是一个萝卜一个坑；光子是玻色子，不遵从泡利不相容原理，这就是眼球成像原理，瞳孔可以同时通过视野所及的无数光线，在视网膜上成像。物理学中，不同种类粒子的属性是由每种粒子内秉的本征量来代表的，光子可以说是自旋为 1 的标准右旋粒子，参见图 16.1 和表 16.1。

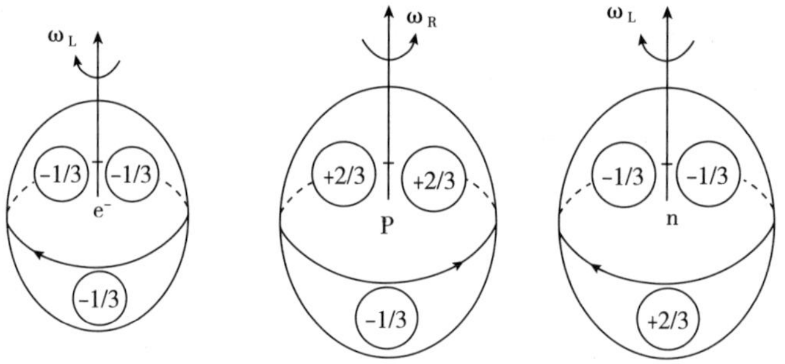

（a）电子 左旋　（b）质子 右旋　（c）中子 左旋

图 16.1 电子、质子、中子的电荷分布、自旋与左右对称结构

沿自旋轴矢量方向上，电荷分布的不对称性走向，是决定粒子左、右旋的自然机制，这是作者对李政道先生“对称性破缺”理念的具体解读：

正向，由小到大（或电荷由负到正），粒子自旋与轴矢量遵从右手法则，质子右旋。

反向，由大到小（或电荷由正到负），粒子自旋与轴矢量遵从左手法则，电子、中子左旋。

表 16.1 光子、质子、中子、电子的本征量等属性

名称	符号	质量(能量) kg	电荷 质子电荷	自旋[注1] ħ	自旋轴矢量[注2] 左旋或右旋	寿命
光子	γ	E＝hν[注3]	0	1	自然光子 右旋[注4] 镜像光子 左旋[注5]	10^{18}年
质子	P	$1.675\cdot10^{-27}$	＋1	$\frac{1}{2}$	右旋	＞10^{39}秒
中子	n	$1.677\cdot10^{-27}$	0	$\frac{1}{2}$	左旋	898秒
电子	e^-	$9.1086\cdot10^{-31}$	－1	$\frac{1}{2}$	左旋	?

【注1】 自旋是量子力学中的一个专业名词，是粒子自旋角动量的量子化表示，用符号ħ表示，$\hbar=\dfrac{h}{2\pi}$，h为普朗克常数，自旋为$\dfrac{1}{2}$ħ的粒子简称为$\dfrac{1}{2}$，余类推。

【注2】 粒子的自旋是粒子内秉的本征量，它由两个自然属性来表达：角动量ħ的数值和自旋的方向(左、右)。质子、中子、电子和光子的角动量值如表16.1所示。至于粒子的自旋方向是左是右，物理学界认为是随机的，对此作者在撰写《认知原理》一书过程中一直持怀疑态度，及至创作《时空外史》时，发现"人脑黑洞"的形成机制是脑细胞的极性反演，而极性本身取决于和引力场相关的细胞轴矢量方向上质量分布的不对称性(参见扉页6.B、《时空外史》[66])。光子有一个不为认知的自然属性，光子在镜面反射时会由右旋变成左旋，这表明光子沿自旋轴矢量方向上的能量分布也是不对称的，推而广之，质子、中子、电子，在自旋轴矢量方向上电荷的分布也是不对称的，参见图16.1。

【注3】 光子不具有质量，但是具有能量$E=h\nu$，h是普朗克常数，$h=6.628\times10^{-34}$焦耳*秒，ν是光的频率。γ光子是能量最高的，其频率在$10^{18}-10^{22}$ Hz，取平均值10^{20} Hz，与γ光子能量相当的质量是$7.4*10^{-31}$Kg，这与电子处在同一个数量级，因此物理学实验中正负电子碰撞，会产生一对γ光子。大自然中，电子和光子是一回事，能量级相同，都是电磁波；又不是一回事，光子是玻色子，自旋为1，右旋，不遵从泡利不相容原理，可以有无数的光线通过瞳孔，

进入眼球，电子是费米子，自旋为 $\frac{1}{2}$，左旋，遵从泡利不相容原理，所以眼球视网膜上成像的电子信息，只能以 100 万路的神经信息点对点地传递到大脑视皮层，形成视觉认知。

【注 4】 恒星(如太阳)发出的全都是右旋光子，在观察者坐标系中，正面的右旋光子朝向观察者飞来；背侧的左旋光子远离观察者而去，参见下一节(16.1.4)。

【注 5】 光子平面镜反射后的镜像光子为左旋，参见扉页 5 和第 3.4.1 节。

16.1.4 什么是光量子？(解四)——量子纠缠的本质是宇称

本书第 3 章中，图 3.2.b(扉页 5)展示了镜像是光子、镜子和人眼变换的一幕自然魔术，炽热发光体灯泡发出的是右旋光子，镜面反射将光子由右旋变成左旋，这样左、右旋光子二者同存于镜前，即在观察者的第一象限中，经过瞳孔和晶状体折光后，在视网膜上形成一对左右对称的实像。应用几何光学原理，一对实像的视觉效应就是观察者看到的实体和镜像，形成了一对貌似左、右旋对称的世界，这就是所有人都会感觉到空间扩大了一倍的自然魔术。

镜像的这一幕自然魔术，揭示了量子力学中光子的一个顶层秘密：光子虽然没有质量，但是它具有能量，光子之所以在镜面反射后，会由右旋变成左旋，是因为光子的能量在它自旋轴矢量上的分布是不均匀的：右旋光子，能量密度在前进方向上从小到大(可比喻为“头重脚轻”)，自旋与轴矢量，按照右手法则；左旋光子则相反，能量密度，从大到小(可比喻为“头轻脚重”)，自旋与轴矢量，按照左手法则。【注 这是作者的学术性假设，也是镜像变换为什么会构成左右对调之谜的唯一解答，与李政道“对称性破缺”理念相符，在量子力学中应该有深远的意义。】

图 3.2.b 还引发我们思考三个问题：

1.炽热光源发出的光子都是右旋光子，不是随机产生的，它是由光子的能量在自旋轴矢量上由小到大的分布所自然决定的一个内禀本征量。

2.炽热光源发出的光子都是右旋光子，没有左旋光子，因此不存在光量子纠缠的天然机制。

3.量子纠缠的本质是什么？本质是观察者在人所共用的笛卡儿坐标系中，对同一光源发出的左右对称的(宇称)光量子的一种表达，具有观察的确定性和局域性，但是视觉上，即令是测量到的左旋光子，也都不具有自然界的实在性。

以上三个问题，彼此相关，考证如下。

阳光是我们观察和想象光量子是否纠缠的最主要的一环，也是 EPR 佯谬的核心。太阳表面平均温度为 5740°K，乍看起来是一个明亮的圆形，实际上是一个“光球”。人类看太阳。不管是在地球上，还是在空间站上，只能看到朝向观察者的半个球面，这个球面呈现圆盘形（图 16.2. a、b、c），实际上是朝向我们观察者的半个太阳的球面。作者选用图 16.2（a、b）作为观察太阳的视觉模型。在观察者坐标系中，太阳中心视亮度最高，而这个圆盘的视亮度从中心向边缘逐渐减小，呈余弦分布，视觉上的边缘并不清晰，这和我们在地球上观看一个炽热的发光体也是一致的。

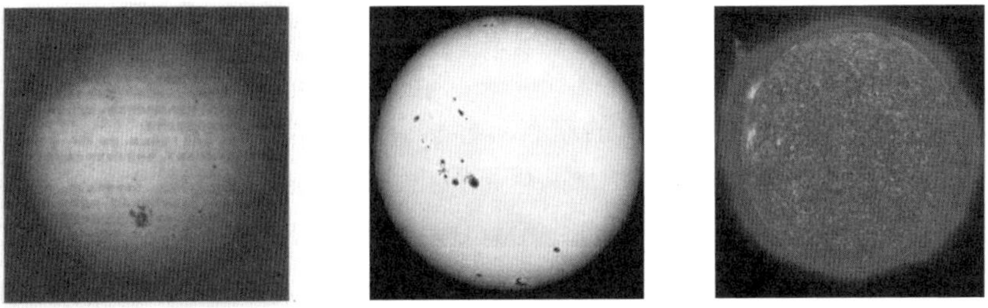

（a）太阳光视亮度从中心到周边呈余弦分布，边缘模糊　（b）太阳每隔11年有一个黑子周期　（c）太阳大气的喷发气体

图 16.2　人类看到的太阳呈现一个圆盘形

参照图 16.2，作者建立一个太阳光子辐射的对称模型，以及一个相应的观察者坐标系（见图 16.3）。图中从观察者坐标系出发，描述太阳辐射光子的球形对称与视觉形成的光量子纠缠效应。太阳每秒释放出 3.8×10^{26} 焦耳的辐射能，其中只有 1/22 亿的能量射到地球上。从图 16.3 可知，太阳的辐射光子是沿着径向发出来的矢量，在太阳周围形成 360°的球形辐射区，光矢量可以用观察者坐标系 o－xyz 来表示，只有那些平行于我们视线方向 ox 轴的光子能量，亦即 ox 轴方向的分量才能照射到地球，这就形成了两个效应：观察者看到的太阳光全都是右旋的平行光；观察者看到的太阳面上的视亮度从中心到周边呈余弦分布，边缘逐渐暗淡至黑色（图 16.2）。

在观察者坐标系中，图 16.3 中的光子 P（坐标系为 O－XYZ）和 P′（坐标

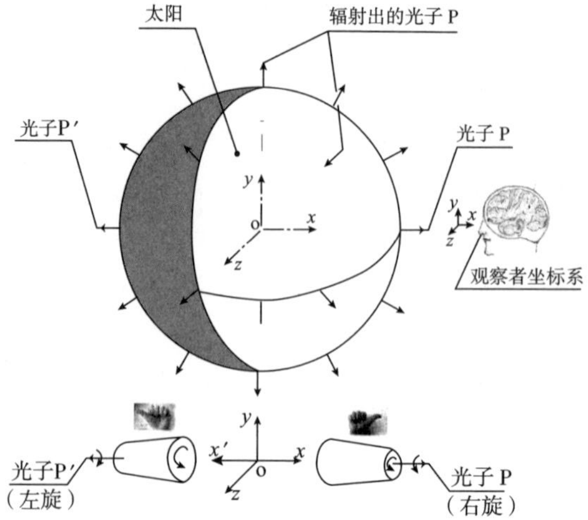

图 16.3 观察者坐标系中太阳辐射光子的纠缠效应

系为 O－x′YZ)呈现平面反演的左右对称状态，反演前后其坐标 Y 和 Z 不变，X 变成 x′，这种变换称为左右对称，坐标系由右旋变成左旋，用 S_{L-R} 表示如下：

$$S_{L-R}: \quad X'=-X \quad Y'=Y \quad Z'=Z \tag{16.1.a}$$

在量子力学中，光子虽然不具有静止质量，但是光子具有相当于质量的能量。光子的能量 E 为：

$$E=h\nu \tag{16.1.b}$$

h 是普朗克常数　$h=6.628\times10^{-34}$ 焦耳＊秒

ν 是光的频率

此外光子在以光速运动，由图 16.3 可知，太阳发出的光子 P 是以光速 c 运动的一个矢量，因而光子除去具有能量以外，还应该具有动量。由于光子的静止质量为 0，爱因斯坦将其称为冲量，而不称为动量，但它还是一个矢量，从而得到光子的冲量 **P** 的大小为：

$$\mathbf{P}=h\mathbf{K} \tag{16.2.a}$$

h 是普朗克常数

K 是波矢量

K 在观察者坐标系中有三个分量：

$$K_X=\frac{2\pi}{\lambda}\cos\alpha, \qquad K_y=\frac{2\pi}{\lambda}\cos\beta, \qquad K_z=\frac{2\pi}{\lambda}\cos\gamma \tag{16.2.b}$$

λ 是光的波长

α、β、γ 是光子冲量 **P** 与观察者坐标系 ox、oy 和 oz 轴的夹角。

对于观察者而言，图 16.3 中的光子 P 在 o－xyz 坐标系中，$\alpha=0°$，$\beta=90°$，$\gamma=90°$，我们可以定义光子 P 按照右手法则向地球上的观察者飞来（量子力学中，定义右旋为正；图 3.2.b 也证明热辐射的光子都是右旋光子）；光子 P' 则相反，$\alpha=180°$，$\beta=90°$，$\gamma=90°$，按照左手法则背离观察者远去。因此，对于地球上的观察者，在某一个瞬时看到的总是太阳朝向我们这一侧的右旋光；另一侧的阳光是离我们远去的左旋光，我们永远接收不到。这种只能接收到右旋光子的现象对于地球上的热辐射光源和观察者也同样应该是成立的。热辐射的光子，除去能量以外还应该有一个相当于动量的冲量，二者的差别是：能量是一个标量，沿着太阳球面的积分就是太阳辐射出去的总能量（太阳每秒释放出 3.8×10^{26} 焦耳的辐射能），也是太阳对外部世界的总的能量效应；冲量是一个矢量，沿着太阳球面的积分的总冲量是 0，因此太阳发出的光辐射既不会形成太阳本身的“后坐力”，也不会对外部世界形成一个球形的冲击效应。这种从太阳辐射出的光量子的能量和冲量的不同效应，对于解读“行星模型”的原子结构中的量子跃迁，会有重要价值。

当我们接受图 16.3 的模型，承认我们只能观察到太阳发出的右旋光量子，看不到左旋光量子的时候，我们很自然地会发问：作为光球的太阳真的会发出左、右旋两种光量子吗？回答是，不能，太阳在表面上任一点发射出去的都是同一自旋方向的光子，即右旋光子，地球在绕着太阳公转时，我们一年 365 天看到的都是向我们飞来的同样的右旋的光量子，左旋光量子在哪里？在我们坐标系中的另一侧。

然而，图 16.3 表明在观察者坐标系中，太阳直径两端辐射出去的光子构成了光量子纠缠效应，这又是怎么一回事呢？是大自然本身深藏的玄机？还是观测本身也存在“幽灵超距作用”？

这个问题的答案很微妙，是大自然深藏的玄机，不存在幽灵超距作用：

第一，由于人类观察的介入和局限性，在观察者坐标系中，太阳朝向我们的一面是正面，背向我们的一面是反面，这就是平面反演。平面反演带来了空间的左右对称——由于地球总是在绕着太阳转，因此正反面的时空演变永远是一个动态过程，这个平面反演的动态过程，恰恰是由光子来描述的，物理学上平面反演导致空间的左右对称，左右对称导致宇称。

第二，按照宇称守恒定律，光子在宇称空间中的变换和存在，应该遵从宇称守恒定律，实际上在地球绕太阳飞行的动态过程中，观察者所见到的永远都是右旋光量子，热辐射光源不发出左旋光量子，宇宙中的左旋光子是光子在平面反射（镜像）时形成的。

第三，宇称守恒。量子跃迁不是随机的，总是处在不同能级的宇称守恒状态：

基本粒子的自旋方向是右是左，也不是随机的，是由电荷分布在自旋轴矢量上对称性破缺的方向所决定的，正向为右旋，逆向为左旋（图 16.1）。

第四，爱因斯坦用“上帝是不掷骰子的”格言和 EPR 佯谬，来诘问量子力学理论是不符合“确定性、实在性和局域性”的不完备理论，实在是言之有理：

⑴ 左右旋光量子的“量子纠缠”理论不具有实在性，“左右旋的量子纠缠”是在观察者坐标系中，对平面反演形成的一种视觉描述，亚里士多德早就说过：眼见为实是可疑的。

⑵ 在亚原子粒子世界（含光子）粒子自旋方向不是随机的，而是内禀唯一的。

⑶ 量子力学是描述微观世界离散事件的理论，理应特别关注宇称世界的隐形存在，通过运用描述离散事件的宇称时空平台，来完善和创新量子力学的理论。

⑷ EPR 佯谬推动量子力学在宇宙和宇称的双重时空平台上的融合发展，形成科学中 $1+1>2$ 的增益效应，一直延伸至生命诞生的基因和意识创生的人脑黑洞（Dark Hole in Human Brain）。

16.2 数学发展与认知哲学的渊源关系

16.2.1 数学的发展概况

数学本身是对宇宙中形和数进行研究、描述和表达的学问，表面上看数学纯属一个独立的存在，与人类无关。其实不然，宇宙中数和形演化的自然逻辑和因果关系，会映射在人脑中，并且用一种独特公认的逻辑语言表达出来，这就是数学。下面就与本章命题相关的数学发展概况简述如下：

⑴ 数学中形的分支及其发展过程如下：

①欧几里得几何

公元前300年欧几里得用他的《几何原本》创立了欧几里得几何。

② 解析几何学

17世纪初，笛卡儿创立了坐标系(右旋)，从而将代数学与几何学联系在一起，创立了解析几何学，17世纪中叶牛顿和莱布尼茨创立了微积分学，它接近解析几何学，又称为数学分析。

③ 非欧几何学

19世纪，高斯-罗巴切夫斯基创立了非欧几何学，进一步扩展了几何学的研究领域。此外，射影几何和微分几何等分支的发展，以及拓扑学的产生，都是几何学发展的重要里程碑。

④ 微分几何

19世纪，黎曼开启了微分几何的新纪元，建立了弯曲空间局域和欧几里得几何平直空间的对应，又称为"黎曼流形"，黎曼几何催生了广义相对论的问世，成为数学物理史上一座光彩夺目的里程碑。

⑤ 拓扑学

20世纪，围绕着"形"进一步发展的数学分支是拓扑学，其中作者最为关注的是庞加莱猜想和陈省身的纤维丛理论。

⑵数学中数的分支及其发展过程。

① 实数

数轴上的数，包括自然数、分数(小数、百分数、比)、无理数、0和负数。

② 虚数

数的一个新的分支虚数 i：$i^2=-1$，$i=\sqrt{-1}$，$\sqrt{-1}=\pm i$。

纯虚数与每一个实数相对应，可以标记为 $N \cdot i$(N 实数)。

③ 符号数(怪数)

这里特指0和∞，作者将其称为符号数或怪数。在传统数学中，因为0不能当分母，0当分母就会出现∞，这是不允许的，因此0是介于自然数和非自然数之间的一个特殊符号。0有两个身份，一是实数；二是作为数字符号，有着多样的适用功能：置换其余9个数字，同等地占数字的一位或清0；作为空间对称的中心；作为人类认知事件的起点，如时间起点、空间起点，天平的中点、称重的起点等等。0在当代科学中，常常也被归于自然数，以至于将0视为宇宙大爆炸的起点，这就成为大爆炸学说备受争议的一个自戕之处。

不过，从欧拉恒等式出发，0 是一对左右旋对称的宇称世界的天然的界面，0 和虚数 i 相关，如同 16.6 式 所示：$(+i)+(-i)=0$，因此 0 和 i 也应该视为自然常数。

16.2.2 数学是当代科学理论的基石

从牛顿的巨著《原理》开始，人类象征性地进入了科学时代。科学理论的特点是，以已有的或同步发展的数学为工具，在物理学阐释的时空平台上，表述宇宙中物质的存在、相互作用、运动和形态的变换等自然现象，牛顿、莱布尼茨和爱因斯坦创立的理论，可视为经典力学理论认知的三部进行曲，数学和时空理论的发展则可视为三部进行曲的主旋律。

第一部，牛顿的"绝对时空观"与"流数术(微积分)"。牛顿在此基础上实现了对力学现象的研究和表达，最终在 1687 年发表了《自然哲学之数学原理》。在这个力学体系中，除去运用了在他之前的数学成果之外，他还和莱布尼茨同时发明了微积分学，牛顿称之为"流数术"。微积分学的出现，是因为物质的存在有两种形态：所有的星星都是离散的存在，而引力是连续的长程的相互作用，星体的运动轨迹需要确定它们的瞬时速度，和计算曲线的面积，这就引用了古希腊以来有关无穷小的概念，形成了两种算法：正流数术(微分)和反流数术(积分)，内容涵盖：①已知连续运动的路程求瞬时速度；②已知运动的速度，求某时间经过的路程；③求曲线的长度、面积、曲率和极值，微积分成为表达运动力学的连续性和求解运动方程的经典的应用数学。

第二部，麦克斯韦创立了充满时空的、完整的电磁场体系。麦克斯韦是一位极富数学天才的物理学家，早在 1861 年他就极具独创性地提出了"位移电流"的概念，最早推出以 20 个分量组成的电磁场方程组，并且证明了电磁场方程是波动方程，电磁波的传播速度在真空中是 3×10^{10} 厘米/秒，正好等于由实验测得的光速。1873 年，麦克斯韦出版了关于电磁学的总结性论著《电学和磁学》，建立了在牛顿绝对时空理论基础上的电磁场理论体系。这个体系和牛顿创建的宇宙体系一起，成为宇宙中物理学体系的一次大综合，为人类进入电气化时代，乃至今日的信息化时代奠定了坚实的理论基础。

麦克斯韦发现光也是电磁波，这就使得光有了一个电磁波的身份，因此爱因斯坦引力场方程中的光速 c 就包含了引力场和电磁场的融合，实际上为爱因斯坦创立广义相对论，揭示时空的深层次结构奠定了基础。

第三部，爱因斯坦的相对论。爱因斯坦通过光速 c 将时空联姻，创立了宇宙层面上的弯曲时空观。

从牛顿的平直时空观，到爱因斯坦的弯曲时空观，中间麦克斯韦证明了描述时空的信使光也是电磁波，光速不变，这三部曲意味着时间和空间的本原是宇宙固有的特性。牛顿的直觉是对的，在人类的中观视野上，时空是平直的；爱因斯坦的直觉也是对的，时间是人类观察空间变化形成的一个概念，在宇宙的层级上，时空是弯曲的；而在更大的天外天的母宇宙那里，牛顿的直觉又是有道理的，所有的时空弯曲，只是时空的涟漪，广袤无垠的时空理应呈现平直的本原状态。

爱因斯坦的狭义相对论和广义相对论的区别，就在于前者是两个惯性参考系之间的坐标变换；后者是非惯性参考系之间的广义坐标变换，同样都是应用相对性原理进行坐标变换，但后者的数学难度极大。爱因斯坦曾经说过：物理学家主要是靠发挥想象力，带来灵感和概念的升华，而数学可以问询老师，实验可以由实验物理学家来完成。这也说明，当代科学的创新和繁荣，更需要多学科的配合。

爱因斯坦也是这样做的，在研究狭义相对论时，他请教了他的数学老师闵可夫斯基，成功地引用了洛伦兹变换，推演出来一组时空变换的方程式，两个重要的结论是：有质量的物体不能达到光速和质能关系式 $E=mc^2$，成为人类开发和利用核能的理论基础。

爱因斯坦研究广义相对论时，当时还欠缺合适的数学工具来进行推演和证明。后来得到了老朋友马塞尔·格罗斯曼的鼎力相助，让爱因斯坦掌握了19 世纪德国数学家黎曼的研究成果，即描述多维空间特性的“黎曼几何”，1913年，爱因斯坦和格罗斯曼合作出版了《广义相对论和引力理论纲要》，1916 年年初，爱因斯坦在《物理年鉴》上发表了论文《广义相对论基础》。

爱因斯坦的功绩就在于，通过光速 c 将无形的引力场和有形的电磁场联手在一个时空平台上，实现了在连续的四维宇宙时空平台上，人类认知的一次飞跃。宇宙时空是由光来描述的，人类也是通过光来进行观察和认知的。时空平台在宇宙中会因为星系不同，有着局域的差异，但是在全宇宙中它是单一的、统一的，因为都必须遵循光速不变原理。这就意味着宇宙时空观既是相对的，也是绝对的，洛伦兹变换和广义坐标变换，使得物理学的所有定律在全宇宙都是适用的。

结论是，数学是自然哲学即科学认知的基石。作者在前 15 章中建立了脑与左右旋世界解密的新概念，每个人都带着一个由脑和身体发育成的宇称世界在生活和游荡，宇称时空是人类智慧的摇篮，宇称守恒是地球上主宰生命和意识创生的自然法则。作者在探索人类的“认知原理”过程中，有幸发现了大自然存在一个隐形的宇称世界，进而创立了一个人类认知的宇称时空观。宇称时空观是对当代宇宙时空理论的拓展、补充与完善，宇宙时空和宇称时空二者珠联璧合的双重时空平台构成人类认知的完整时空理论体系。

有意栽花花不发，无心插柳柳成荫。作者退休后，只为寻觅“时空与灵性”而一头栽进了兴趣盎然的书海中，宇称世界的发现和宇称时空的感悟，实属意外的收获。谨慎和谦虚，敦促作者需要进一步学习数学知识，应用已有的数学成果，来进一步探讨和阐释时空与灵性三部曲的核心：问鼎宇称世界的自然属性，即认知哲学之数学原理在哪里？多年的寻觅、思考和研究，终于发现：

只要引用数学中最美的欧拉恒等式，加上拓扑学的庞加莱猜想和莫比乌斯带，数学原理就能和认知哲学发出天籁之音的共鸣，在大自然的宇称时空平台上，相互印证，精美绝伦地勾画出一个生命和意识自然创生的科学故事。

16.3 欧拉恒等式导向宇称世界

16.3.1 欧拉恒等式

$$\mathbf{e}^{i\pi}+1=0 \tag{16.3}$$

欧拉恒等式(16.3)是数学界最著名，也是最美的公式，又被视为上帝创造的公式，可见欧拉恒等式在理解“自然创世”中有多么崇高的地位。作者有幸在新时代的时空平台上，撰写和出版了时空与灵性三部曲作品，发现吴健雄实验实际上揭示了微观世界存在一对左右旋对称的宇称世界。宇称世界可谓是科学的“造物主”，宇称守恒法则主宰着生命和意识的创生。从人类的认知哲学出发，作者之所以借用神学中的造物主一词，是因为宇称世界是大自然存在的一朵隐形的奇葩：宇称世界中的右旋世界是可视的、人类共享的大自然的信息空间模板；而左旋世界则是不可视的、个人独享的和大自然信息模板对接的人脑黑洞(Dark Hole in Human Brain)，这就是人类意识创生的奥秘。

作者所要完成的最后一件事，就是对于隐形存在的宇称世界，需要获得数学原理的支撑。当作者意识到复变函数中的欧拉恒等式可以从一维拓展为三维的时候，茅塞顿开，近三个世纪以前发明的欧拉恒等式，正是隐形宇称世界的一个特写镜头，它描写了五个自然常数生成的一幅宇称图形，为宇称世界谱写了一首抒发自然创生的乐章。

通俗地讲，宇称世界就如同太极图所表示的一对阴阳世界。我们目视能看到的世界，谓之阳，如太阳、月亮，这容易理解；此外，还存在另一个看不到的世界，谓之阴，如太阳、月亮的背面，这就不太容易理解；更不容易理解的是，阴阳两隔的界面在哪里？三者一起往往成为人们想象中难以解开的悬念——阴阳两隔的世界存在吗？

欧拉恒等式带给作者铿锵的底气，回答说：人们冥冥之中感觉到的阴阳两隔的世界，如我思故我在的身心之间，从科学的意义上来讲是可以解读的，虚数 $\sqrt{-1}$ 描述了阴阳相隔的自然界面。

16.3.2 欧拉恒等式的由来(参考 河北 易派欧 著 最美数学公式)

1752年，瑞士数学家莱昂哈德·欧拉提出了他的欧拉公式。欧拉在求解一个微分方程时：

$$\frac{d^2y}{dx^2}+y=0, y(0)=2, y'(0)=0,$$

发现有两个解

$$y=2\cos x,$$
$$y=e^{x\sqrt{-1}}+e^{-x\sqrt{-1}}.$$

但是常微分方程的解是唯一的，所以上面两个解必须相等才对。于是，欧拉将上面两式联立成一个等式：

$$2\cos x=e^{x\sqrt{-1}}+e^{-x\sqrt{-1}}.$$

欧拉直觉地认为 $\sqrt{-1}$ 既然是数学逻辑推演出来的，就不会是没有意义的，不过它在数轴上无法表达，于是引进了一个新的概念，虚数单位 $i=\sqrt{-1}$，这样，上式就可以表达成带有虚数 i 的形式：

$$2\cos x = e^{xi} + e^{-xi}.$$

对上式两边求导可得：$$2i\sin x = e^{xi} - e^{-xi}.$$

再将上面两式相加，即可得到欧拉公式：

$$\cos x + i\sin x = e^{xi}. \tag{16.4.a}$$

用 θ 置换(16.4.a)式中的 **x**，可得到下式：

$$\mathrm{Cos}\theta + i\mathrm{Sin}\theta = \mathrm{e}^{\theta i} \tag{16.4.b}$$

令 $\theta = \pi$ 就得到欧拉恒等式(16.3)。

欧拉公式推演过程中，引进和创立了一个虚数，这是欧拉的独创，但是 $\mathbf{e}^{xi}$ 本身也可以用泰勒级数展开来佐证，得到同样的结果(16.4.a)。

16.3.3 欧拉恒等式表达了形和数的自然相关性

欧拉恒等式神奇地将数学里最重要的 5 个自然常数关联在一起：自然对数之底 e，圆周率 π，自然数的单位 1，虚数单位 i 和作者称为符号数的 0，这是数学家运用数学逻辑推演的一个必然的结果。数学是描述自然界形和数的科学，它表达在数学的所有分支学科中，在这里 e 和 1 是自然界的数、数轴上的数；π 是和圆周相关的常数圆周率。圆周是一个形的概念，0 既在实数轴的中点，又是一个符号数，因此 π 和 0 则是与表达“形”相关的符号，虚数 i 的出现，产生了复变函数，数学上应用很广，除去欧拉说过，“i 会是一个有意义的东西”之外，对其所表达的自然意义，至今作者未见有学者进行阐述，实际上虚数 i 表达的应该是自然界中一对左右旋对称的宇称世界的界面(参见 16.5 节 虚数存在的自然逻辑)。数学的共同语言是数学逻辑，人类从古希腊时代起，建立起来的数学体系，之所以成为人类科学技术发展的基石，是因为人类思维中的数学逻辑，就是大自然的自然逻辑在人脑中的映射，自然逻辑理性永恒。对于欧拉恒等式的所有解读，都在演示着这一真理，首先，从公式 16.4.b 可以得到如下的结果(参见图 16.4)：

点 A：$\theta = 0$　　$e\theta i = 1$

点 B：$\theta = \frac{\pi}{2}$　　$e\theta i = i$　(逆时针，右旋)

点 A′：$\theta = \pi$　　$e\theta i = -1$

点 B′：$\theta = -\frac{\pi}{2}$　　$e\theta i = -i$　(顺时针，左旋)

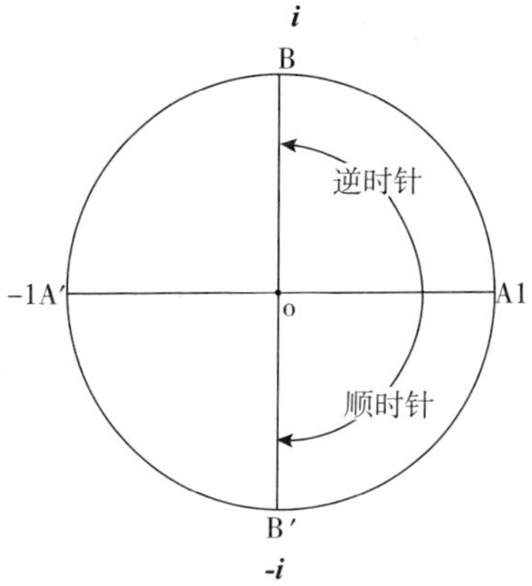

图 16.4　欧拉恒等式的对称图示 A＝－A′,B＝－B′
欧拉恒等式的一维表示——欧拉圆

从图 16.4 可以得到一个普适的结论,过圆心 o 的任一直径的两个端点呈对称状态,即 A＝－A′,B＝－B′,这与太阳光子的辐射对称何其相似乃尔(图 16.3)。π 是一个自然常数,通过圆心以某一个长度做半径画出一个圆周的本事,许多昆虫都懂得。锚阿波萤叶甲虫就是能画圆的昆虫,为了切断食物海芋叶子的毒素,它用尾部的刺扎进叶片做圆心,然后再用一只前脚爪模仿圆规的脚,在叶片上转动,一圈下来就形成了一个圆圈(图 16.5),图 16.4 和图 16.5 说明数学的推理逻辑与昆虫的自然逻辑是一致的,一个平面边界周长一定,圆面积最大。

图 16.5　昆虫也是天然画圆的高手

16.4 宇称守恒是欧拉恒等式的三维拓展

16.4.1 宇称 P 的概念

1924 年，奥托•拉波蒂(Otto Laporte)在分析铁元素的光谱结构时发现，跃迁总是在两种状态之间发生，这两种状态分别称为“带撇项”和“不带撇项”。跃迁总是从带撇项到不带撇项，或者反过来，从来没有发现跃迁会在带撇项或不带撇项之间发生。后来发现，这个跃迁的选择规则也适用于其他元素的原子谱，并给这个规则起名为“拉波蒂规则”，在量子力学发展起来之后，这个选择规则被解释为与三维反演变换下的不变性有关：

$$\boldsymbol{i}: \quad x'=-x \quad y'=-y \quad z'=-z \tag{16.5.a}$$

韦耳(Weyl)选用符号 $\boldsymbol{i}$ 表示这个变换，这与欧拉选用 i 来表示虚数 $\sqrt{-1}$ 是二者自然相关的一种默契，因为宇称对称的界面就是虚数 i（参见 16.5 节）。1935 年，康登(Condon)和肖特勒(Shordey)开始起用了“宇称(Parity)”这个词。宇称的意思可以解释为宇宙普遍存在的一种对称，在 20 世纪 30 年代，宇称对称很快地成为研究原子物理、分子物理和原子核物理语言的一部分，它涉及光子跃迁时能级的变化等问题。人类对科学的探索和认知常常是曲折的、螺旋式上升的一个过程，以上对宇称 P 概念的介绍(参考杨振宁文集[11])，尽管是最早的认知，但意义重大。可惜的是，1957 年李政道、杨振宁对宇称守恒定律的质疑，却重复了物理学中“镜像变换＝左右对称＝宇称”的错误，得出一个“宇称不守恒定律”，并获得诺贝尔奖的加持，物理学中四种力遵循宇称守恒和不守恒两种相反的自然法则，实在是说不过去。不过，科学探索和认知的艰难曲折也就表现在这里，因为宇称世界是一朵隐形的自然奇葩，物理学界猜想中人为(伪)逻辑加持的宇称不守恒定律的错误，源自经典力学中时空理论是不完整的，它只适用于宇宙中的连续事件，而像量子跃迁这样的离散事件，需要一个不连续的时空理论来适配和补充，这就是由欧拉恒等式所支撑的宇称世界和宇称时空观。

现在已经是 21 世纪 20 年代，作者早就注意到在中学课堂上老师对于“视网膜成像倒置之谜”的解答，依然和 60 多年以前我们上中学时一样；“这个倒像按照人在长大时的经验，会自动地正过来”，真的如此吗？作者从撰写《时空与灵性》时对此就存疑,"视网膜上的一个倒像。究竟是怎样正过来的",这也几乎成了作者的心病:难道人类的灵性会和视网膜上的倒像有关?翻翻书籍,也问询了几位科学界的人士,似乎无人问津,或许是回避,只能自己来寻觅答案,这就是探索和撰写《认知原理》的初衷。正是视网膜成像倒置之谜在告诉我们,视觉是最明显最实在的宇称守恒变换的感知过程,以此为突破口,就会发现认知哲学是建立在大自然中存在一个隐形的宇称世界和相对应的宇称时空平台的基础上。

作者通过引用生物学和物理学最新成果的自然逻辑推演,发现宇宙中只会存在一个跟宇称守恒定律相对应的宇称世界,尽管这还有待于学术界的评审和认可,但真理既是简单的,又是唯一的。作者虽已年迈,但前进的脚步缓慢而未停息,一个追求科学一哲学体系完美的心愿,总是在拨动生命的琴弦试图品味天籁之音的主旋律:宇称世界应该和牛顿的宇宙体系一样,它一定会得到数学原理的描述和支撑。

16.4.2 欧拉恒等式的三维拓展

图 16.4 表明,欧拉恒等式在一维圆周上 A 和 A′的左右对称关系(A=−A′),将导向作者在《认知原理》中所论述的身体和人脑之间的宇称特化细胞(参见扉页 2,图 15.20),具体演绎如下。

参照本书第 3 章中图 3.3,可以用三个相互垂直的平面,将空间划分成八个象限:Ⅰ、Ⅱ、Ⅲ、Ⅳ、Ⅴ、Ⅵ、Ⅶ、Ⅷ,按照 x(x′)→y(y′)→z(z′)坐标系顺序的右手(左)手法则,八个区间可以分为左右旋两类:Ⅰ、Ⅲ、Ⅵ、Ⅷ为右旋;Ⅱ、Ⅳ、Ⅴ、Ⅶ为左旋,Ⅶ和Ⅰ、Ⅴ和Ⅲ、Ⅱ和Ⅷ、Ⅳ和Ⅵ就是物理学上的左右旋对称的宇称空间。

宇称是否守恒,就是通过数学公式来证明公式 16.5.a 的宇称变换是否成立。

在拓扑学中,圆周是圆面的边界,这一点连昆虫也懂得(图 16.5)。为了实现欧拉恒等式的三维拓展,按照图 3.3 的方式,过球心 o 作三维直角坐标平面,在球上就可以得到三个相互正交的圆截面,同时球面上也会有三个相互正交的圆周(图 16.6),这三个圆周都等效于图 16.4。图 16.6 的球坐标系中,ox、oy、和 oz,是三个从球心 o 出发的非负实轴,令 x、y、z 代表三个实轴上任意相同的数,用 x、y、z 分别乘欧拉恒等式(16.3),可得到如下的一组新的等式:

$$x\cdot e^{i\pi}+x\cdot 1=0 \qquad x\cdot e^{i\pi}=x' \qquad x'+x=0$$
$$y\cdot e^{i\pi}+y\cdot 1=0 \quad 令 \quad y\cdot e^{i\pi}=y' \quad 则有 \quad y'+y=0$$
$$z\cdot * e^{i\pi}+x\cdot 1=0 \qquad z\cdot e^{i\pi}=z' \qquad z'+z=0$$

由此,可以得到直角坐标系的三个恒等变换(16.5.b),图 16.6 为欧拉恒等式的三维拓展,即宇称变换的欧拉球。

$$\boldsymbol{i}:\quad x'\equiv -x \quad y'\equiv -y \quad z'\equiv -z \qquad (16.5.b)$$

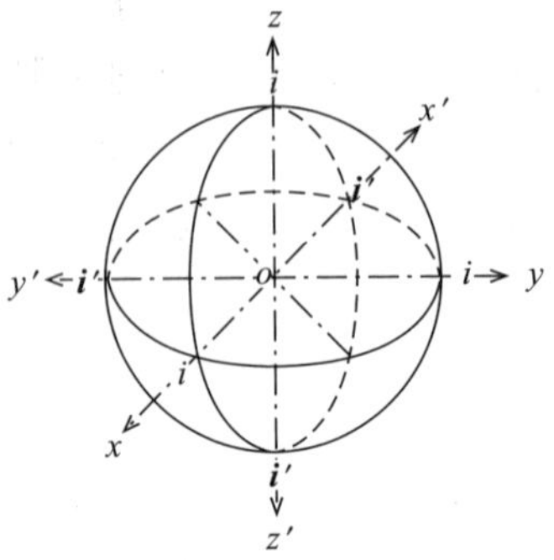

16.6 欧拉恒等式的三维拓展
——宇称变换的欧拉球

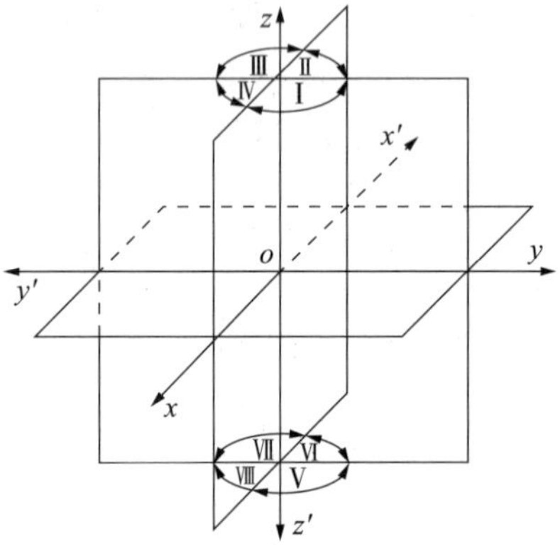

图 3.3 宇称对称的空间图示
(本书第 3 章,引用)

需要特别说明的是,公式 16.5.b 的三维恒等式只适用于人类,因为标定人类体坐标系的三个半规管互成直角,构成了一个标准的三维左旋直角坐标系。人类学家研究,这在动物世界是唯一和三维空间相匹配的、最极致的坐标系。参考和对比扉页 3,可知欧拉恒等式的三维拓展只能适用于人脑,也可以这样说,欧拉恒等式创世意义的绝妙之处就在于,它证明只有人类才是在一个左右旋对称的宇称时空平台上,真正感知到宇宙的本原是三维空间的智慧生命。人,只有人才是宇宙中的万物之灵!

按照图 3.3,对图 16.6 截取第Ⅰ和第Ⅶ象限,用以作为球体宇称对称的代表(图 16.7.a),其中Ⅰ象限的坐标为 $o-xyz$,右旋Ⅰ(图 16.7.c),Ⅶ象限坐标为 $o-x'y'z'$,左旋 $i'=-i$,(图 16.7.b、c),与欧拉恒等式完全一致。

至此,著名的欧拉恒等式,导向了大自然中的一个重要发现:一个球体中可以构成一对、对宇称空间,宇称守恒是实体空间的三维反演一定守恒,宇称

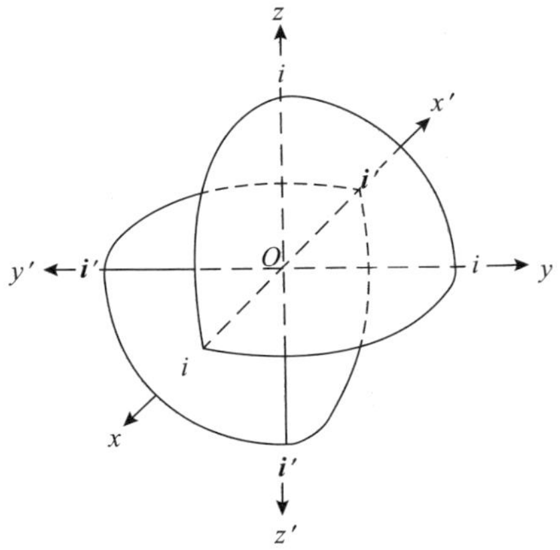

（a）图16.6中第Ⅰ和Ⅶ象限构成宇称空间

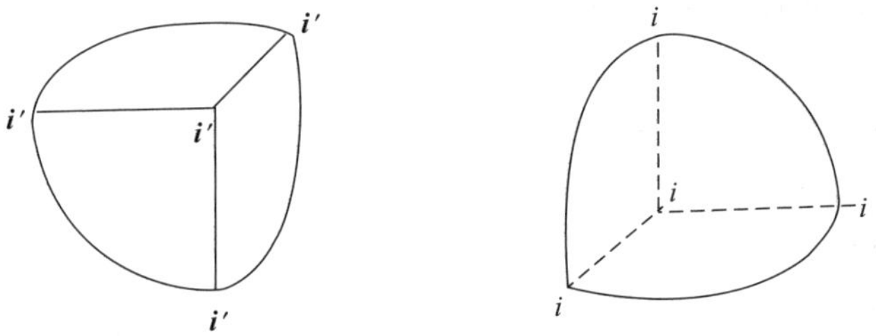

（b）第Ⅶ象限，左旋，球面朝里朝下　　（c）第Ⅰ象限，右旋，球面朝外朝上

0是左右旋宇称变换的中心，$0=i+i'$。

图 16.7　欧拉宇称图示

欧拉恒等式证明宇称守恒的局域剖析

不守恒定律是对“非实体的镜像对称＝实体左右对称”的误解，宇称不守恒说必将从物理学中消失，回归大自然中宇称世界的真实面貌。

16.5　虚数存在的自然逻辑

16.5.1　虚数的起源

1545 年，意大利数学家卡尔丹为虚数的问世，做了一件大事。他在汲取数学家费罗、韦塔纳对缺项三次方程求根公式的基础上，在自己的著作《大衍术》中，正式发表了著名的卡尔丹公式，即缺项三次方程求根公式中出现了带有负数的开根号。1572 年，意大利工程师又将卡尔丹公式变换成带有$\sqrt{-1}$的形式，这就是最早出现在数学文献中的一个新的数学符号。负数开根号有什么意义，数学家们又探索了 100 多年，包括牛顿、莱布尼茨、笛卡儿，一直延续到大数学家欧拉，“虚数”一词是笛卡儿(1596－1650)发明的，欧拉说“虚数$\sqrt{-1}$是一个有意义的东西”，将 i 作为虚数的单位则是欧拉的创造。

1714 年，英国物理学家和数学家罗杰·柯茨在一个公式中建立了对数、三角函数和虚数之间的关系，引用了虚数这个词。二十年后，莱昂哈德·欧拉用指数函数代替对数得到了同样的公式，经过欧拉亲自进行的数学推演，发现数学中的确存在一个虚数$\sqrt{-1}$，他用 i 来表示，即$\sqrt{-1}=\pm i$，从此开始在数的论述与分类中被广为应用，出现了一个实数和虚数相复合的复变函数和“复指数”的新概念，并且很自然地应用在各种物理学问题中，如电磁定律、波动力学等领域，欧拉恒等式被认为是上帝创造的最美的公式(16.3)

欧拉恒等式中，前四个常数中，e 为自然对数的底；π 为圆周率；1 是自然数的单位；0 被作者称之为符号数或怪数，在从图 16.4～图 16.7 中，0 等效于圆周和球的中心 o。这就提出了两个问题：

什么是 0？数学家的回答是“最常见的”常数，与牛顿在《原理》一书中引进时间和空间两个概念时所说“时间和空间是人所共知的”一样，被认为是自然公理。

什么是$\sqrt{-1}$？回答：是 i；什么是 i，回答：是$\sqrt{-1}$的单位表达。

那么，究竟 i 是什么？

欧拉回答：“i 会是一个有意义的东西”。

数学界呢：近 300 年过去了，数学界并没有理解虚数。作者认为欧拉恒等式中 i 和 0 的存在，则是表达宇宙之美在于它永远处在恒等对称的状态，这是宇宙自身运转的永恒法则——自然逻辑。自然逻辑也是数学的基石，数学逻辑和自然逻辑的差别，就在于数学可以推演出自然界会有一个虚数 i，却一直无法观察到它的存在，这就是“虚数之谜”。

16.5.2 虚数是自然逻辑中的独特表示

首先，解释一下什么是自然逻辑？

自然逻辑是作者自己在创作过程中，发现的一个和人类观察相关的新概念。人类的所有文明成果，都是人类大脑按照自然逻辑进行思维，步步演绎，顺藤摸瓜的结果。恩格斯说“思维规律和自然规律，只要它们被正确地认识，必然是相互一致的。自然界不能是无理性的”。在这里，作者将思维规律理解为人为逻辑，自然规律理解为自然逻辑，当人为逻辑与自然逻辑一致的时候，就是人类的创造的文明，就是当代的科学体系，当二者不一致的时候，人为二字连在一起，就是汉字中的一个伪字，成为伪逻辑，伪科学，伪道理（歪道理），这种造词的含义彰显了中华文化中，如何实事求是、区分真伪的一个自然逻辑的理性判据。

人类的思维和意识，离不开自己五官的感知。亚里士多德在《形而上学》一书中开宗明义，特别强调了视觉对于人类“智慧”的重要性，他说：“在所有的感觉中，视觉是人们最为重视的……我们都喜欢看，因为视觉是所有感觉中，能让我们知道事物，并区分事物之间区别的最多的来源”，当代科学则认为人脑的海量信息，百分之八十以上来自视觉。数学可谓是视觉的宠儿，因为数学对于数和形的研究、描述和逻辑，只能是对自然界观察和思维的结果，是从形象感知到抽象认知的升华，无非是将自然逻辑铸造成用人类语言，特别是数学语言表达的文明成果。数学逻辑与自然逻辑相互关联的最直观的文字和符号表达，就是欧几里得几何学中的公理和一些数学上的发现和发明，举例如下：

- **欧几里得几何中的“圆公理”**：以任一点为圆心、任意长为半径，可作一个圆。这个公理是属于自然的，因为连昆虫都懂得，参见图16.5。

- **笛卡儿发明的直角右旋坐标系**，是人耳中半规管三维直角坐标系，从人脑的左旋空间向外部右旋空间的映射，这就是为什么笛卡儿坐标系一定是右旋的道理，直至人类的右利手现象。

- **数学上二进制(0和1)的起源**，与人脑中神经元自发的不通和接通相对应，最早的二进制中表现为易经中“阴爻”的断开和“阳爻”的接通两个符号。

- **数学上的十进制**，与基因的十进制相对应：基因的双螺旋结构中，10个螺距等于一个直径（扉页6.A），基因的直径和10个螺距之高呈45°的等边直角三角形。

- **人们常常是心中有数**，这就是以1为单位不包含0的自然数，是人可以掰着手指头数出来的，高等动物在照看小崽子时也会有“识数”的本能。

- **人们对形和数的认知**，通常包含两个序列：形序列和数序列。序列本身是人类和高等动物在感知过程中潜移默化形成的自然规则。广义“形”的序列包含:物体的形状、大小、重量、位置;空间的大小、景深;声音的高低、强弱;光线与色彩的明亮、暗淡、黑暗;气味的好恶和浓淡的感受程度;温度、气压的高低;速度的快慢;等等。数序列是数量的多少,首先是自然数。从广义来看也属于形序列的感知范围。

· **数学从所有人和动物都能感知到的形序列的自然逻辑开始**,经过数学家发明的数学语言、富有逻辑的理性思维,最终形成了一个表达对这个世界对称与恒等的最美的数学认知——欧拉恒等式,欧拉恒等式是自然逻辑数学集成的代表作。

欧拉恒等式是没有时间参数的永恒世界,说明宇宙时时刻刻都处在这样一个恒等对称的状态。恒等式中,一共有五个参数,e、π 和 1 是已经有定义的自然常数,0 没有定义,被认为是最常见的一个符号常数,而虚数 i 在科学中大有用处,但还是不知道它是什么,在自然界的出处在哪里?作者在下一节再进一步加以剖析,看看虚数究竟虚在哪里。

· **作者对虚数的定义是**:自然逻辑导致虚数是自然界存在但人们观察不到的光的信息。

16.5.3 虚数是真实世界看不见的光

从亚里士多德的《形而上学》开始,中外都有一句名言“眼见为实”,也就是说由光形成的视觉是不会造假的,即令如镜像造假产生错觉,也会有破绽,镜中的空间和自己的像都是左右对调了,那还是我吗?我和所有的人一样,我既看不到我的脸,也看不到我的后脑勺,整个头部对于我们每个人都是视觉的盲区。“眼见为实”,那么我还存在吗?我的头部存在吗?我的大脑存在吗?(扉页 5)

回答是肯定的。科学先驱笛卡儿说“我思故我在”,“思”存在于我看不见的自己的头脑中,即左旋世界的人脑黑洞中;“在”是指颈部以下目视可见的身体部分,一直延伸到头部,即右旋世界的身体,右旋世界一直延伸到宇宙。

作为万物之灵的人类的存在有身心两种形态,从物质第一性的哲学思想出发我们可以将精神视为物质的“信息”,将身体视为物质的“实体”(【注】这和哲学中的现象派学说相似),这就是笛卡儿所说的 “我思故我在”的哲学含义。在这里,哲学上的用词“故”之所指就是数学上的“虚数 i”,弄清楚虚数是什么,自然会明白“故”的含义是什么。笛卡儿在17世纪上叶将$\sqrt{-1}$命名为虚数，这和他的天才的哲学思想——精神和物质、脑和身体之间对称映射有关。这一命名具有极其重要的理论意义和科学实践价值，因为人类的认知来自观察，观察本身包含一对左右旋世界的宇称变换，这个变换的节点是人类自身无法观察到的虚数i。

我们几乎可以断定，太阳是和人类相伴最近的恒星，在“太阳和地月系统”这样一个极小、极小概率的地球上，阳光创造了生命、意识和智慧。人类通过观察天空中星辰信使的光所携带的信息，从几何公理、$\Delta \to 0$的微积分和黎曼几何出发，创立了经典力学的宇宙时空平台，建立了“自然哲学之数学原理的”的“宇宙体系”，同时也派生了五个问题：

①牛顿提出了宇宙体系的第一推动力在哪里？

②爱因斯坦相对论中的宇宙常数λ的意义是什么，有多大？

③数学中的0是自然数，还是一个在数轴上占有中间位置的特殊符号？

④当代科学发现，宇宙中可视的物质只有4%，暗物质有96%，如此大量的暗物质，即人类视野中看不见的物质是否可以也称其为虚数，用$\sqrt{-1}$来表示？

⑤“天人合一”中的节点，是不是也是一个用$\sqrt{-1}$来表示的虚数？

人作为观察者怎样去研究和描述“自然界造物主”的创世过程，这是科学的终极命题。科学的皇后是数学，数学的皇后是包含复变函数的数论。暗物质已经将虚数$\sqrt{-1}$送到了如何观察和理解宇宙的风口浪尖上，以人类观察太阳发光为例，可以对虚数解读如下：虚数就是宇宙中存在，但作为观察者的人类看不见的光，看不见的光就是暗物质（图16.3）。从观察的角度出发自然界有三类自然光：

- 与人类视线呈90°的光是虚数$\sqrt{-1}$；
- 小于90°的光，在观察者坐标系中视为右旋可见光（图16.2、图16.8）；
- 大于90°的光，在观察者坐标系中视为左旋不可见光（图16.2、图16.8）。

因此，右旋光一定是朝向观察者飞来的可见光；左旋光是背离观察者远去的不可见光；一对、对由$\pm i$表示的光，在人类左右两侧视野的边界飞去。

这样，对于人类而言就导致一个自然而又难以置信的认知：在人类的视野中除去与视线小于90°的光，其余皆属于暗物质的范畴。实际上，人类的观察范围在宇宙中极其有限，就宇宙中发光的恒星而言，所发出的光的绝大绝大部分都会有序地散逸在宇宙中，地球上的观察者看去漆黑的空间，实际上存在着光与各种电磁波的能量，这很可能是当今科学界所说暗物质的重要组成部分，它们可能占宇宙中所有物质的94%以上。因此，要想弄清暗物质的前提，有必要从欧拉公式出发，先弄清楚人类在宇称时空平台上对宇宙的观察和认知，是不是也会受到人类认知本身的局域性限制，亦即人类的认知不可能像心目中的全时空观察者万能的上帝那样，一览无余。

上述问题，以人类观察太阳为例(图 16.8)，剖析如下：观察者接收不到在垂直于视线轴 x 的圆周上太阳光的光通量。虚数$\sqrt{-1}$是观察者对太阳发出的光但永远看不见的描述：i 是太阳真实发出的光波，也是阳面(看得见)与阴面(看不见)的界面(参见图 16.4 欧拉圆)。图 16.8 中对于左下方的观察者而言，i 就是太阳正面半球的圆周，因此图 16.2 中，用一般相机拍摄出来的太阳照片的边缘会不清晰。

图 16.2 中太阳视平面圆盘的中心，在图 16.8 中为 Q_1，图 16.2 圆盘上的视亮度是太阳朝向观察者的前半球亮度在 o－yz 平面上的投影。图中的右旋坐标系 o－xyz 和左旋坐标系 o－x′y′z′是随观察者视线方向决定的一对动态坐标系。

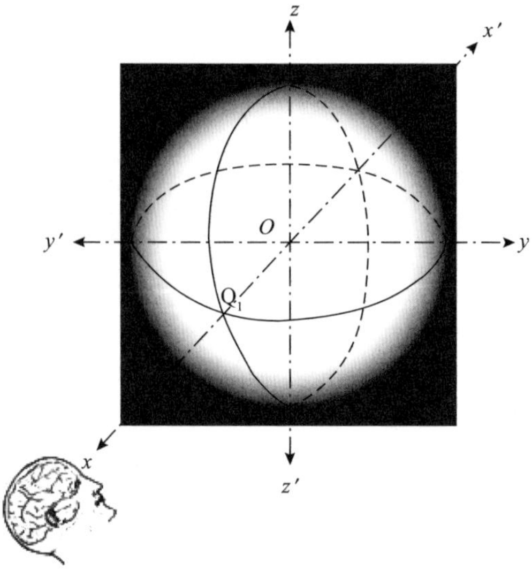

图 16.8　观察者及太阳光球的左右旋坐标系

图16.8可以参见图16.3从物理学的角度做进一步的详细解读。从作者建立的简化的太阳模型来看，太阳表面上任一点发射出去的都是垂直于球面的右旋光子，地球绕着太阳公转，我们看到两侧的光子同样都是右旋光子，但是我们永远看不清，也不知道如何来区分太阳的阴阳两面，那是$\sqrt{-1}$的“虚”光子所为，至于$\pm i$的左右旋含义，应该与地球的公转和自转相关，作者不做更为深入的探讨，感兴趣的读者可以试试。

虚数是什么？虚数是人类观察球面光源时，阴阳两侧界面上的“虚光”，即实实在在存在的光，但观察者就是看不见，因为与观察者的视线呈90°。

16.5.4 瞳孔和$\sqrt{-1}$相关之谜

为了理解“虚数”在科学和人类文明中的深刻意义，司空见惯而又最值得我们关注和寻找答案的问题是：我们人类尽管虹膜颜色各异，但是瞳孔为什么都是黑色的？这里隐藏了一个瞳孔和虚数$\sqrt{-1}$相关的秘密(图16.9)。

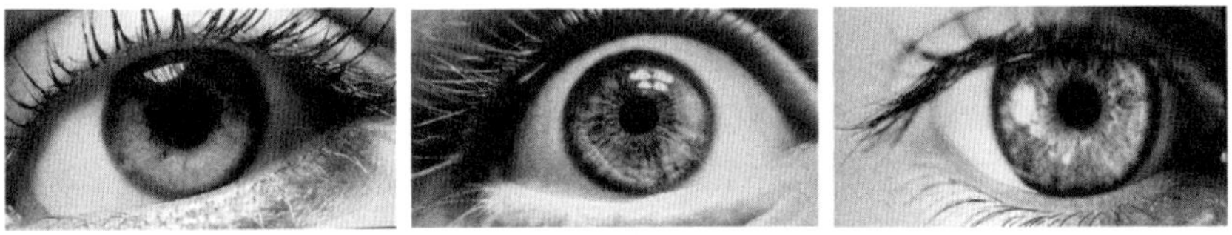

图16.9 虹膜颜色各异的瞳孔都是黑色的

虚数$\sqrt{-1}$告诉您：为什么？

人类眼球的结构和成像原理如图16.10所示。当视野中物体(如铅笔)的光线信息，通过虹膜上的瞳孔经晶状体折射以后，光线所携带的铅笔的信息，就由眼球外部的右旋世界，进入眼球的左旋空间，并在视网膜上(图中视网膜未用文字标注)形成一个上下倒置左右对调的实像。这个倒置的实像，单眼以100万路视神经的电子信息点对点地传送至大脑视皮层，形成人脑左旋世界中视觉的认知。

欧拉恒等式对人类的认知哲学有着无可比拟的功绩：

第一，以视觉认知为例，欧拉恒等式从数学的层面，演绎了宇称是一个三维平面反演的左右旋对称、守恒的空间变换(图16.4、图16.6、图16.7)，这也是对作者在《认知原理》和《时空外史》两本书有关宇称世界的论述中，提出“脑与左右旋世界”和“人脑是一个光子勿入的黑洞”等理念的数学原理的佐证和支撑。

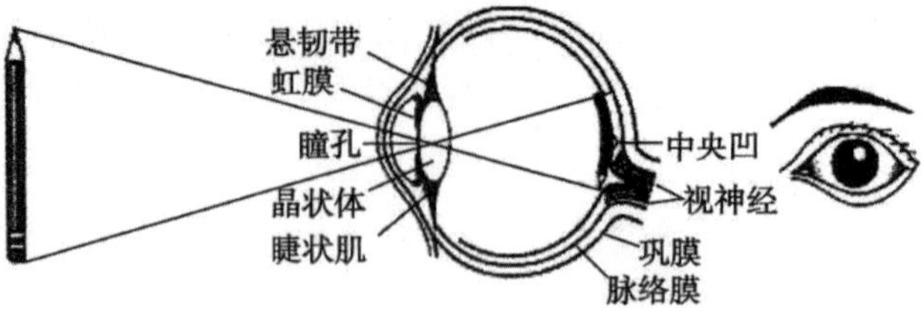

图 16.10 眼球的结构与左右旋世界的成像原理，晶状体和瞳孔是左右旋世界变换的界面示意图

第二，以视觉信息传递与变换为例，欧拉恒等式告诉人们，虚数$\sqrt{-1}$是左右旋世界对称变换的界面，对于眼球就是瞳孔和晶状体(图 16.10)。

细说起来，瞳孔是指具有成像眼的动物或人眼睛内虹膜中心的小圆孔，是视觉光线进入眼睛的通道。人类瞳孔的直径是在 2.5 毫米到 4 毫米之间，虹膜上瞳孔括约肌的收缩可以使瞳孔缩小，瞳孔开大肌的收缩使瞳孔散大，通过瞳孔的开大与缩小可以控制进入瞳孔的光通量。虹膜的颜色与人种有关，一般有黑色、蓝色、灰色和棕色等几种，但是瞳孔的颜色则与人种无关，不管是放大或是缩小，它总是黑色的(图 16.9)，因为瞳孔是光线通向人脑黑洞的唯一窗口，它既不会吸收光线，也不会发射光线，自然机制让人看到的瞳孔(包括镜中自己的瞳孔)总是呈现黑色。通过瞳孔携带外部世界信息的所有光线告别了右旋世界，到达人体左旋世界的边界晶状体的外表面，经过晶状体折射后进入眼球，将光子携带的右旋信息变成左旋，投射在视网膜上的是外部世界左右对调的倒像，视网膜是人脑黑洞左旋世界的起点。

在这样的一个视觉信息宇称变换过程中，空荡的瞳孔和透明的晶状体都看不到光的痕迹，呈现黑色，二者一起构成了颅脑内外左右旋世界转换的界面：瞳孔是携带外部右旋世界信息的终端，用$+i$表示；晶状体是将信息变换为左旋世界的起点，用i'表示，参照图 16.7. 则有：

$$i+i'=0 \tag{16.6}$$

0 和 i 在宇称世界是彼此相关的存在，在欧拉恒等式中，二者也成为宇宙中名副其实的自然常数。

结论：

欧拉恒等式在 21 世纪的中华文明中，进入了人类认知哲学领域，东西方文明交融互补应该是件大好事。欧拉恒等式体现了大自然的和谐的美与自然逻辑的理性,作为观察者的人类,虽然是生存在双重时空平台上,但永远只能观察到一个在笛卡儿右旋坐标系平台上描述的大千宇宙。笛卡儿坐标是人类半规管坐标系的外部映射——从左旋世界到右旋世界的对称反演,虚数 i 理性地阻断了人类对自身左旋世界的直接观察认知。这就为宇宙和人的创世说,留下了各种各样的想象空间,正如莎士比亚所说,“一千个观众眼里,就会有一千个哈姆雷特”一样,但是用自然逻辑写出来的科学剧本只有一个,欧拉恒等式就是这个剧本的模板——严格的数学逻辑就是自然逻辑,自然逻辑理性永恒。

16.6 拓扑学对认知哲学的贡献

16.6.1 庞加莱猜想的贡献

1904 年,法国数学家亨利·庞加莱提出了一个拓扑学猜想:“任何一个单连通的,闭的三维流形一定同胚于一个三维的球面。”俄罗斯数学家格·佩雷尔曼于 2003 年作了证明,2006 年数学界确认佩雷尔曼的证明成立。庞加莱猜想有助于人类更好地研究三维空间流形性质的认知,即球面变与不变的辩证统一。

按照庞加莱猜想,可以将图 16.7.a 变换成左右旋的两个球面(图 16.11),

并应用欧拉公式,来建立脑和身体的宇称世界。图 16.11 中,上图表示颅骨以外的右旋世界,下图表示颅内人脑的左旋世界,二者构成相互对称的三维宇称空间,作者用一维(x 与 x')的对称变换来表示,三维可以类推。这也是本书第 15 章中图 15.16～图 15.20 所表示的人类身心发育成宇称世界的数学证明(图 16.11 和扉页 6.B)。

一对欧拉球左右旋世界之间的连接点是 $i+i'=0$(式 16.6),i 和 i' 表示存在,但又观察不到,0 的身份是左右旋世界的对称和变换中心。

图 16.11 定义了一个人类认知信息,即模数为 1 的半径矢量 r 的输入路径。

$$\mathrm{r}=e^{\theta\pi} \tag{16.7}$$

r 的运动路径是:起点 $A_R \to i \to A_R' \to 0 \to A_L' \to i' \to A_L \to 0 \to A_R$,r 在 0 点进出左右旋空间,信息 r 在身体和脑的一对宇称空间转了两圈,一圈右旋,一圈左旋。

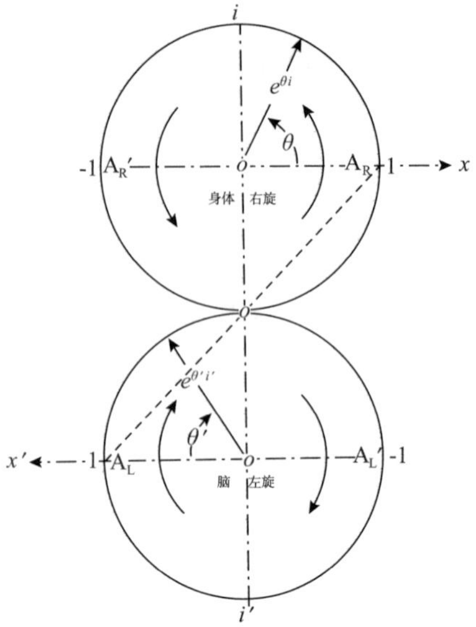

图 16.11　认知哲学之数学原理

——欧拉恒等式左右旋的宇称变换

信息 r，由 Rr 传递到 R_L，Rr 和 R_L 即为本书中提到的宇称特化细胞，图中用虚线相连(参见图 16.11)。图 16.11 演绎了从欧拉恒等式到欧拉矢量的左右旋宇称变换，这和作者撰写的《认知原理》不谋而合，数学是科学的皇后，是所有科学认知的基石，涵盖了自然科学、生命科学和哲学。

虚数 i 和 0，也是自然常数，再一次和其他三个自然常数联手，在欧拉公式中，准确地表达了人类身心发育成一对宇称世界的自然逻辑。这种自然逻辑的理性，既让人们感到神奇、敬佩，又会诱发人们的遐想、梦幻和有神论的神创思维。

16.6.2　莫比乌斯带的启迪

莫比乌斯带在数学上称为非平凡的纤维丛，形象地讲就是将一条纸带扭转 180°，然后再将两个端头正面和反面对接起来，变成数学上只有一个单侧曲面怪圈，图 16.12.a。

从非平凡纤维丛(莫比乌斯带)到人类神经丛的推演：

①人在莫比乌斯带上行走，需要经过顺时针(左旋)、逆时针(右旋)各转一圈的 4π 行程，才能回到原点；在中点 2π 时，人与起点呈左右对称状态，图 16.12.b。

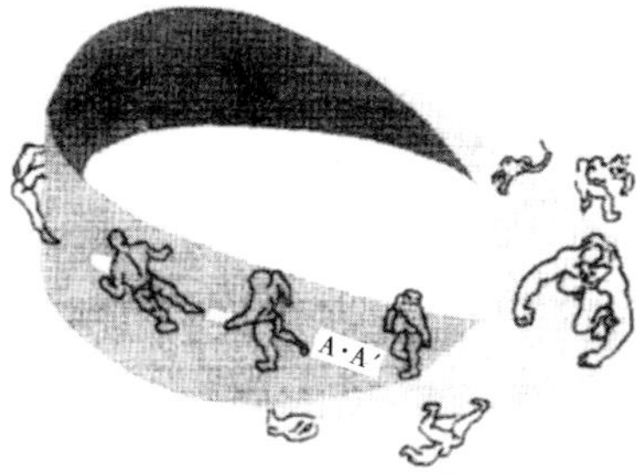

（a）莫比乌斯带

点A：起点（0）和终点（4π）；点A′：中点（2π）

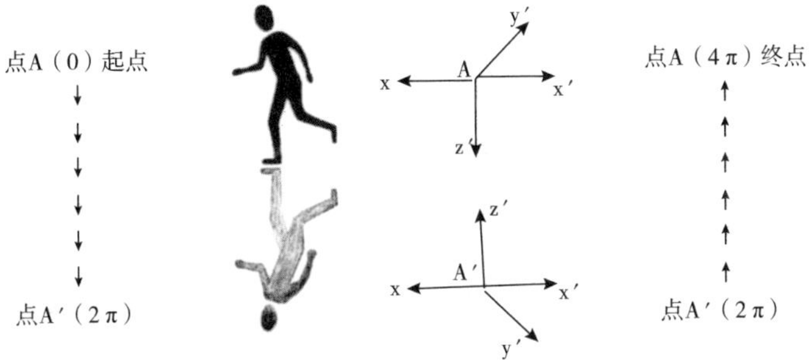

（b）莫比乌斯带上人体运动的上下对称（左右对称）

坐标系A–x′y′z′（上）即A′–x′y′z′（下）为人体的体轴坐标系，

体轴坐标系是一个附体的坐标系，遵循左手法则

轴Ax和A′x代表运动方向

图 16.12　莫比乌斯带

②莫比乌斯带是一个纯粹的数学概念，在完成莫比乌斯带的制作之后，因为数学上的点是 0 维、各向同性的，原来的两个面（里外或正反）变成只有一个面的单侧曲面。

③在真实的自然界，由于物质世界的基本粒子有一个与自旋相关联自旋轴矢量的方向性，生物世界的细胞中存在一个与细胞卵轴相关联的极性，都不是各向同性的，因此数学上的莫比乌斯带在自然界是不会存在的，至少是个谜。

④莫比乌斯带对认知哲学的启迪就是，人在 4π 的运动周期内，看到了一对左右旋对称的空间（图 16.12），假设莫比乌斯带的宽度 $\Delta\rightarrow 0$，莫比乌斯带就成为名副其实的拓扑学中的非平凡纤维丛。如此模样的纤维丛，在自然界是存在的，这恰恰就是人类，还有哺乳动物进出大脑的神经丛。将图 16.12 中的人变成传递神经信号的点对点的一个个电子，这就是传递神经信息的神经丛。原来，人类

左右交叉的神经丛，正是以人所钟情的8字形莫比乌斯带，镶嵌在每个人身心一体的宇称世界中(图16.13、图15.20)。有趣的是，人是唯一可以绕垂直轴(脊柱方向)自旋的动物，人的自旋和质子、电子一样，也是1/2。

这就值得我们细心品味：人缘何如此？

亘古一问，我们是谁？

我们是和宇宙同岁的智慧生命。图16.13描述了智慧是宇宙中物质实体和物质信息演化的巅峰，祂为人类独家知晓、享用和不断地进化、提升。优美的欧拉恒等式及其只能在人身上实现的三维拓展和应用，从数学原理的高度，支撑了"认知哲学的宇称世界"并非是异想天开，祂与"自然哲学的宇宙世界"并存而相得益彰。人类就是在这样两个世界的双重时空平台上，以人脑为中心，实现了外部世界信息流和人脑黑洞中信息流的交汇、集成和创新，构成了人的认知、意识、行为和所有的精神活动，这既是认知哲学(涵盖自然科学、生命科学、哲学和人文、艺术、体育等学科)的奇迹，更是数学的奇迹。

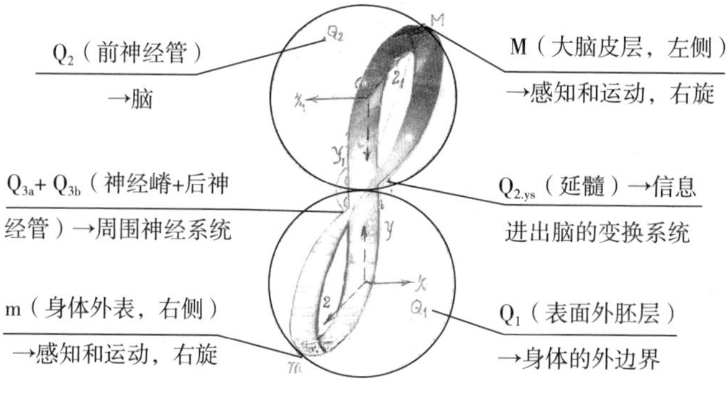

图16.13 神经丛与认知哲学的数学原理

跋：太极图——宇称世界的象征

迄今为止，物理学界对于用拉波蒂规则（i 变换）定义的宇称变换一直是用平面镜的镜像对称或左右对称来表示的，以至于对吴健雄的实验结果作出了一个宇称不守恒的解读。这一误解的缘由是因为在人们的认知中缺失宇称的经验，构不成宇称的形象思维，只能用镜像和左右对称来代替。尽管我们人体同时都是左右对称和宇称的载体，但前者是我们身体上的一个看得见的显性的存在，通过形象思维就能感知到；后者是我们身一心的一个看不见的隐形存在，只有通过科学和哲学的理性思维才能意识到。

如同笛卡儿发现三维直角坐标系是人脑中三个半规管的一种映射，构成了科学认知的空间平台一样，太极图（图 1）正是人类身一心宇称对称的一个自体映射，它象征着人类在前科学时代对宇称世界和人类认知灵感的流露。

图 1　太极图

《太极图》据传是 1000 年以前宋朝道士陈抟传出来的，原名《无极图》。据史书记载，陈抟曾将《太极图》传给其学生种放，种放传给穆修，穆修传给周敦颐，现在我们看到的太极图，就是周敦颐所传的周版。不过，对《太极图》本身原创作者是谁并不十分重要，因为更多的考古发现表明，"古太极图"的图形是普遍存在的：早在公元前 4000 年的乌克兰第聂伯河中游等地、欧洲的西罗马帝国时期、中国的仰韶文化时期和彝族古文化的文献中都有多种版本的"古太极图"图形，或是类太极图的几何图形。这说明"太极图"是人类在观察和认知自然的历史长河中,一种宇称世界想象力的发挥和表达。值得一提的是明朝初年赵撝谦《六书本义》中提到的"天地自然河图"[65],竟然将阴阳鱼的鱼眼画成了人眼,明显地将太极图和人的观察认知联系在一起。

《太极图》是一个黑白相映、既对称又不对称的几何图形,给人在冥冥之中产生一种神秘的感觉。但是,如果我们对《太极图》按照数学原理进行一些简单的演绎,就会发现它和量子力学中的宇称变换是完全一致的,演绎如下:

第一步 太极图的对称是以大圆圆心为中心的阴阳鱼映射对称。太极图是一个平面图形,构成太极图的视觉元素有:一个大圆,两个小圆、两个半圆的弧线(一上、一下)和黑白两色(图 2)。

圆本具有中心对称的性质,如图 2a。

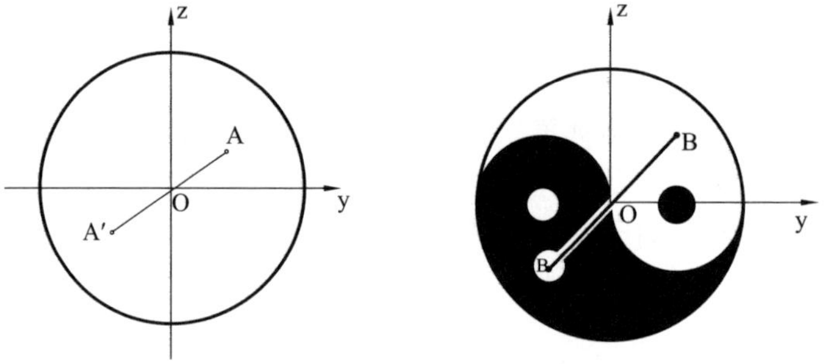

(a)圆 (b)太极图

图 2 太极图和园中心对称的差异

图 2(a)中,AA′为一直线,OA′=OA;在图 2(b)中,太极图同样存在着中心几何对称的 B—B′,但是黑白互为映射关系,因此可以将太极图这样的对称称为太极图"阴阳鱼"的映射对称,以区别于图 2(a)中园的中心全等对称。

第二步 这种阴阳鱼的映射对称,可以用图 3 的平面坐标系来表示,阴阳鱼的两组坐标系相差 180°,分别为:

阳鱼(白色)的坐标系 o—yz;

阴鱼(黑色)的坐标系 o—y′z′。

第三步 黑白代表太极图的第三维。太极图是一个二维的平面图,但是只要我们将太极图中的阴阳鱼理解成:阳鱼的背面是阴鱼,阴鱼的背面是阳鱼,那么黑白就代表了第三维。事实上,在古人没有立体几何概念的时候,太极图正是用黑白来代表第三维的。这样,我们就有了一对象征宇称的三维左右旋坐标系(图4)：

阳鱼(白色)右旋坐标系 o－xyz；

阴鱼(黑色)左旋坐标系 o－x′y′z′。

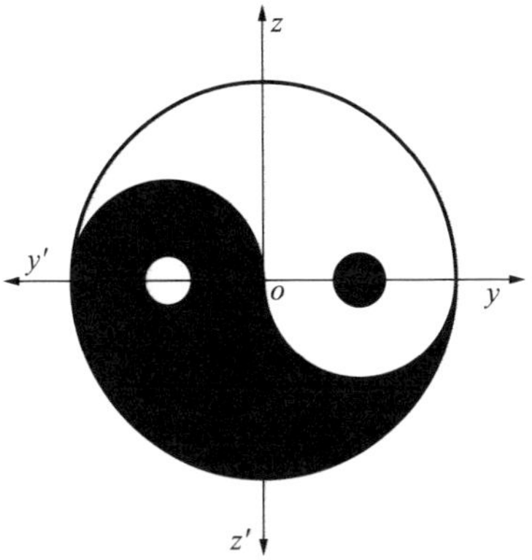

图3 “阴阳鱼”平面映射对称坐标系

$x=-y',z=-z'$

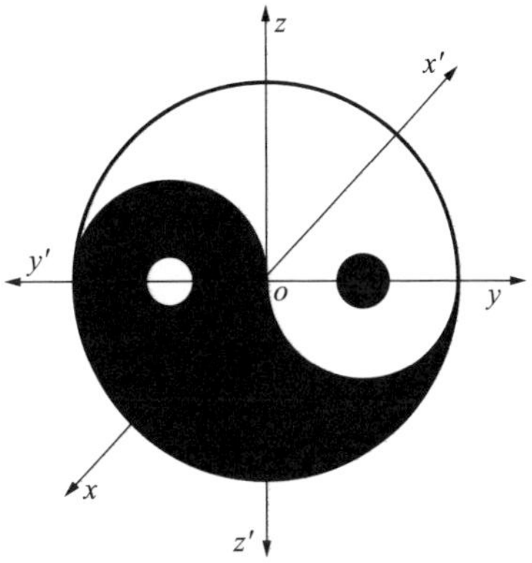

图4 太极图三维宇称坐标系

$x=-y',y=-y',z=-z'$

相隔千年，太极图和本书内容遥相呼应，从而可以将太极图阴阳鱼之间的对称变换表述为：

太极图的阳鱼(白色)代表物质世界的“形”，阴鱼(黑色)代表精神世界的“象”。对于我们人类的认知而言，“形”示于感官之外，“象”成于颅脑之中——这象征着物质世界对精神世界信息一能量的正向转换，人脑的信息输入；对于我们人类的行为而言，阴鱼中的白色小圆点(阴鱼眼)代表“成于头脑中的形”，即通常所说的“意志、眼神”，本书中称为“意象”，但这是“象中的形(内形)”，而阳鱼的小黑点，则表示“内形”又成像于外，但这是“外形中的象”——这象征着精神世界对物质世界信息一能量的反向转换，人脑的信息输出。

我们说：《太极图》象征着人类的身一心是一个阴阳鱼宇称的世界，一个精神和物质相互映射的世界。这样的解释不是很到位吗?!

一个起于古代人类的宇称世界的灵感，从太极图一直延伸到《认知原理》，跨越了数千年。正是这几千年积淀的人类文明和智慧，才使作者在阅读了众多的科学、哲学著作以后，读懂了太极图的这一寓意，科学、哲学和我们祖先灵感的交汇，终于解开了人和哺乳动物共享的脑与左右旋世界之谜。因此，认知原理并非作者一时的独创，它绵延于人类文化中几千年，正如恩格斯所说：“在辩证的思维中，偶然性融合在必然性中。”

参考文献

1.【美】巴尔斯(Bears. B. J),等. 认知、脑与意识:认知神经科学(第二版). 北京:科学出版社,2012.1

Cognition, Brain, and Consciousness: Introduction to Cognive Neuroscience (Second Edition) by Bernard J. Baars and Nicole M. Gage.

2. j. G. 尼克尔斯,A. R. 马丁,B. G. 华莱士,P. A. 富克斯. 楊雄里,等译. 神经生物学. 北京:科学出版社,2003.4

3.【英】R. D. 贾尔德,著. 蔡益鹏,等译. 动物生物学. 北京:科学出版社,2002.3

4. 斯蒂芬·哈特,著 朱江,周郑,等译. 动物的语言. 北京:中国青年出版社,1998.4

5. 杨安峰,程红. 编著 脊椎动物比较解剖学. 北京:北京大学出版社,1999.7

6. 理查德·利基,著 吴汝康,吴新智,林盛龙,译. 人类的起源. 上海:上海科学技术出版社,1997.3

7. 贝克汉姆. 超远距离香蕉球世界波技术教学. 百度,2014.3.6

8.【英】伊萨克·牛顿,著. 王克迪,译. 袁江洋,校. 自然哲学之数学原理·宇宙体系. 武汉:武汉出版社,1996

9.【美】M,盖尔曼,著. 杨建邺,李湘莲,等译. 夸克与美洲豹——简单性和复杂性的奇遇. 长沙:湖南科学技术出版社,1998.2

10. Michael White John Gribbin. 著. 容士毅,译. 爱因斯坦 A Life in Science. 台北:台湾牛顿出版股份有限公司,1995.9

11. 杨振宁. 杨振宁文集. 华东师范大学,2000.3

12.【英】P. C. W. 戴维斯,等编. 摩力,章仁杰,译. 超弦. 中国对外翻译出版公司,1997.2

13. 王明嘉. 字母的诞生(第1版). 北京:中国青年出版社,2012.1

14. 孟华. 汉字主导的文化符号谱系(第1版). 济南:山东教育出版社,2014.5

15. 中国社会科学院语言研究所词典编辑室. 现代汉语词典. 北京:商务印书馆,1982

16. 丁尔苏. 符号与意义. 南京:南京大学出版社,2012.10

17. 崔希亮. 语言学概论. 北京:商务印书馆 ,2012

18. 吴国盛. 科学的历程(第二版). 北京:北京大学出版社,2003.12

19. 肖广岭.《自然辩证法》导读. 北京:中国出版集团:中国民主法治出版社,2012.7

20. 郑思竞,主编. 人体解剖学. 北京:人民卫生出版社,1983.2

21. 杜建芳,易梅生. 发育生物学. 北京:科学出版社,2002.8

22. 周衍椒,张镜如. 生理学. 北京:人民卫生出版社,1985.10

23.【英】弗朗西斯·克里克,著.汪云九,等译校.惊人的假设.长沙:湖南科学技术出版社,1998.8
24.约翰·C·诶克尔斯/著.潘泓,译.脑的进化.上海:上海科学技术出版社,2004.12
25.【英】彼得·科文尼、罗杰·海菲尔德,著.江涛,向守平,译.时间之箭.长沙:湖南科学技术出版社,1995
26.《纽约时报》科学版.张旭东,译.造化之极:大脑.长春:长春出版社,1995.
27.【英】苏珊·格林菲尔德,著.杨维里,等译.人脑之谜.上海:上海科学技术出版社,2012.12
28.【奥】埃尔温·薛定谔.生命是什么.长沙:湖南科学技术出版社,2003.9
29.梅镇彤.学习和记忆的神经生物学.上海:上海科技教育出版社,1997.12
30.黄靖远.机械设计学.北京:机械工业出版社,2008
31.【美】阿·热,著 荀坤,劳玉军,译.可怕的对称.长沙:湖南科学技术出版社,2001.2
32.许锡良.编辑.《爱因斯坦谈思维》.百度
33.【古希腊】亚里士多德,著.黄颖,译.形而上学.北京:时事出版社,2014.9
34.陈守良,等.人类生物学.北京:北京大学出版社,2001.12
35.冉浩.蚂蚁之美(第1版).北京:清华大学出版社,2014.5
36.【美】威廉·卡尔文,著.杨雄里,梁培基,译.大脑如何思维——智力演化的今昔.上海:上海科学技术出版社,2012.12
37.王仁川.广义相对论·引论.北京:中国科学技术大学出版社,1996.1
38.王金发.细胞生物学.北京:科学出版社,2003.8
39.邹小兵,静进.发育行为儿科学.北京:人民卫生出版社,2005.11
40.弗洛伊德,著.赖其万,符传孝,译.梦的解析.北京:中国民间文艺出版社.1986.5
41.朱洗.生物的进化.北京:科学出版社,1980
42.沈大稜.遗传学基础.北京:化学工业出版社,1994.7
43.史忠植.认知科学.合肥:中国科技大学出版社,2008.9
44.赵玉芬,主编.王文清.先有鸡还是先有蛋——著名科学家谈生命起源.南宁:广西师范大学出版社,1999.1
45.【瑞典】Anders,等编著.苏晓东,等译.结构生物学·从原子到生命.北京:科学出版社,2014.1
46.周国兴.狼孩·雪人·火的化石.天津:天津人民出版社,1979
47.田波,赵根楠,程光胜.显微镜下的生命世界·著名科学家谈微生物学.南宁:广西师范大学出版社,1999
48.周云龙.植物生物学.北京:高等教育出版社,2003.5
49.【英】达尔文,著.舒德干,等译.物种起源.西安:陕西人民出版社,2001.1

50. 张昀. 生物进化. 北京:北京大学出版社,1998
51. 张义浩,赵盛龙,吴常文. 海洋生物——藻类. 杭州:浙江大学出版社,2002
52. 中学生物编辑室. 生物. 北京:人民教育出版社,1985
53. 金学宽. 时空与灵性. 北京:中国宇航出版社,2006.6
54. 王淑钗,朱请仙,顾栋良. 组织胚胎学. 北京:人民军医出版社,2002
55. 张岱年. 中国哲学史. 北京:中国大百科全书出版社,2014.1
56. 21 世纪 100 个科学难题编写组. 21 世纪 100 个科学难题. 长春:吉林人民出版社,1998.6
57. 杨春鼎. 形象思维学. 北京:中国科学技术大学出版社,1997
58.【德】康德,著. 上海外国自然科学哲学著作编译组,译. 宇宙发展史概论. 上海:上海人民出版社,1972
59. 刘凌云,郑光美. 普通动物学(第 4 版). 北京:高等教育出版社,2009.8
60. 宋健. 现代科学技术基础知识. 北京:科学出版社,中共中央党校出版社,1994.6
61. 伍棠棣,李伯黍,吴福源. 心理学. 北京:人民教育出版社,1982
62. 中共中央马、恩、列、斯著作编译局编.《反杜林论》,《马克思恩格斯选集》第三卷,第 83 页. 北京:北京人民出版社,1973
63. 南怀瑾,徐芹庭,译注. 白话易经. 长沙:岳麓书店出版发行,1988.2
64. 冯时.《中国天文考古学》. 北京:社会科学文献出版社,2001.1
65. 李守力. 著文《发现伏羲时期特里波耶文化、虞夏时期"蜀之隐者"之"古太极图"》,和讯网 2015.5